科技部科技基础性工作专项资助
项目名称：青藏高原低涡、切变线年鉴的研编
项目编号：2006FY220300
中国气象局成都高原气象研究所基本科研业务费专项资助
项目名称：2008年青藏高原低涡、切变线年鉴的研编
项目编号：DROP201104

青藏高原低涡 切变线年鉴 2008

李跃清　郁淑华　彭　骏　徐会明　张虹娇　肖递祥　屠妮妮　罗　清　编著

科学出版社
北京

内 容 简 介

青藏高原低涡、切变线是影响我国灾害性天气的重要天气系统。本书根据对2008年高原低涡、切变线的系统分析，得出该年高原低涡、切变线的编号，名称，日期对照表，概况，影响简表，影响地区分布表，中心位置资料表及活动路径图，高原低涡、切变线移出高原的影响系统；计算得出该年高原低涡、切变线影响降水的各次高原低涡、切变线过程的总降水量图、总降水日数图。

本书可供气象、水文、水利、农业、林业、环保、航空、军事、地质、国土、民政、高原山地等方面的科技人员参考，也可作为相关专业教师、研究生、本科生的基本资料。

审图号：GS(2008)1573号

图书在版编目(CIP)数据

青藏高原低涡切变线年鉴. 2008 / 李跃清等编著. —北京：科学出版社，2011.8

ISBN 978-7-03-031823-7

Ⅰ. ①青… Ⅱ. ①李… Ⅲ. ①青藏高原–灾害性天气–天气分析–2008–年鉴 Ⅳ. ①P44-54

中国版本图书馆CIP数据核字(2011)第134671号

责任编辑：罗 吉

责任校对：陈玉凤 / 责任印制：赵 博

科学出版社出版

北京东黄城根北街16号

邮政编码：100717

http://www.sciencep.com

北京佳信达欣艺术印刷有限公司 印刷

科学出版社编务公司排版制作

科学出版社发行 各地新华书店经销

*

2011年8月第 一 版 开本：A4（880×1230）

2011年8月第一次印刷 印张：18

印数：1–1 500 字数：650 000

定价：380.00元

前言

高原低涡、切变线是青藏高原上生成的特有的天气系统，其发生、发展和移动过程中常常伴随暴雨、洪涝等气象灾害。我国夏季多发暴雨洪涝、泥石流滑坡灾害，在很大程度上与高原低涡、切变线东移出青藏高原密切相关。高原低涡、切变线的活动不仅影响青藏高原地区，而且还东移影响我国青藏高原以东下游广大地区。高原低涡、切变线是影响我国的主要灾害性天气系统之一。

新中国成立以来，随着青藏高原观测站网的建立、卫星资料的应用，以及我国第一、第二次青藏高原大气科学试验的开展，关于高原低涡、切变线的科研工作也取得了一定的成绩，使我国高原低涡、切变线的科学研究、业务预报水平不断提高，为防灾减灾、公共安全做出了很大的贡献。

为了进一步适应农业、工业、国防和科学技术现代化的需要，满足广大气象台（站）及科研、教学、国防、经济建设等部门的要求，更好地掌握高原低涡、切变线的活动规律，系统地认识高原低涡、切变线发生、发展的基本特征，提高科学研究水平和预报技术能力，做好主要气象灾害的防御工作，在科技部的支持下，由中国气象局成都高原气象研究所负责，四川省气象台参加，组织人员，开展了青藏高原低涡、切变线年鉴的研编工作。

经过项目组的共同努力，以及有关省、自治区、直辖市气象局的大力协助，《高原低涡、切变线年鉴》顺利完成。并且，它的整编出版，将为我国青藏高原低涡、切变线研究和应用提供基础性保障，推动我国灾害性天气研究与业务的深入发展，发挥对国家经济繁荣、社会进步、公共安全的气象支撑作用。

本年鉴由中国气象局成都高原气象研究所李跃清、郁淑华、彭骏、屠妮妮、罗清，四川省专业气象台张虹娇，四川省气象台肖递祥，成都市气象局徐会明等完成。

《青藏高原低涡、切变线年鉴（2008）》的内容主要包括高原低涡、切变线概况、路径、东移出青藏高原的影响系统以及高原低涡、切变线引起的降水等资料图表。

Foreword

The Tibetan Plateau Vortex (TPV) and Shear Line (SL) are unique weather systems generated over the Qinghai-Xizang Plateau. The rain storms, floods and other meteorological disasters usually occur during the generation, development and movement of the TPV. In China, the regular happening mud-rock flow and land-slip disaster in summer has close relationship with the TPV which moved out of the Plateau. The movements of the TPV and SL not only influence the Qinghai-Xizang Plateau region, but also influence the east vast region of the Plateau. The TPV and SL are two of the most disastrous weather systems that influence China.

After the foundation of P.R.China, the researches on TPV and SL and the operational prediction works have gotten obvious achievements along with the establishment of the observatory station net, the applying of the satellite data, and the development of the first and the second Tibetan Plateau experiment of atmospheric sciences. All these have great contributions to preventing and reducing the happening of the weather disaster and to the public safety.

In order to satisty the modernization demands of the agriculture, industry, national defence and scientific technology, and to meet the requirements of the vast meteorological stations, colleges, national defence administrations and economic bureaus, the Chengdu Institute of Plateau Meteorology did the researches on the yearbook of vortex and shear over Qinghai-Xizang Plateau under the support from the Ministry of Science and Technology of P.R.China. Also,this task is achieved with the helps from the researchers in Sichuan Provincial Meteorology Station. This task improves the understanding of the characteristics of the moving TPV and SL, get thorough recognition of the generation and development of TPV and SL, and improve abilities of the research works and operational predictions to prevent the meteorological disasters.

With the research group's efforts and the great support from related meteorological bureaus of provinces, autonomous region and cities, the *TPV and SL Yearbook* completed successfully. The yearbook offers a basic summary to TPV and SL research works, improves the catastrophic weather research and operational prediction. Also, it is useful to the economy glory, advance of society and public safety.

The TPV and SL yearbook is accomplished by Li Yueqing, Yu Shuhua, Peng Jun , Tu Nini and Luo Qing from Chengdu Institute of Plateau Meteorology, Zhang Hongjiao from Sichuan Provincial Speciality Meteorology Station, Xiao Dixiang from Sichuan Provincial Meteorology Station, Xu Huiming from Chengdu Meteorology Station, Sichuan Province.

The TPV and SL yearbook is mainly composed of figures and charts of survey, tracks, weather systems that move out of the Plateau Vortex and influenced rainfall of TPV and SL.

说　明

本年鉴主要整编青藏高原上生成的低涡、切变线的位置、路径及青藏高原低涡、切变线引起的降水量、降水日数等基本资料。分为两大部分，即高原低涡和高原切变线。

高原低涡指500hPa等压面上反映的生成于青藏高原，有闭合等高线的低压或有三个站风向呈气旋式环流的低涡。

高原切变线指500hPa等压面上反映在青藏高原上，温度梯度小、三站风向对吹的辐合线或二站风向对吹的辐合线长度大于5个经（纬）距。

冬半年指1~4月和11~12月，夏半年指5~10月。

本年鉴所用时间一律为北京时间。

高原低涡

● 高原低涡概况

高原低涡移出高原是指低涡中心移出海拔≥3000m的青藏高原区域。

高原低涡编号是以字母“C”开头，按年份的后两位数与当年低涡顺序两位数组成。

高原低涡移出几率指某月移出高原的高原低涡个数与该年高原低涡个数之比。

高原低涡月移出率指某月移出高原的高原低涡个数与该年移出高原的高原低涡个数之比。

高原东（西）部低涡移出几率指某月移出高原的高原东（西）部低涡个数与该年高原东（西）部低涡个数之比。

高原东（西）部低涡月移出率指某月移出高原的高原东（西）部低涡个数与该年移出高原的高原东（西）部低涡个数之比。

高原东、西部低涡指低涡中心位置分别在92.5°E东、西。

高原低涡中心位势高度最小值频率分布指按各时次低涡500hPa等压面上位势高度（单位为位势什米）最小值统计的频率分布。

● 高原低涡编号、名称、日期对照表

高原低涡出现日期以“月.日”表示。

● 高原低涡路径图

高原低涡出现日期以“月.日”表示。

● 高原低涡中心位置资料表

“中心强度”指在500hPa等压面上低涡中心位势高度，单位为位势什米。

● 高原低涡纪要表

“生成点”指高原低涡活动路径的起始点，因资料所限，故此点不一定是真正的源地。

高原低涡活动的生成点、移出高原的地点，一般精确到县、市。

“转向”指路径总的趋向由偏东方向移动转为偏西方向移动。

“内折向”指高原低涡在青藏高原区域内转向；“外转向”指高原低涡在青藏高原区域以东转向。

● 高原低涡降水

高原低涡和其他天气系统共同造成的降水，仍列入整编。

“总降水量图”指一次高原低涡活动过程中在我国引起的降水总量分布图。一般按0.1mm、10mm、25mm、50mm、100mm等级，以色标示出，绘出降水区外廓线，一般标注其最大的总降水量数值。

“总降水量图”中高原低涡出现日期以“月.日”表示。

“总降水日数图”指一次高原低涡活动过程中在我国引起的降水总量≥0.1mm的降水日数区域分布图。

高原切变线

● 高原切变线概况

高原切变线移出高原是指切变线中点移出海拔高度≥3000m的青藏高原区域。

高原切变线编号是以字母“S”开头，按年份的后两位数与当年切变线顺序两位数组成。

高原切变线移出几率指某月移出高原的高原切变线个数与该年高原切变线个数之比。

高原切变线月移出率指某月移出高原的高原切变线个数与该年移出高原的高原切变线个数之比。

高原东（西）部切变线移出几率指某月移出高原的高原东（西）部切变线个数与该年高原东（西）部切变线个数之比。

高原东（西）部切变线月移出率指某月移出高原的高原东（西）部切变线个数与该年移出高原的高原东（西）部切变线个数之比。

高原东、西部切变线指切变线中点位置分别在92.5°E东、西。

高原切变线两侧最大风速频率分布指按各时次分别在切变线附近的南、北侧最大风速统计的频率分布。

● 高原切变线编号、名称、日期对照表

高原低涡出现日期以“月.日”表示。

● 高原切变线路径图

高原低涡出现日期以“月.日”表示。

● 高原切变线位置资料表

高原切变线位置一般以起点、中点、终点的经/纬度位置表示。

“拐点”指高原切变线上东、西或北、南二段的切线的夹角≥30°的切变线上弯曲点。

● 高原切变线纪要表

“生成位置”指高原切变线活动路径的起始位置，因资料所限，故此位置不一定是真正的源地。

高原切变线活动的生成位置、移出高原的位置，一般精确到县、市。

“移向”以高原切变线中点连线的趋向。

“多次折向”指路径由出现在2次以上偏东方向移动转为偏西方向移动。

“内向反”指高原切变线在青藏高原区域内由偏东方向移动转为偏西方向移动。

“外向反”指高原切变线在青藏高原区域以东由偏东方向移动转为偏西方向移动。

● 高原切变线降水

高原切变线和其他天气系统共同造成的降水，仍列入整编。

“总降水量图”指一次高原切变线过程中在我国引起的降水总量分布图。一般按0.1mm、10mm、25mm、50mm、100mm等级，以色标示出，绘出降水区外廓线，一般标注其最大的总降水量数值。

“总降水量图”中高原切变线出现日期以“月.日时”表示。

“总降水日数图”指一次高原切变线过程中在我国引起的降水总量≥0.1mm的降水日数区域分布图。

目　录 Contents

目 录
Contents

目　录 Contents

目 录

Contents

第二部分 高原切变线

目　录
Contents

目录 Contents

第一部分 高原低涡

Tibetan Plateau Vortex

2008年 高原低涡概况

2008年发生在青藏高原上的低涡共有47个，其中在青藏高原东部生成的低涡共有37个，在青藏高原西部生成的低涡共有10个（表1~表3）。

2008年初生高原低涡出现在2月中旬，最后一个高原低涡生成于12月下旬（表1）。从月际分布看，主要集中在5~9月，占了3/4以上（表1）。移出高原的青藏高原低涡主要集中在5~6月，占了2/3（表4）。本年度除了1月、10月，其他各月都有高原低涡生成，且春夏两季各月生成高原低涡的个数差异大，具体详见表1。

2008年青藏高原低涡源地大多数在青藏高原东部。移出高原的青藏高原低涡共有9个，其中8个高原低涡生成于青藏高原东部（表4~表6），移出高原的地点主要集中在四川、甘肃、陕西，其中，四川有5个，甘肃有3个，陕西有1个（表7）。

本年度高原低涡中心位势高度最小值以576~583位势什米的频率最多，占了70.9%（表8）。夏半年，高原低涡中心位势高度最小值也以576~583位势什米的频率最多，占了78%（表9）。冬半年，高原低涡中心位势高度最小值在568~575位势什米内，占70%（表10）。

全年47次高原低涡过程均造成降水，除影响青藏高原以外，对我国其余地区有影响的高原低涡共有28个。其中4个高原低涡造成过程降水量在100mm以上，造成过程降水量在200mm以上的高原低涡有3个，它们是C0819、C0831、C0836低涡，分别在安徽屯溪、湖北襄樊、河北肃宁，造成过程降水量分别为303.2mm、

345.7mm、220.7mm，降水日数分别是2天、4天、4天。2008年影响我国降水强的主要是C0819、C0831高原低涡，其中C0831高原低涡是影响我国降水最强的高原低涡，造成6个>100mm以上的降水中心区，过程雨量最强达345.7mm。6月5日在高原东部曲麻莱生成的C0819高原低涡，是2008年对长江中下游省(市、区)降水影响最大的高原低涡，低涡形成初期中心位势高度为575位势什米，低涡形成后向东南移，中心强度逐渐减弱。6日20时低涡转为东北移，7日08时低涡受切变线活动影响，东北移出高原进入甘肃，中心强度减弱至579位势什米；低涡出高原后以东移为主，中心强度在578~579位势什米之间摆动，在10日20时以后低涡减弱消亡。受其影响，四川、重庆、湖南、湖北、江西、浙江、安徽、上海、江苏等地降了暴雨到大暴雨，降水日数为2~6天，并有2个100mm以上大暴雨中心。西藏、青海、甘肃、贵州等地区也降了中到大雨，降水日数为2~6天。7月20日生成于高原东部曲麻莱的C0831高原低涡，是2008年对我国江淮地区和长江上游降水影响最大的高原低涡，低涡形成初期中心位势高度为580位势什米，低涡形成后向东行，中心强度略有增强，21日8时低涡中心位势高度为579位势什米，21日20时受西风槽影响低涡东北行移出高原至陕西，中心位势高度为580位势什米，之后低涡转为东南移，中心强度略有加强，22日08时低涡转为东北移，22日20时低涡中心强度为578位势什米，在23日08时以后低涡减弱消失。受其影响，四川、湖北、贵州、重庆、陕西、安徽、江苏、河南、山东等地有成片暴雨到大暴雨区，降水日数为2~4天，并有3个200mm以上大暴雨中心。西藏、青海、甘肃也降了中到大雨，降水日数为2天。

表1　高原低涡出现次数

年＼月	1	2	3	4	5	6	7	8	9	10	11	12	合计
2008	0	1	1	3	12	8	9	6	5	0	1	1	47
几率 / %	0.00	2.13	2.13	6.38	25.53	17.02	19.15	12.76	10.64	0.00	2.13	2.13	100.00

表2　高原东部低涡出现次数

年＼月	1	2	3	4	5	6	7	8	9	10	11	12	合计
2008	0	0	0	1	7	8	8	6	5	0	1	1	37
几率 / %	0.00	0.00	0.00	2.70	18.92	21.62	21.62	16.22	13.51	0.00	2.70	2.70	99.99

表3　高原西部低涡出现次数

年＼月	1	2	3	4	5	6	7	8	9	10	11	12	合计
2008	0	1	1	2	5	0	1	0	0	0	0	0	10
几率 / %	0.00	10.00	10.00	20.00	50.00	0.00	10.00	0.00	0.00	0.00	0.00	0.00	100

表4　高原低涡移出高原次数

月/年	1	2	3	4	5	6	7	8	9	10	11	12	合计
2008	0	0	0	0	3	3	2	1	0	0	0	0	9
移出几率 / %	0.00	0.00	0.00	0.00	6.38	6.38	4.26	2.13	0.00	0.00	0.00	0.00	19.15
月移出率 / %	0.00	0.00	0.00	0.00	33.33	33.33	22.22	11.11	0.00	0.00	0.00	0.00	99.99

表5　高原东部低涡移出高原次数

月/年	1	2	3	4	5	6	7	8	9	10	11	12	合计
2008	0	0	0	0	2	3	2	1	0	0	0	0	8
移出几率 / %	0.00	0.00	0.00	0.00	5.41	8.11	5.41	2.70	0.00	0.00	0.00	0.00	21.63
月移出率 / %	0.00	0.00	0.00	0.00	25.00	37.50	25.00	12.50	0.00	0.00	0.00	0.00	100

表6　高原西部低涡移出高原次数

月/年	1	2	3	4	5	6	7	8	9	10	11	12	合计
2008	0	0	0	0	1	0	0	0	0	0	0	0	1
移出几率 / %	0.00	0.00	0.00	0.00	10.00	0.00	0.00	0.00	0.00	0.00	0.00	0.00	10.00
月移出率 / %	0.00	0.00	0.00	0.00	100	0.00	0.00	0.00	0.00	0.00	0.00	0.00	100

表7 高原低涡移出高原的地区分布

地区 / 年	新疆	甘肃	宁夏	四川	陕西	重庆	贵州	云南	内蒙古	合计
2008		3		5	1					9
出高原率 / %		33.33		55.55	11.11					99.99

表8 高原低涡中心位势高度最小值频率分布

中心位势高度 / 位势什米	587–584	583–580	579–576	575–572	571–568	567–564	563–560	559–556	555–552	合计
2008年 / %	13.64	33.63	37.27	8.18	4.55	0.00	1.82	0.91	0.00	100

表9 夏半年高原低涡中心位势高度最小值频率分布

中心位势高度 / 位势什米	587–584	583–580	579–576	575–572	571–568	567–564	563–560	559–556	555–552	合计
2008年 / %	15.00	37.00	41.00	7.00	0.00	0.00	0.00	0.00	0.00	100

表10 冬半年高原低涡中心位势高度最小值频率分布

中心位势高度 / 位势什米	587–584	583–580	579–576	575–572	571–568	567–564	563–560	559–556	555–552	合计
2008年 / %	0.00	0.00	0.00	20	50	0.00	20	10	0.00	100

高原低涡纪要表

序号	编号	名称	起止日期(月.日)	中心最小位势高度/位势什米	发现点经纬度	移出高原的地点	移出高原时间	移出高原中心位势高度/位势什米	路径趋向	影响低涡移出高原的天气系统
1	C0801	安多, Anduo	2.18	559	91.6°E，32.6°N				东北行	
2	C0802	托托河, Tuotuohe	3.15	568	92.4°E，33.2°N				东行	
3	C0803	乌图美仁, Wutumeiren	4.13	568	92°E，36.6°N				原地生消	
4	C0804	五道梁, Wudaoliang	4.17	568	91.8°E，35.7°N				原地生消	
5	C0805	玛多, Maduo	4.28～4.29	572	98.3°E，35°N				东南行	
6	C0806	贵德, Guide	5.6	572	101.3°E，35.6°N				原地生消	
7	C0807	班戈, Bange	5.11	579	90°E，31.1°N				原地生消	
8	C0808	玛多, Maduo	5.13～5.14	577	98°E，34.4°N	阆中	5.14^{08}	577	东南行出高原	切变流场
9	C0809	安多, Anduo	5.19～5.21	574	92.2°E，32.7°N	万源	5.21^{08}	576	东北行转东南行出高原	切变线
10	C0810	丁青, Dingqing	5.20～5.21	576	95.3°E，32.2°N				东北行	
11	C0811	安多, Anduo	5.21	576	92.2°E，33°N				原地生消	
12	C0812	冷湖, Lenghu	5.24	576	93.5°E，38.2°N				原地生消	
13	C0813	刚察, Gangcha	5.24～5.25	575	100.8°E，37.7°N	靖远	5.25^{08}	575	东南行出高原转东北行	切变流场

高原低涡纪要表（续-1）

序号	编号	名称	起止日期(月.日)	中心最小位势高度/位势什米	发现点经纬度	移出高原的地点	移出高原时间	移出高原中心位势高度/位势什米	路径趋向	影响低涡移出高原的天气系统
14	C0814	乌图美仁, Wutumeiren	5.26	576	91.8°E，36.1°N				原地生消	
15	C0815	双湖, Shuanghu	5.28～5.29	574	90°E，35.4°N				东行	
16	C0816	香日德, Xiangride	5.29	576	97.3°E，35.5°N				原地生消	
17	C0817	索县, Suoxian	5.30	577	94.7°E，31.8°N				原地生消	
18	C0818	嘉黎, Jiali	6.1～6.4	581	93°E，30.4°N	宜宾	6.4^{20}	583	南行内折向西北行转西南行再折向东移出高原	切变流场
19	C0819	曲麻莱, Qumalai	6.5～6.10	575	96°E，34.6°N	天水	6.7^{08}	579	东南行转东北行出高原	切变线
20	C0820	贵德, Guide	6.7	579	101°E，35.7°N				原地生消	
21	C0821	扎多, Zhaduo	6.10	583	94.3°E，32.9°N				原地生消	
22	C0822	马尔康, Maerkang	6.22	580	102.2°E，31.5°N				原地生消	
23	C0823	玛多, Maduo	6.23～6.24	577	97.8°E，34.9°N				东行	
24	C0824	扎多, Zhaduo	6.25～6.27	579	94.6°E，33.4°N	巴中	6.26^{20}	580	东行转东南行出高原	切变线
25	C0825	清水河, Qingshuihe	6.29～6.30	577	96.7°E，34.7°N				东行	
26	C0826	曲麻莱, Qumalai	7.2～7.3	581	96°E，35°N				东南行转东行再转西南行	

高原低涡纪要表（续-2）

序号	编号	名称	起止日期(月.日)	中心最小位势高度/位势什米	发现点经纬度	移出高原的地点	移出高原时间	移出高原中心位势高度/位势什米	路径趋向	影响低涡移出高原的天气系统
27	C0827	朗木寺, Langmusi	7.8	581	103°E，34°N				西南行	
28	C0828	邓柯, Dengke	7.9～7.10	583	98.6°E，32.4°N	巴中	7.10[08]	583	东行出高原	切变线
29	C0829	安多, Anduo	7.11～7.12	580	91.8°E，33.2°N				东南行转东北行	
30	C0830	曲麻莱, Qumalai	7.15	580	95°E，34.6°N				原地生消	
31	C0831	曲麻莱, Qumalai	7.20～7.23	578	95.4°E，34.7°N	宝鸡	7.21[20]	580	东北行转东南行转东北行出高原	西风槽前部
32	C0832	嘉黎, Jiali	7.21	584	93°E，30.4°N				原地生消	
33	C0833	曲麻莱, Qumalai	7.23	581	95.3°E，34.6°N				原地生消	
34	C0834	邓柯, Dengke	7.24	582	98.8°E，32.4°N				原地生消	
35	C0835	邓柯, Dengke	8.3～8.6	582	98.5°E，32.5°N				东北行转东行内折向西北行后多次折向又转东北行	
36	C0836	托勒, Tuole	8.11～8.14	576	97.3°E，38°N	高台	8.12[08]	579	东南行转北行出高原	切变流场
37	C0837	嘉黎, Jiali	8.15	582	93°E，30°N				原地生消	
38	C0838	白玉, Baiyu	8.26～8.27	584	99.3°E，31.3°N				东行	
39	C0839	嘉黎, Jiali	8.26	585	93°E，30.4°N				原地生消	

高原低涡纪要表（续-3）

序号	编号	名称	起止日期(月.日)	中心最小位势高度/位势什米	发现点经纬度	移出高原的地点	移出高原时间	移出高原中心位势高度/位势什米	路径趋向	影响低涡移出高原的天气系统
40	C0840	丁青, Dingqing	8.30	582	95.3°E，32.2°N				原地生消	
41	C0841	嘉黎, Jiali	9.4	583	92.8°E，30.4°N				原地少动	
42	C0842	扎多, Zhaduo	9.10	584	94.9°E，33°N				原地生消	
43	C0843	托托河, Tuotuohe	9.11	584	93.5°E，33°N				原地生消	
44	C0844	班玛, Banma	9.16	581	100.8°E，33°N				原地生消	
45	C0845	德格, Dege	9.30	584	98.8°E，32.5°N				原地生消	
46	C0846	治多, Zhiduo	11.4	570	95°E，34.1°N				原地生消	
47	C0847	扎多, Zhaduo	12.31	562	94°E，32.8°N				原地生消	

高原低涡对我国影响简表

序号	编号	简述活动的情况	高原低涡对我国的影响			
			项目	时间（月.日）	概况	极值
1	C0801	高原中部东北行	降水	2.18	西藏北至南部，青海南部、东部，甘肃中部地区降雨量为0.1~0.6mm，降雨日数为1天	西藏聂拉木 0.6mm（1天）
2	C0802	高原中部东行	降水	3.15	西藏东半部，青海南部，甘肃西南部和四川中、西部地区降雨量为0.1~27mm，降雨日数为1天	西藏察隅 27mm（1天）
3	C0803	高原北部生消	降水	4.13	青海西南部降雨量为0.1~0.4mm，降雨日数为1天	青海五道梁 0.4mm（1天）
4	C0804	高原北部生消	降水	4.17	青海中部降雨量为0.1mm，降雨日数为1天	青海都兰 0.1mm（1天）
5	C0805	高原东部东南行	降水	4.28~4.29	西藏东、东北部，青海南、东南部，四川西、北部，甘肃东南部和陕西西南部降雨总量为0.1~43mm，降雨日数为1~2天	西藏察隅 42.6mm（2天）
6	C0806	高原东北部生消	降水	5.6	青海东部，甘肃中部局部地区降雨量为0.1~4mm，降雨日数为1天	青海门源 4mm（1天）
7	C0807	高原南部生消	降水	5.11	西藏中、南部降雨量为0.1~3.4mm，降雨日数为1天	西藏尼木 3.4mm（1天）
8	C0808	高原东部东南行出高原	降水	5.13~5.14	西藏东半部，青海南部，四川、重庆大部，云南西北部和贵州北部地区降雨量为0.1~74mm，降雨日数为1~2天。其中，四川有成片降雨量大于25mm的区域，降雨日数为2天	四川蒲江 74mm（2天）
9	C0809	高原中部东北行转东南行出高原	降水	5.19~5.21	西藏东、南部，青海南、东南部，四川、重庆大部，甘肃、陕西南部，湖北西部和贵州北部降雨总量为0.1~30mm，降雨日数为1~3天	西藏嘉黎 29.6mm（3天）

高原低涡对我国影响简表（续-1）

序号	编号	简述活动的情况	高原低涡对我国的影响			
			项目	时间（月.日）	概况	极值
10	C0810	高原东南部东北行	降水	5.20~5.21	西藏北至南部、青海南部、四川西北部和甘肃西南部降雨总量为0.1~29mm，降雨日数为1~2天	西藏嘉黎 28.6mm（2天）
11	C0811	高原中部生消	降水	5.21	西藏北至南部和青海西南部降雨量为0.1~27mm，降雨日数为1天	西藏拉萨 26.1mm（1天）
12	C0812	高原北部生消	降水	5.24	青海西北部和新疆东南部局部地区降雨量为0.1~14mm，降雨日数为1天	青海茫崖 14mm（1天）
13	C0813	高原北部东南行出高原	降水	5.24~5.25	青海东、北部，甘肃南半部，内蒙古南部局部地区，宁夏、陕西大部，四川北部降雨总量为0.1~35mm，降雨日数为1~2天	陕西太白 35mm（1天）
14	C0814	高原北部生消	降水	5.26	西藏中、北部，青海北、中、南部降雨量为0.1~17mm，降雨日数为1天	青海天峻 16.2mm（1天）
15	C0815	高原北部东行	降水	5.28~5.29	西藏东北、北部，青海大部、甘肃南部，四川北部和陕西西南部降雨总量为0.1~77mm，降雨日数为1~2天	四川阆中 77mm（1天）
16	C0816	高原东北部生消	降水	5.29	青海中西部至中东部降雨量为0.1~29mm，降雨日数为1天	青海诺木洪 28.3mm（1天）
17	C0817	高原南部生消	降水	5.30	西藏北、东北部，青海中、南部和四川西北部降雨量为0.1~17mm，降雨日数为1天	青海囊谦 16.2mm（1天）
18	C0818	高原南部南行内折向西北行转西南行再折向东移出高原	降水	6.1~6.4	西藏中至东半部、青海南部、云南北部、贵州西部、重庆西南部和四川中部至西半部降雨总量为0.1~67mm，降雨日数为1~4天。其中，西藏、四川有成片降雨量大于25mm的区域，降雨日数为2~4天	云南大理 66.5mm（2天）

高原低涡对我国影响简表（续-2）

序号	编号	简述活动的情况	高原低涡对我国的影响			
			项目	时间（月.日）	概况	极值
19	C0819	高原东部东南行转东北行出高原	降水	6.5~6.10	西藏中部至东半部，青海、甘肃、宁夏南部，安徽、陕西大部，江苏、山西南半部，山东西部，云南、湖南、江西北部，贵州、浙江北半部，上海、河南、湖北、重庆和四川降雨总量为0.1~305mm，降雨日数为1~6天。其中，西藏、青海、甘肃、四川、贵州、重庆、湖南、湖北、江西、浙江、安徽、上海、江苏有成片大于25mm的降水区域，降雨日数为2~6天	安徽屯溪 303.2mm（2天）
20	C0820	高原东北部生消	降水	6.7	青海东半部，甘肃西南部和四川西北部地区降雨量为0.1~10mm，降雨日数为1天	青海都兰 10mm（1天）
21	C0821	高原中部生消	降水	6.10	西藏东半部和青海南部地区降雨量为0.1~35mm，降雨日数为1天	青海杂多 33.1mm（1天）
22	C0822	高原东南部生消	降水	6.22	西藏东部、青海东南部、甘肃南部、四川大部、云南西北部、陕西西南部和重庆西部地区降雨量为0.1~75mm，降雨日数为1天	四川西昌 72mm（1天）
23	C0823	高原东部东行	降水	6.23~6.24	西藏北、东北部，青海南半部至东北部，四川西北部，甘肃南部，陕西西南部和宁夏南部地区降雨量为0.1~27mm，降雨日数为1~2天	青海河南 26.6mm（2天）
24	C0824	高原中部东行转东南行出高原	降水	6.25~6.27	西藏中至东半部，青海西南部至东半部，甘肃中至南半部，四川大部，宁夏南半部，陕西南部，湖北西、东部，安徽、江苏中部至南半部，浙江北半部，江西、湖南、贵州北部，上海和重庆降雨量为0.1~140mm，降雨日数为1~2天。其中，上海、浙江和江西有成片降雨量大于25mm的区域，降雨日数为2天	上海宝山 136.1mm（2天）
25	C0825	高原东部东行	降水	6.29~6.30	西藏北至东北部，青海西南至东北部，甘肃、宁夏南部，陕西西南部和四川大部降雨量为0.1~65mm，降雨日数为1~2天。其中，西藏、甘肃、陕西、四川有成片降雨量大于25mm的区域，降雨日数为1~2天	甘肃麦积 63mm（2天）

高原低涡对我国影响简表（续-3）

序号	编号	简述活动的情况	高原低涡对我国的影响			
			项目	时间（月.日）	概　况	极值
26	C0826	高原东部东南行转东行再转西南行	降水	7.2~7.3	西藏东北部，青海、四川大部，重庆，湖北西部，湖南西北部，贵州北部和云南东北部地区降雨量为0.1~80mm，降雨日数为1~2天	湖北建始 76.5mm（2天）
27	C0827	高原东部西南行	降水	7.8	西藏北部、青海西南部、甘肃西南部和四川北部降雨量为0.1~31mm，降雨日数为1天	陕西勉县 31mm（1天）
28	C0828	高原东部东行出高原	降水	7.9~7.10	西藏东北部，青海东南部，四川西、南、中部，重庆北、西南部，湖北、贵州大部，湖南西、北部，云南东北部降雨量为0.1~95mm，降雨日数为1~2天	湖北嘉鱼 95mm（2天）
29	C08029	高原中部东南行转东北行	降水	7.11~7.12	西藏中至东半部，青海大部，四川中、西、北部和甘肃西南部降雨量为0.1~81mm，降雨日数为1~2天	四川雅安 80.5mm（2天）
30	C0830	高原中部生消	降水	7.15	西藏中至东半部、青海南部和四川西北部降雨量为0.1~25mm，降雨日数为1天	西藏类乌齐 23.7mm（1天）
31	C0831	高原东部东北行转东南行转东北行出高原	降水	7.20~7.23	西藏中至东半部，青海大部，甘肃、宁夏、陕西、山西南部，河南，山东，重庆，四川，安徽，湖北，贵州，江苏、湖南西、北部，云南东北部降雨量为0.1~350mm，降雨日数为1~4天。其中，西藏、青海、四川、湖北、贵州、重庆、陕西、安徽、江苏、河南、山东有成片降雨量大于25mm的区域，降雨日数为2~4天	湖北襄樊 345.7mm（4天）
32	C0832	高原南部生消	降水	7.21	西藏北至南部降雨量为0.1~27mm，降雨日数为1天	西藏米林 26.6mm（1天）
33	C0833	高原东部生消	降水	7.23	西藏东半部，青海北、东、南部，四川西北部降雨量为0.1~31mm，降雨日数为1天	西藏那曲 31mm（1天）

高原低涡对我国影响简表（续-4）

序号	编号	简述活动的情况	高原低涡对我国的影响			
			项目	时间（月.日）	概况	极值
34	C0834	高原东部生消	降水	7.24	西藏东部、青海东南部、四川中部至西半部降雨量为0.1~28mm，降雨日数为1天	四川名山 28mm（1天）
35	C0835	高原东南部东北行转东行内折向西北行后多次折向又转东北行	降水	8.3~8.6	西藏东部、青海南部、四川、重庆大部、甘肃南部、陕西西南部、湖北西部和云南北部降雨量为0.1~87mm，降雨日数为2~4天。其中，四川、重庆有成片降雨量大于25mm的区域，降雨日数为2~4天	云南会东 86.3mm（3天）
36	C0836	高原东北部东南行转北行出高原	降水	8.11~8.14	西藏东北部，青海东、南部，甘肃中部至南半部，宁夏西南部，陕西大部，内蒙古中部，山西，河北、山东西部，河南、四川北部降雨量为0.1~225mm，降雨日数为1~4天。其中，青海南部、四川、陕西、河南、河北、山东有成片降雨量大于25mm的区域，降雨日数为2~4天	河北肃宁 220.7mm（4天）
37	C0837	高原南部生消	降水	8.15	西藏北至南部降雨量为0.1~20mm，降雨日数为1天	西藏泽当 19mm（1天）
38	C0838	高原东南部东行	降水	8.26~8.27	西藏东部，青海东南部，四川西、南、中部和重庆西南部降雨量为0.1~48mm，降雨日数为1~2天	西藏芒康 48mm（2天）
39	C0839	高原南部生消	降水	8.26	西藏北至南部降雨量为0.1~10mm，降雨日数为1天	西藏嘉黎 9.1mm（1天）

高原低涡对我国影响简表（续-5）

序号	编号	简述活动的情况	高原低涡对我国的影响			
			项目	时间（月.日）	概　况	极值
40	C0840	高原东南部生消	降水	8.30	西藏东半部、青海东南部和四川西部降雨量为0.1~31mm，降雨日数为1天	西藏昌都 30.5mm（1天）
41	C0841	高原南部少动	降水	9.4	西藏中东部降雨量为0.1~20mm，降雨日数为1天	西藏浪卡子 20mm（1天）
42	C0842	高原中部生消	降水	9.10	西藏东北部、青海南部和四川西北部地区降雨量为0.1~15mm，降雨日数为1天	青海清水河 14.5mm（1天）
43	C0843	高原中部生消	降水	9.11	西藏北部、青海南部降雨量为0.1~7mm，降雨日数为1天	青海玉树 7mm（1天）
44	C0844	高原东部生消	降水	9.16	西藏东北部、青海东南部、甘肃西南部和四川北部降雨量为0.1~28mm，降雨日数为1天	青海班玛 28mm（1天）
45	C0845	高原东部生消	降水	9.30	西藏东部、青海东南部、甘肃西南部和四川西北部降雨量为0.1~13mm，降雨日数为1天	青海囊谦 12.3mm（1天）
46	C0846	高原中部生消	降水	11.4	西藏、青海南部，四川北部和甘肃西南部降雨量为0.1~2mm，降雨日数为1天	青海泽库 2mm（1天）
47	C0847	高原中部生消	降水	12.31	青海南部降雨量为0.1~0.5mm，降雨日数为1天	青海治多 0.5mm（1天）

2008年高原低涡编号、名称、日期对照表

未移出高原的高原东部涡	未移出高原的高原西部涡	移出高原的高原低涡
⑤ C0805 玛多，Maduo	① C0801安多，Anduo	⑧ C0808 玛多，Maduo
4.28~4.29	2.18	5.13~5.14
⑥ C0806 贵德，Guide	② C0802 托托河，Tuotuohe	⑨ C0809 安多，Anduo
5.6	3.15	5.19~5.21
⑩ C0810 丁青，Dingqing	③ C0803 乌图美仁，Wutumeiren	⑬ C0813 刚察，Gangcha
5.20~5.21	4.13	5.24~5.25
⑫ C0812 冷湖，Lenghu	④ C0804 五道梁，Wudaoliang	⑱ C0818 嘉黎，Jiali
5.24	4.17	6.1~6.4
⑯ C0816 香日德，Xiangride	⑦ C0807 班戈，Bange	⑲ C0819 曲麻莱，Qumalai
5.29	5.11	6.5~6.10
⑰ C0817 索县，Suoxian	⑪ C0811 安多，Anduo	㉔ C0824 扎多，Zhaduo
5.30	5.21	6.25~6.27
⑳ C0820 贵德，Guide	⑭ C0814 乌图美仁，Wutumeiren	㉘ C0828 邓柯，Dengke
6.7	5.26	7.9~7.10
㉑ C0821 扎多，Zhaduo	⑮ C0815 双湖，Shuanghu	㉛ C0831 曲麻莱，Qumalai
6.10	5.28~5.29	7.20~7.23
㉒ C0822 马尔康，Maerkang	㉙ C0829 安多，Anduo	㊱ C0836 托勒，Tuole
6.22	7.11~7.12	8.11~8.14
㉓ C0823 玛多，Maduo		
6.23~6.24		
㉕ C0825 清水河，Qingshuihe		
6.29~6.30		

2008年高原低涡编号、名称、日期对照表（续-1）

未移出高原的高原东部涡	未移出高原的高原东部涡
㉖ C0826 曲麻莱，Qumalai	㊶ C0841 嘉黎，Jiali
7.2~7.3	9.4
㉗ C0827 郎木寺，Langmusi	㊷ C0842 扎多，Zhaduo
7.8	9.10
㉚ C0830曲麻莱，Qumalai	㊸ C0843 托托河，Tuotuohe
7.15	9.11
㉜ C0832 嘉黎，Jiali	㊹ C0844 班玛，Banma
7.21	9.16
㉝ C0833曲麻莱，Qumalai	㊺ C0845 德格，Dege
7.23	9.30
㉞ C0834 邓柯，Dengke	㊻ C0846 治多，Zhiduo
7.24	11.4
㉟ C0835 邓柯，Dengke	㊼ C0847 扎多，Zhaduo
8.3~8.6	12.31
㊲ C0837 嘉黎，Jiali	
8.15	
㊳ C0838 白玉，Baiyu	
8.26~8.27	
㊴ C0839 嘉黎，Jiali	
8.26	
㊵ C0840 丁青，Dingqing	
8.30	

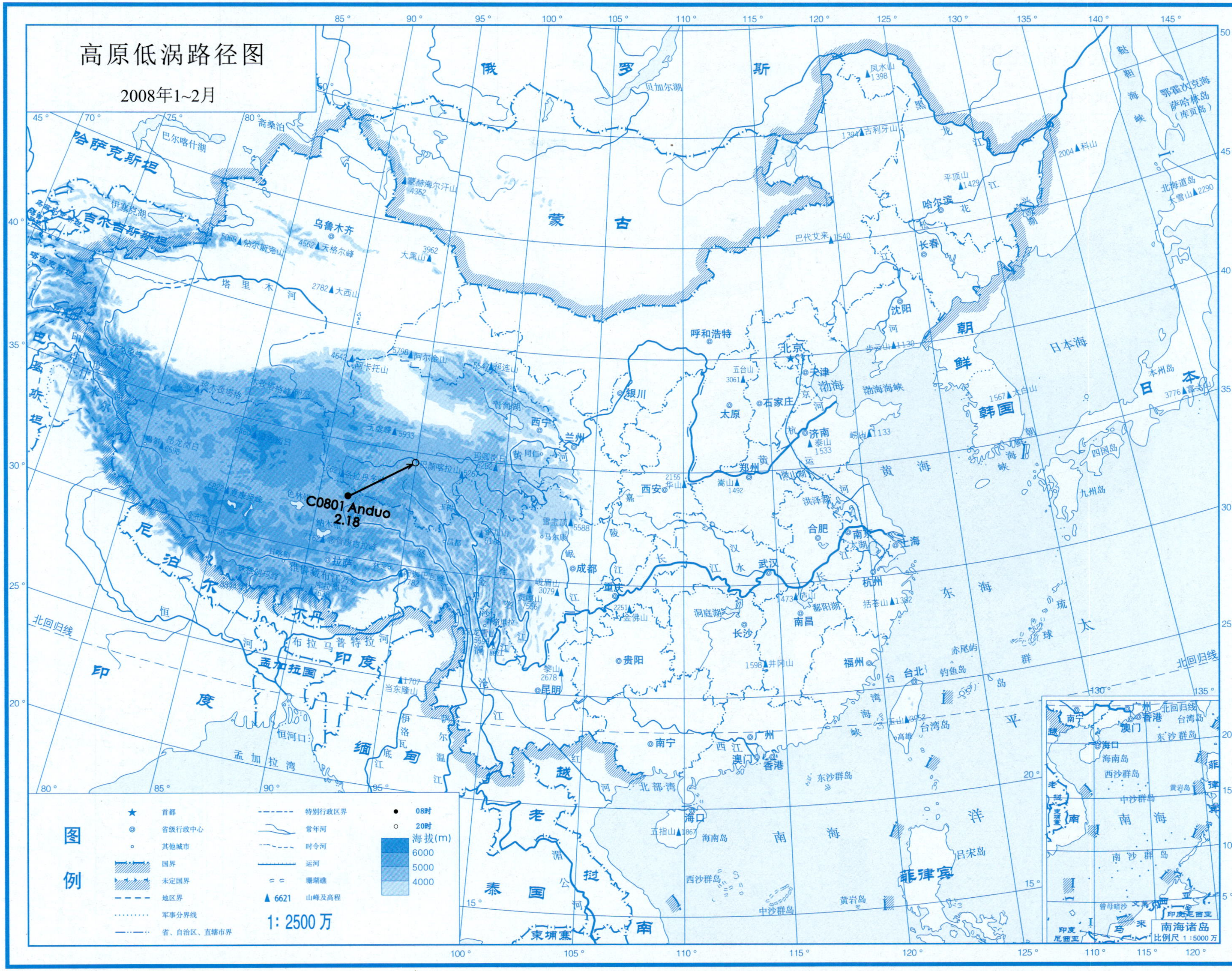
高原低涡路径图
2008年1~2月
C0801 Anduo
2.18
图例
首都
省级行政中心
其他城市
国界
未定国界
地区界
军事分界线
省、自治区、直辖市界
特别行政区界
常年河
时令河
运河
珊瑚礁
山峰及高程
08时
20时
海拔(m)
6000
5000
4000
1: 2500 万
南海诸岛
比例尺 1:5000 万
俄罗斯
蒙古
哈萨克斯坦
吉尔吉斯斯坦
巴基斯坦
印度
尼泊尔
不丹
孟加拉国
缅甸
老挝
泰国
越南
柬埔寨
朝鲜
韩国
日本
菲律宾
北京
乌鲁木齐
拉萨
西宁
兰州
银川
呼和浩特
太原
石家庄
天津
济南
郑州
西安
成都
重庆
贵阳
昆明
南宁
广州
长沙
武汉
南昌
合肥
南京
上海
杭州
福州
台北
香港
澳门
海口
哈尔滨
长春
沈阳
渤海
黄海
东海
南海
日本海
太平洋
北回归线

高原低涡路径图

2008年3月

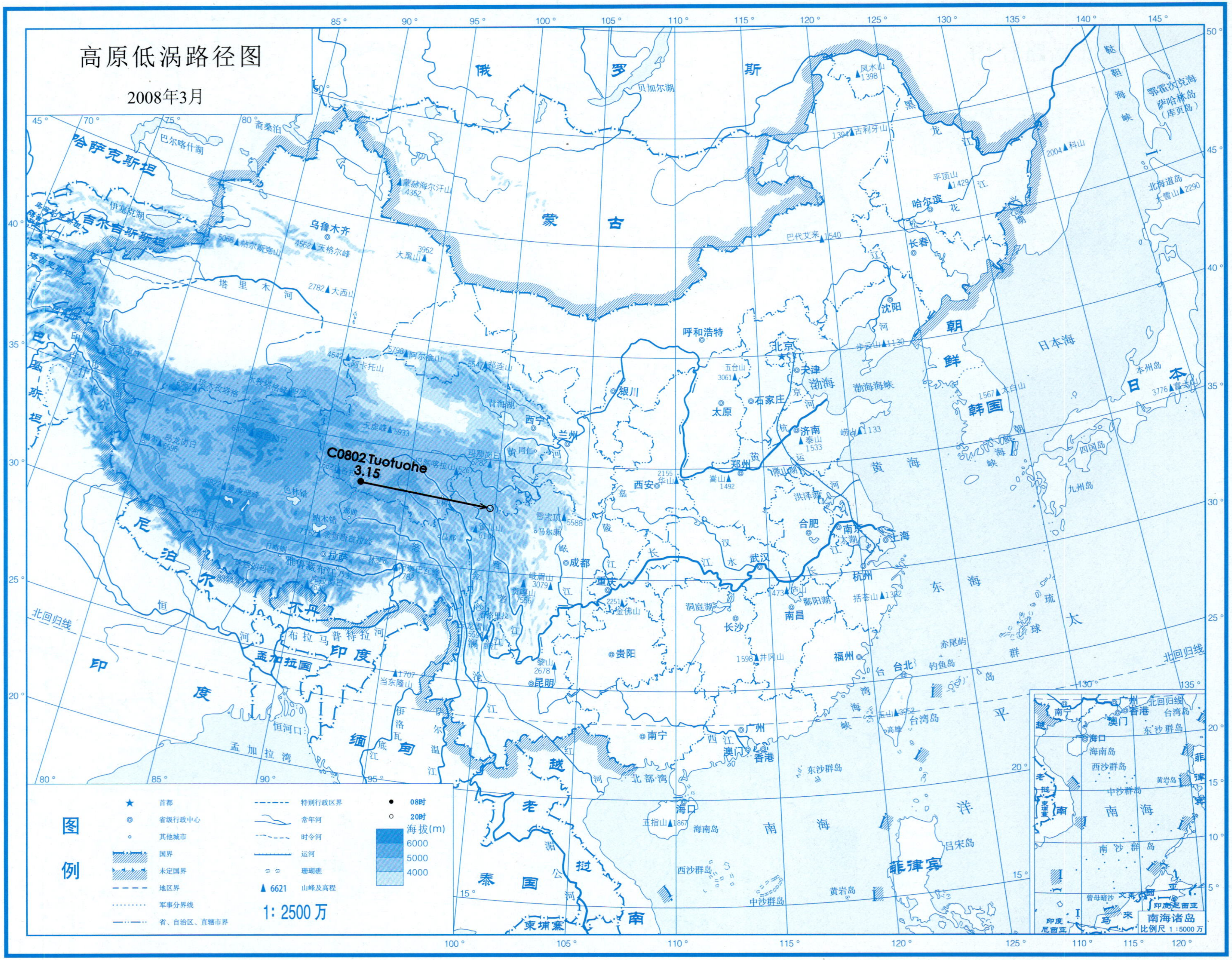

高原低涡路径图

2008年4月

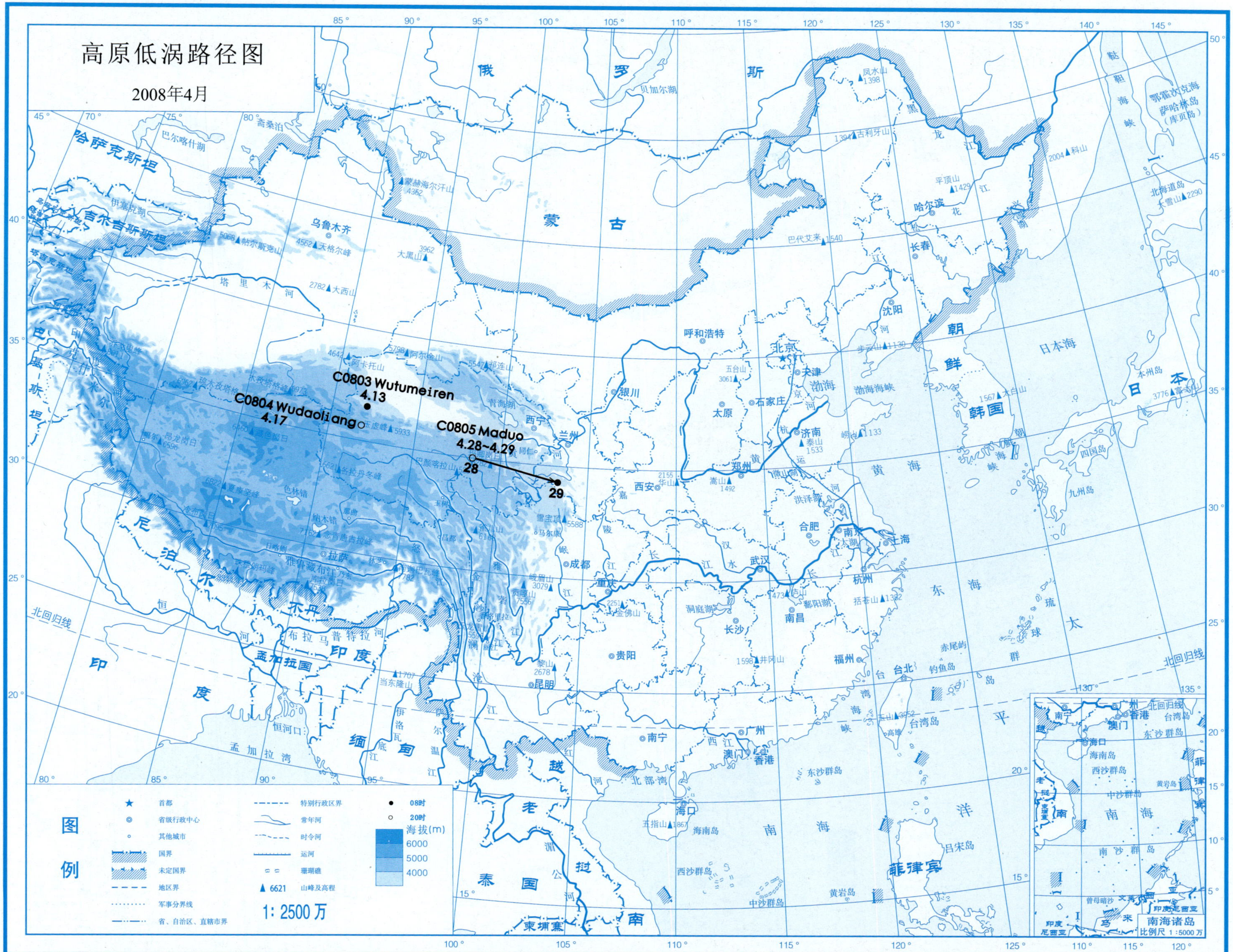

高原低涡路径图

2008年5月(1)

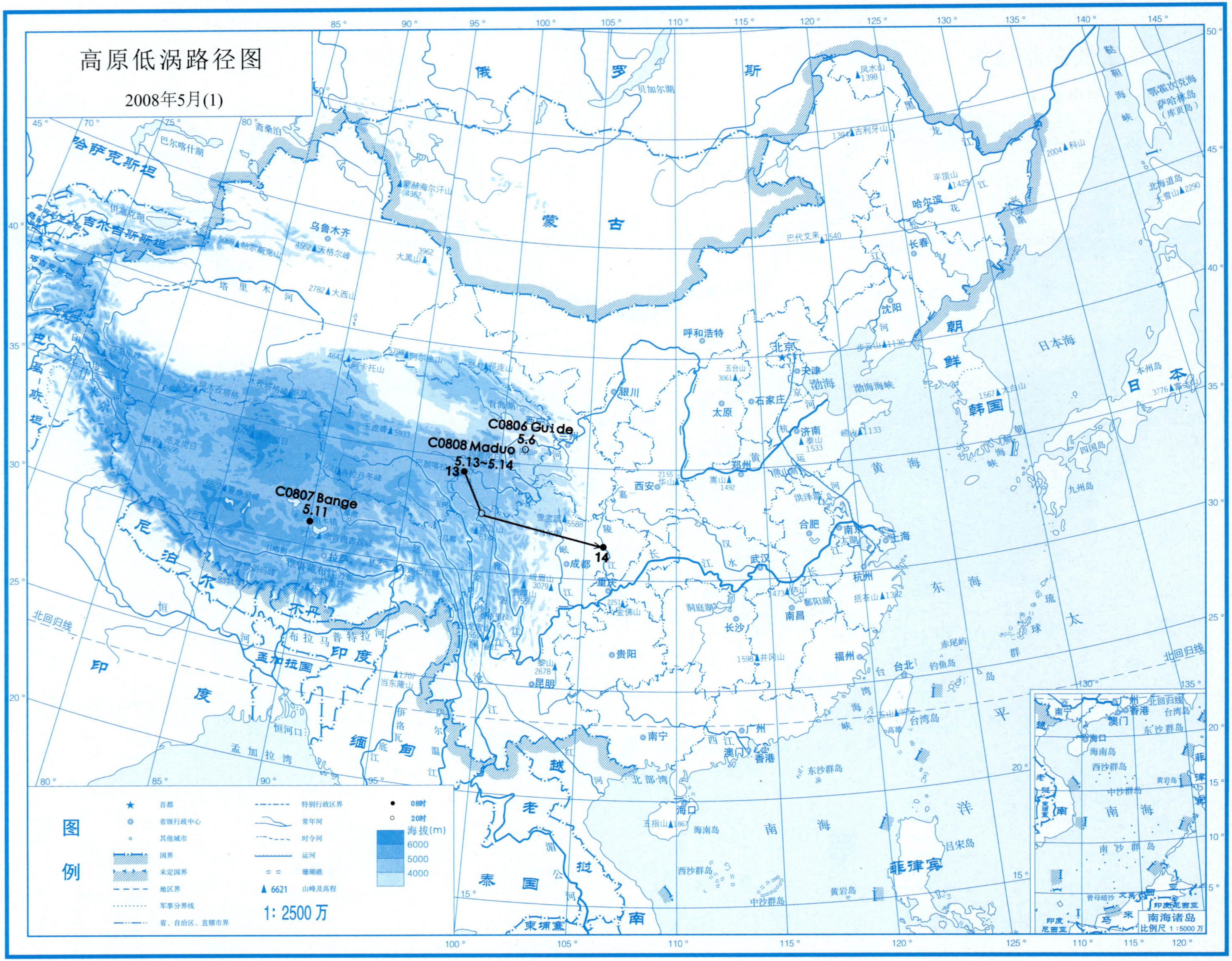

高原低涡路径图

2008年5月(2)

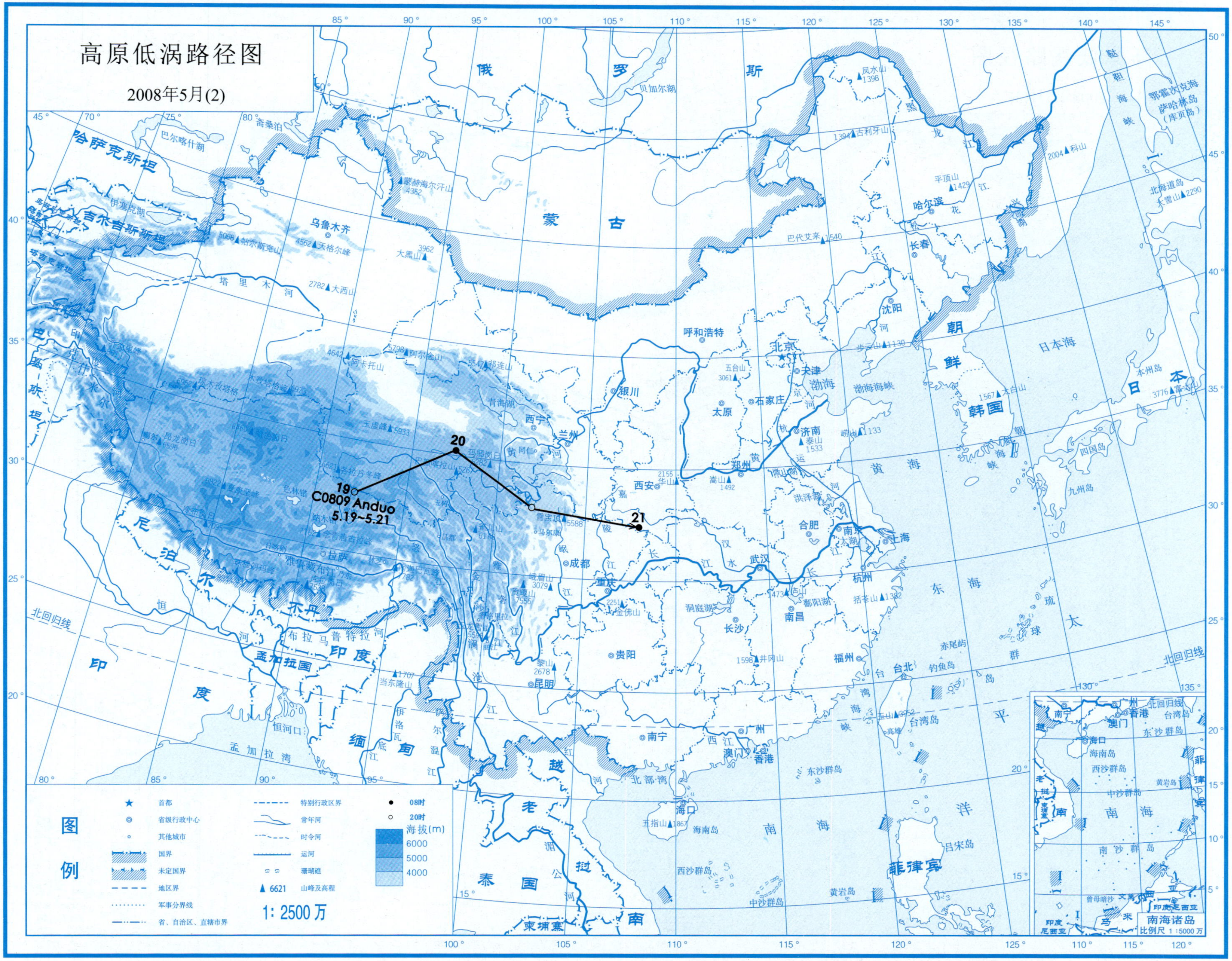

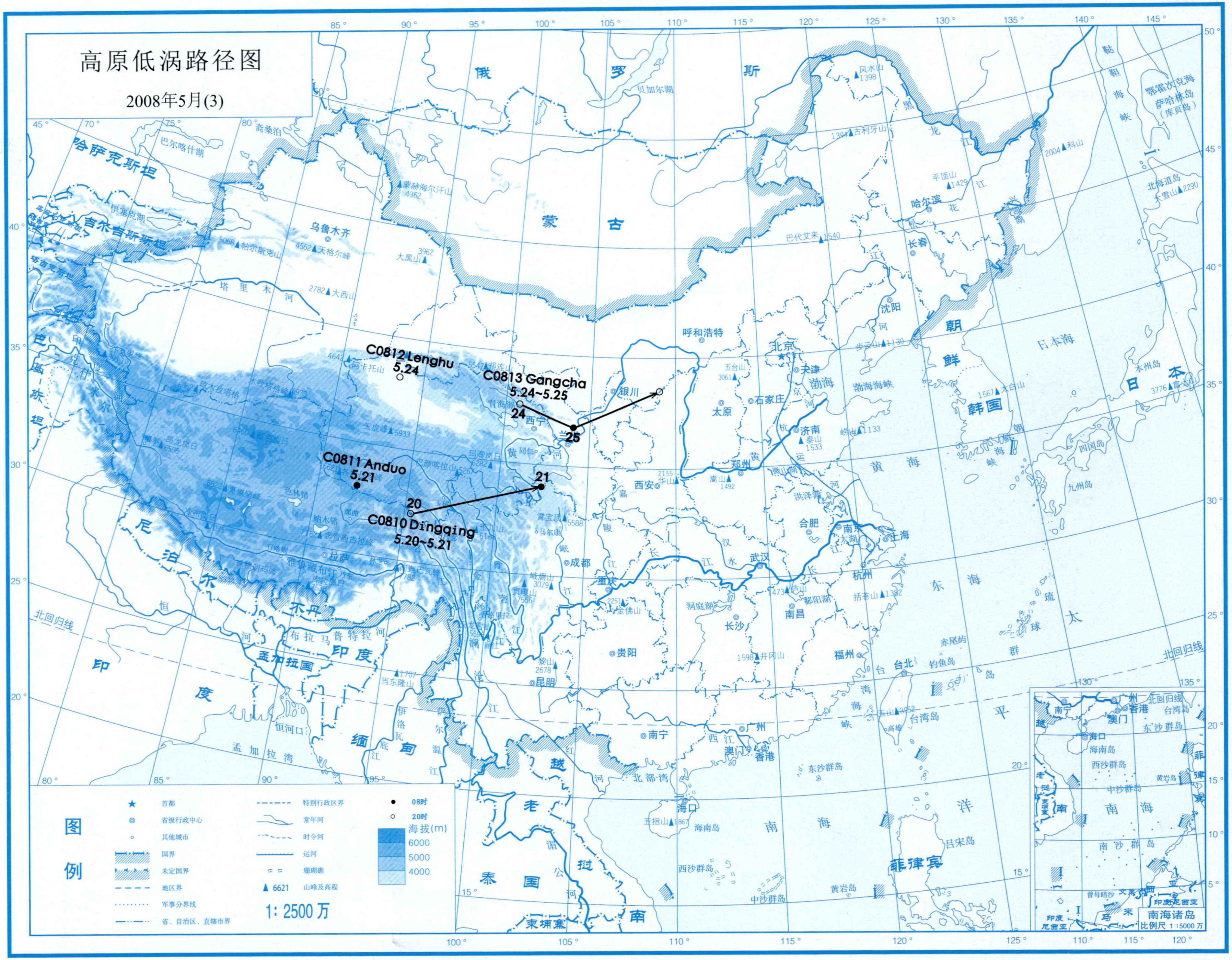
高原低涡路径图
2008年5月(3)
C0812 Lenghu
5.24
C0813 Gangcha
5.24~5.25
24
25
C0811 Anduo
5.21
21
20
C0810 Dingqing
5.20~5.21
图例
首都
省级行政中心
其他城市
国界
未定国界
地区界
军事分界线
省、自治区、直辖市界
特别行政区界
常年河
时令河
运河
珊瑚礁
6621 山峰及高程
08时
20时
海拔(m)
6000
5000
4000
1:2500万
南海诸岛
比例尺 1:5000万

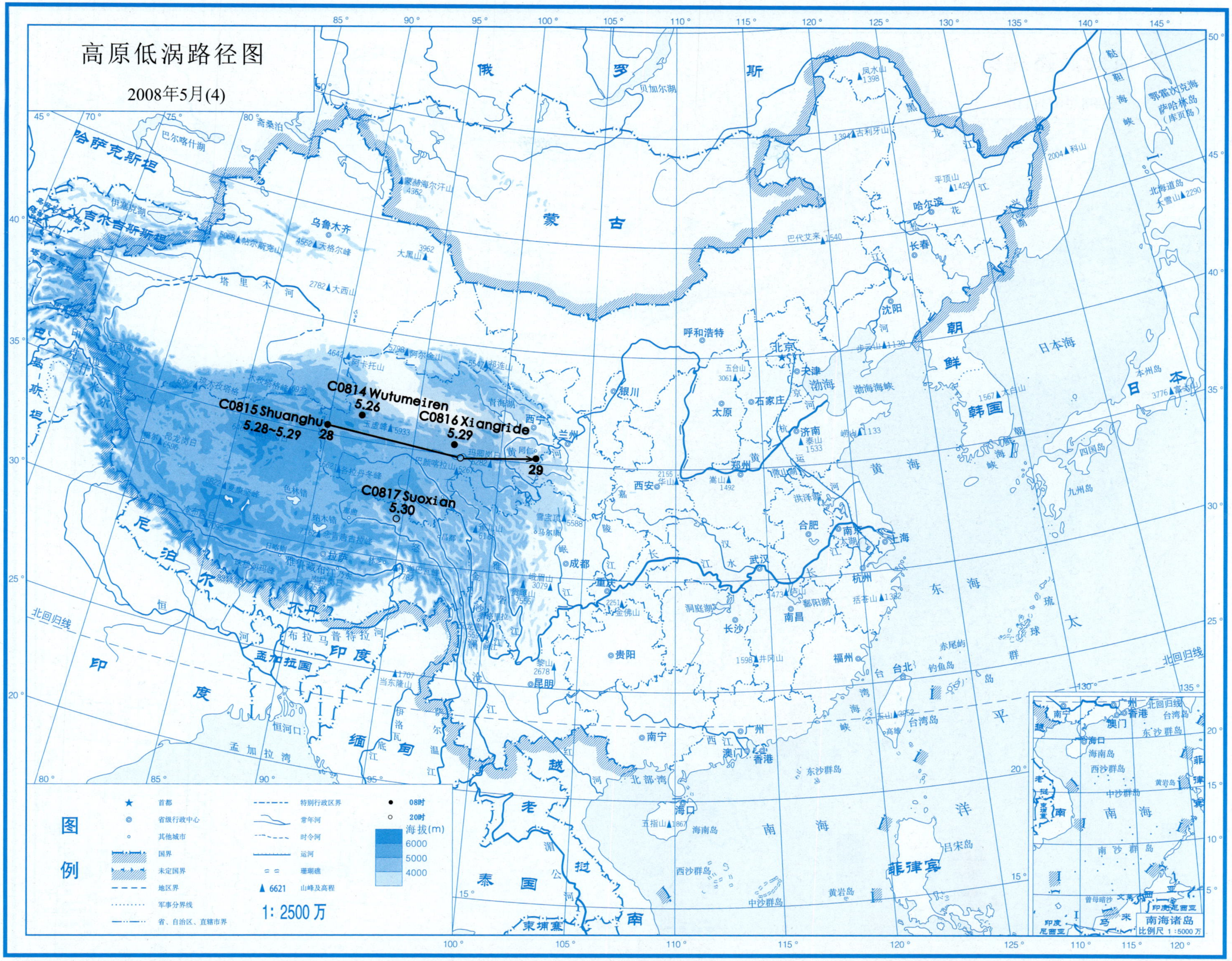

高原低涡路径图

2008年5月(4)

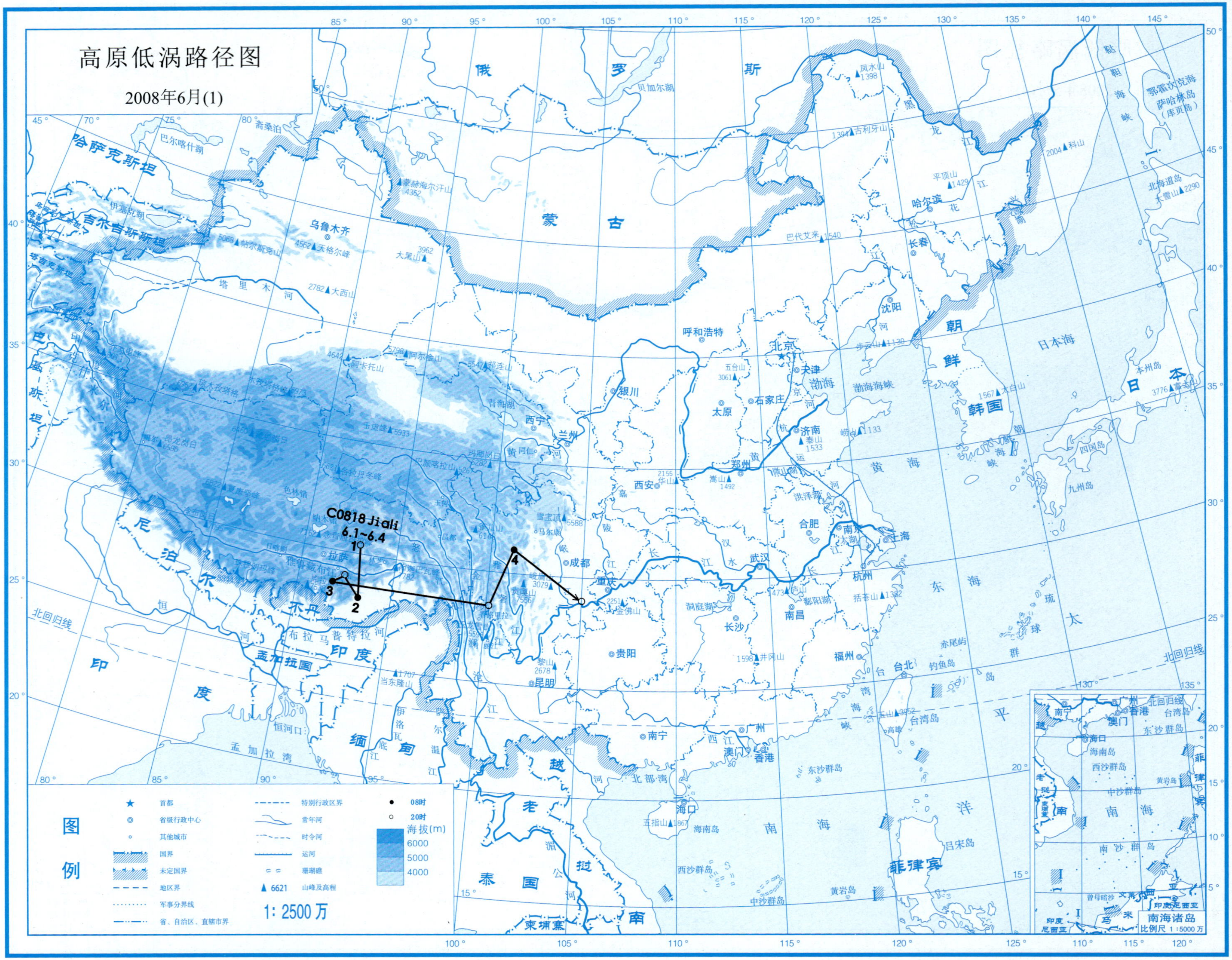
高原低涡路径图
2008年6月(1)
C0818 Jiali
6.1~6.4
1
2
3
4
图例
首都
省级行政中心
其他城市
国界
未定国界
地区界
军事分界线
省、自治区、直辖市界
特别行政区界
常年河
时令河
运河
珊瑚礁
6621 山峰及高程
08时
20时
海拔(m)
6000
5000
4000
1: 2500 万
南海诸岛
比例尺 1:5000 万

高原低涡路径图

2008年6月(2)

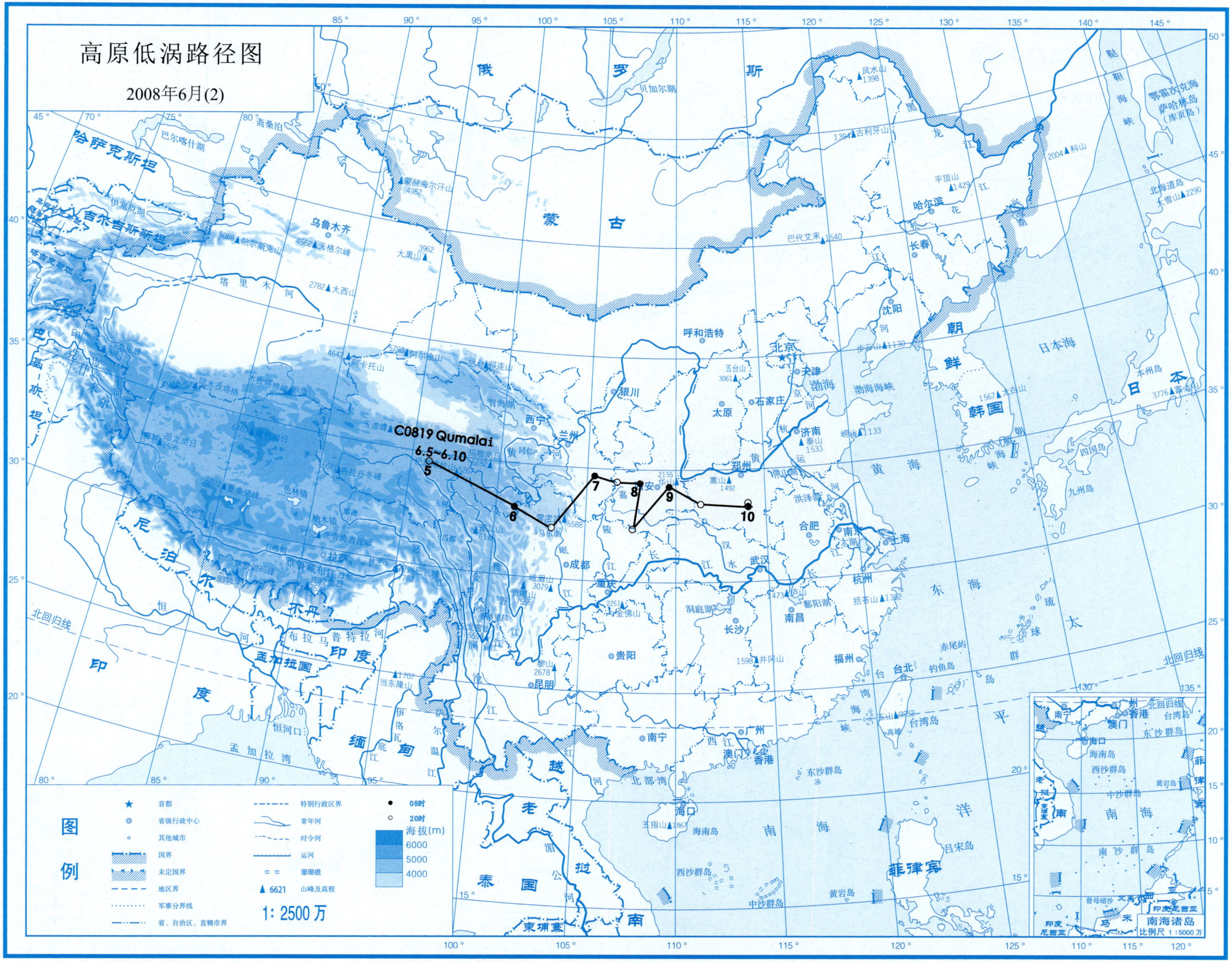

高原低涡路径图

2008年6月(3)

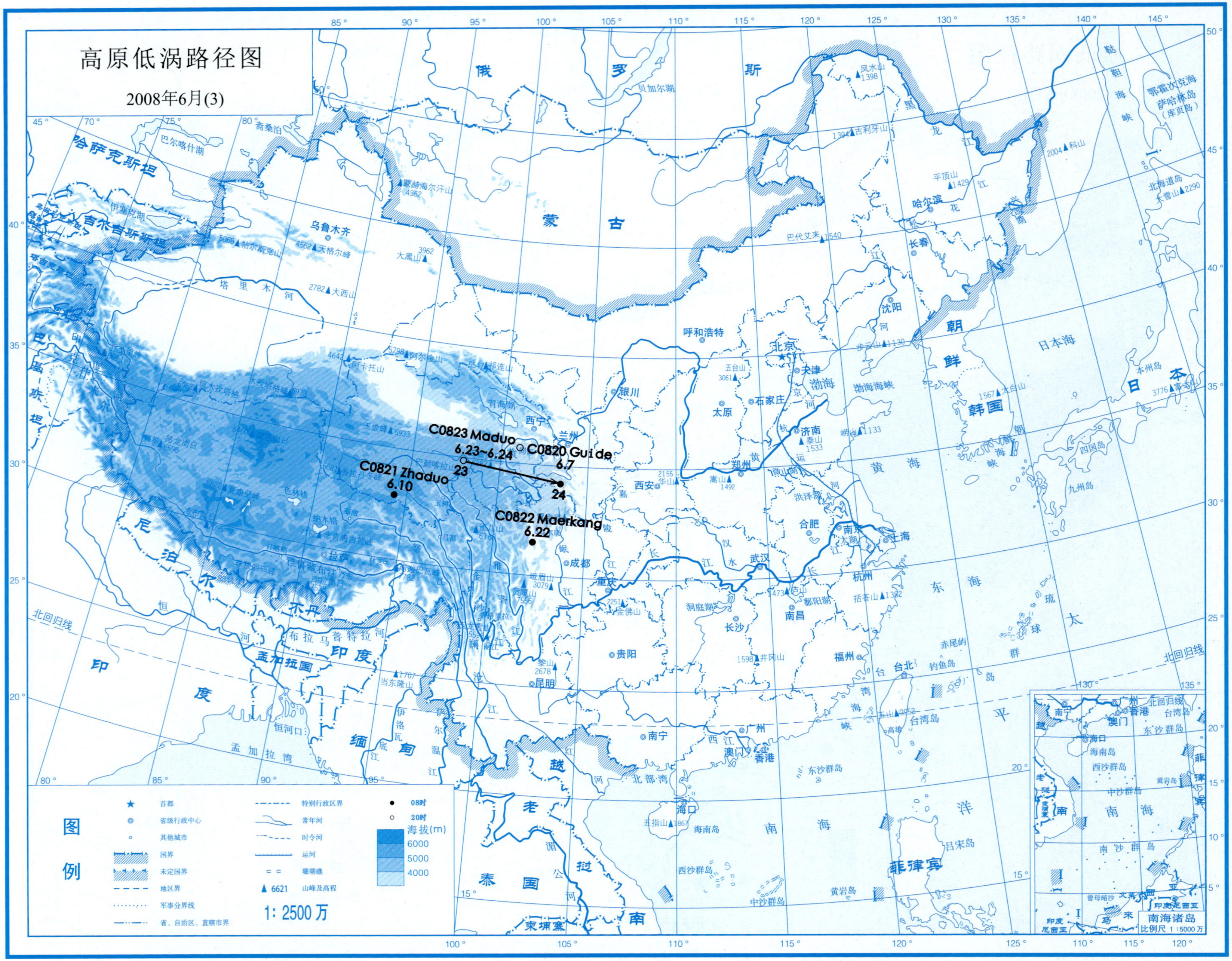

高原低涡路径图

2008年6月(4)

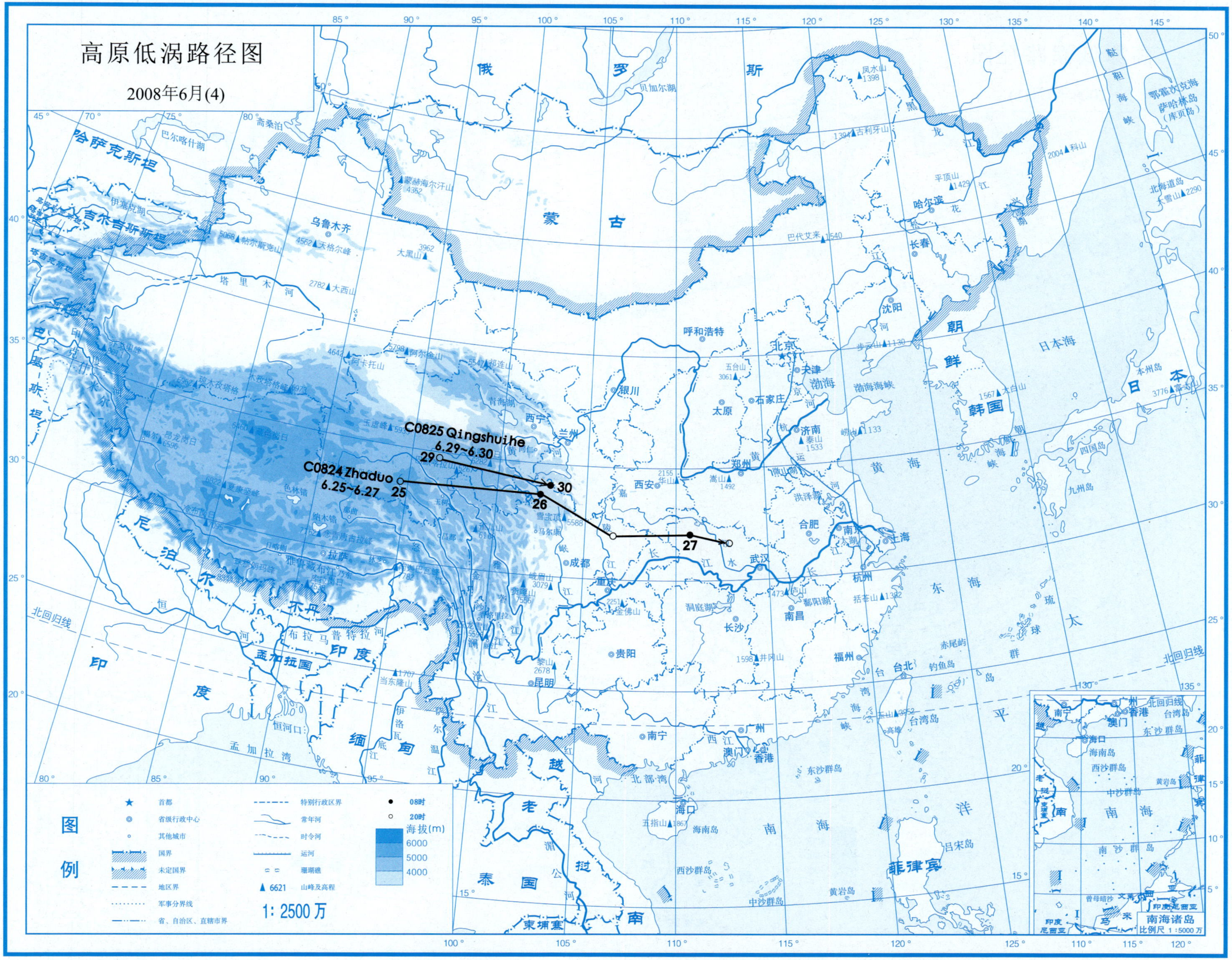

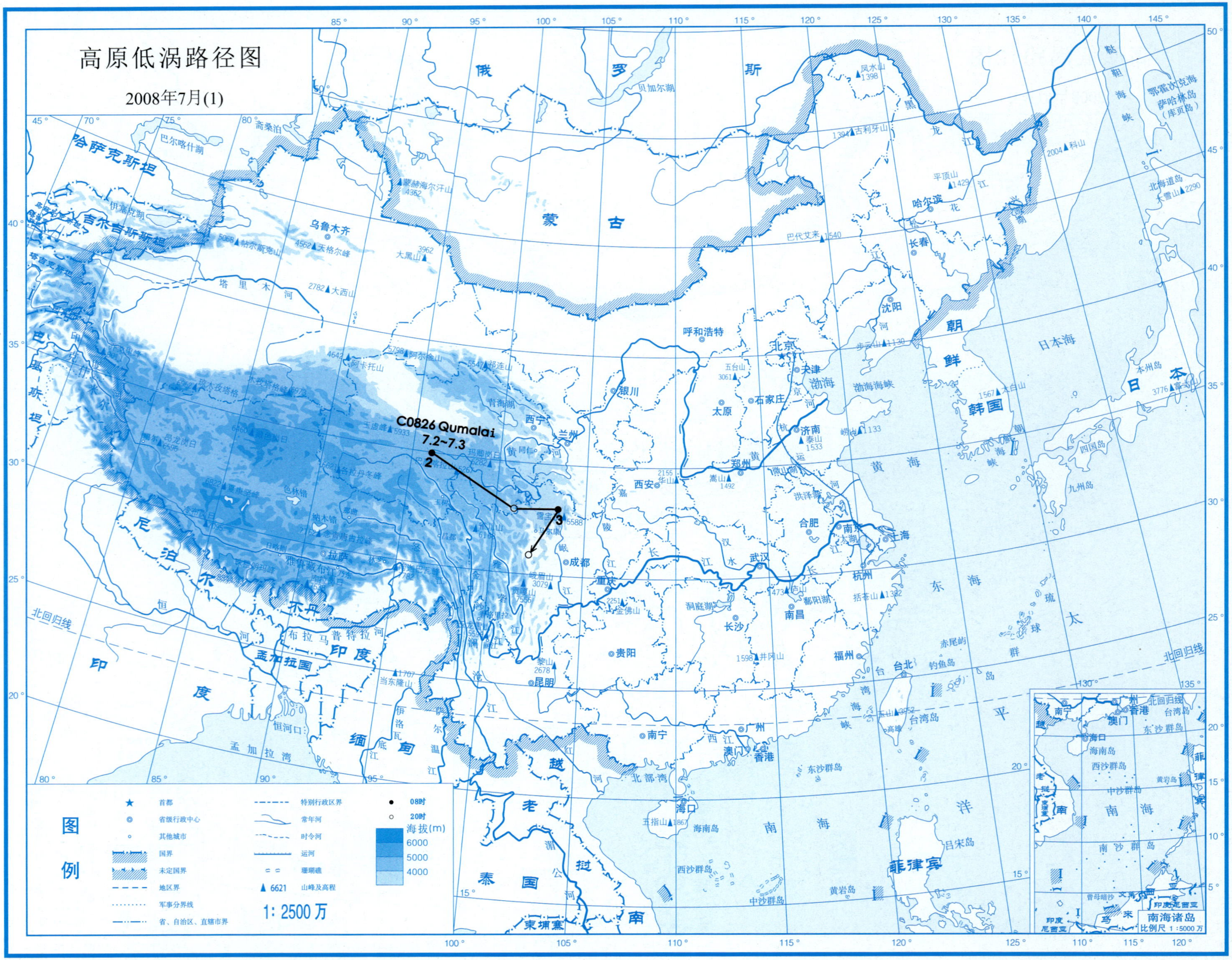
高原低涡路径图
2008年7月(1)
C0826 Qumalai
7.2~7.3
2
3
图例
首都
省级行政中心
其他城市
国界
未定国界
地区界
军事分界线
省、自治区、直辖市界
特别行政区界
常年河
时令河
运河
珊瑚礁
6621 山峰及高程
08时
20时
海拔(m)
6000
5000
4000
1: 2500 万
南海诸岛
比例尺 1 : 5000 万
俄罗斯
蒙古
哈萨克斯坦
吉尔吉斯斯坦
巴基斯坦
印度
尼泊尔
不丹
孟加拉国
缅甸
老挝
泰国
柬埔寨
越南
朝鲜
韩国
日本
菲律宾
乌鲁木齐
拉萨
西宁
兰州
银川
成都
重庆
昆明
贵阳
南宁
广州
香港
澳门
海口
长沙
武汉
南昌
福州
台北
杭州
上海
南京
合肥
济南
郑州
西安
太原
石家庄
北京
天津
呼和浩特
沈阳
长春
哈尔滨
黄海
东海
南海
渤海
日本海
太平洋

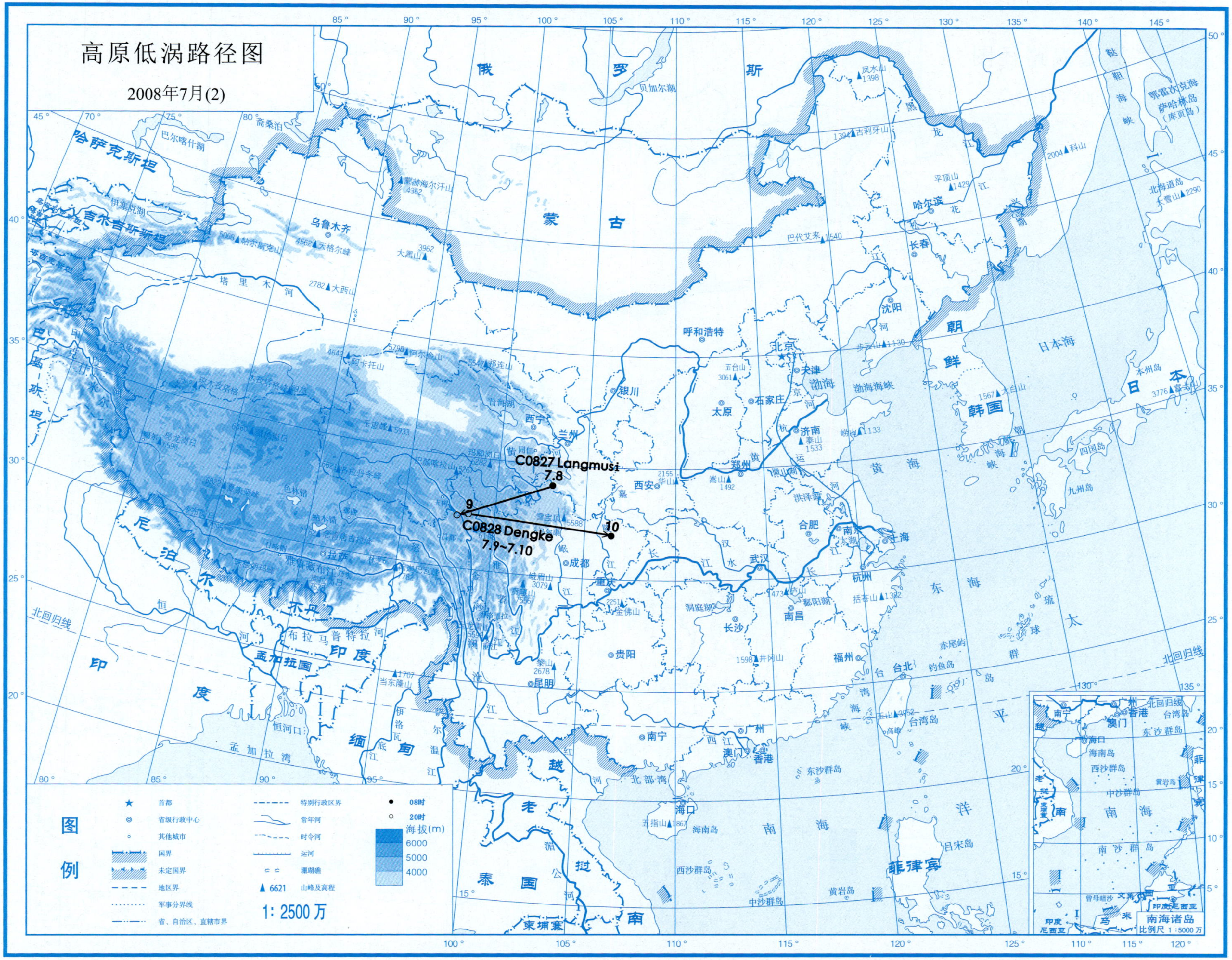
高原低涡路径图
2008年7月(2)
C0827 Langmusi
7.8
9
C0828 Dengke
7.9~7.10
10
图例
首都
省级行政中心
其他城市
国界
未定国界
地区界
军事分界线
省、自治区、直辖市界
特别行政区界
常年河
时令河
运河
珊瑚礁
6621 山峰及高程
08时
20时
海拔(m)
6000
5000
4000
1: 2500 万
南海诸岛
比例尺 1:5000 万

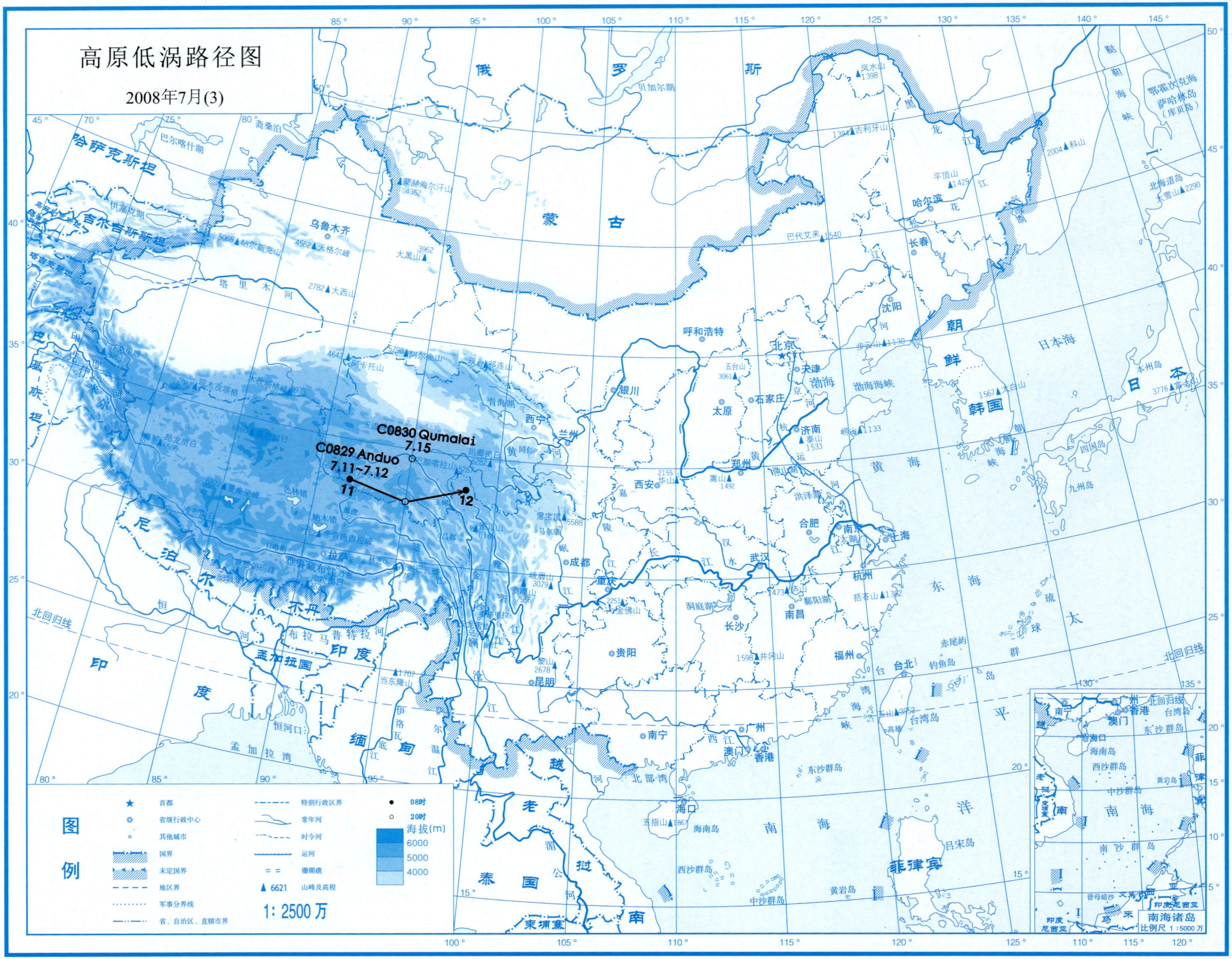

高原低涡路径图

2008年7月(3)

高原低涡路径图

2008年7月(4)

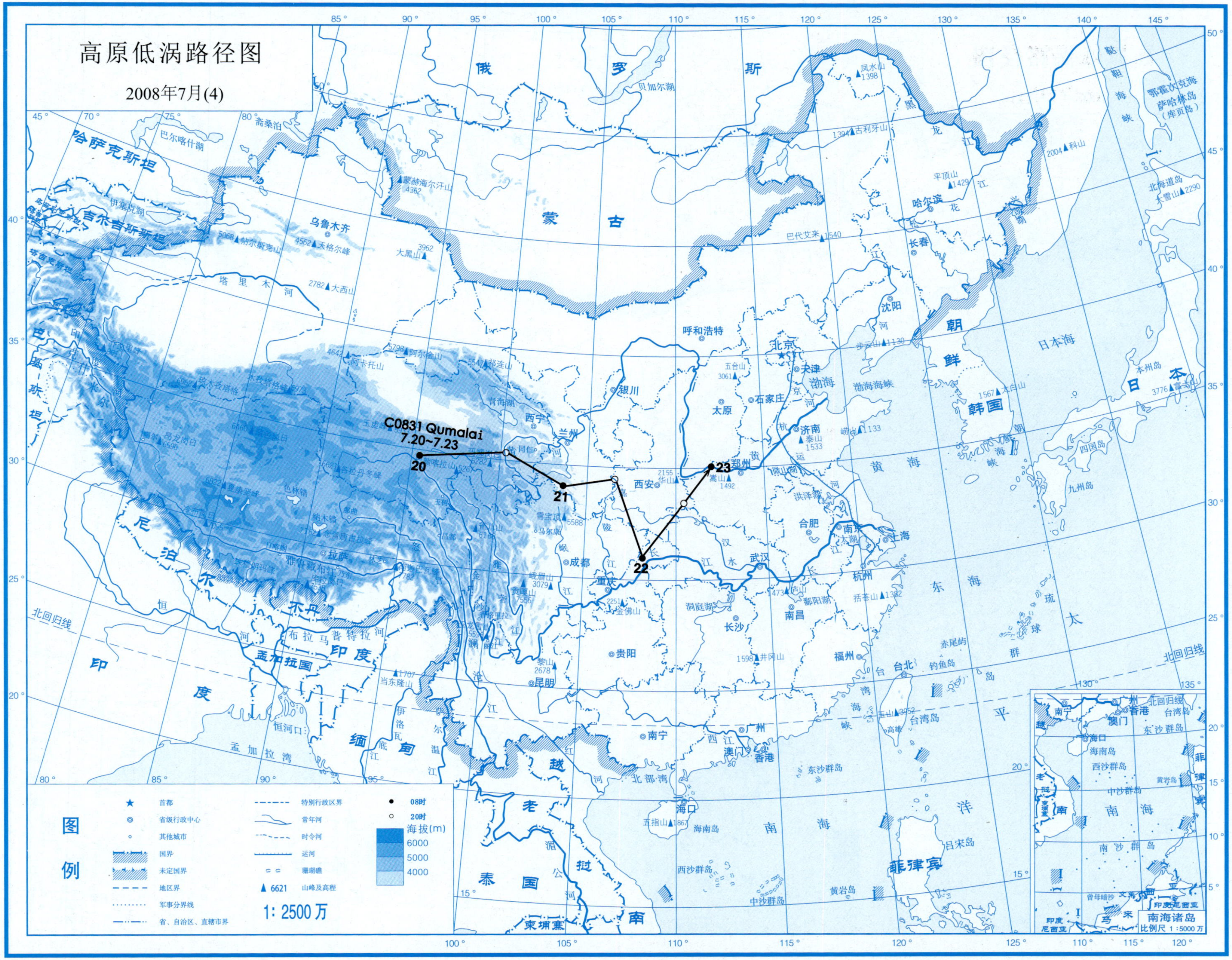

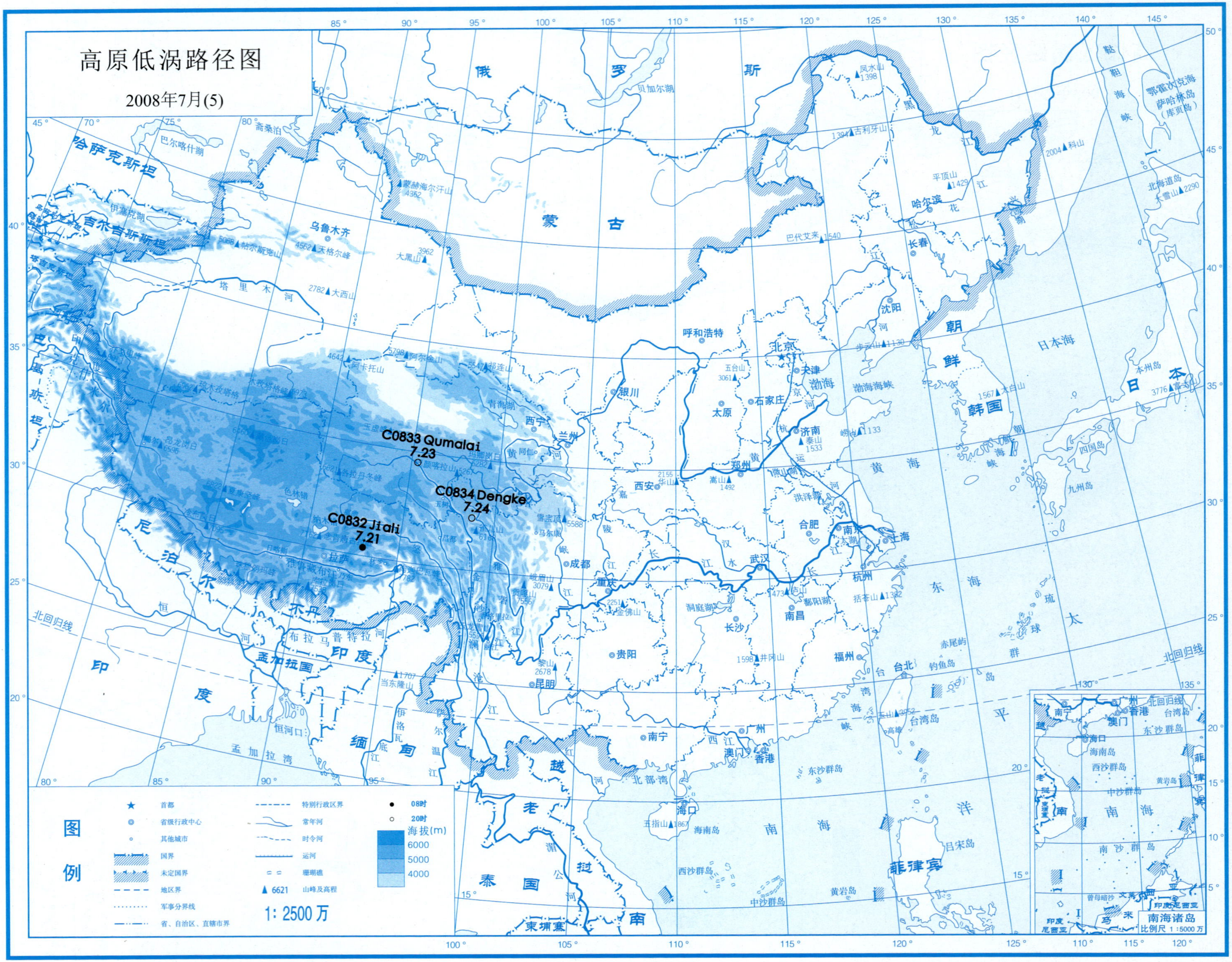

高原低涡路径图
2008年7月(5)
C0833 Qumalai
7.23
C0834 Dengke
7.24
C0832 Jiali
7.21
图例
首都
省级行政中心
其他城市
国界
未定国界
地区界
军事分界线
省、自治区、直辖市界
特别行政区界
常年河
时令河
运河
珊瑚礁
6621 山峰及高程
08时
20时
海拔(m)
6000
5000
4000
1: 2500 万
南海诸岛
比例尺 1：5000 万

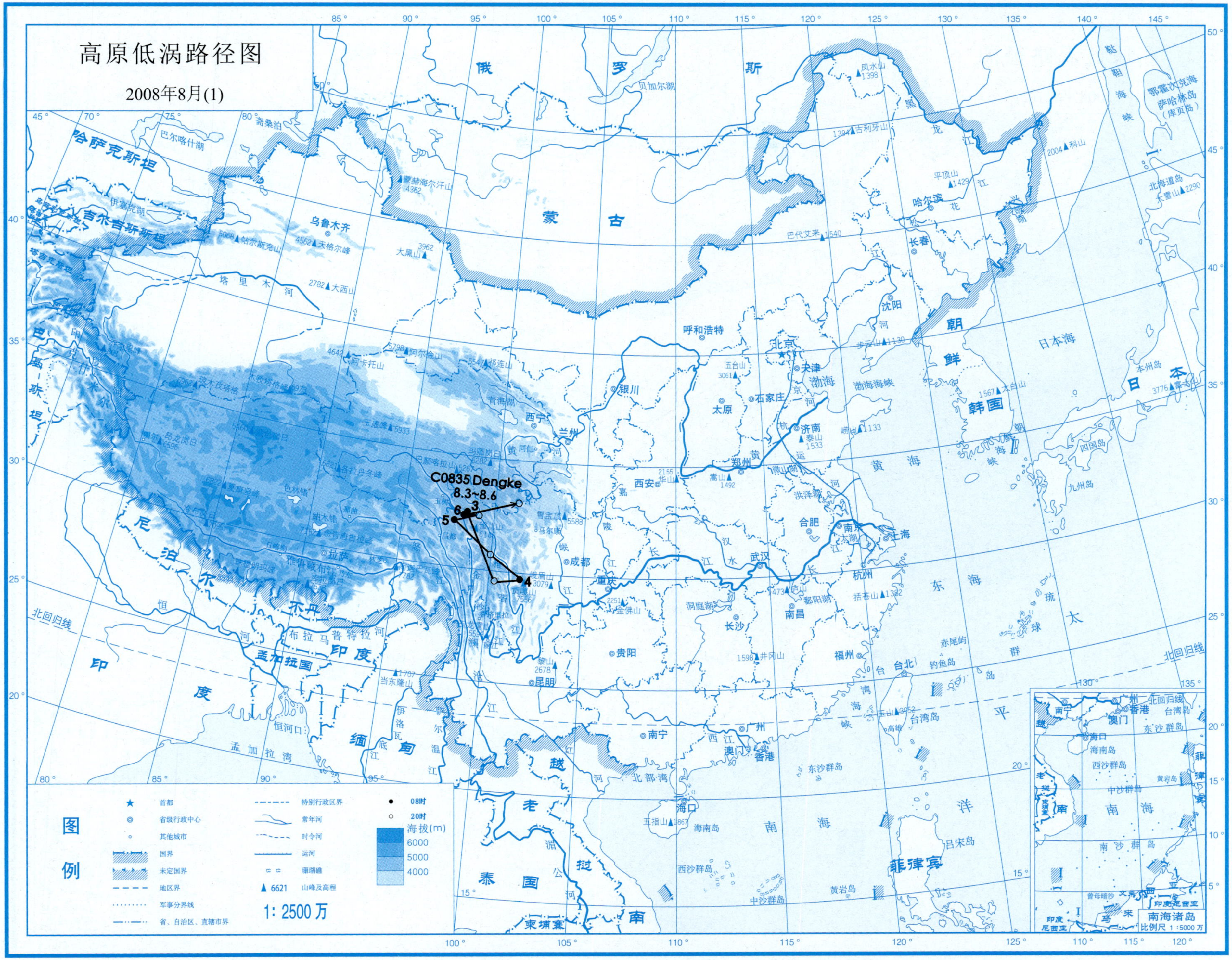
高原低涡路径图
2008年8月(1)
C0835 Dengke
8.3~8.6
图例
首都
省级行政中心
其他城市
国界
未定国界
地区界
军事分界线
省、自治区、直辖市界
特别行政区界
常年河
时令河
运河
珊瑚礁
山峰及高程
08时
20时
海拔(m)
6000
5000
4000
1: 2500万
南海诸岛
比例尺 1:5000万

高原低涡路径图

2008年8月(2)

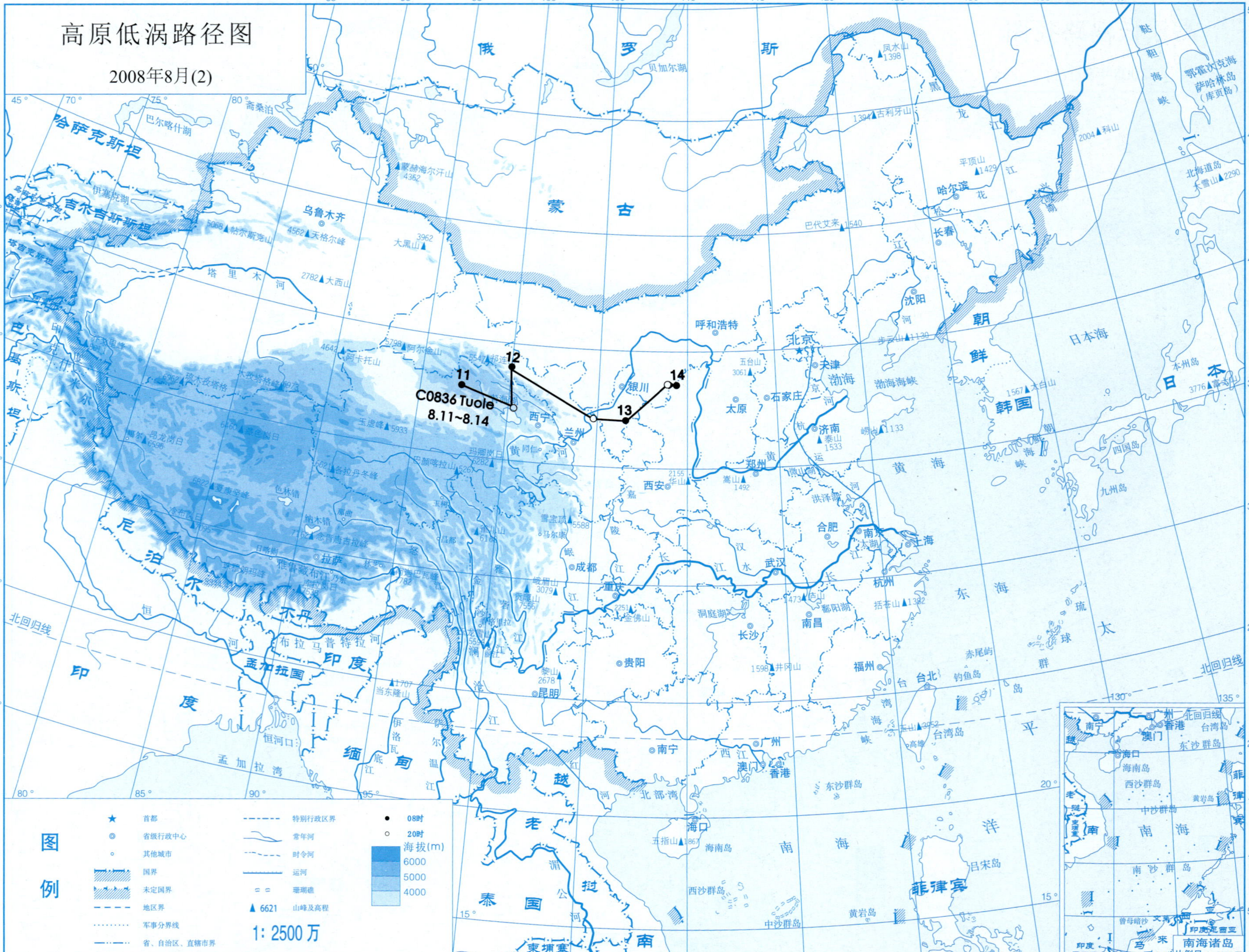

高原低涡路径图

2008年8月(3)

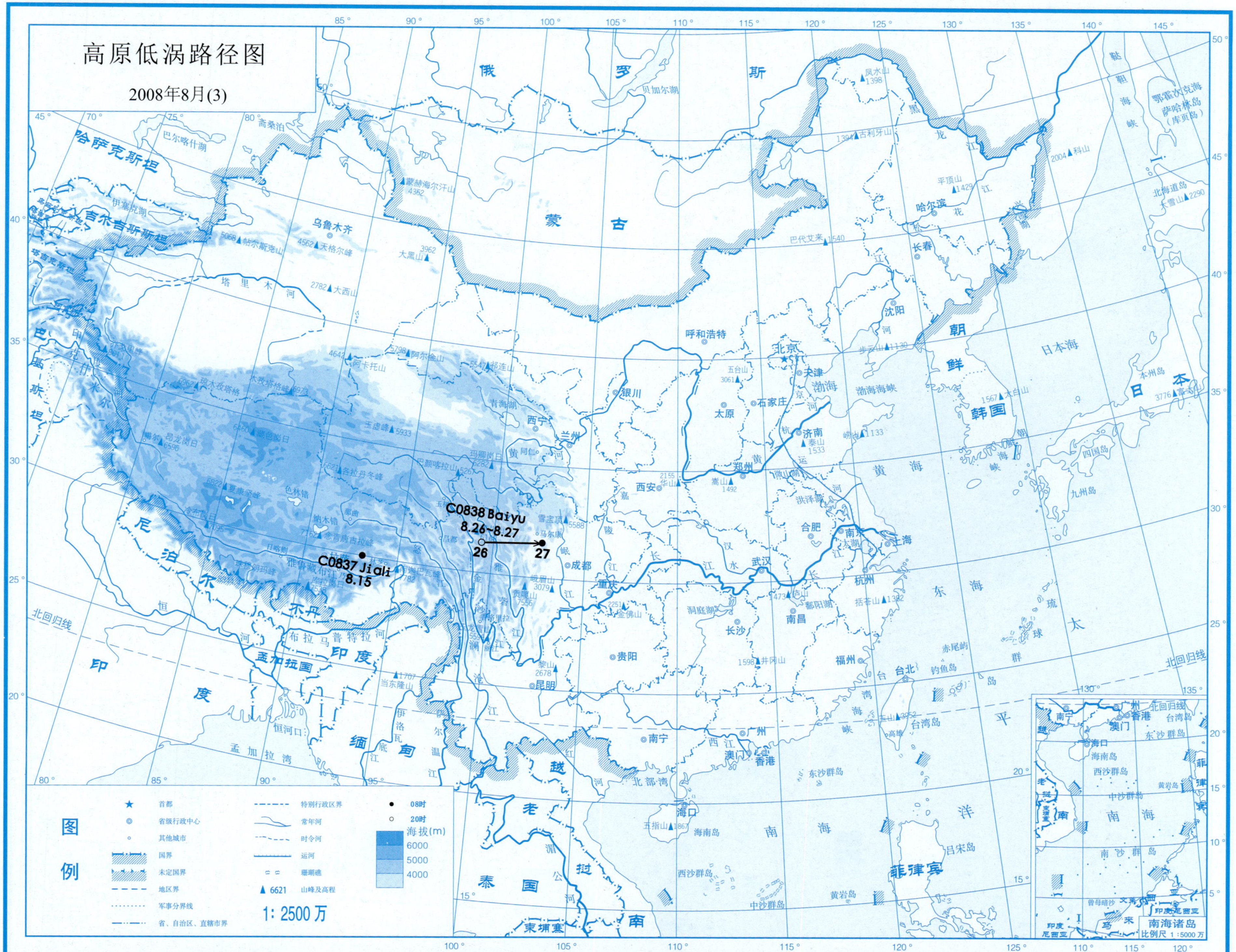

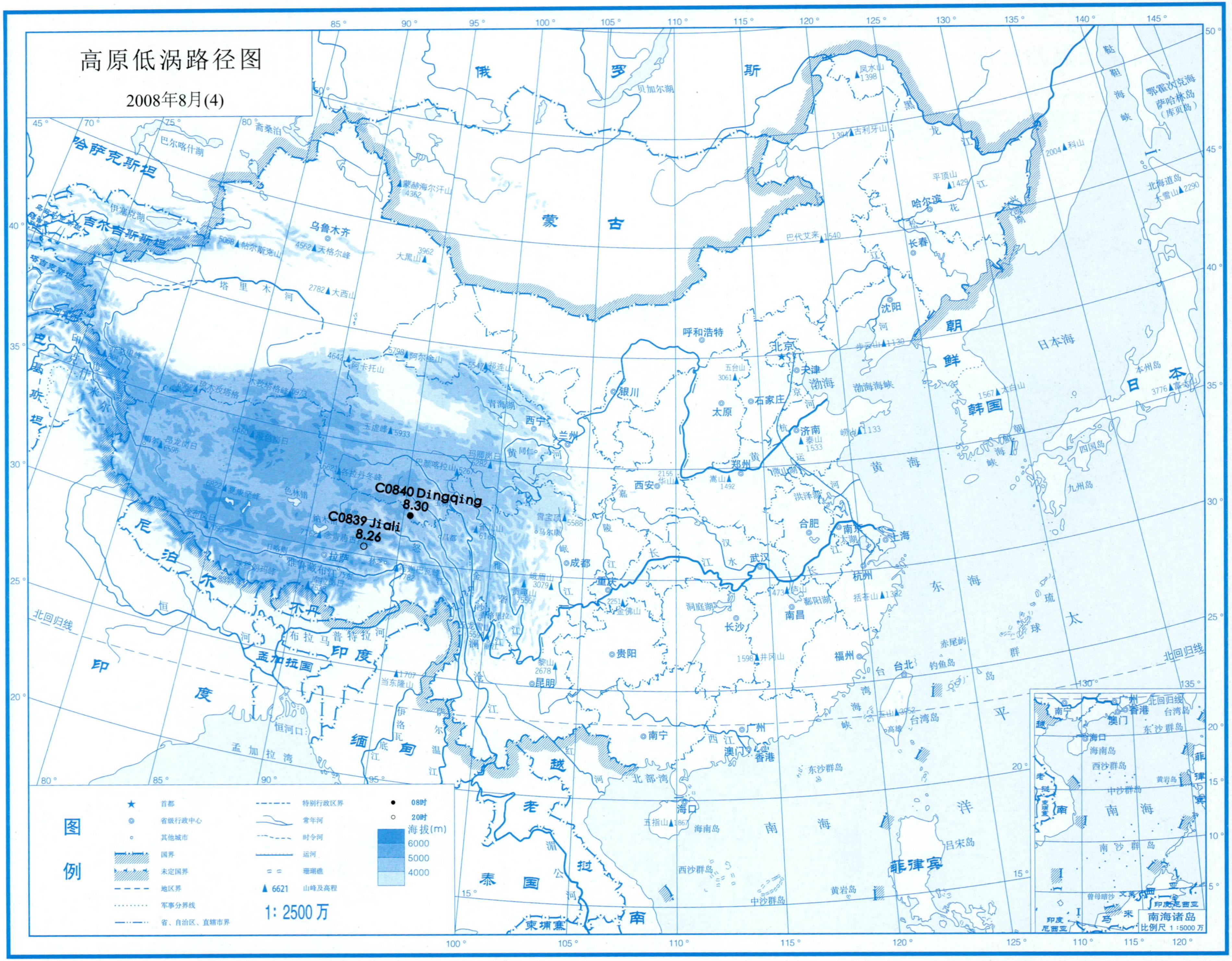
高原低涡路径图
2008年8月(4)
C0840 Dingqing
8.30
C0839 Jiali
8.26
图例
首都
省级行政中心
其他城市
国界
未定国界
地区界
军事分界线
省、自治区、直辖市界
特别行政区界
常年河
时令河
运河
珊瑚礁
6621 山峰及高程
08时
20时
海拔(m)
6000
5000
4000
1: 2500 万
南海诸岛
比例尺 1 : 5000 万

高原低涡路径图

2008年9月

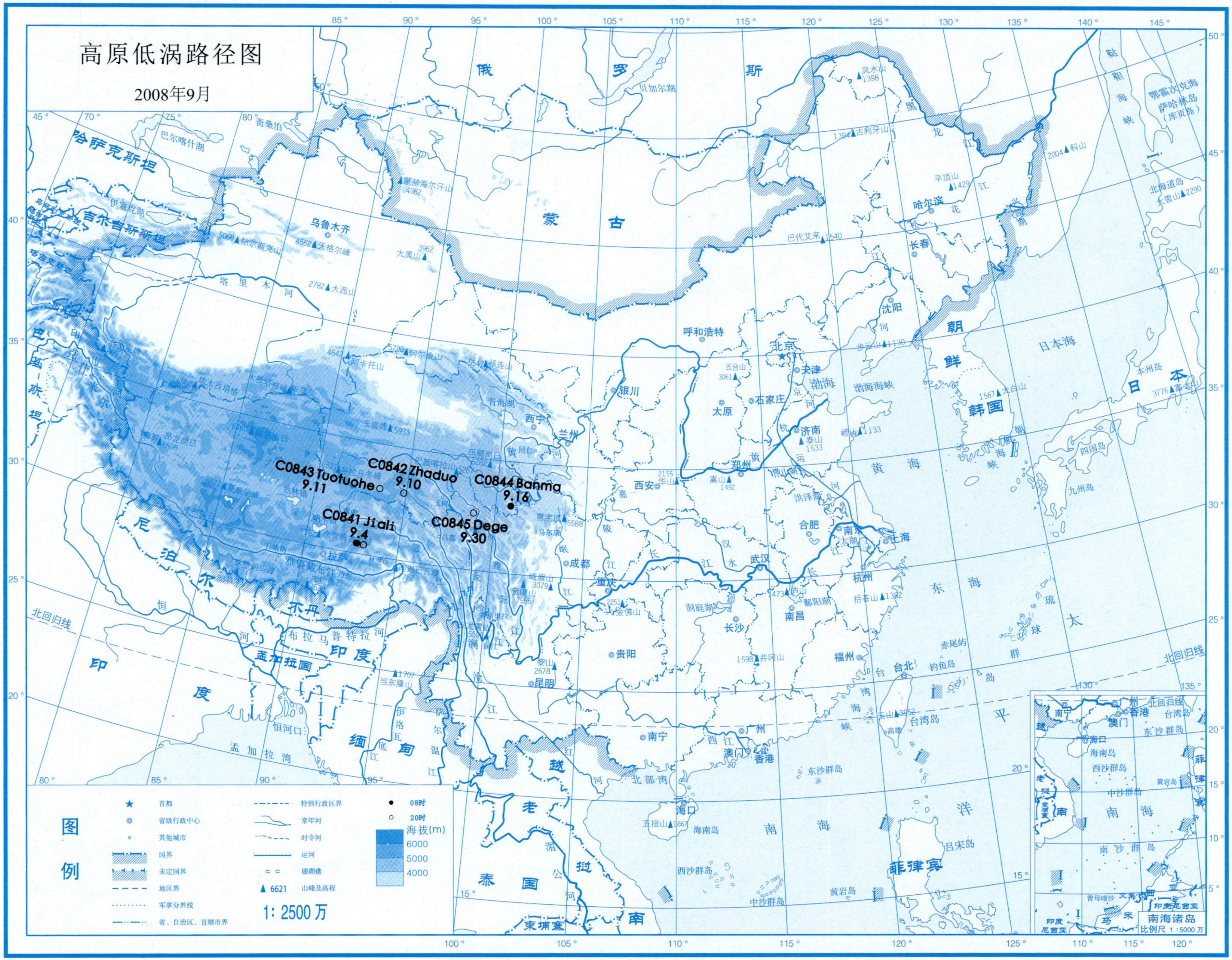

高原低涡路径图

2008年10~12月

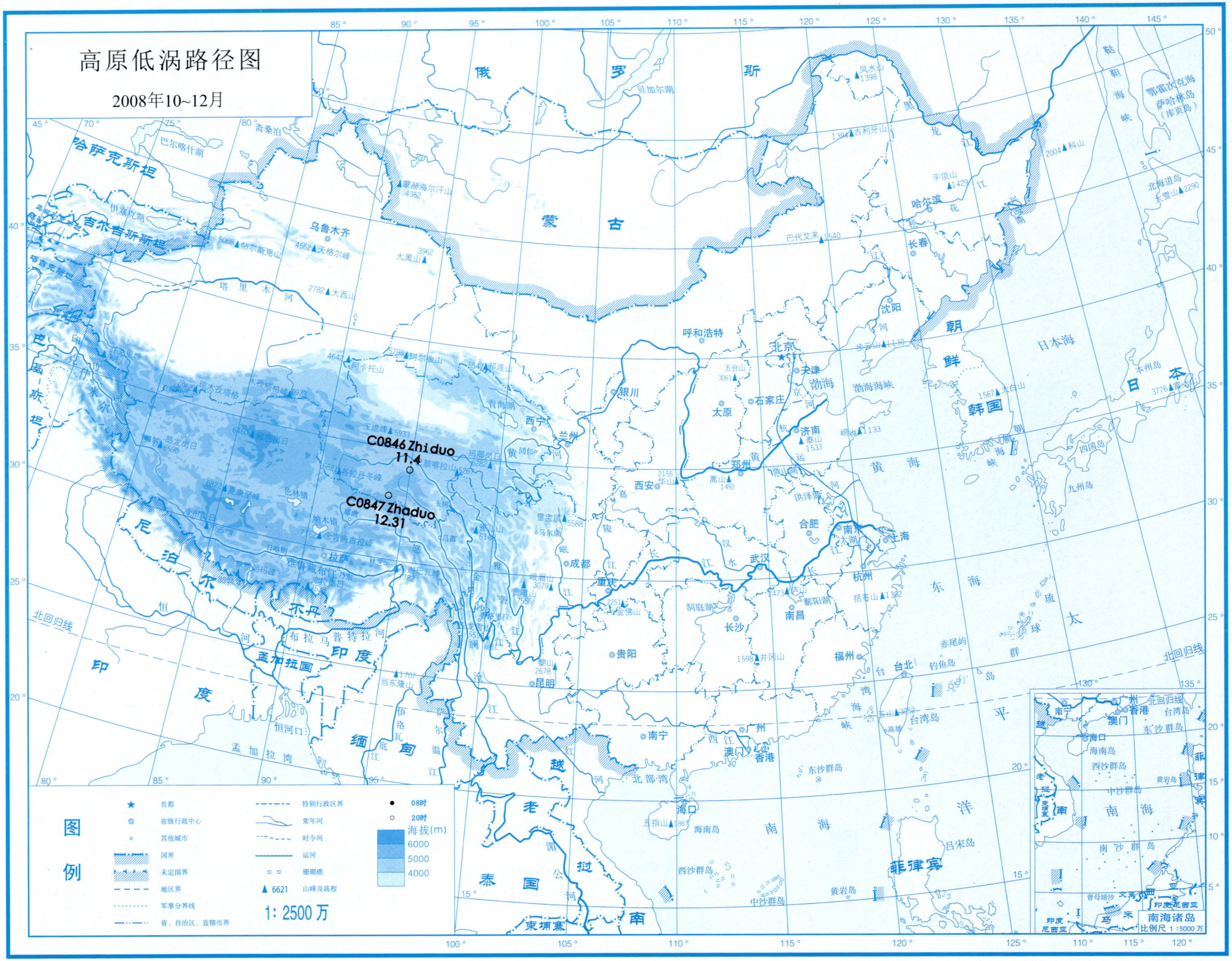

青藏高原低涡降水资料

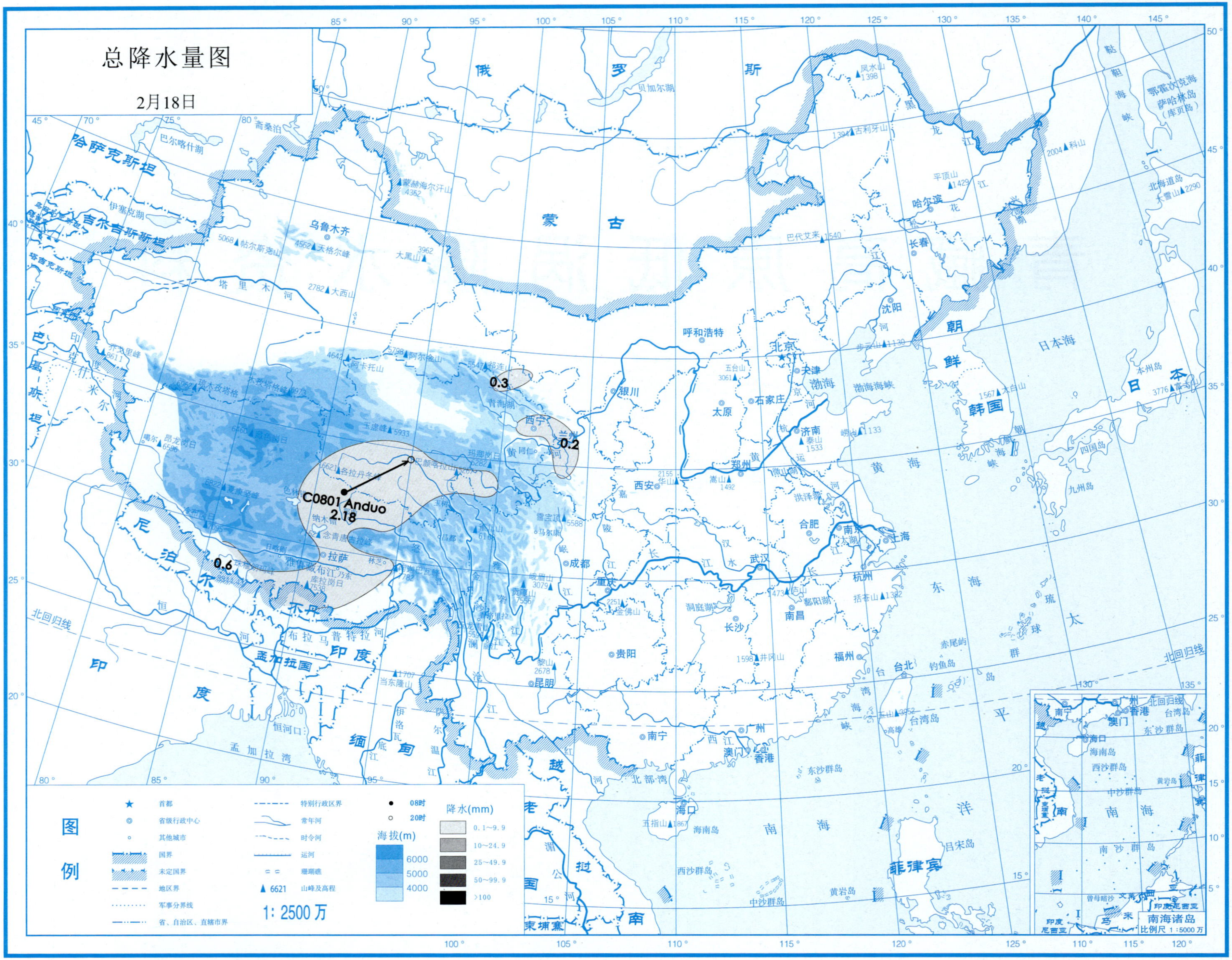
总降水量图
2月18日
C0801 Anduo
2.18
0.3
0.2
0.6
图例
首都
省级行政中心
其他城市
国界
未定国界
地区界
军事分界线
省、自治区、直辖市界
特别行政区界
常年河
时令河
运河
珊瑚礁
6621 山峰及高程
08时
20时
海拔(m)
6000
5000
4000
1: 2500 万
降水(mm)
0.1~9.9
10~24.9
25~49.9
50~99.9
>100
南海诸岛
比例尺 1:5000 万

总降水日数图

2月18日

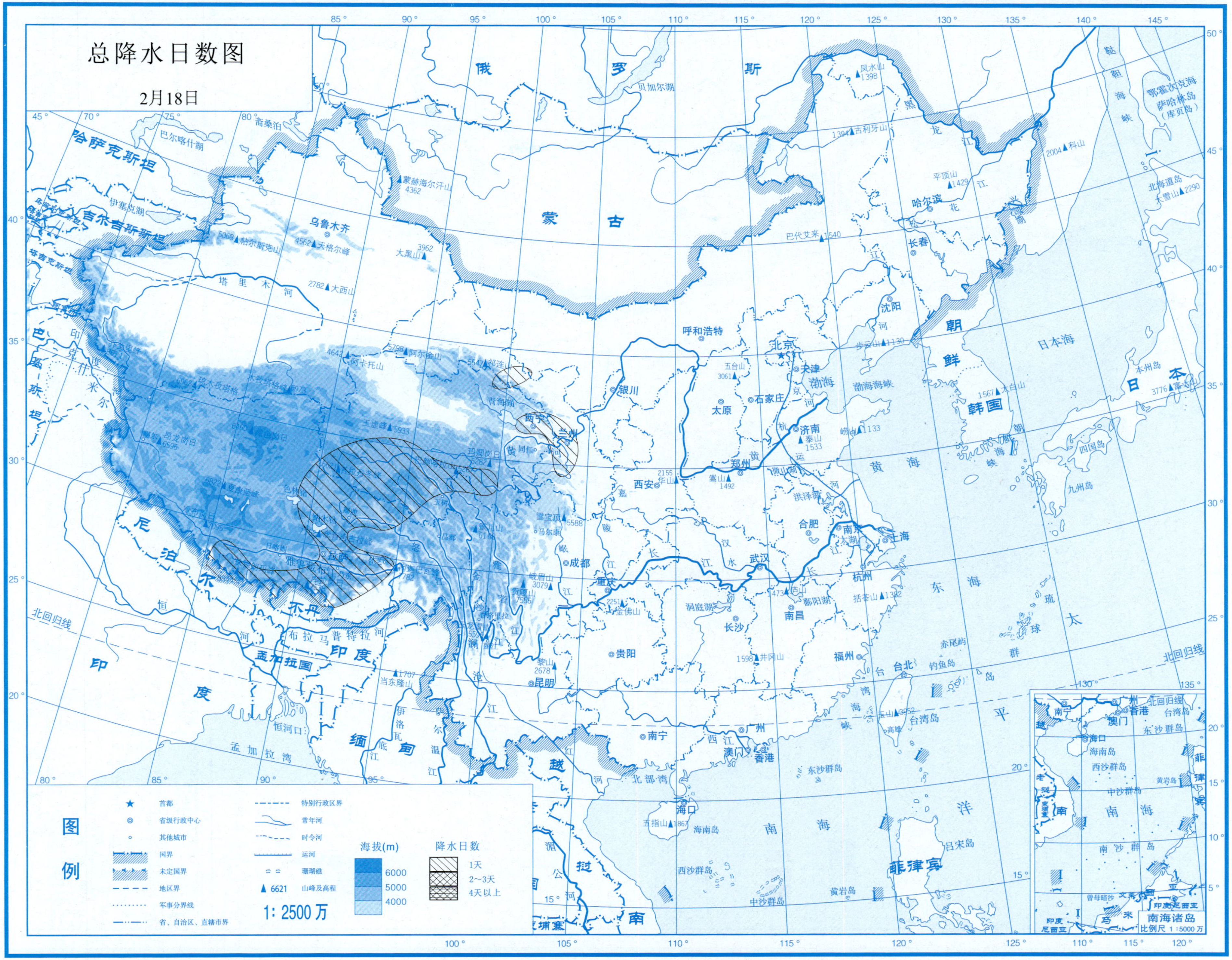

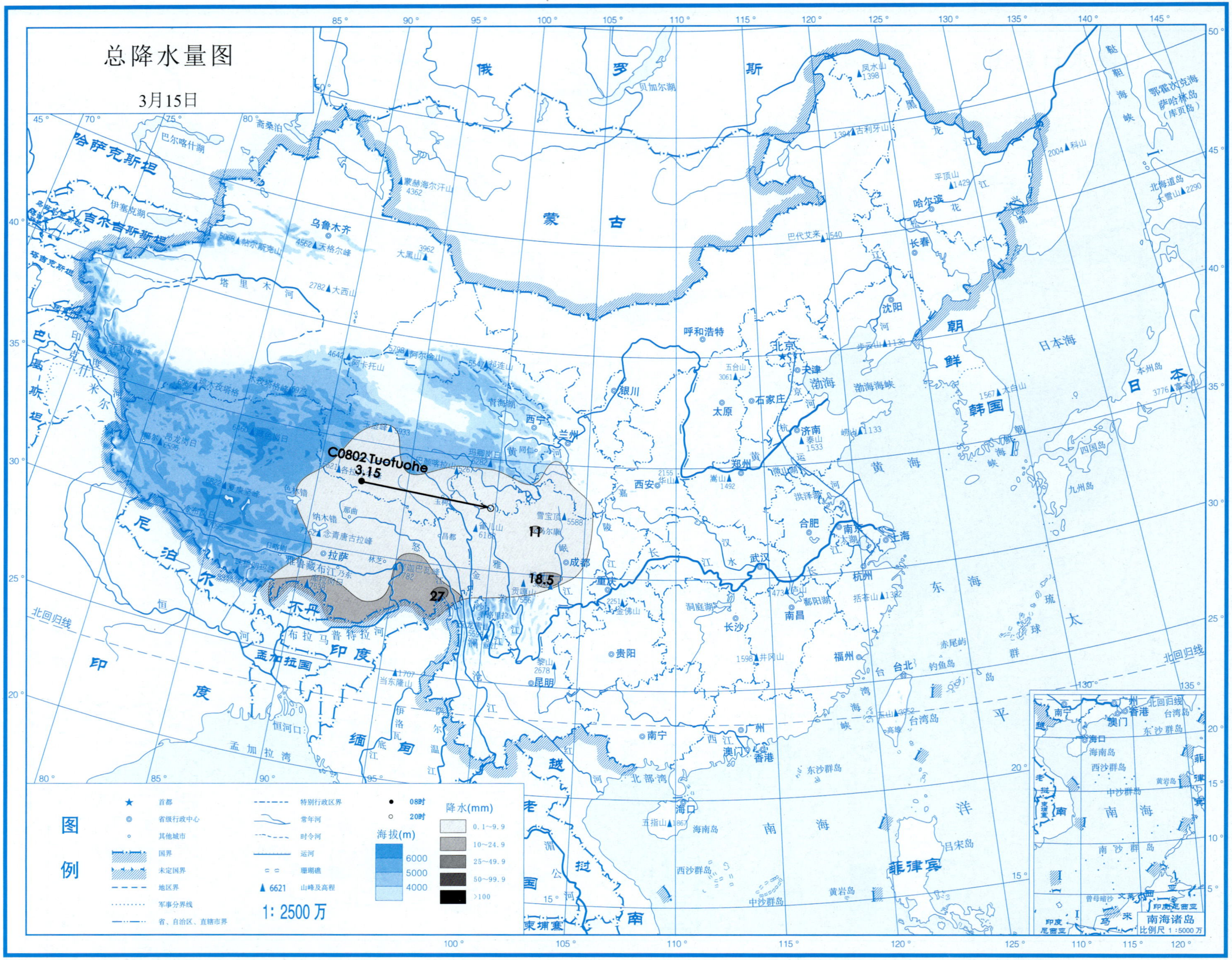
总降水量图
3月15日
C0802 Tuotuohe
3.15
11
18.5
27
图例
首都
省级行政中心
其他城市
国界
未定国界
地区界
军事分界线
省、自治区、直辖市界
特别行政区界
常年河
时令河
运河
珊瑚礁
6621 山峰及高程
1: 2500 万
08时
20时
海拔(m)
6000
5000
4000
降水(mm)
0.1~9.9
10~24.9
25~49.9
50~99.9
>100
南海诸岛
比例尺 1:5000 万

总降水日数图

3月15日

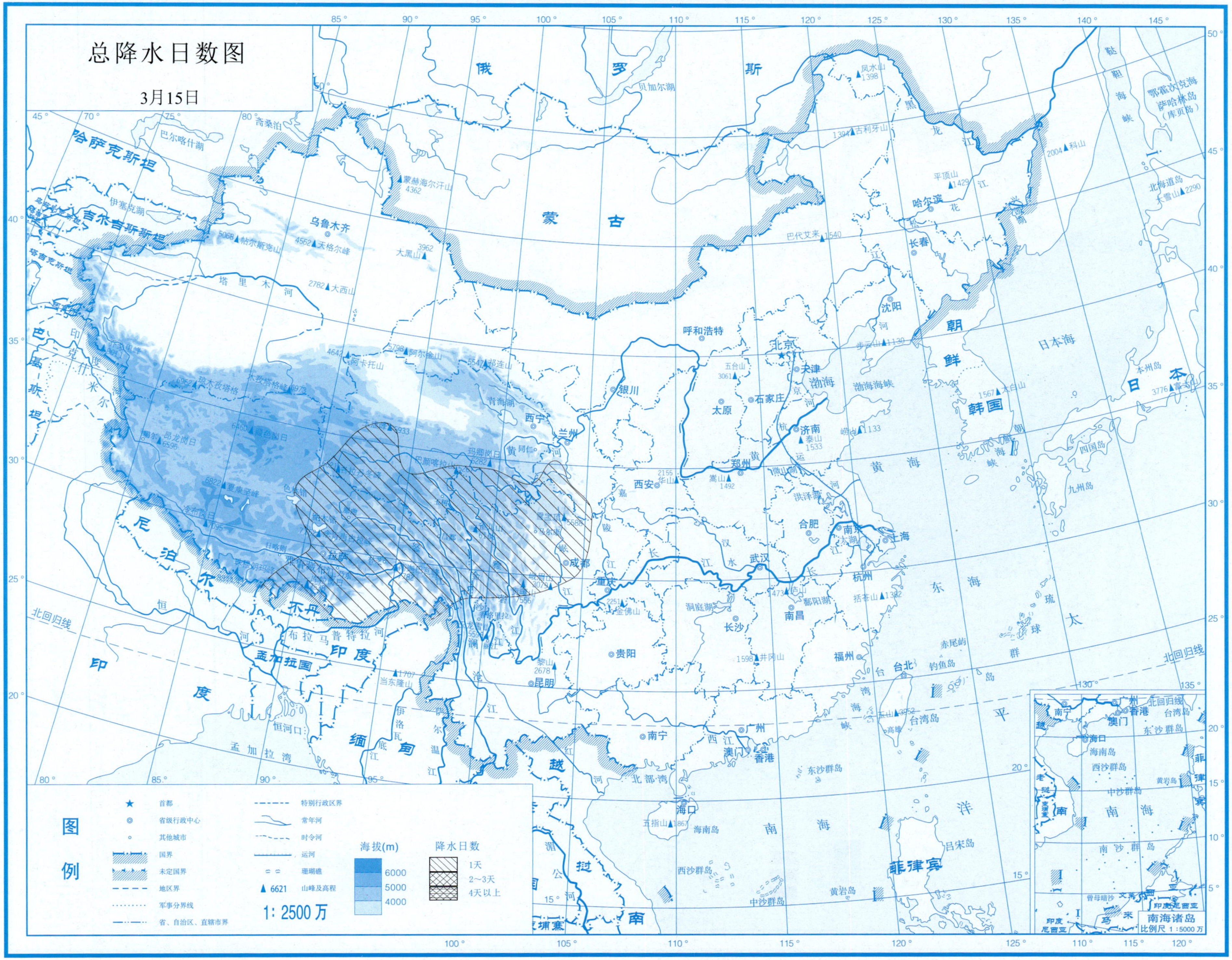

总降水量图

4月13日

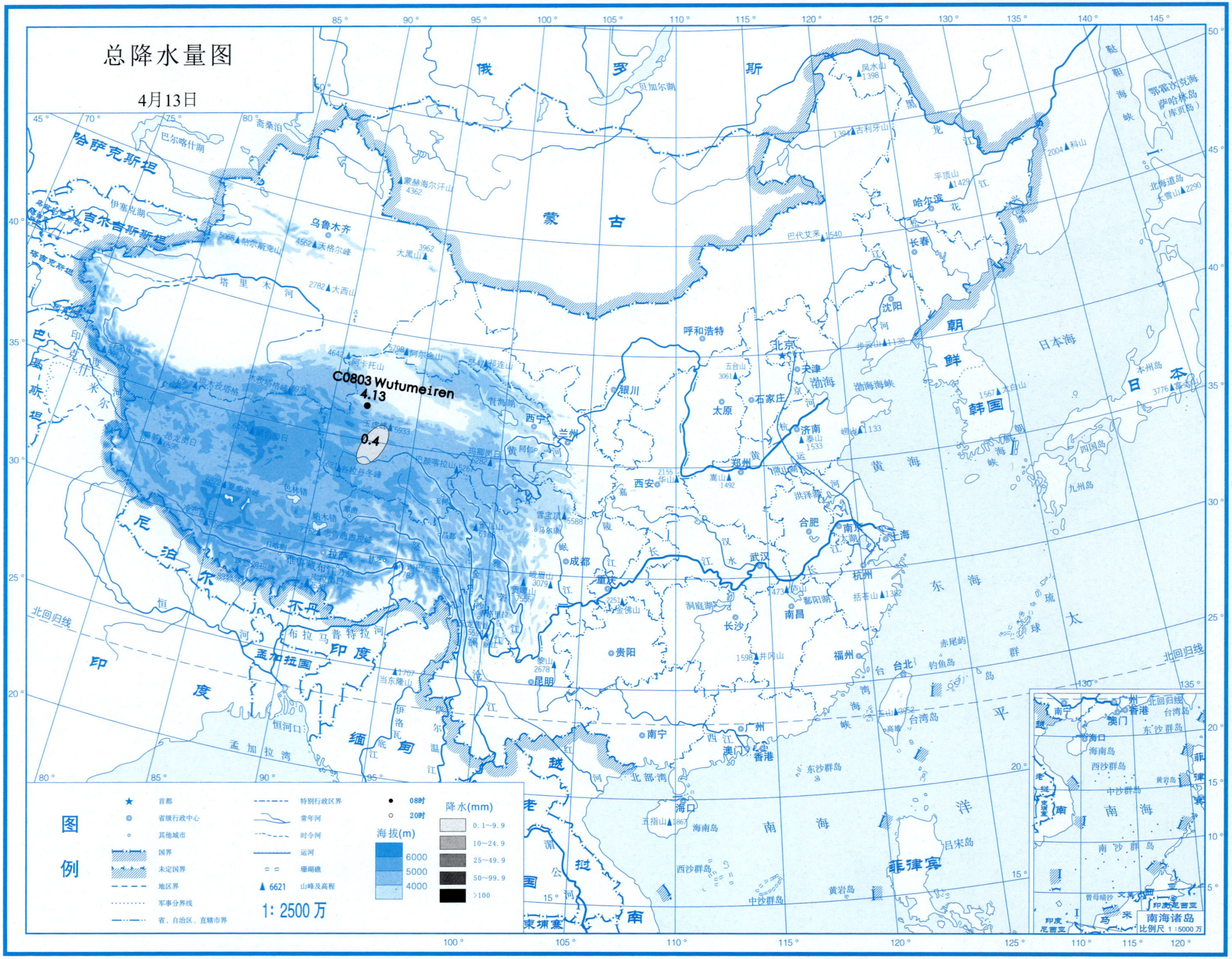
C0803 Wutumeiren
4.13
0.4
图例
首都
省级行政中心
其他城市
国界
未定国界
地区界
军事分界线
省、自治区、直辖市界
特别行政区界
常年河
时令河
运河
珊瑚礁
6621 山峰及高程
1:2500万
08时
20时
海拔(m)
6000
5000
4000
降水(mm)
0.1~9.9
10~24.9
25~49.9
50~99.9
>100
南海诸岛
比例尺 1:5000万

总降水日数图

4月13日

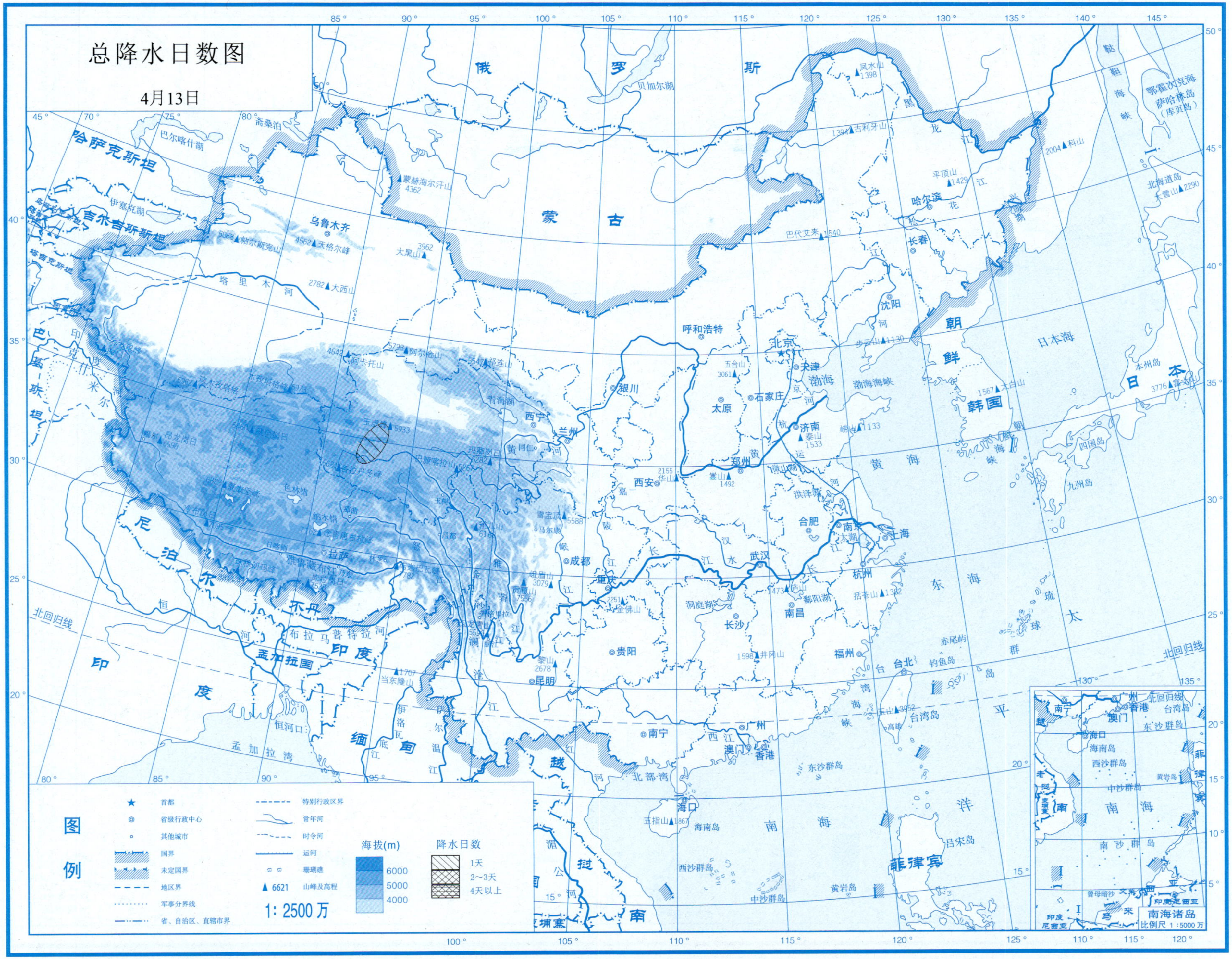

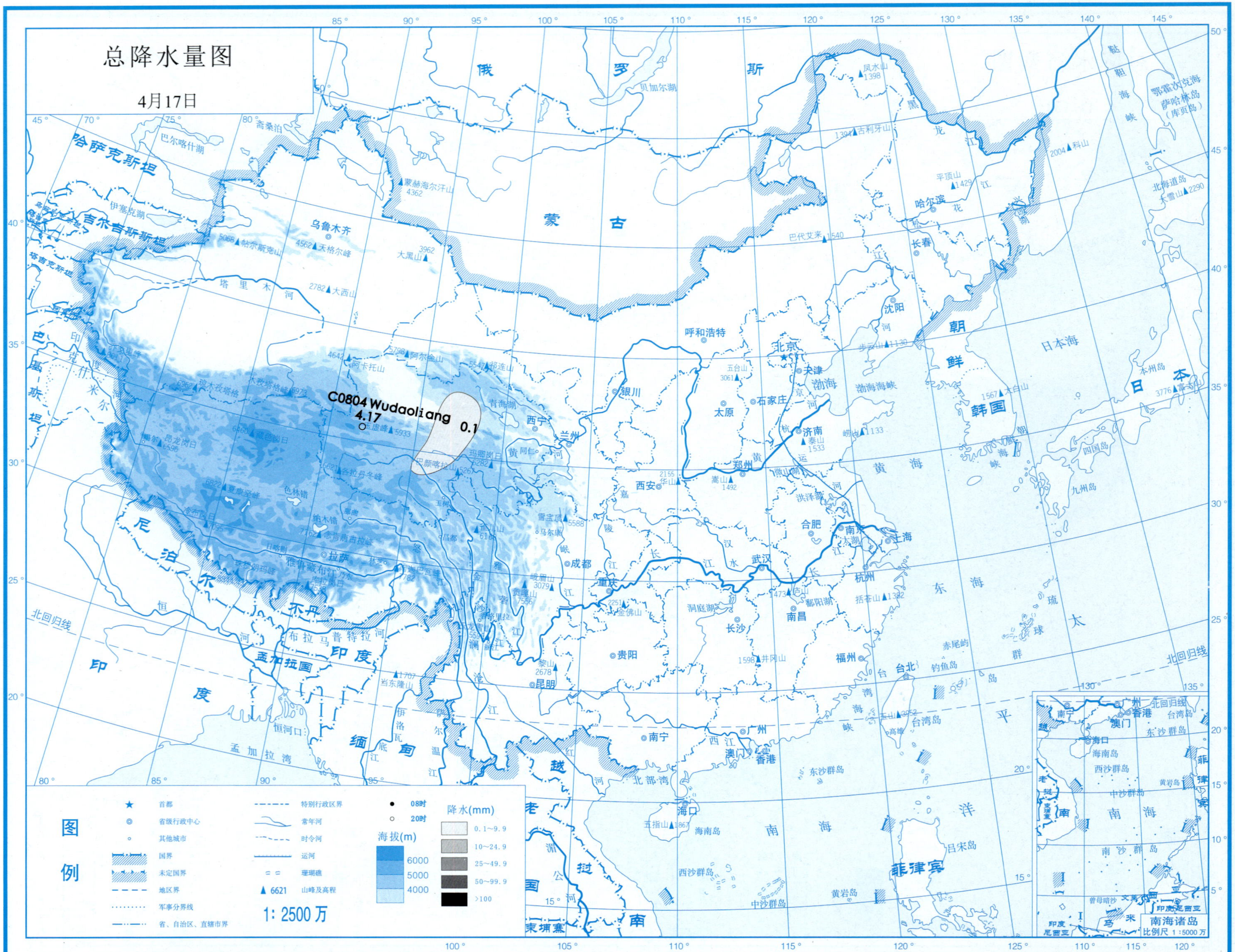

总降水量图
4月17日
C0804 Wudaoliang
4.17
0.1
图例
首都
省级行政中心
其他城市
国界
未定国界
地区界
军事分界线
省、自治区、直辖市界
特别行政区界
常年河
时令河
运河
珊瑚礁
6621 山峰及高程
08时
20时
海拔(m)
6000
5000
4000
降水(mm)
0.1~9.9
10~24.9
25~49.9
50~99.9
>100
1: 2500万
南海诸岛
比例尺 1:5000万

总降水日数图

4月17日

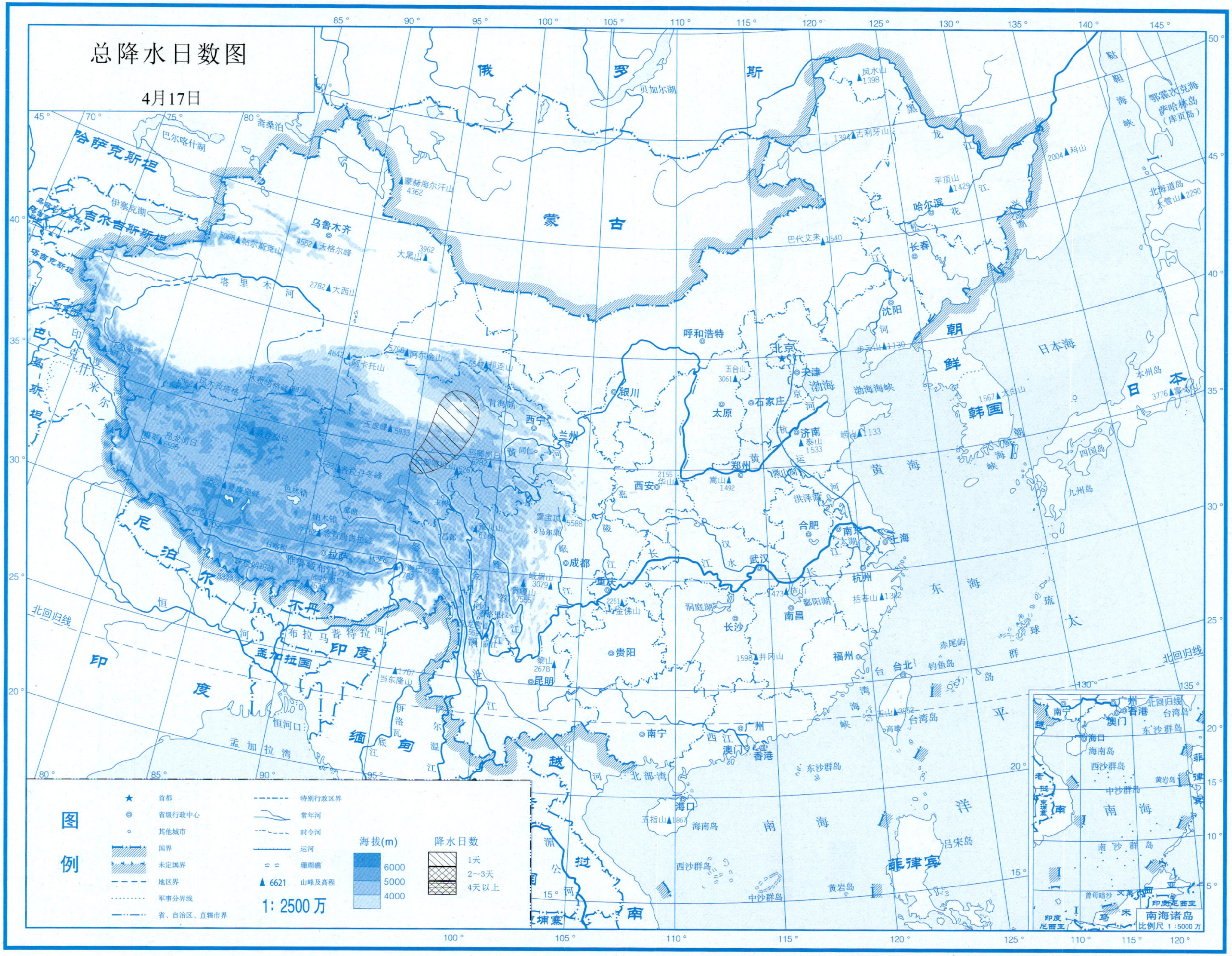

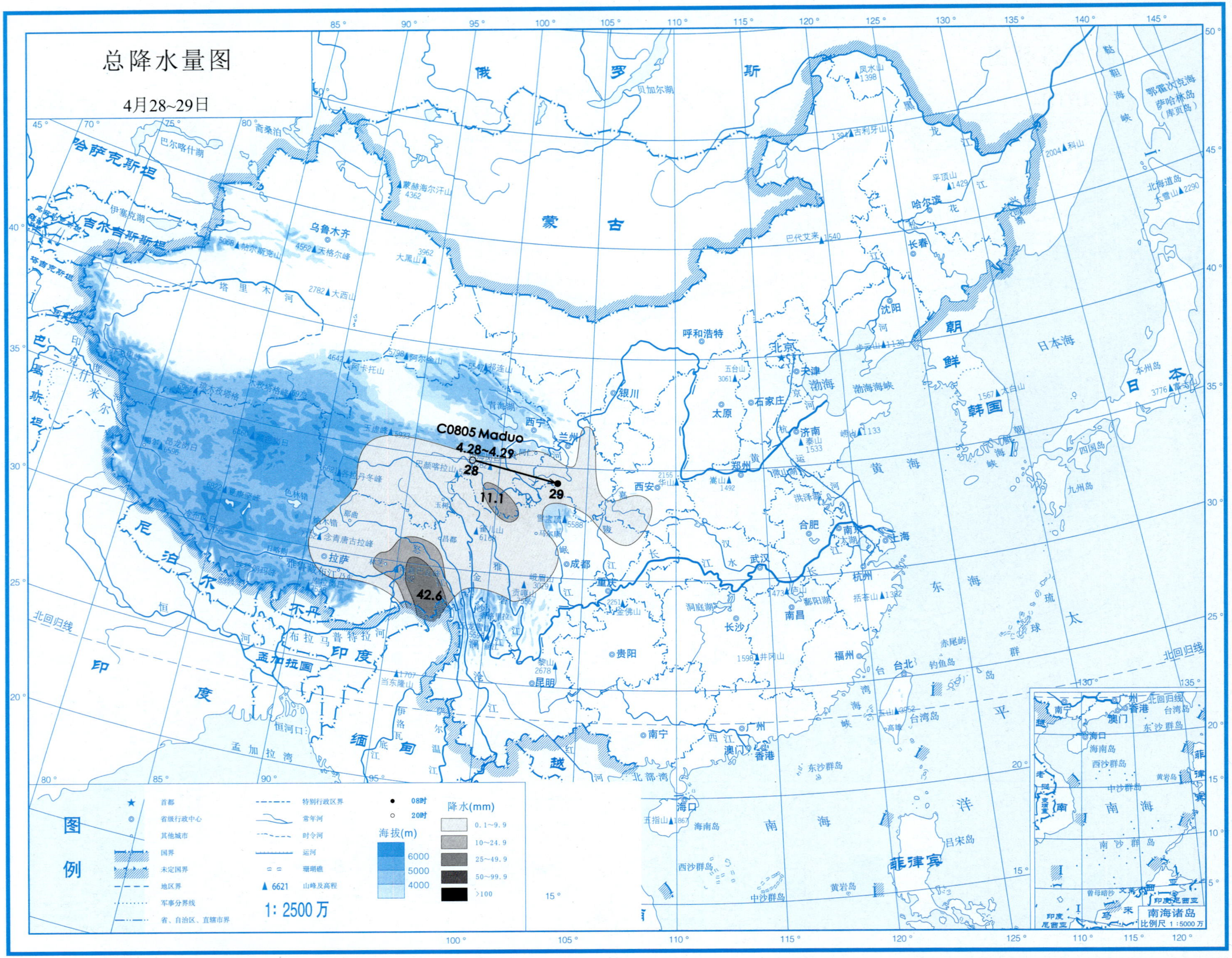
总降水量图
4月28~29日
C0805 Maduo
4.28~4.29
28
29
11.1
42.6
图例
首都
省级行政中心
其他城市
国界
未定国界
地区界
军事分界线
省、自治区、直辖市界
特别行政区界
常年河
时令河
运河
珊瑚礁
6621 山峰及高程
08时
20时
海拔(m)
6000
5000
4000
降水(mm)
0.1~9.9
10~24.9
25~49.9
50~99.9
>100
1: 2500万
南海诸岛
比例尺 1:5000万

总降水日数图

4月28~29日

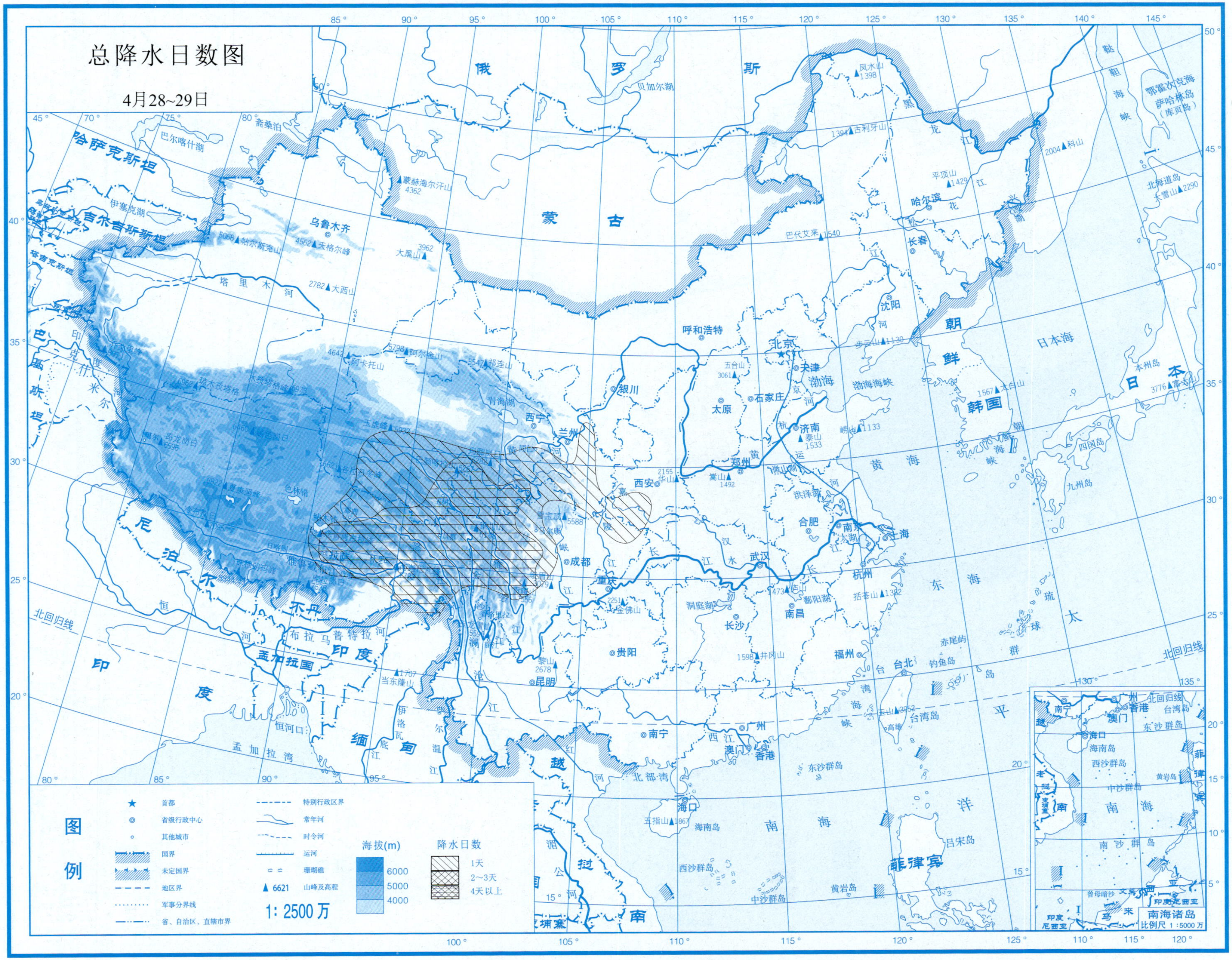

总降水量图

5月6日

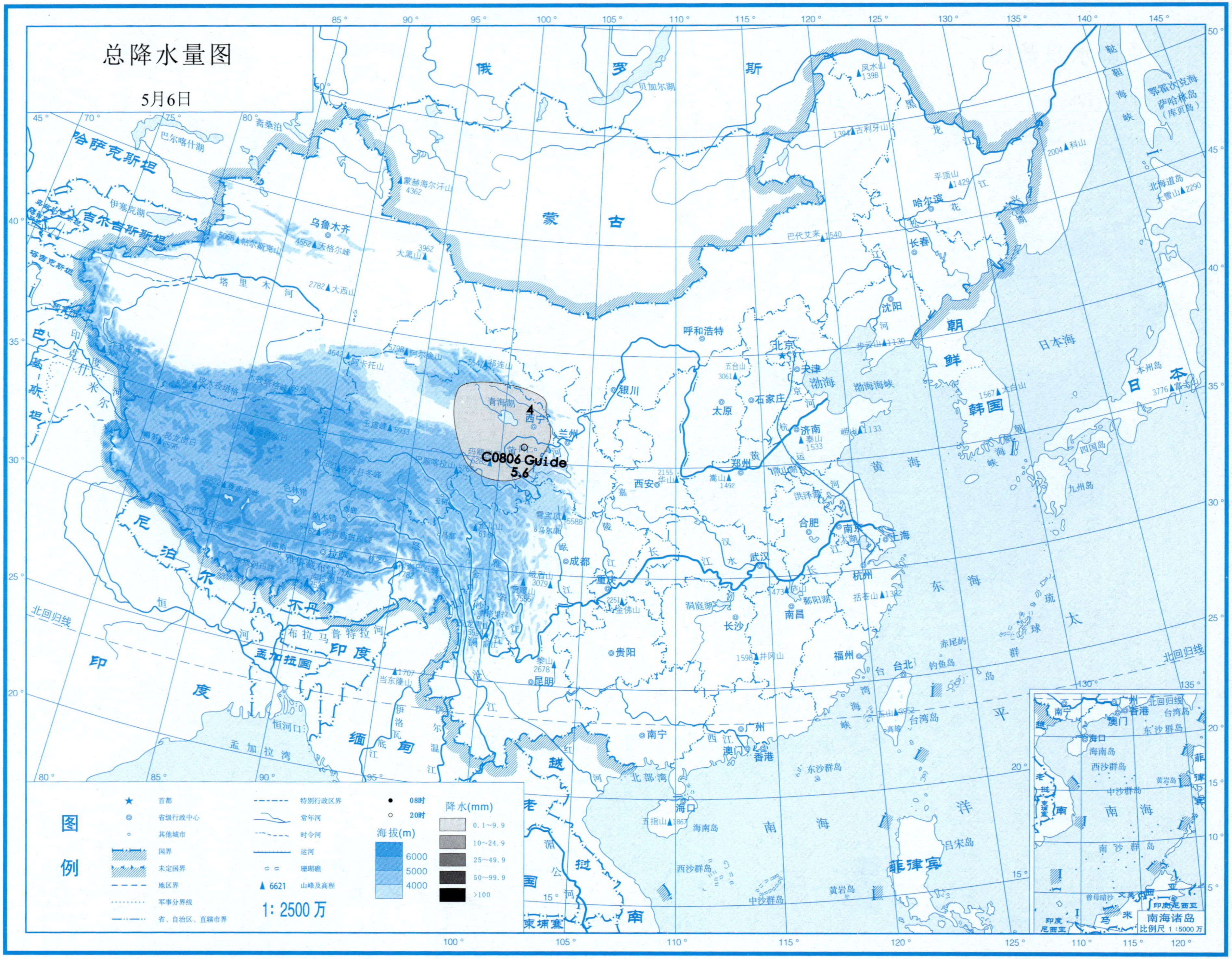
4
C0806 Guide
5.6
俄 罗 斯
蒙 古
哈萨克斯坦
吉尔吉斯斯坦
塔吉克斯坦
巴基斯坦
尼泊尔
不丹
孟加拉国
印度
缅甸
老挝
越南
泰国
柬埔寨
菲律宾
朝鲜
韩国
日本
日本海
黄海
东海
南海
太平洋
北回归线
西宁
兰州
青海湖
乌鲁木齐
拉萨
成都
重庆
昆明
贵阳
南宁
广州
香港
澳门
海口
长沙
武汉
南昌
福州
台北
杭州
上海
南京
合肥
济南
郑州
西安
太原
石家庄
北京
天津
呼和浩特
银川
沈阳
长春
哈尔滨
南海诸岛
比例尺 1:5000 万
图例
首都
省级行政中心
其他城市
国界
未定国界
地区界
军事分界线
省、自治区、直辖市界
特别行政区界
常年河
时令河
运河
珊瑚礁
6621 山峰及高程
08时
20时
海拔(m)
6000
5000
4000
降水(mm)
0.1~9.9
10~24.9
25~49.9
50~99.9
>100
1: 2500 万

总降水日数图

5月6日

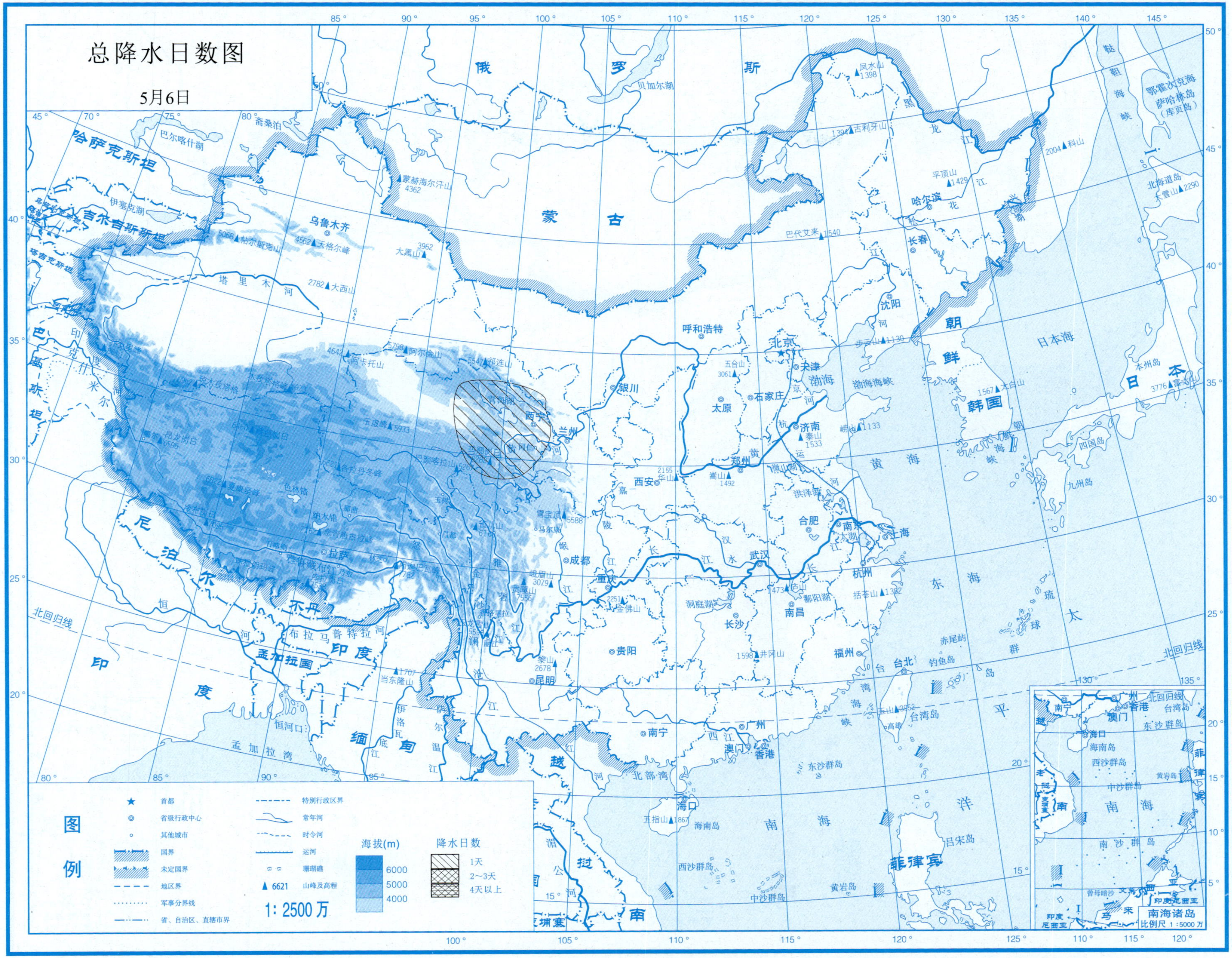
图例
首都
省级行政中心
其他城市
国界
未定国界
地区界
军事分界线
省、自治区、直辖市界
特别行政区界
常年河
时令河
运河
珊瑚礁
6621 山峰及高程
1∶2500万
海拔(m)
6000
5000
4000
降水日数
1天
2～3天
4天以上
南海诸岛
比例尺 1∶5000万

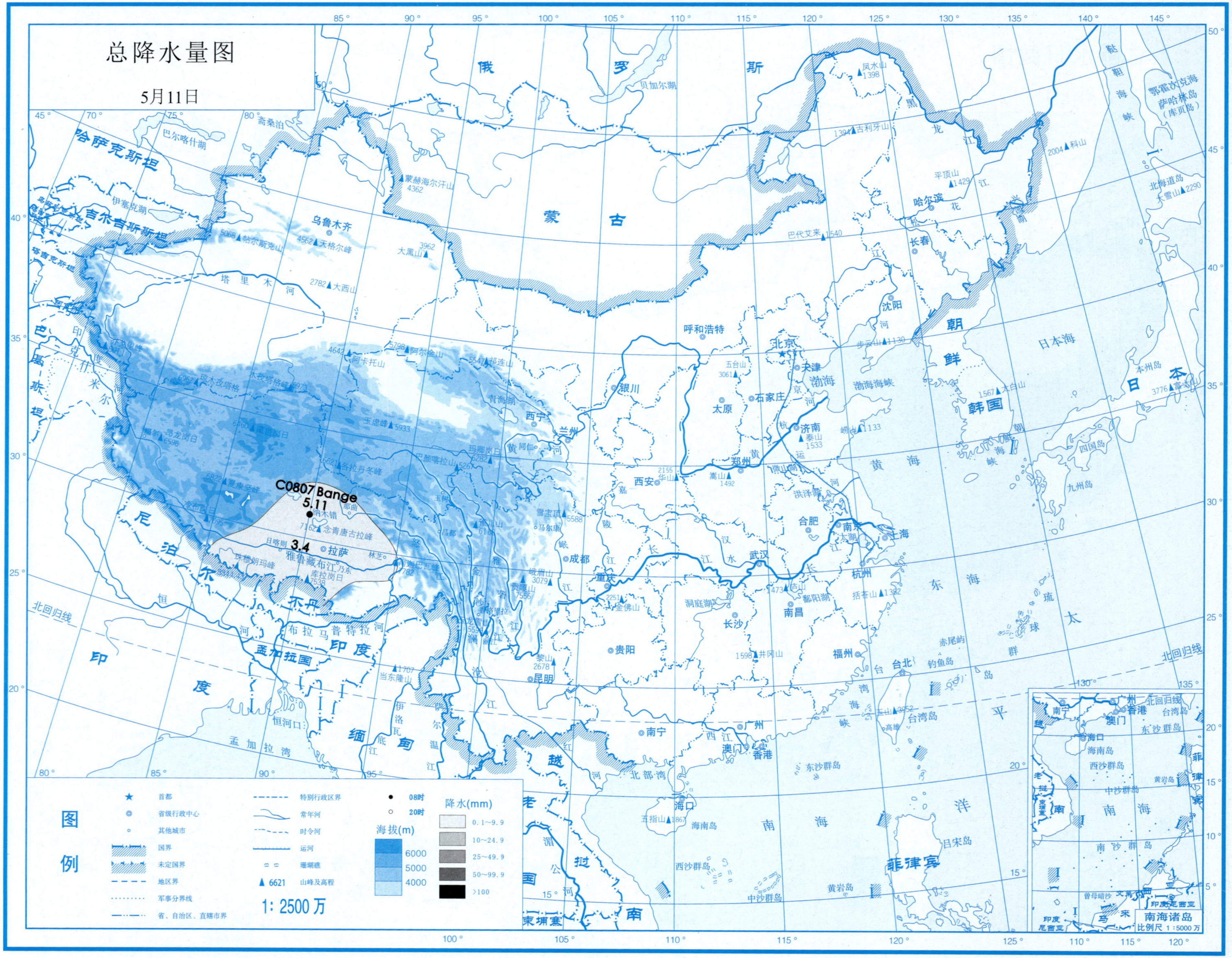
总降水量图
5月11日
C0807 Bange
5.11
3.4
图例
首都
省级行政中心
其他城市
国界
未定国界
地区界
军事分界线
省、自治区、直辖市界
特别行政区界
常年河
时令河
运河
珊瑚礁
6621 山峰及高程
08时
20时
海拔(m)
6000
5000
4000
降水(mm)
0.1～9.9
10～24.9
25～49.9
50～99.9
>100
1: 2500 万
南海诸岛
比例尺 1:5000 万

总降水日数图

5月11日

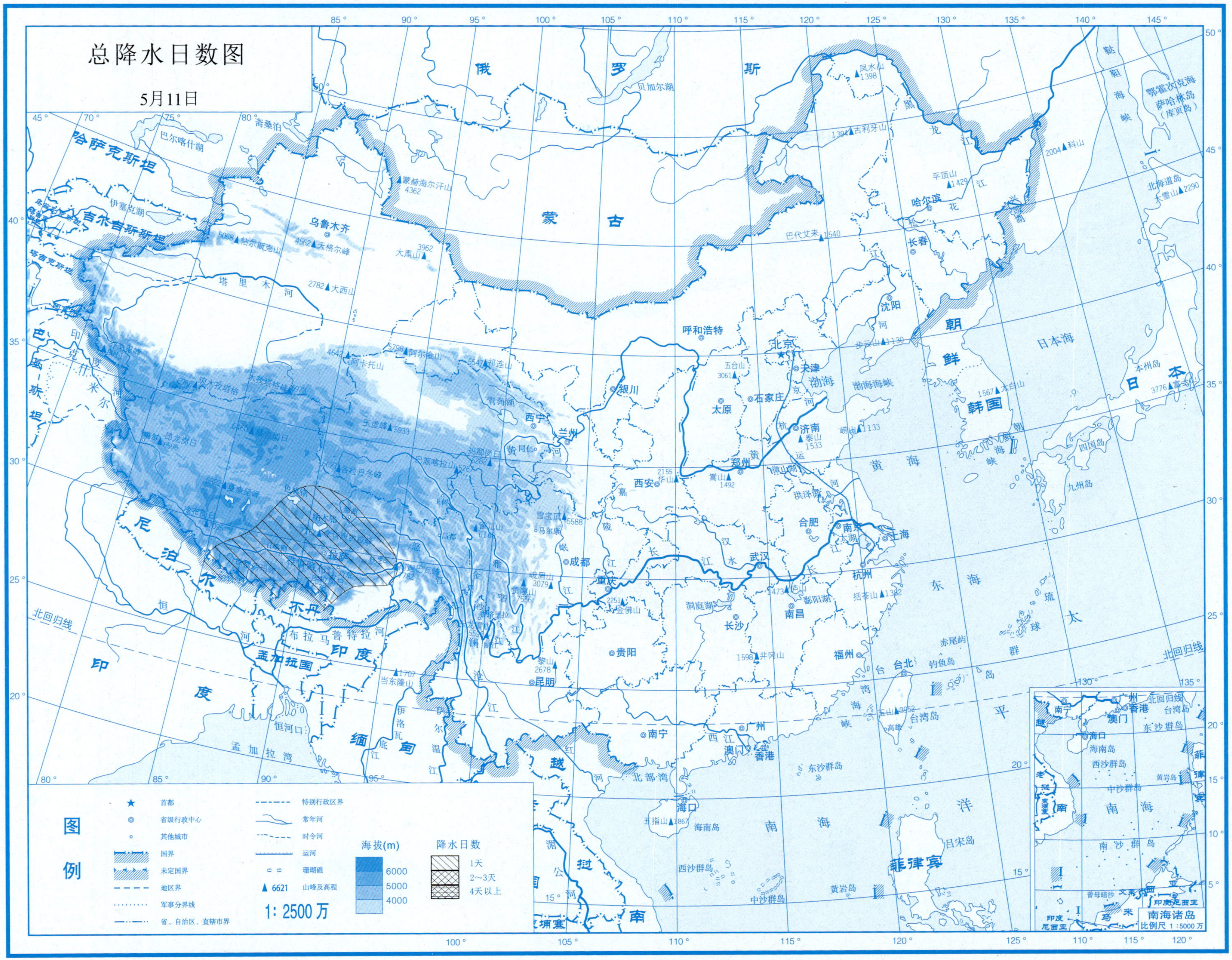

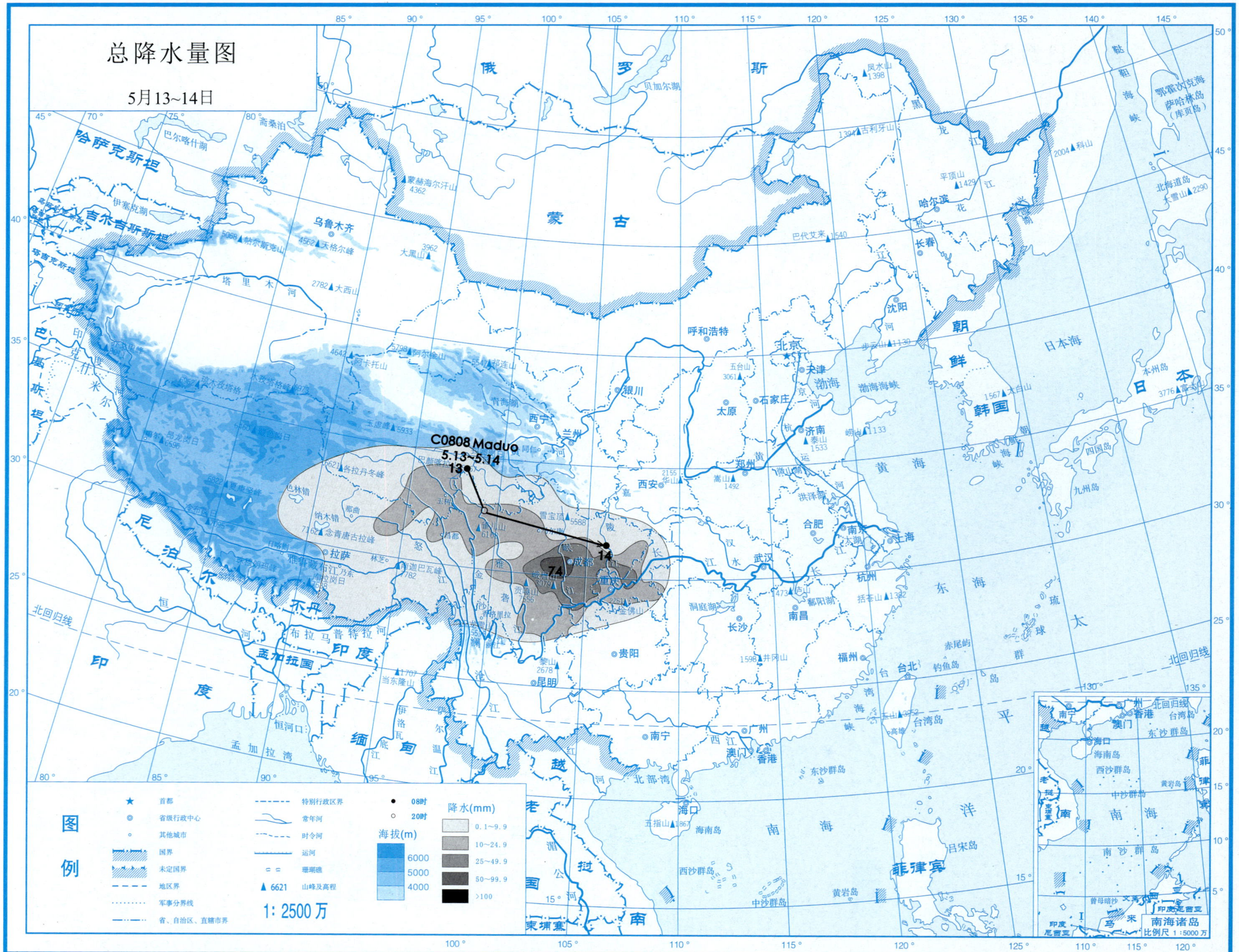
总降水量图
5月13~14日
C0808 Maduo
5.13~5.14
13
14
74
图例
首都
省级行政中心
其他城市
国界
未定国界
地区界
军事分界线
省、自治区、直辖市界
特别行政区界
常年河
时令河
运河
珊瑚礁
6621 山峰及高程
1: 2500万
08时
20时
海拔(m)
6000
5000
4000
降水(mm)
0.1~9.9
10~24.9
25~49.9
50~99.9
>100
南海诸岛
比例尺 1:5000万

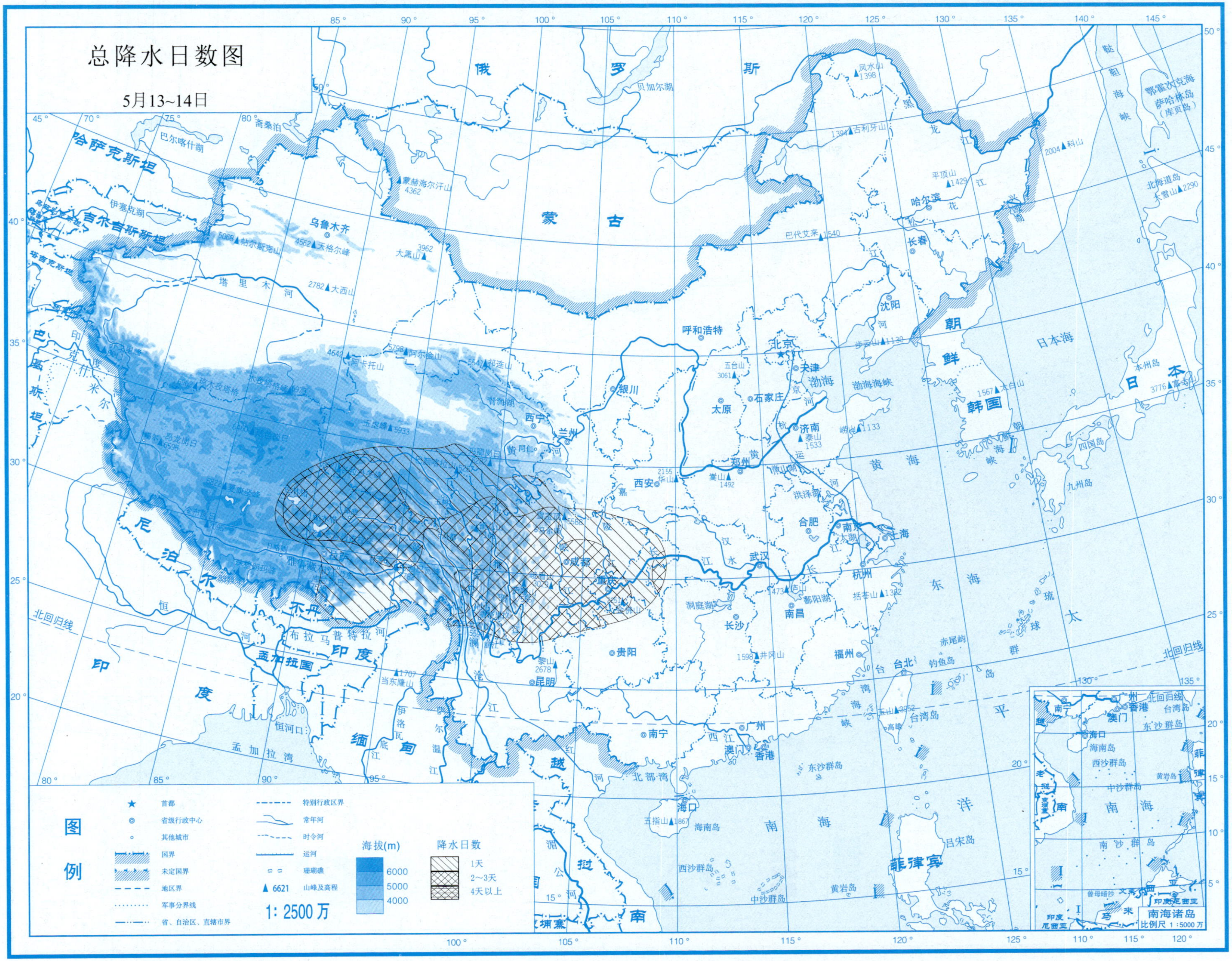
总降水日数图
5月13~14日
图例
首都
省级行政中心
其他城市
国界
未定国界
地区界
军事分界线
省、自治区、直辖市界
特别行政区界
常年河
时令河
运河
珊瑚礁
6621 山峰及高程
1：2500万
海拔(m)
6000
5000
4000
降水日数
1天
2~3天
4天以上
南海诸岛
比例尺 1：5000万
俄罗斯
蒙古
哈萨克斯坦
吉尔吉斯斯坦
尼泊尔
不丹
印度
孟加拉国
缅甸
越南
朝鲜
韩国
日本
菲律宾
北京
天津
石家庄
太原
呼和浩特
沈阳
长春
哈尔滨
济南
郑州
西安
银川
西宁
兰州
成都
重庆
贵阳
昆明
武汉
长沙
南昌
合肥
南京
上海
杭州
福州
台北
广州
南宁
海口
香港
澳门
乌鲁木齐
渤海
黄海
东海
南海
日本海
太平洋
北回归线

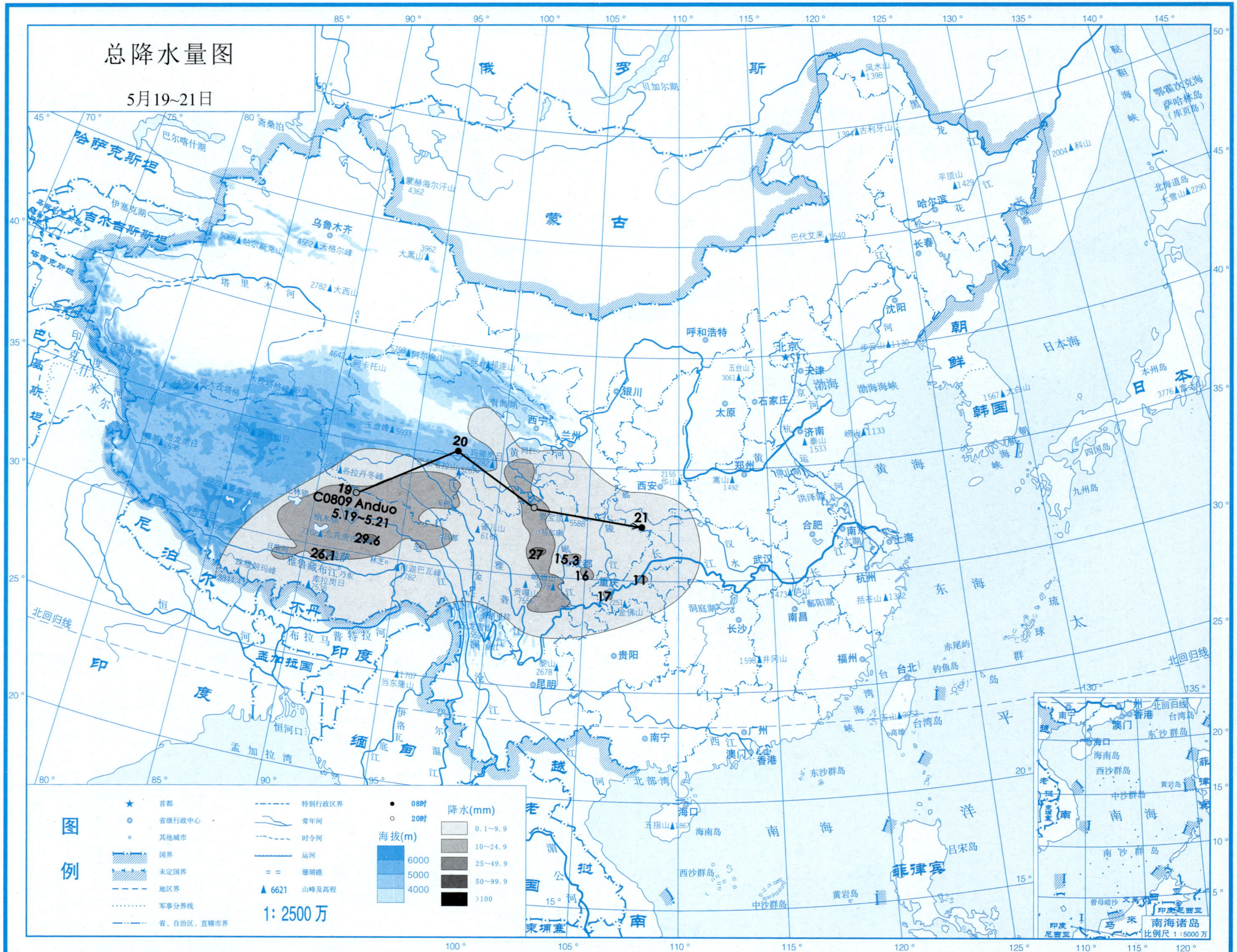
总降水量图
5月19~21日
C0809 Anduo
5.19~5.21
19
20
21
29.6
26.1
27
15.3
16
17
11
图例
首都
省级行政中心
其他城市
国界
未定国界
地区界
军事分界线
省、自治区、直辖市界
特别行政区界
常年河
时令河
运河
珊瑚礁
6621 山峰及高程
08时
20时
海拔(m)
6000
5000
4000
降水(mm)
0.1~9.9
10~24.9
25~49.9
50~99.9
>100
1: 2500 万
南海诸岛
比例尺 1:5000 万

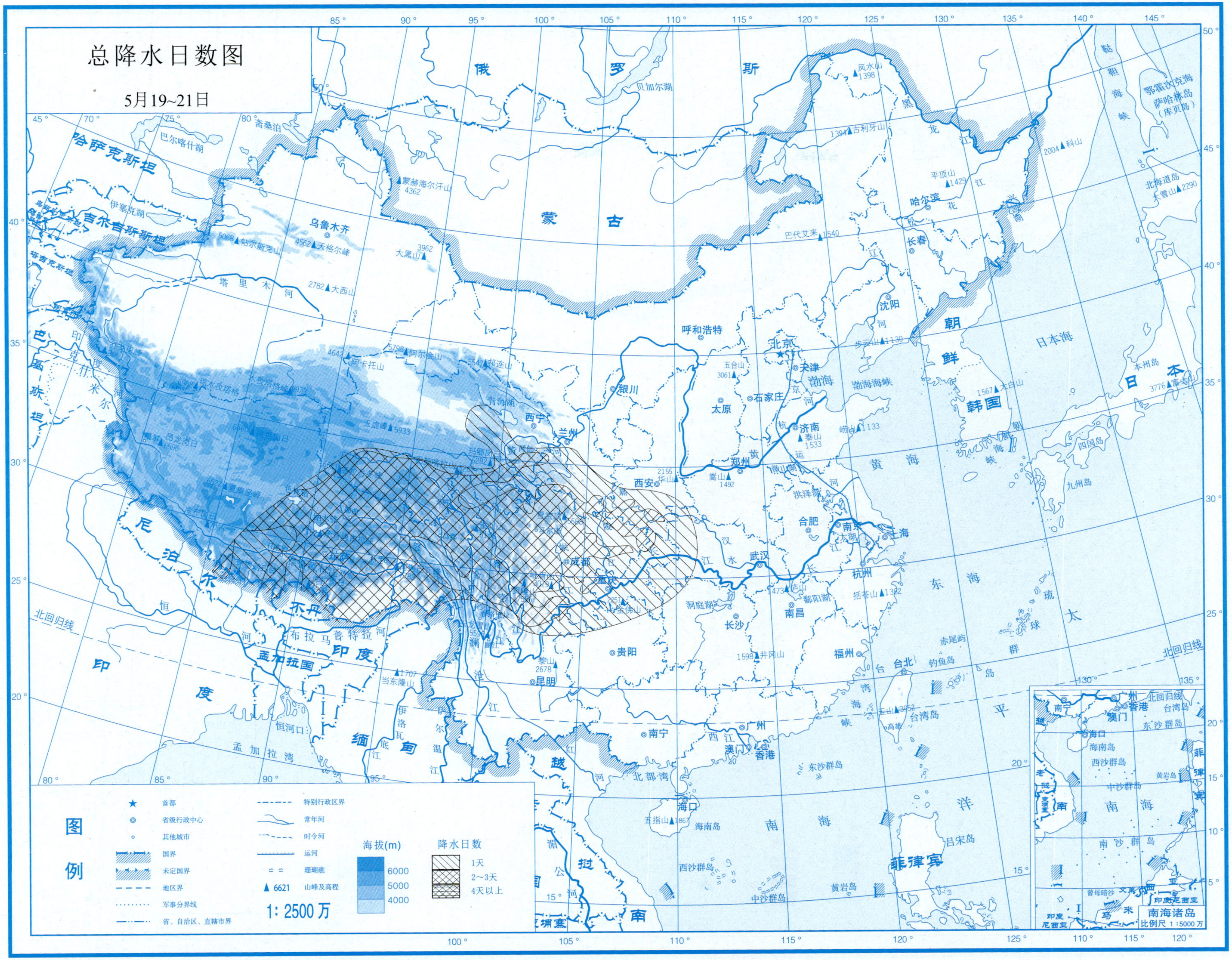

总降水日数图
5月19~21日
图例
首都
省级行政中心
其他城市
国界
未定国界
地区界
军事分界线
省、自治区、直辖市界
特别行政区界
常年河
时令河
运河
珊瑚礁
6621 山峰及高程
海拔(m)
6000
5000
4000
降水日数
1天
2~3天
4天以上
1: 2500万
南海诸岛
比例尺 1:5000万

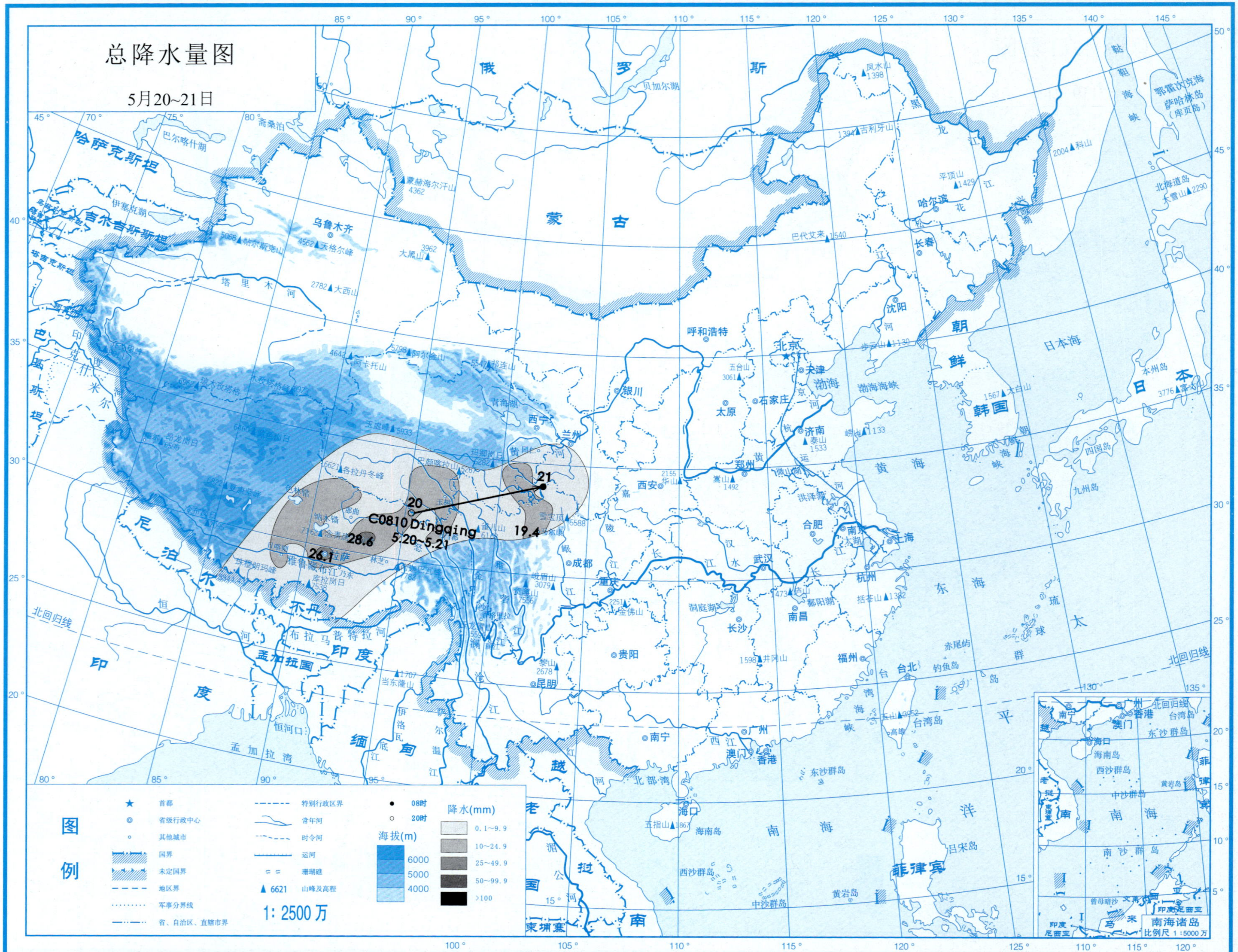

总降水量图
5月20~21日
C0810 Dingqing
5.20~5.21
20
21
28.6
26.1
19.4
图例
首都
省级行政中心
其他城市
国界
未定国界
地区界
军事分界线
省、自治区、直辖市界
特别行政区界
常年河
时令河
运河
珊瑚礁
6621 山峰及高程
1: 2500 万
08时
20时
海拔(m)
6000
5000
4000
降水(mm)
0.1~9.9
10~24.9
25~49.9
50~99.9
>100
南海诸岛
比例尺 1:5000 万

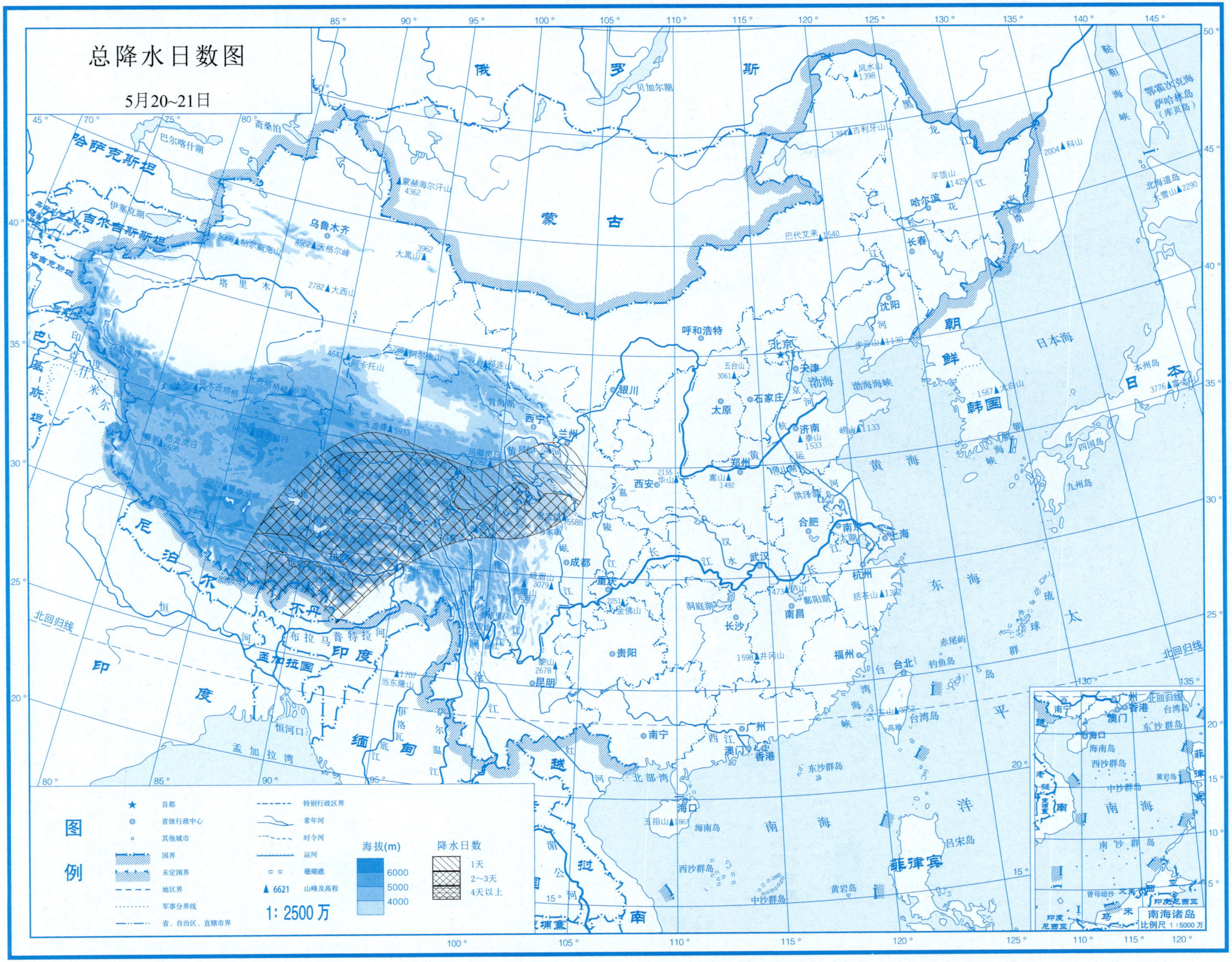
总降水日数图
5月20~21日
图例
首都
省级行政中心
其他城市
国界
未定国界
地区界
军事分界线
省、自治区、直辖市界
特别行政区界
常年河
时令河
运河
珊瑚礁
6621 山峰及高程
1: 2500万
海拔(m)
6000
5000
4000
降水日数
1天
2~3天
4天以上
南海诸岛
比例尺 1:5000万

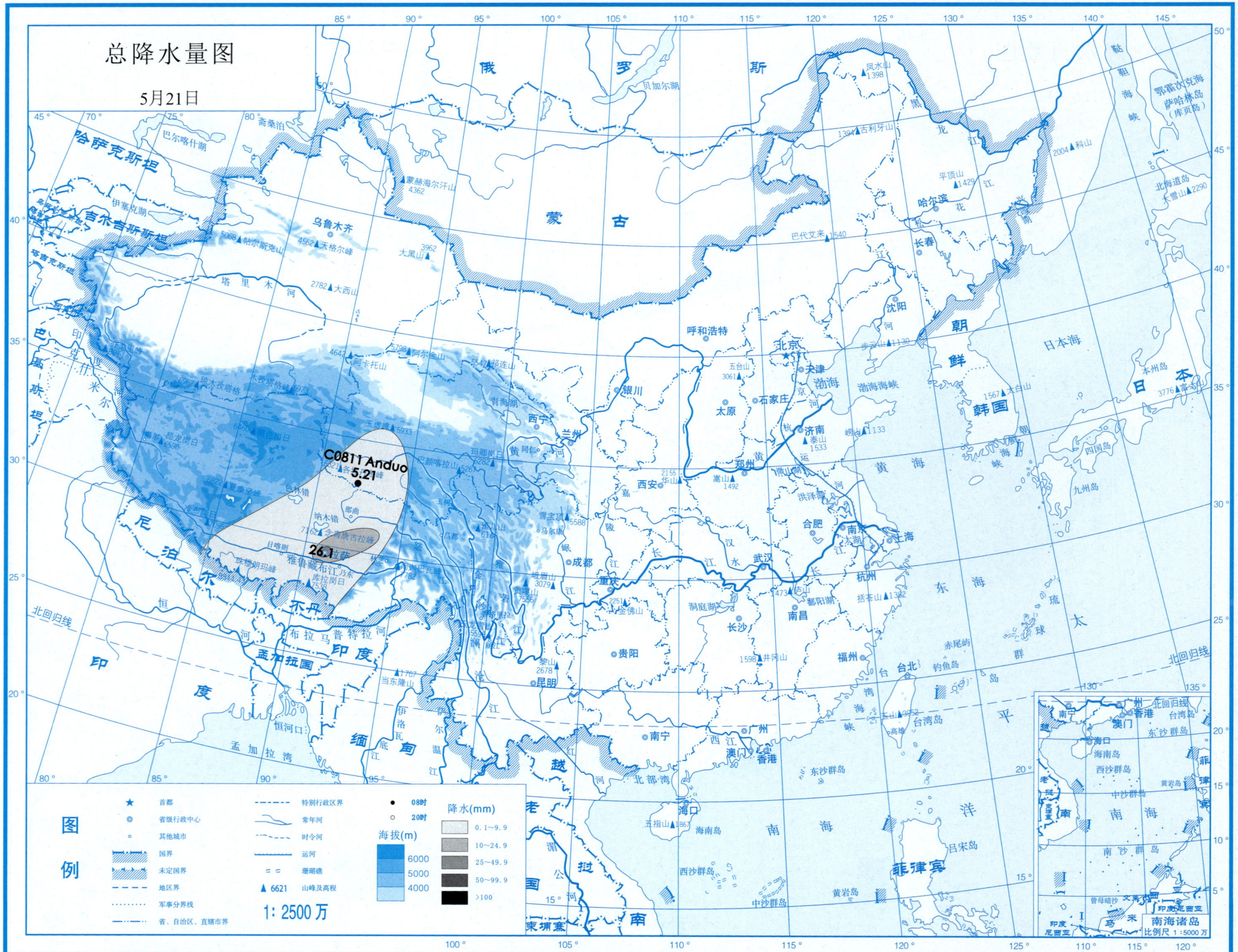
总降水量图
5月21日
C0811 Anduo
5.21
26.1
图例
首都
省级行政中心
其他城市
国界
未定国界
地区界
军事分界线
省、自治区、直辖市界
特别行政区界
常年河
时令河
运河
珊瑚礁
6621 山峰及高程
1: 2500 万
08时
20时
海拔(m)
6000
5000
4000
降水(mm)
0.1~9.9
10~24.9
25~49.9
50~99.9
>100
南海诸岛
比例尺 1:5000 万

总降水日数图

5月21日

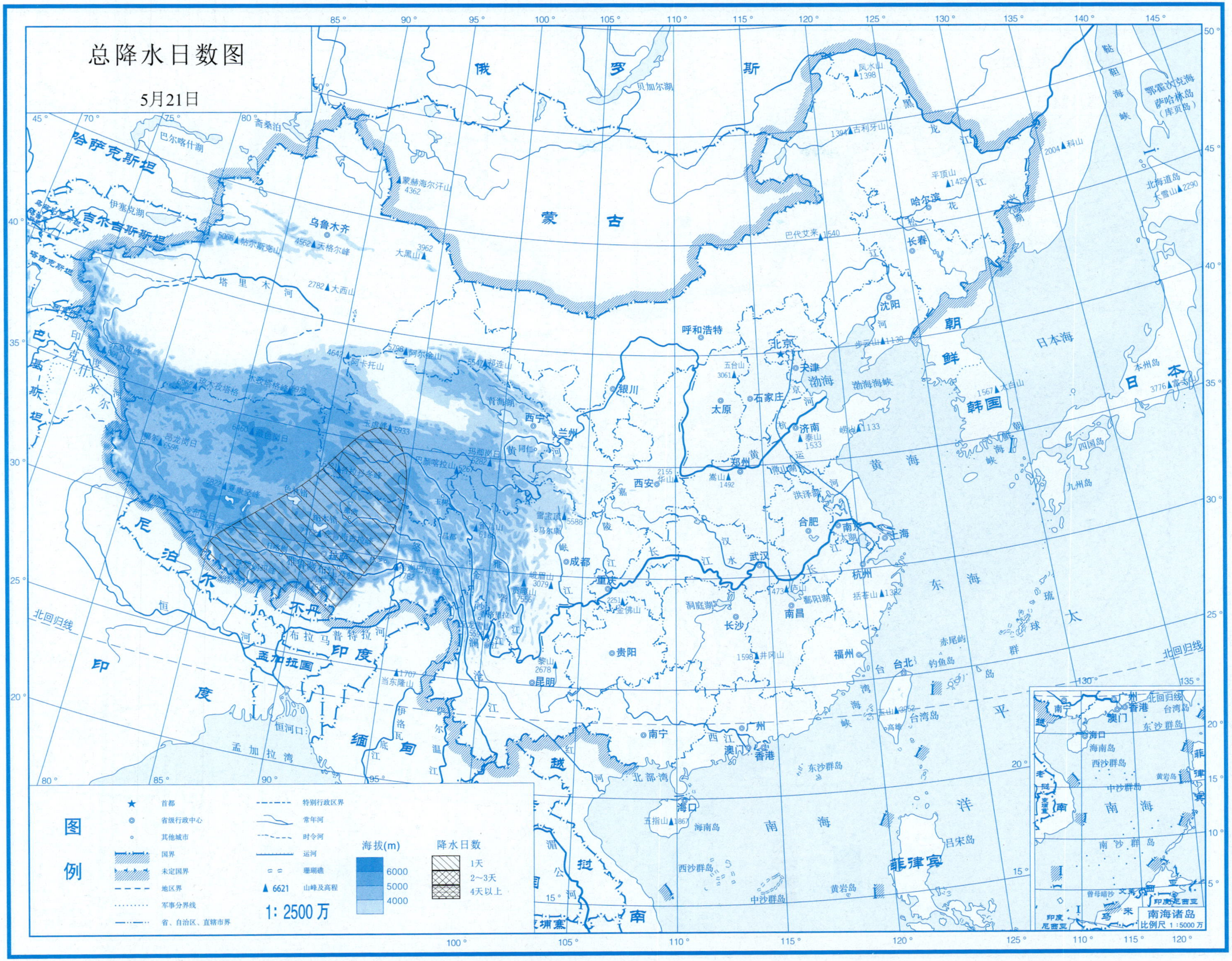

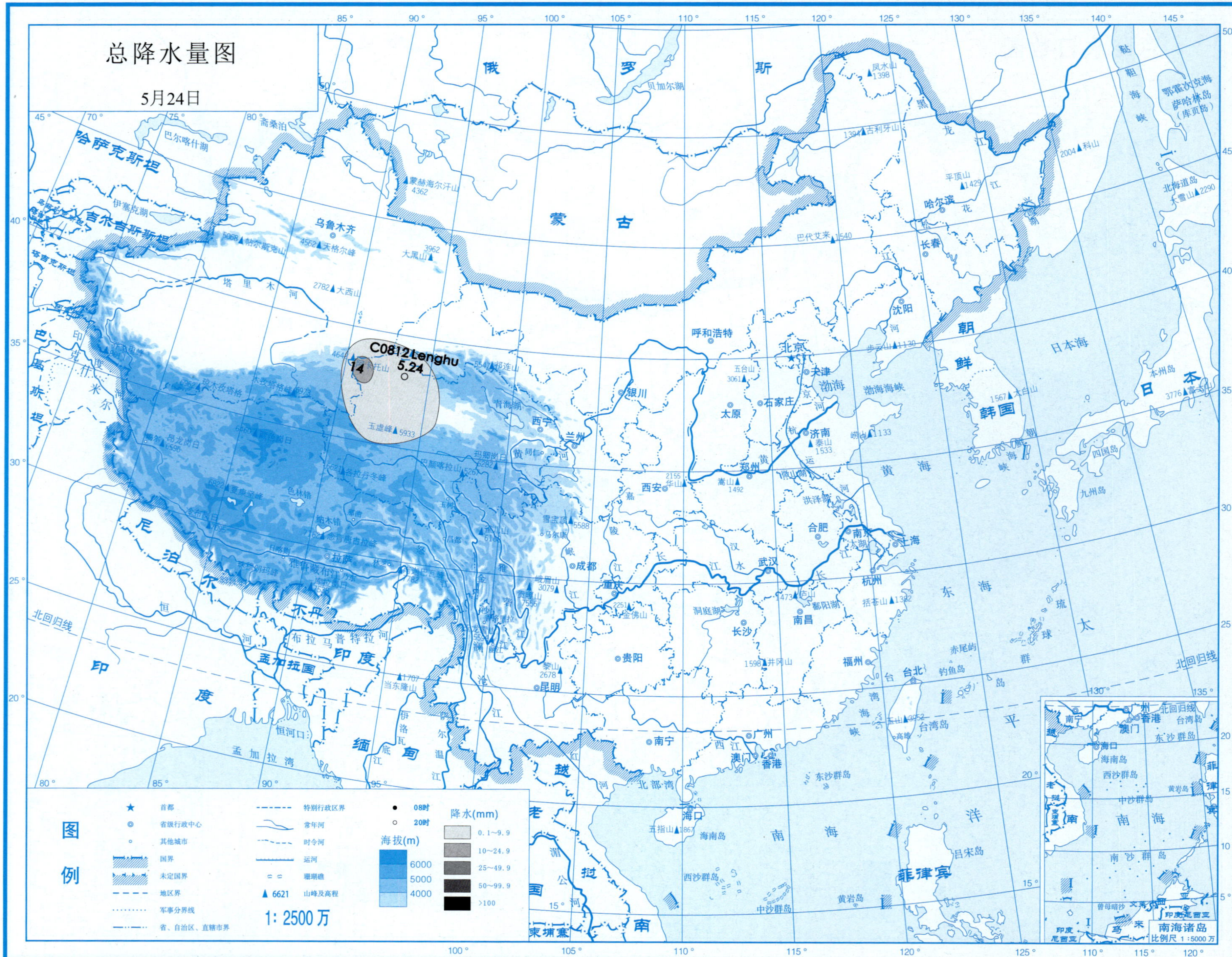
总降水量图
5月24日
C0812Lenghu
5.24
14
图例
首都
省级行政中心
其他城市
国界
未定国界
地区界
军事分界线
省、自治区、直辖市界
特别行政区界
常年河
时令河
运河
珊瑚礁
6621 山峰及高程
1:2500万
08时
20时
海拔(m)
6000
5000
4000
降水(mm)
0.1~9.9
10~24.9
25~49.9
50~99.9
>100
南海诸岛
比例尺 1:5000万

总降水日数图

5月24日

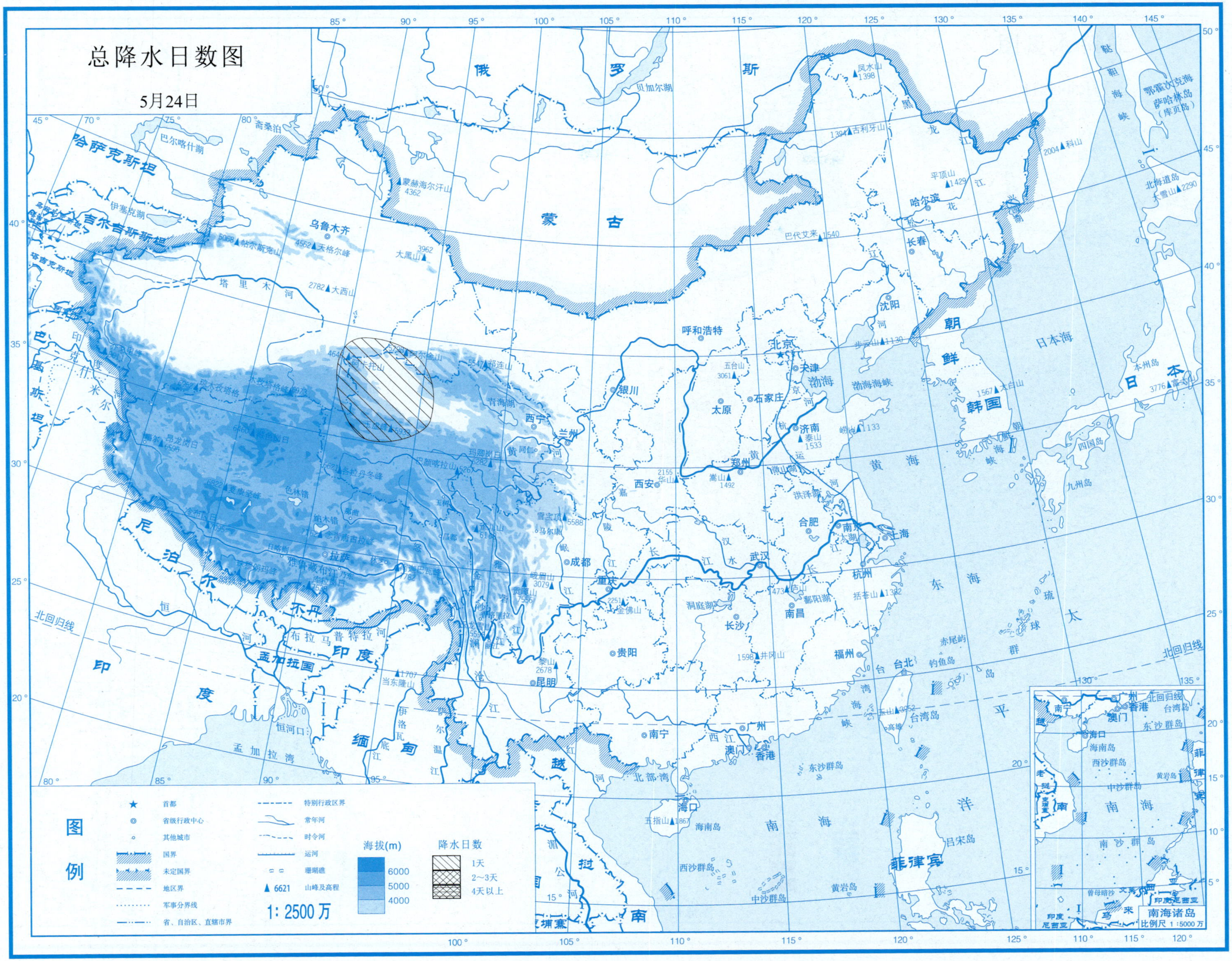

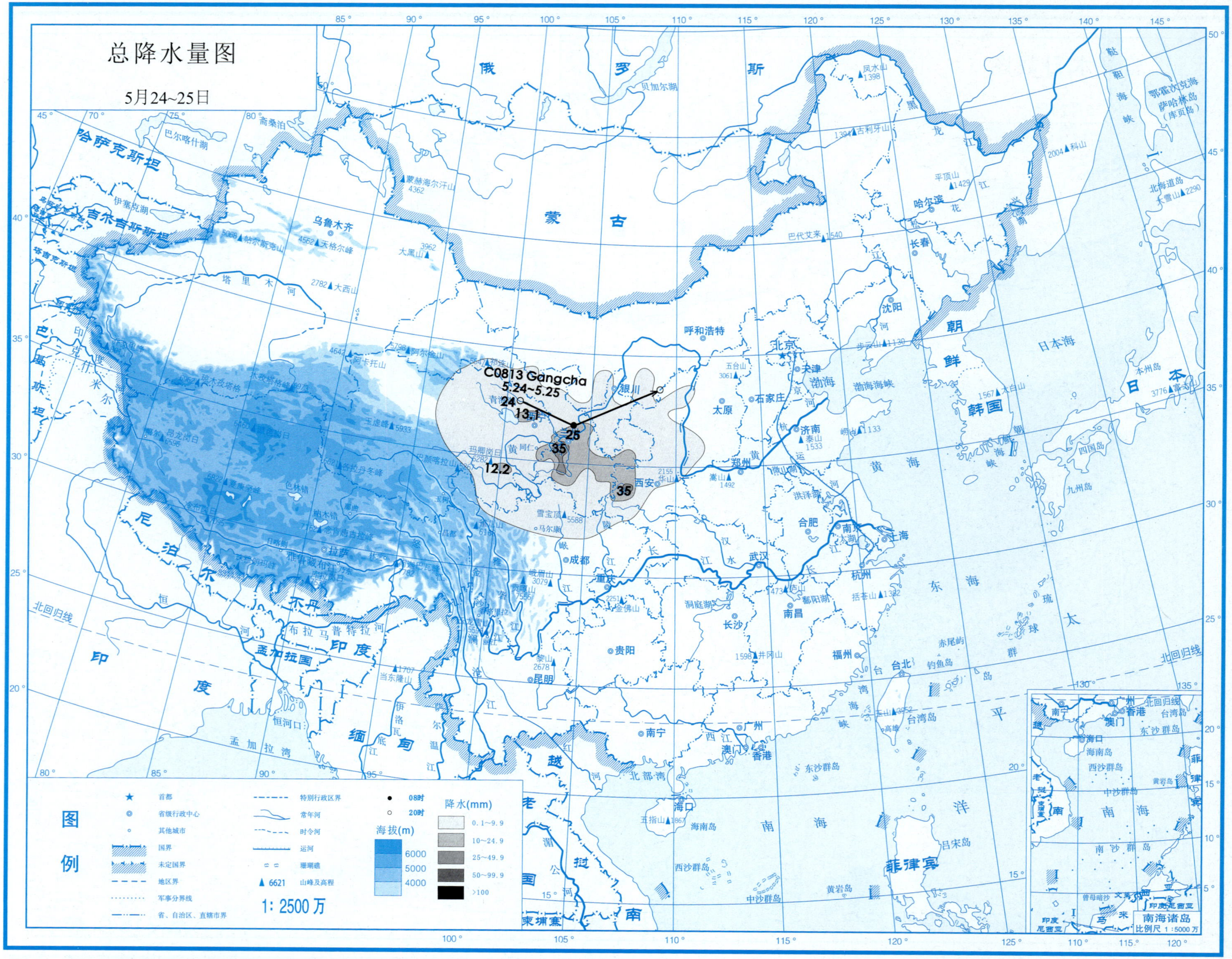
总降水量图
5月24~25日
C0813 Gangcha
5.24~5.25
24
13.1
25
35
12.2
35
图例
首都
省级行政中心
其他城市
国界
未定国界
地区界
军事分界线
省、自治区、直辖市界
特别行政区界
常年河
时令河
运河
珊瑚礁
6621 山峰及高程
08时
20时
海拔(m)
6000
5000
4000
降水(mm)
0.1~9.9
10~24.9
25~49.9
50~99.9
>100
1: 2500万
南海诸岛
比例尺 1:5000万

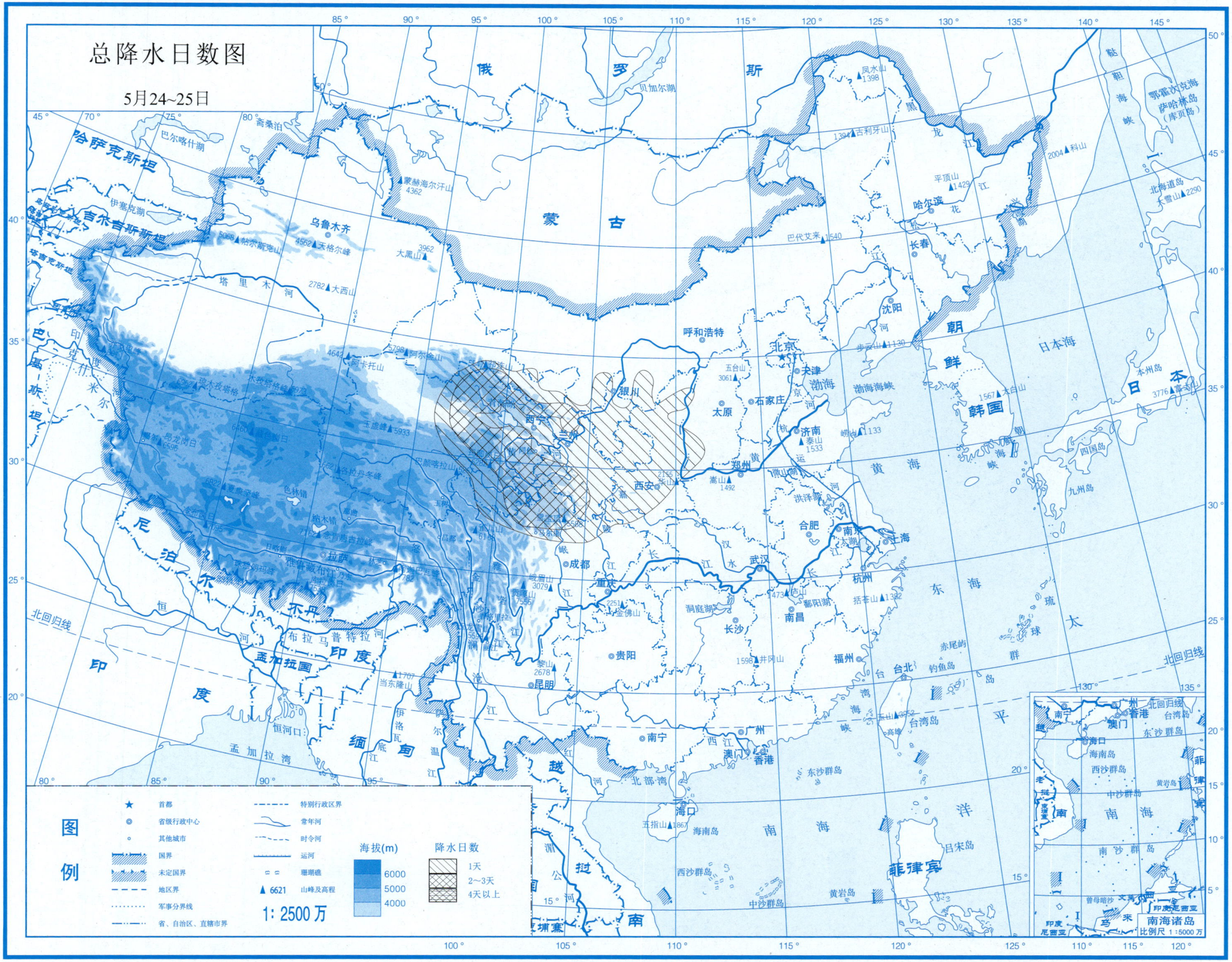

总降水日数图
5月24~25日
图例
首都
省级行政中心
其他城市
国界
未定国界
地区界
军事分界线
省、自治区、直辖市界
特别行政区界
常年河
时令河
运河
珊瑚礁
6621 山峰及高程
1: 2500 万
海拔(m)
6000
5000
4000
降水日数
1天
2~3天
4天以上
俄
罗
斯
蒙
古
哈萨克斯坦
吉尔吉斯斯坦
塔吉克斯坦
巴基斯坦
尼泊尔
不丹
印度
孟加拉国
缅甸
越南
朝鲜
韩国
日本
菲律宾
乌鲁木齐
呼和浩特
北京
天津
银川
西宁
兰州
太原
石家庄
济南
郑州
西安
合肥
南京
上海
武汉
杭州
成都
重庆
长沙
南昌
贵阳
昆明
福州
台北
南宁
广州
澳门
香港
海口
拉萨
沈阳
长春
哈尔滨
贝加尔湖
巴尔喀什湖
伊塞克湖
塔里木河
渤海
黄海
东海
南海
日本海
太平洋
北回归线
南海诸岛
比例尺 1:5000 万

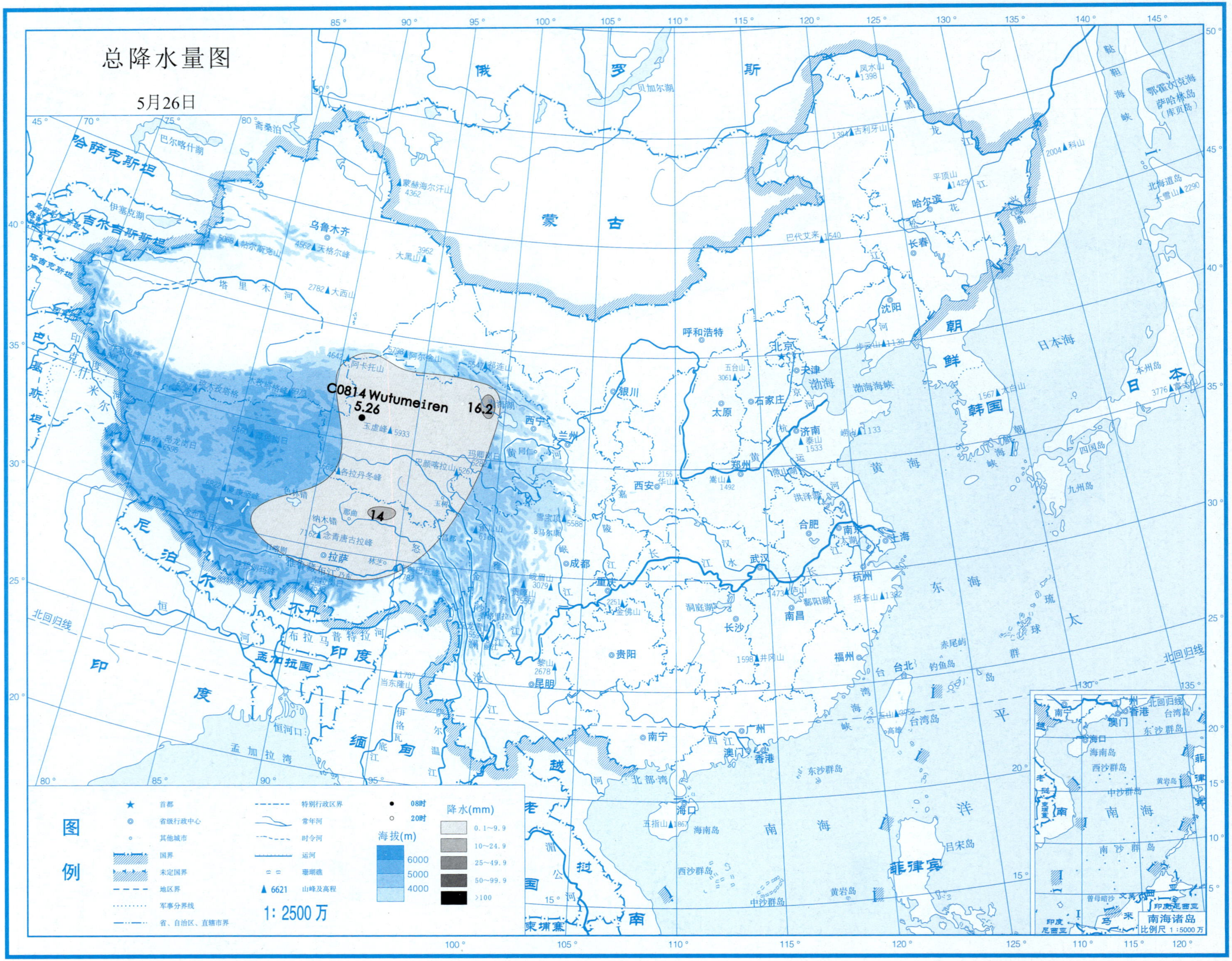
总降水量图
5月26日
C0814 Wutumeiren
5.26
16.2
14
图例
首都
省级行政中心
其他城市
国界
未定国界
地区界
军事分界线
省、自治区、直辖市界
特别行政区界
常年河
时令河
运河
珊瑚礁
6621 山峰及高程
08时
20时
海拔(m)
6000
5000
4000
降水(mm)
0.1~9.9
10~24.9
25~49.9
50~99.9
>100
1: 2500 万
南海诸岛
比例尺 1:5000 万

总降水日数图

5月26日

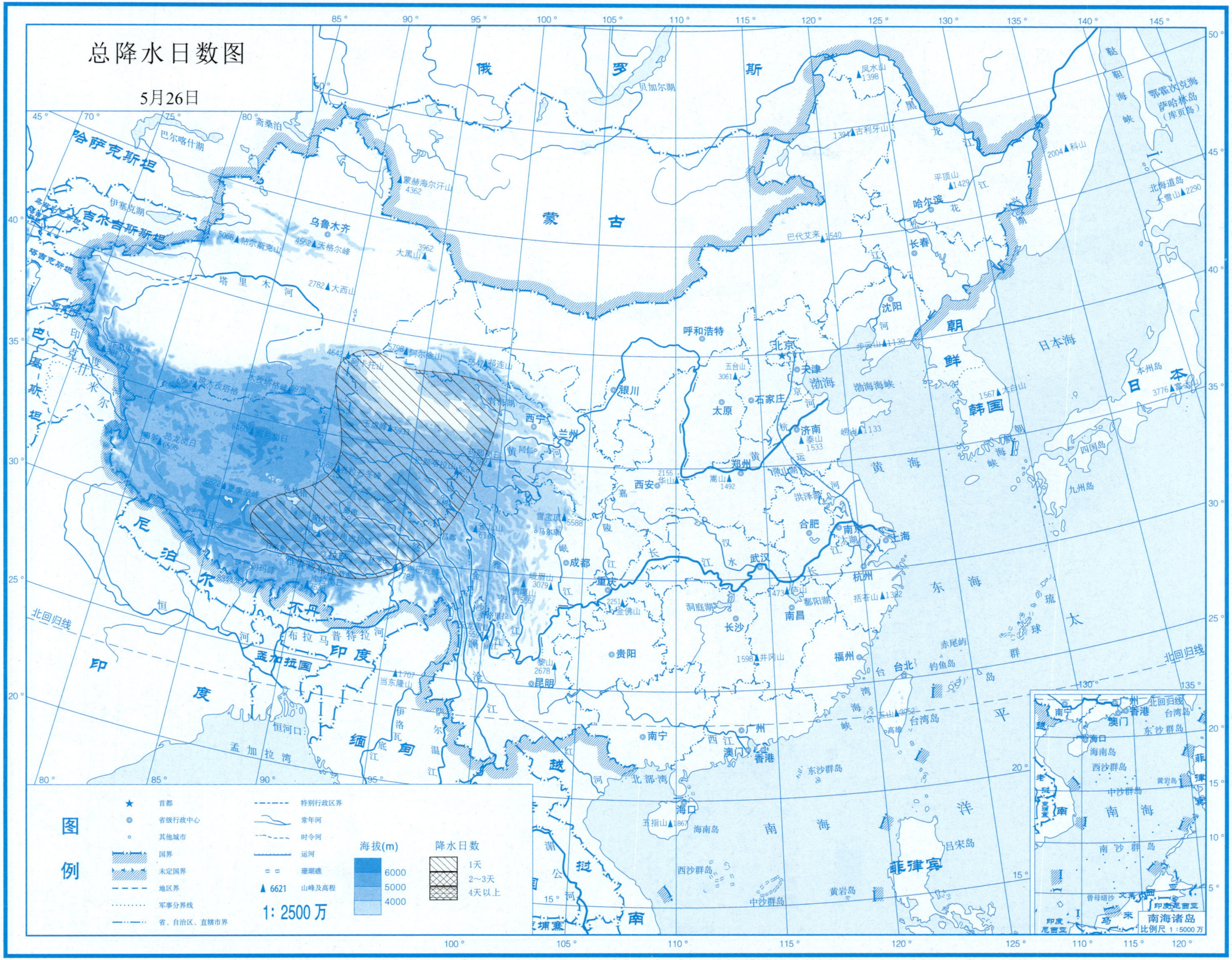

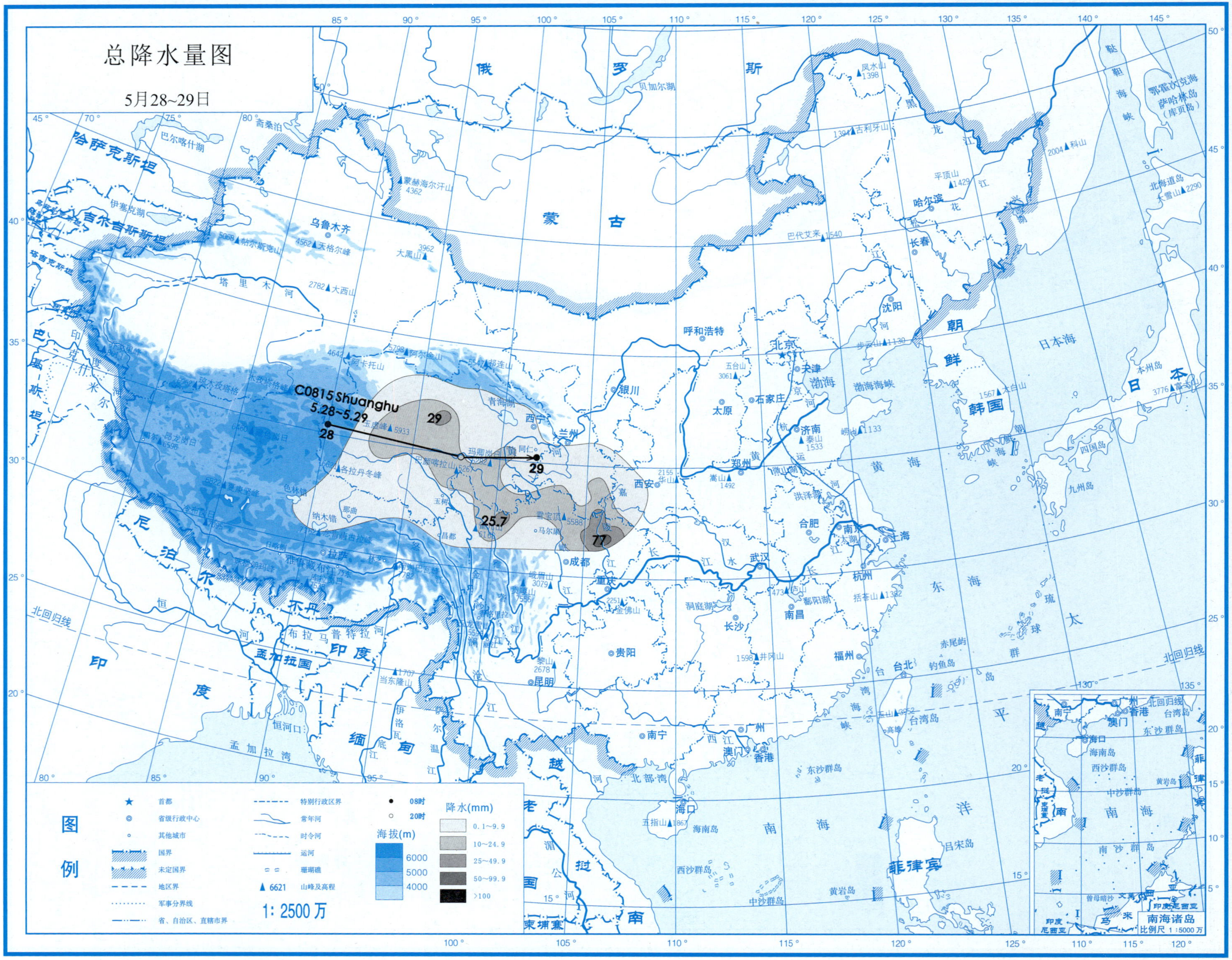

总降水量图
5月28~29日
C0815 Shuanghu
5.28~5.29
28
29
29
25.7
77
图例
首都
省级行政中心
其他城市
国界
未定国界
地区界
军事分界线
省、自治区、直辖市界
特别行政区界
常年河
时令河
运河
珊瑚礁
6621 山峰及高程
08时
20时
海拔(m)
6000
5000
4000
降水(mm)
0.1~9.9
10~24.9
25~49.9
50~99.9
>100
1: 2500万
南海诸岛
比例尺 1:5000万

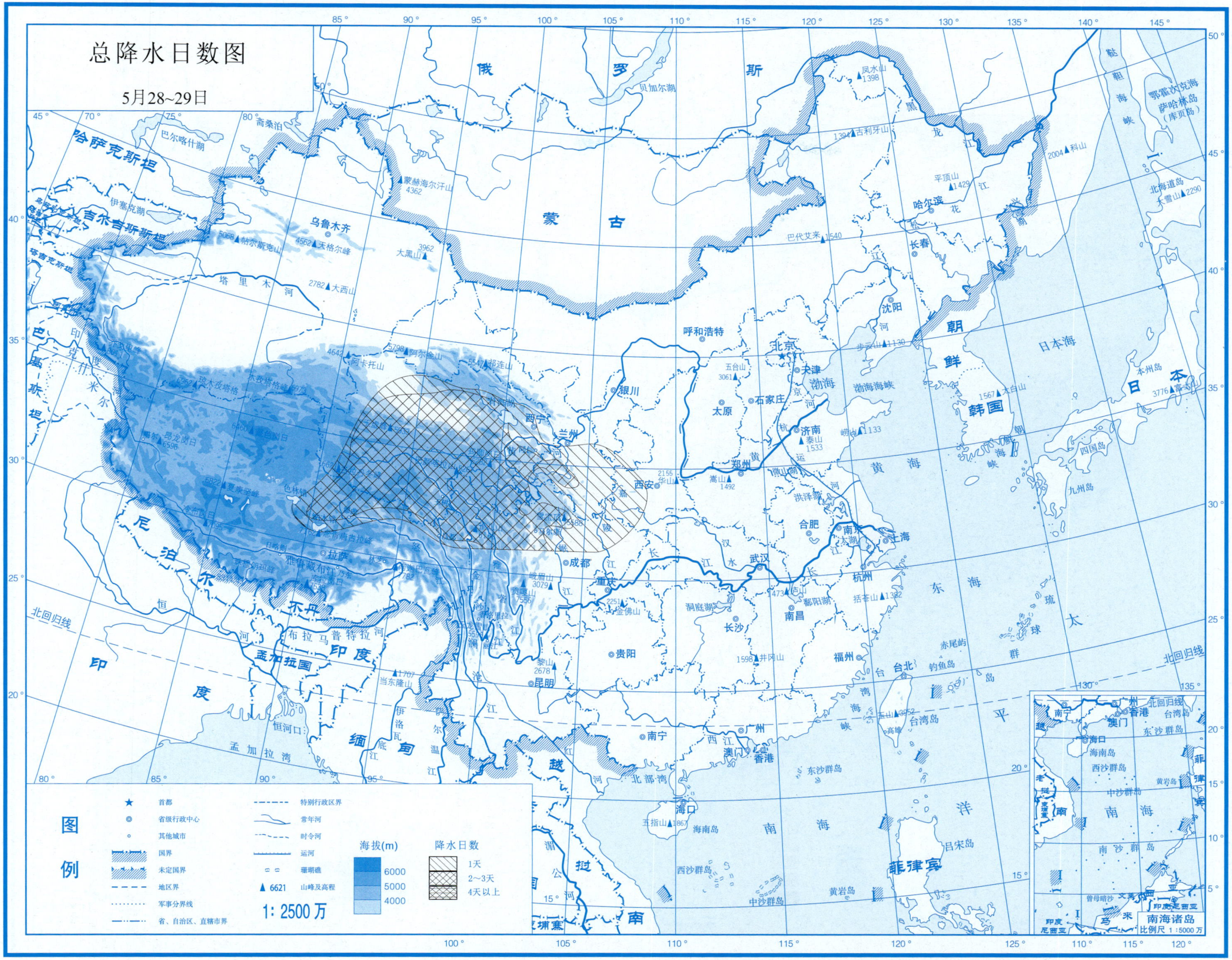
总降水日数图
5月28~29日
图例
首都
省级行政中心
其他城市
国界
未定国界
地区界
军事分界线
省、自治区、直辖市界
特别行政区界
常年河
时令河
运河
珊瑚礁
6621 山峰及高程
1: 2500 万
海拔(m)
6000
5000
4000
降水日数
1天
2~3天
4天以上
南海诸岛
比例尺 1：5000 万

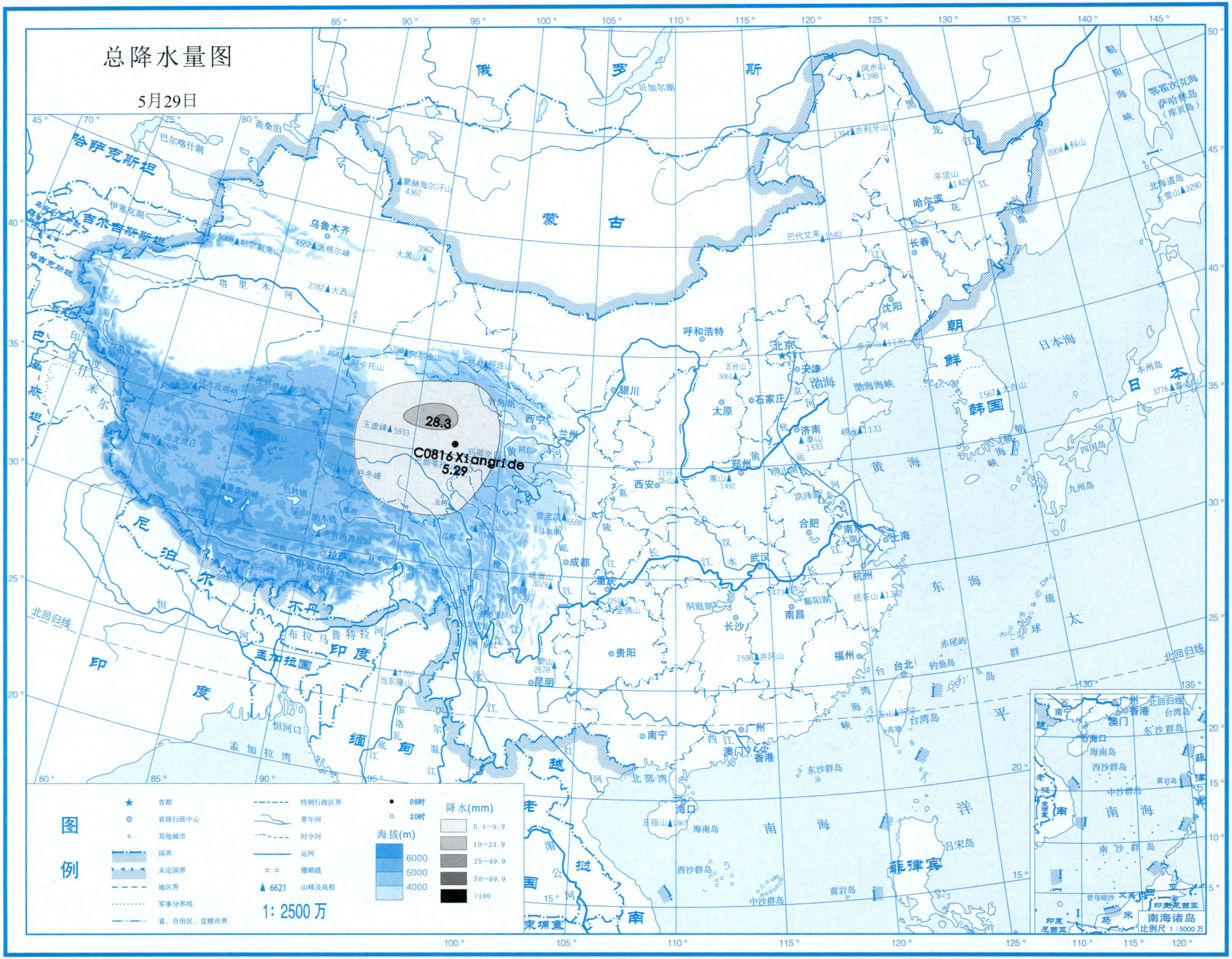
总降水量图
5月29日
28.3
C0816 Xiangride
5.29
图例
首都
省级行政中心
其他城市
国界
未定国界
地区界
军事分界线
特别行政区界
常年河
时令河
运河
省、自治区、直辖市界
珊瑚礁
6621 山峰及高程
08时
20时
海拔(m)
6000
5000
4000
降水(mm)
0.1~9.9
10~24.9
25~49.9
50~99.9
>100
1:2500万
南海诸岛
比例尺 1:5000万

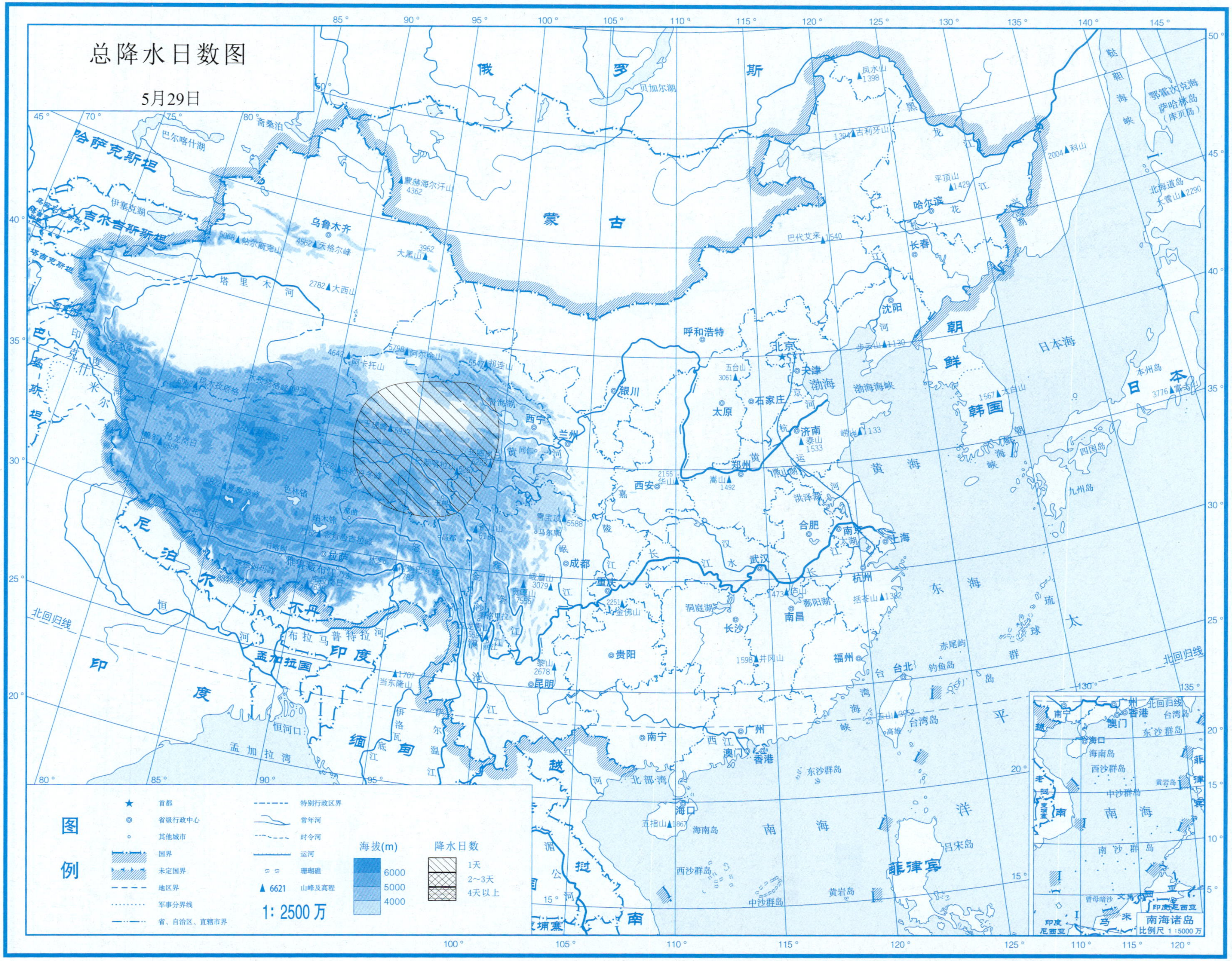

总降水日数图
5月29日
俄 罗 斯
蒙 古
哈萨克斯坦
吉尔吉斯斯坦
塔吉克斯坦
巴基斯坦
阿富汗
尼泊尔
不丹
孟加拉国
印度
缅甸
老挝
越南
泰国
柬埔寨
菲律宾
朝鲜
韩国
日本
日本海
渤海
黄海
东海
南海
太平洋
贝加尔湖
巴尔喀什湖
伊塞克湖
斋桑泊
乌鲁木齐
拉萨
西宁
兰州
银川
呼和浩特
北京
天津
石家庄
太原
济南
郑州
西安
成都
重庆
贵阳
昆明
南宁
武汉
长沙
南昌
合肥
南京
上海
杭州
福州
台北
广州
香港
澳门
海口
沈阳
长春
哈尔滨
北回归线
图例
首都
省级行政中心
其他城市
国界
未定国界
地区界
军事分界线
省、自治区、直辖市界
特别行政区界
常年河
时令河
运河
珊瑚礁
6621 山峰及高程
1:2500万
海拔(m)
6000
5000
4000
降水日数
1天
2~3天
4天以上
南海诸岛
比例尺 1:5000万

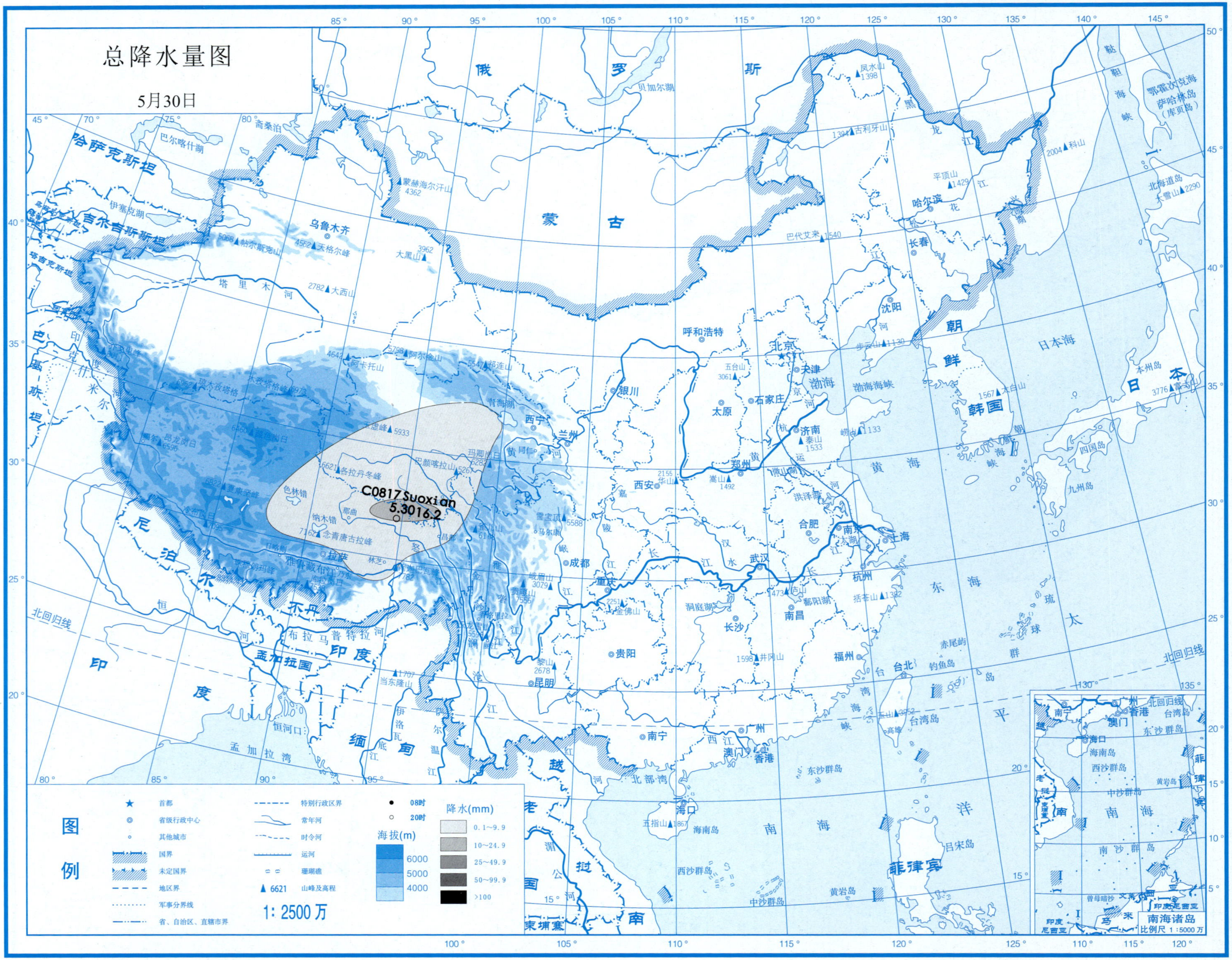
总降水量图
5月30日
C0817 Suoxian
5.3016.2
图例
首都
省级行政中心
其他城市
国界
未定国界
地区界
军事分界线
省、自治区、直辖市界
特别行政区界
常年河
时令河
运河
珊瑚礁
6621 山峰及高程
1: 2500万
08时
20时
海拔(m)
6000
5000
4000
降水(mm)
0.1~9.9
10~24.9
25~49.9
50~99.9
>100
南海诸岛
比例尺 1:5000万

总降水日数图

5月30日

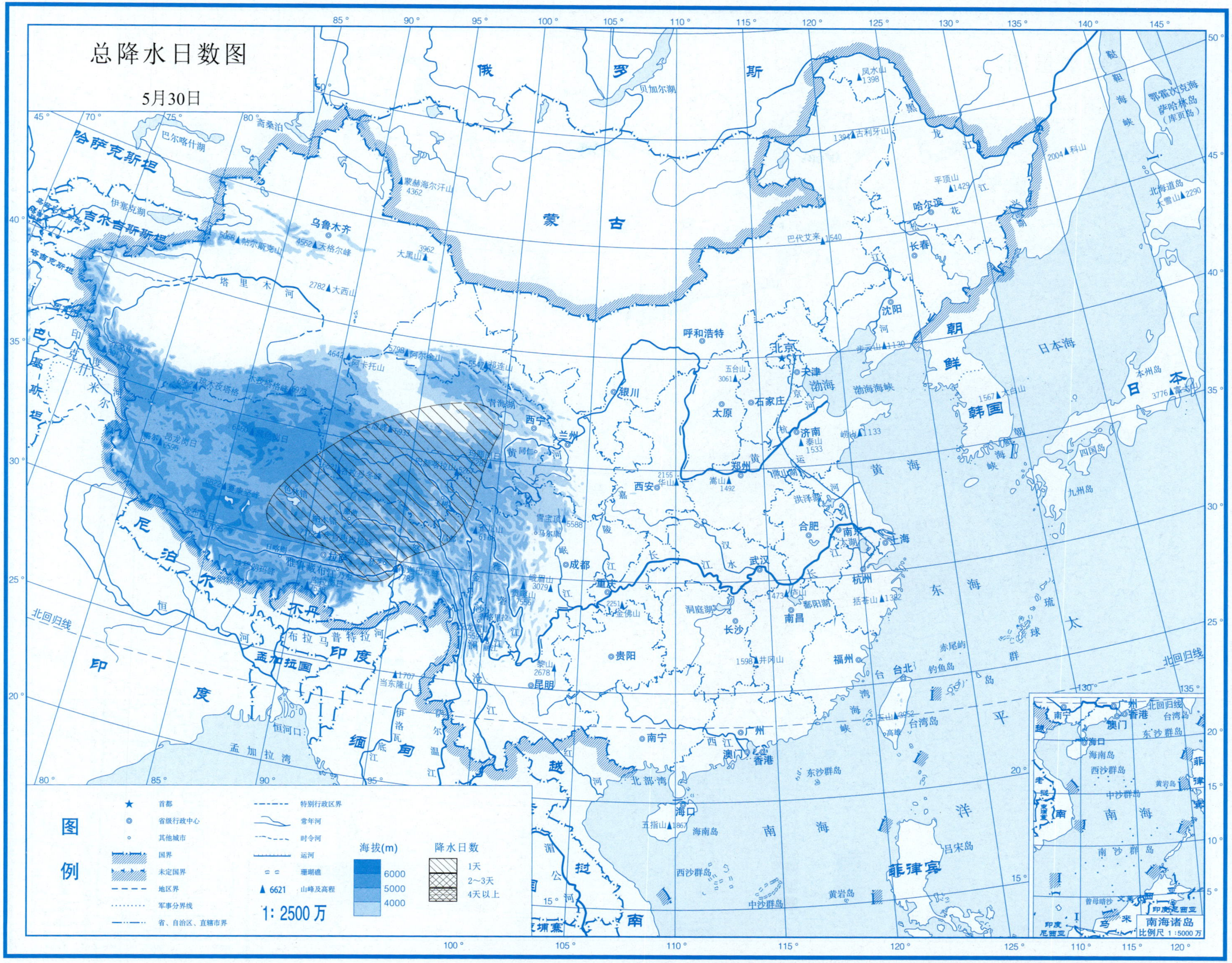

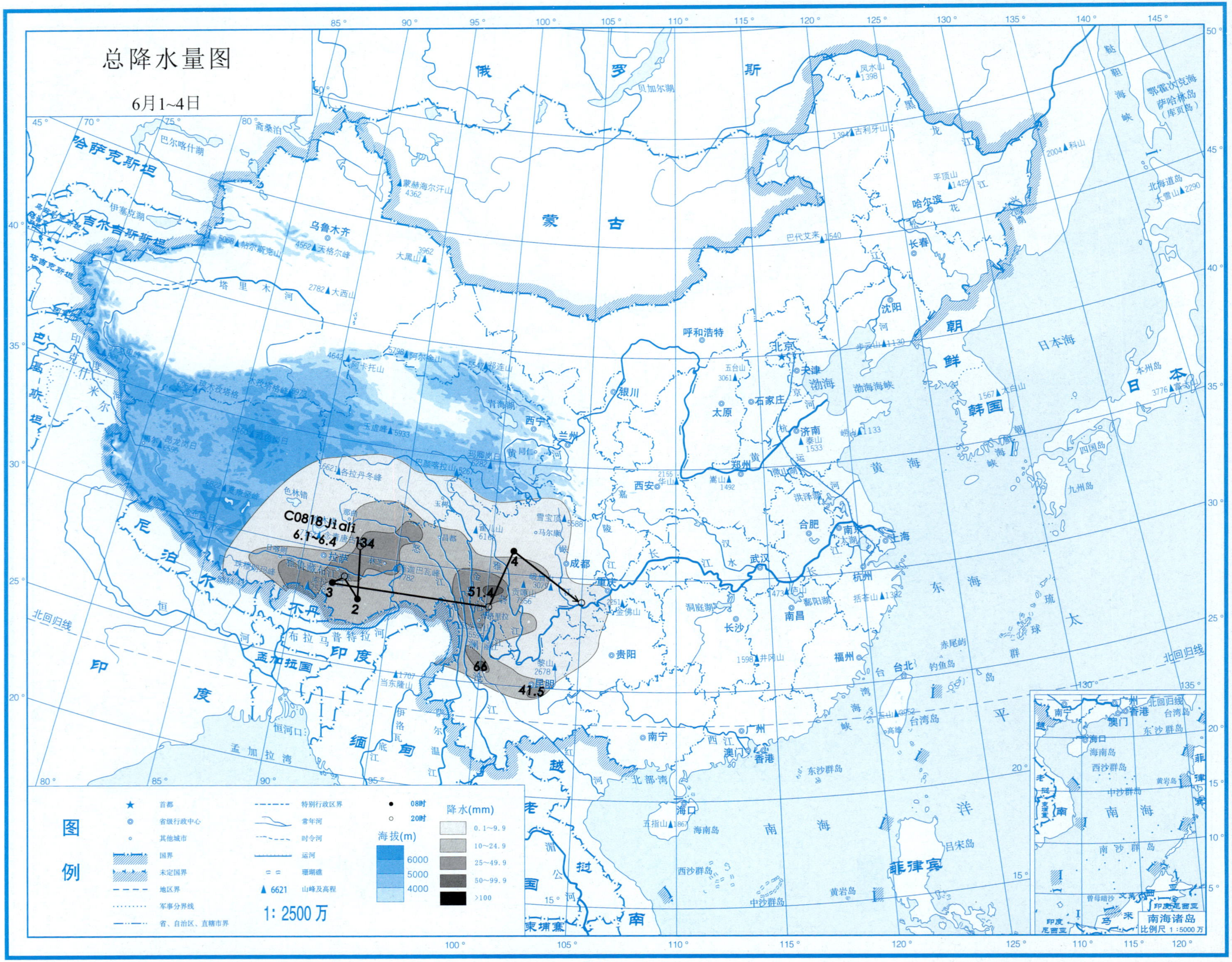
总降水量图
6月1~4日
C0818 Jiali
6.1~6.4
134
51.4
66
41.5
1
2
3
4
图例
首都
省级行政中心
其他城市
国界
未定国界
地区界
军事分界线
省、自治区、直辖市界
特别行政区界
常年河
时令河
运河
珊瑚礁
6621 山峰及高程
08时
20时
海拔(m)
6000
5000
4000
降水(mm)
0.1~9.9
10~24.9
25~49.9
50~99.9
>100
1: 2500万
南海诸岛
比例尺 1:5000万

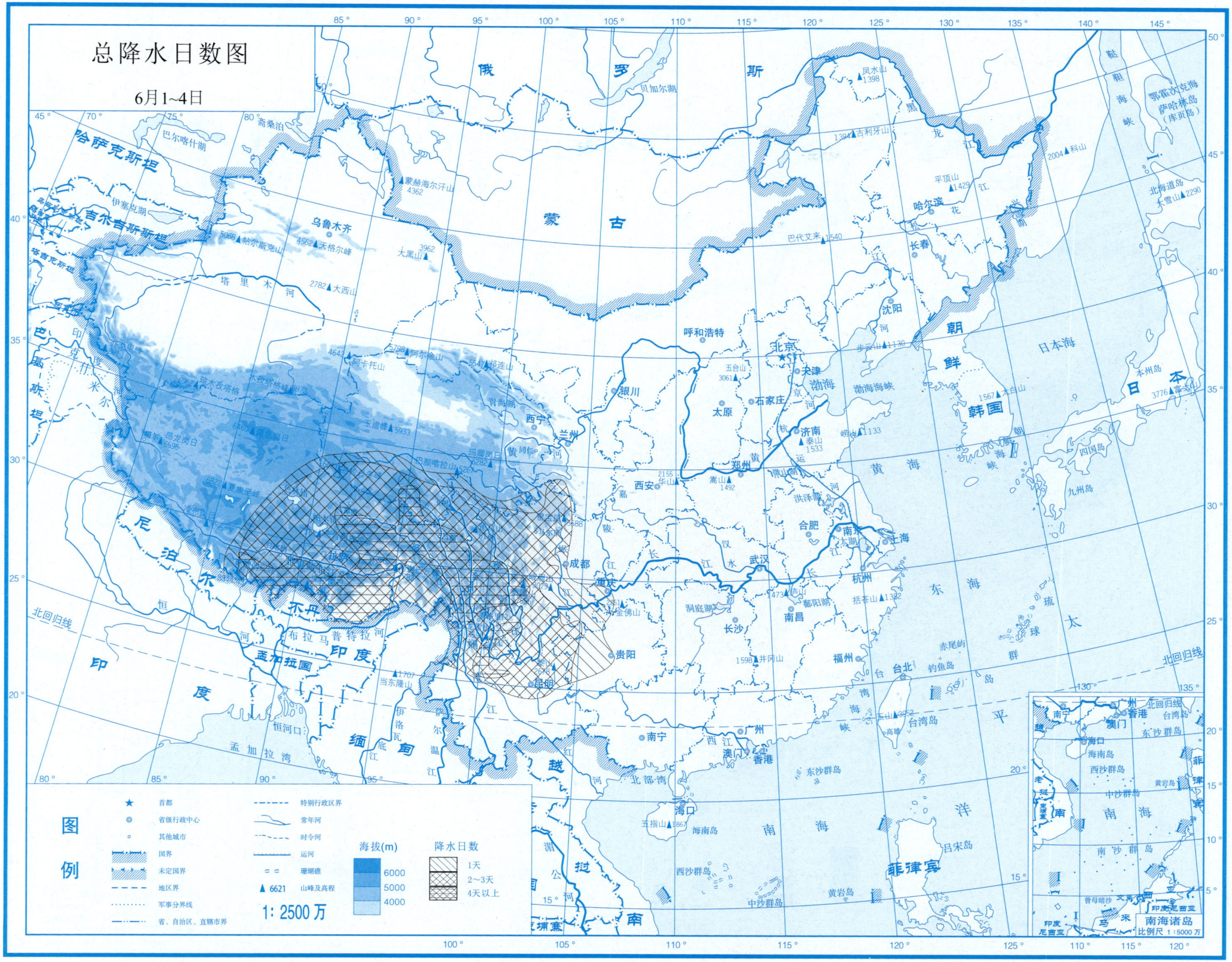
总降水日数图
6月1~4日
图例
首都
省级行政中心
其他城市
国界
未定国界
地区界
军事分界线
省、自治区、直辖市界
特别行政区界
常年河
时令河
运河
珊瑚礁
6621 山峰及高程
1: 2500 万
海拔(m)
6000
5000
4000
降水日数
1天
2~3天
4天以上
南海诸岛
比例尺 1:5000 万
俄罗斯
蒙古
哈萨克斯坦
吉尔吉斯斯坦
塔吉克斯坦
巴基斯坦
尼泊尔
不丹
孟加拉国
印度
缅甸
越南
老挝
柬埔寨
朝鲜
韩国
日本
菲律宾
北京
天津
石家庄
太原
呼和浩特
沈阳
长春
哈尔滨
济南
郑州
西安
银川
兰州
西宁
乌鲁木齐
成都
重庆
贵阳
昆明
南宁
广州
澳门
香港
海口
长沙
武汉
南昌
合肥
南京
上海
杭州
福州
台北
日本海
渤海
黄海
东海
南海
太平洋
北回归线

总降水量图

6月5~10日

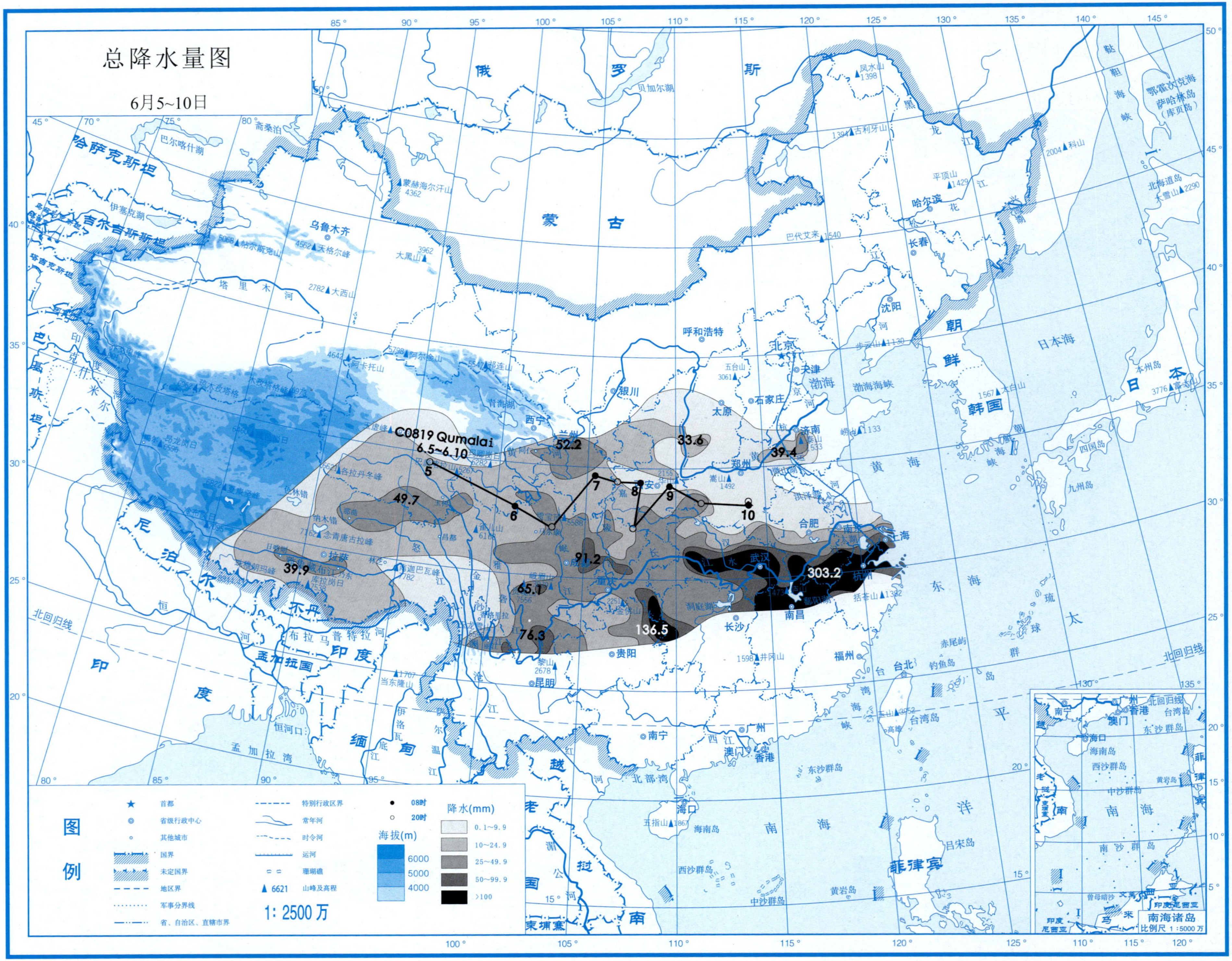

总降水日数图

6月5~10日

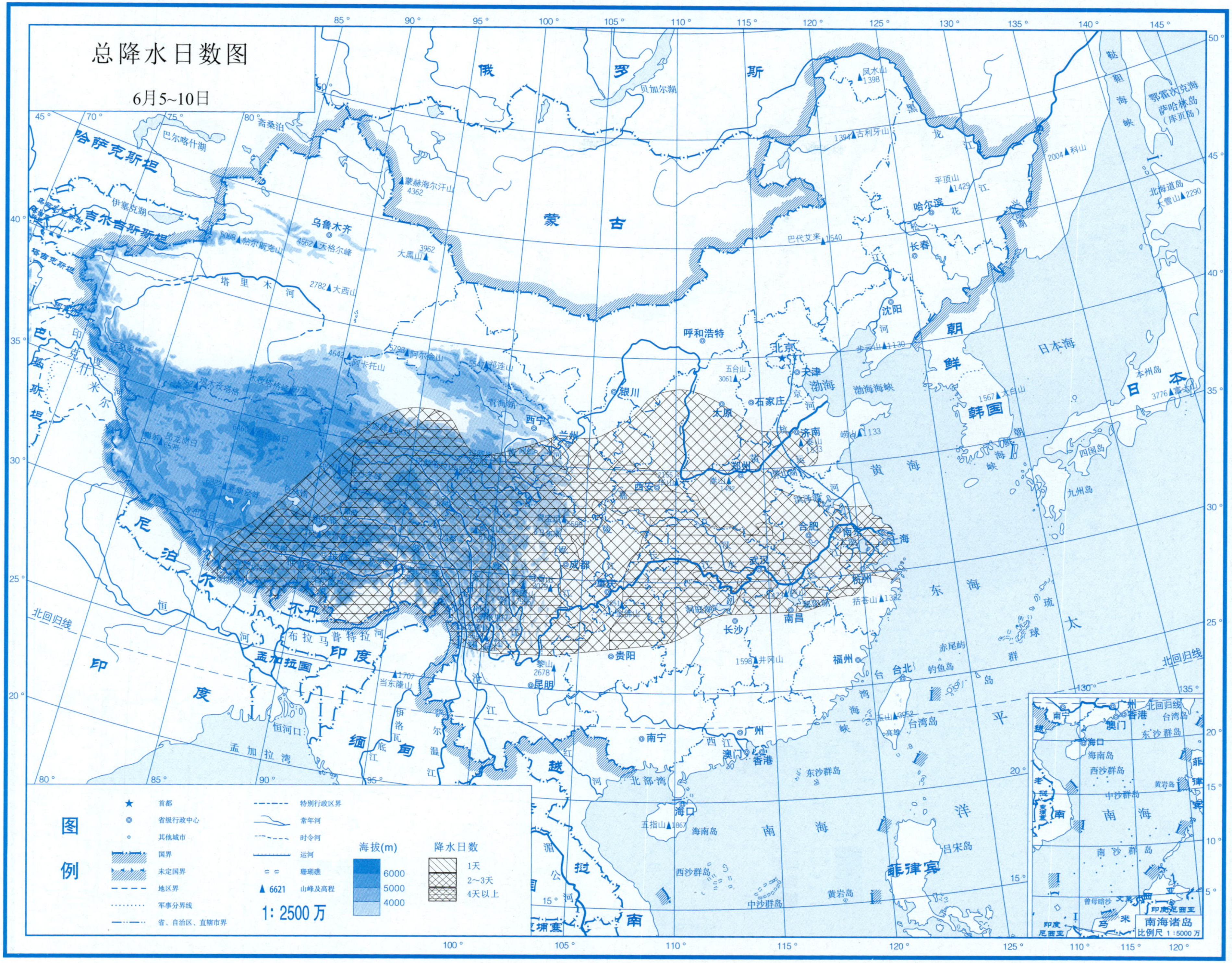

总降水量图

6月7日

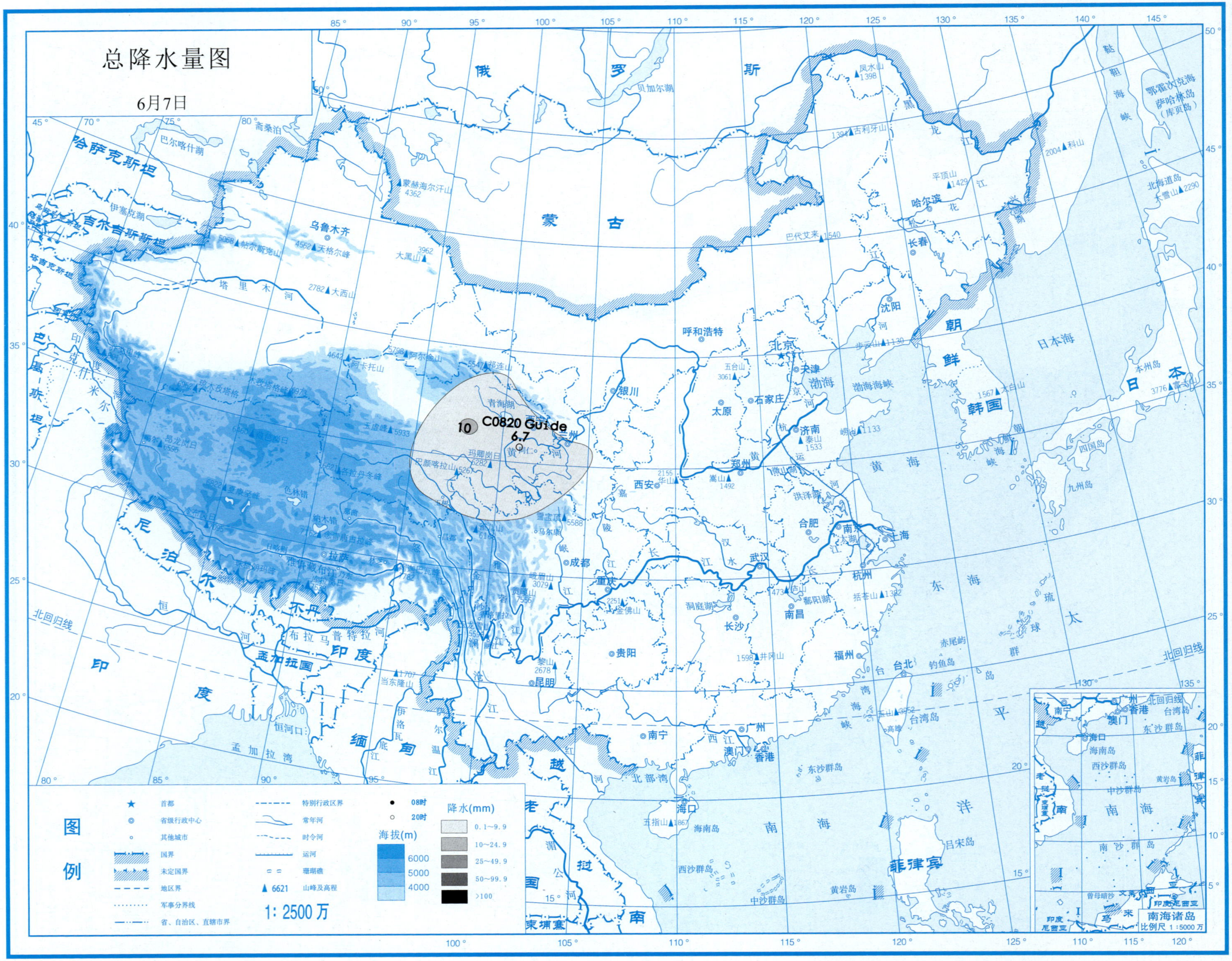

C0820 Guide
10
6.7
图例
首都
省级行政中心
其他城市
国界
未定国界
地区界
军事分界线
省、自治区、直辖市界
特别行政区界
常年河
时令河
运河
珊瑚礁
6621 山峰及高程
08时
20时
海拔(m)
6000
5000
4000
降水(mm)
0.1~9.9
10~24.9
25~49.9
50~99.9
>100
1: 2500 万
南海诸岛
比例尺 1:5000 万

总降水日数图

6月7日

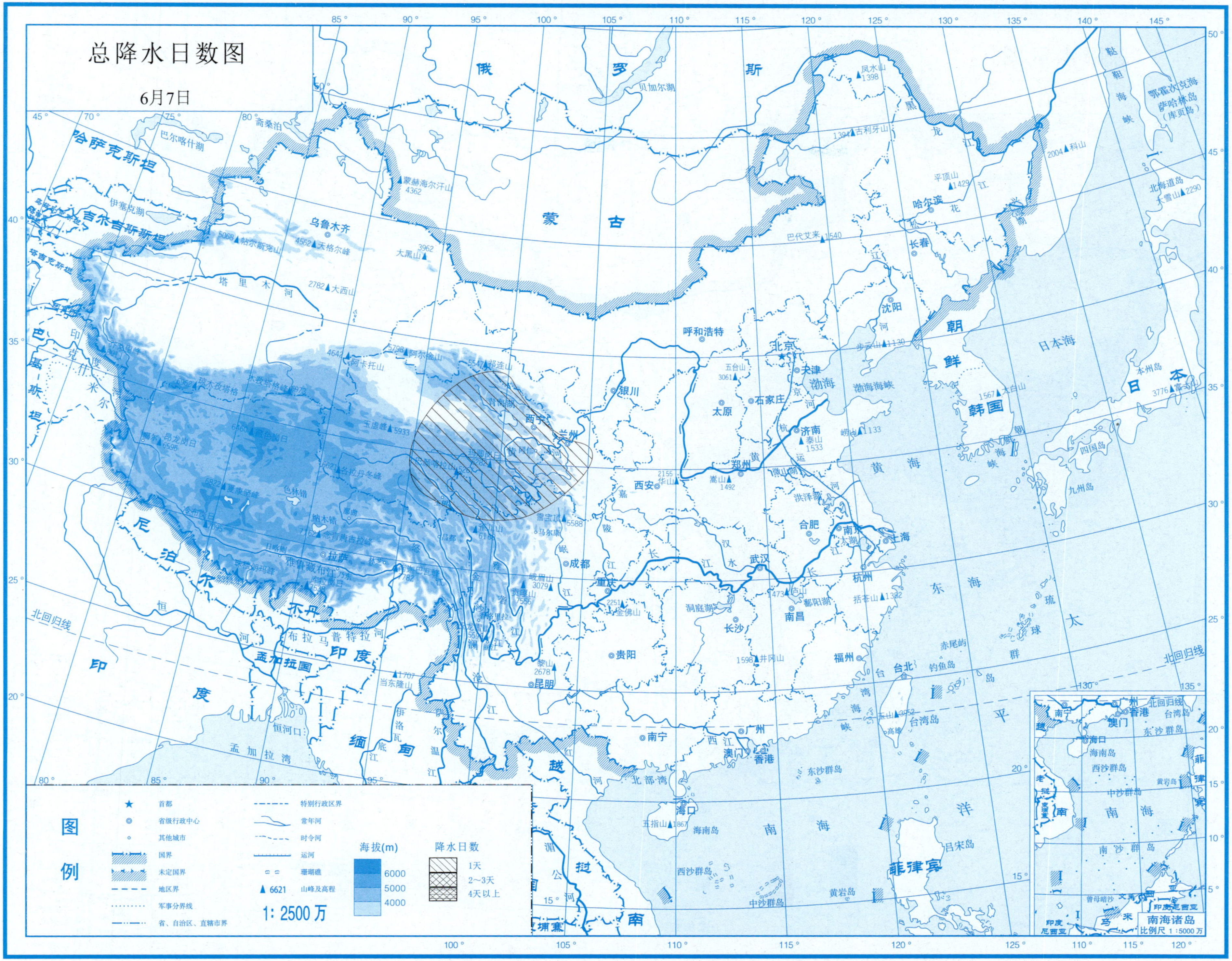
图例
首都
省级行政中心
其他城市
国界
未定国界
地区界
军事分界线
省、自治区、直辖市界
特别行政区界
常年河
时令河
运河
珊瑚礁
6621 山峰及高程
1: 2500万
海拔(m)
6000
5000
4000
降水日数
1天
2~3天
4天以上
南海诸岛
比例尺 1 : 5000 万

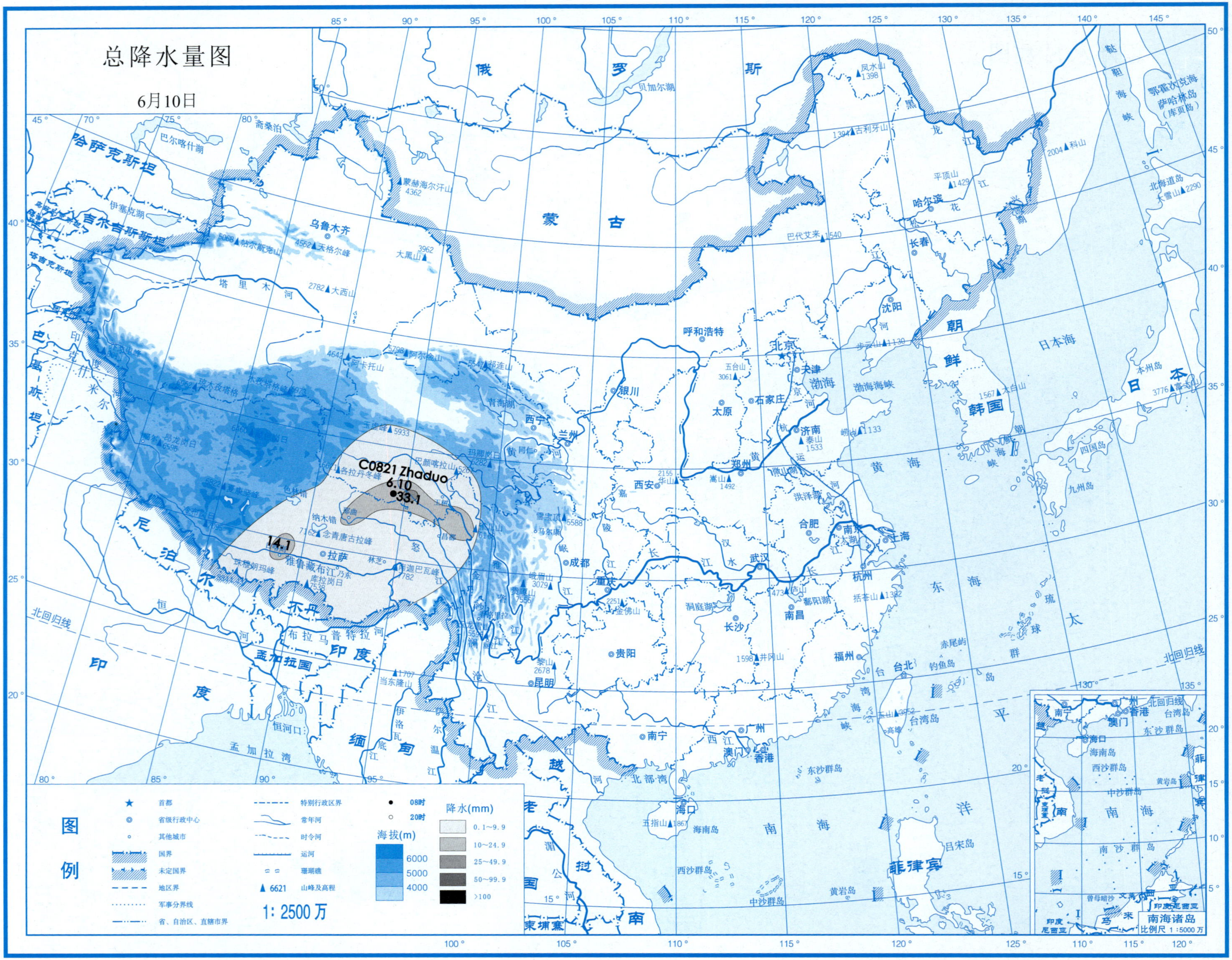
总降水量图
6月10日
C0821 Zhaduo
6.10
33.1
14.1
图例
首都
省级行政中心
其他城市
国界
未定国界
地区界
军事分界线
省、自治区、直辖市界
特别行政区界
常年河
时令河
运河
珊瑚礁
6621 山峰及高程
1: 2500万
08时
20时
海拔(m)
6000
5000
4000
降水(mm)
0.1~9.9
10~24.9
25~49.9
50~99.9
>100
南海诸岛
比例尺 1:5000万

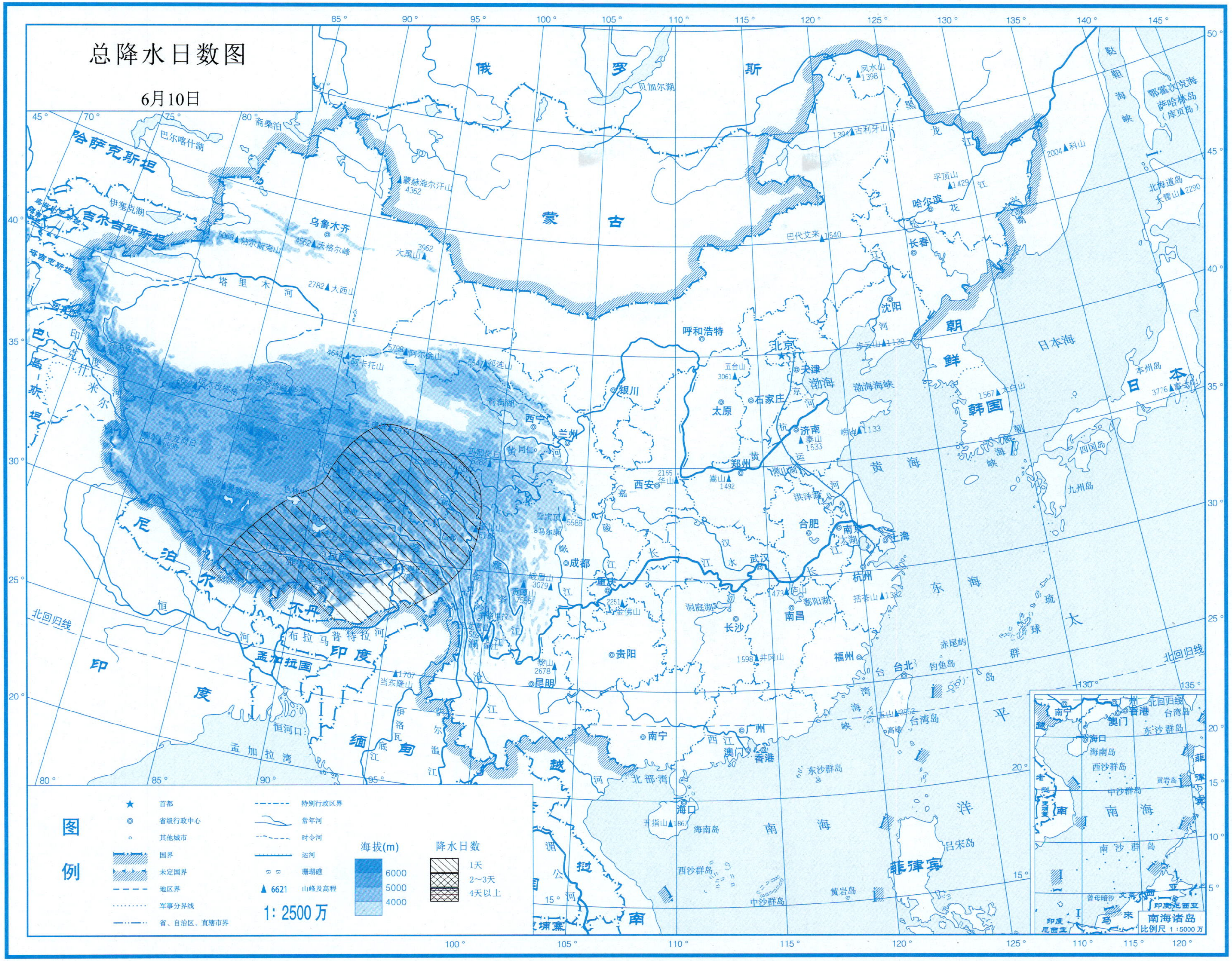
总降水日数图
6月10日
图例
首都
省级行政中心
其他城市
国界
未定国界
地区界
军事分界线
省、自治区、直辖市界
特别行政区界
常年河
时令河
运河
珊瑚礁
6621 山峰及高程
1:2500万
海拔(m)
6000
5000
4000
降水日数
1天
2~3天
4天以上

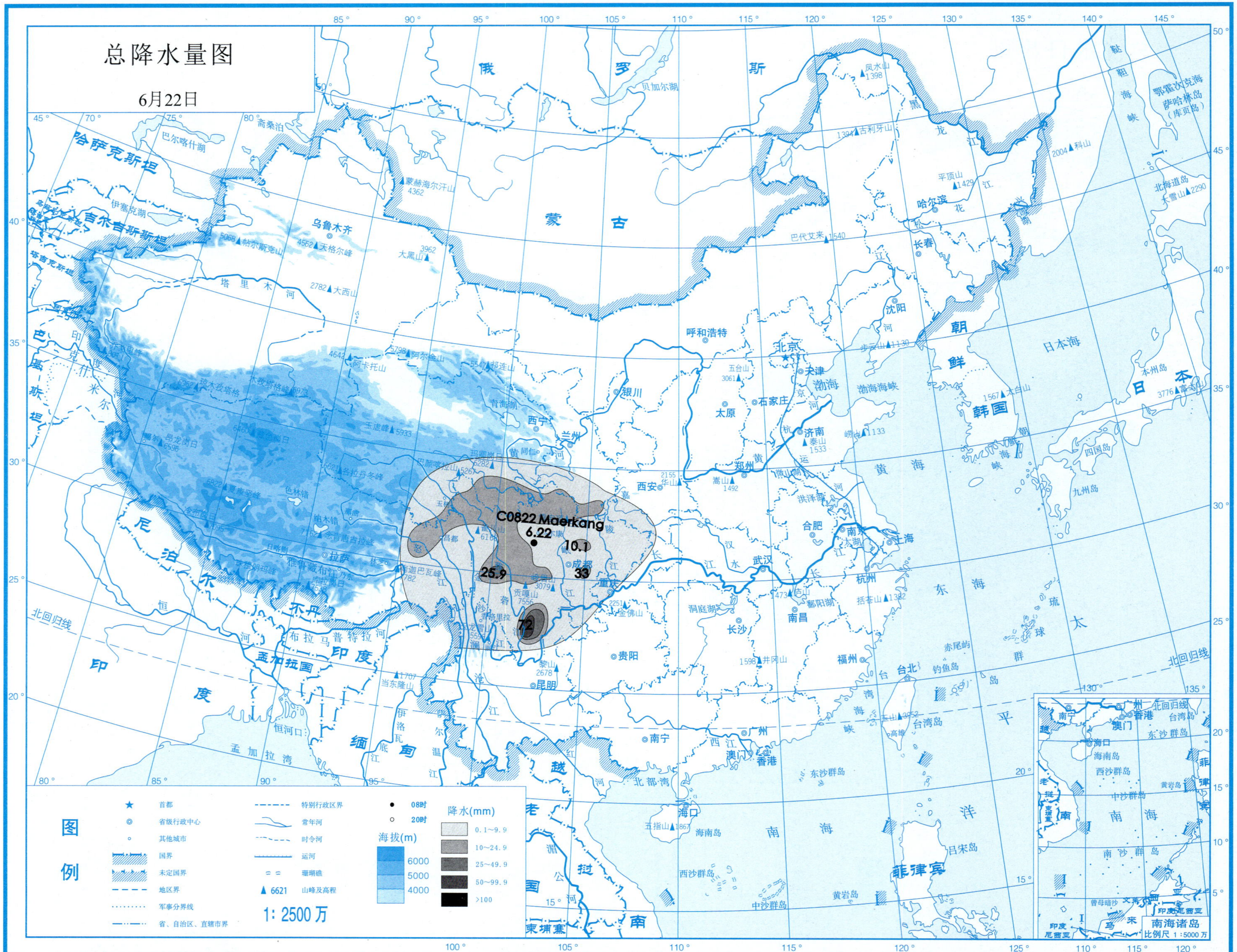
总降水量图
6月22日
C0822 Maerkang
6.22
10.1
25.9
33
72
图例
首都
省级行政中心
其他城市
国界
未定国界
地区界
军事分界线
省、自治区、直辖市界
特别行政区界
常年河
时令河
运河
珊瑚礁
6621 山峰及高程
1: 2500 万
08时
20时
海拔(m)
6000
5000
4000
降水(mm)
0.1~9.9
10~24.9
25~49.9
50~99.9
>100
南海诸岛
比例尺 1:5000 万

总降水日数图

6月22日

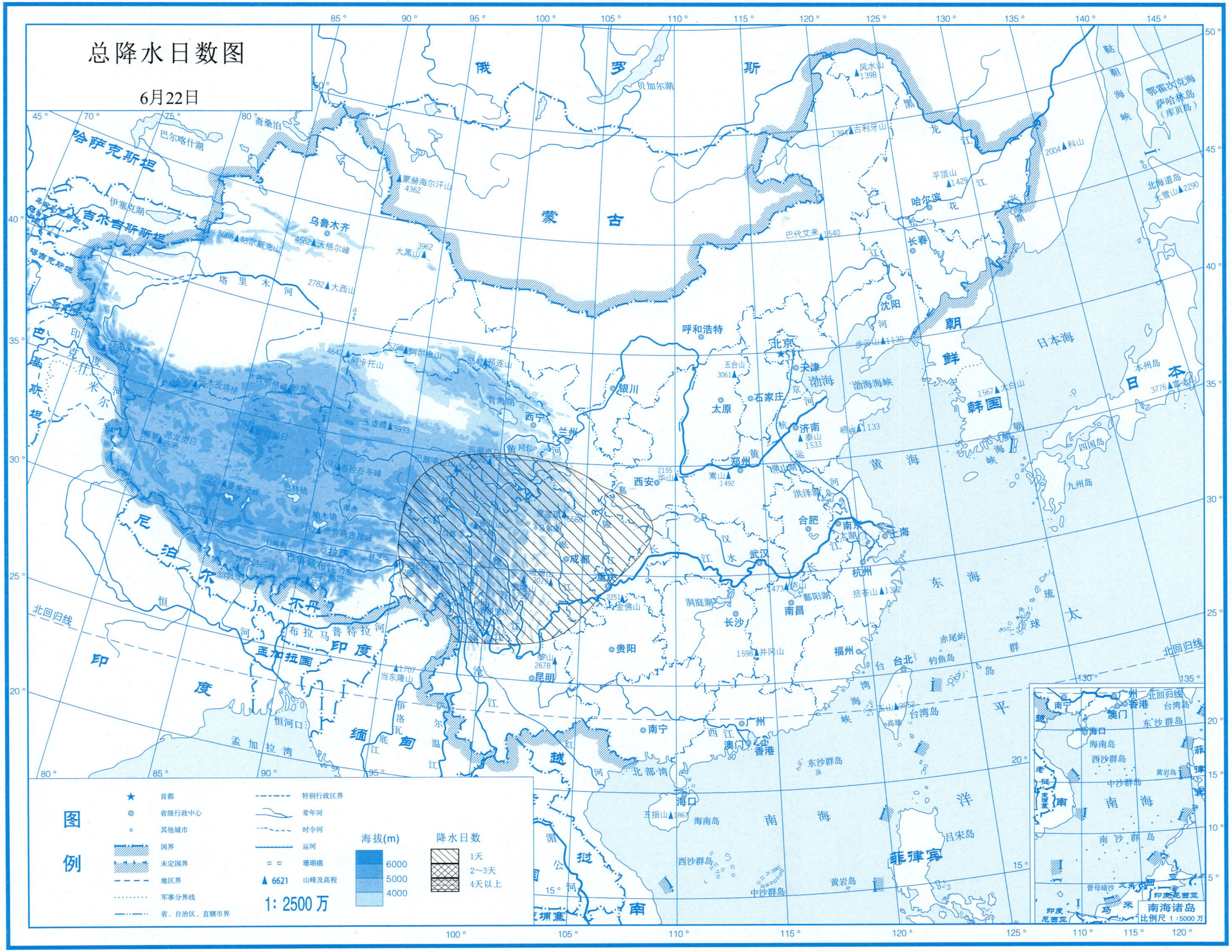

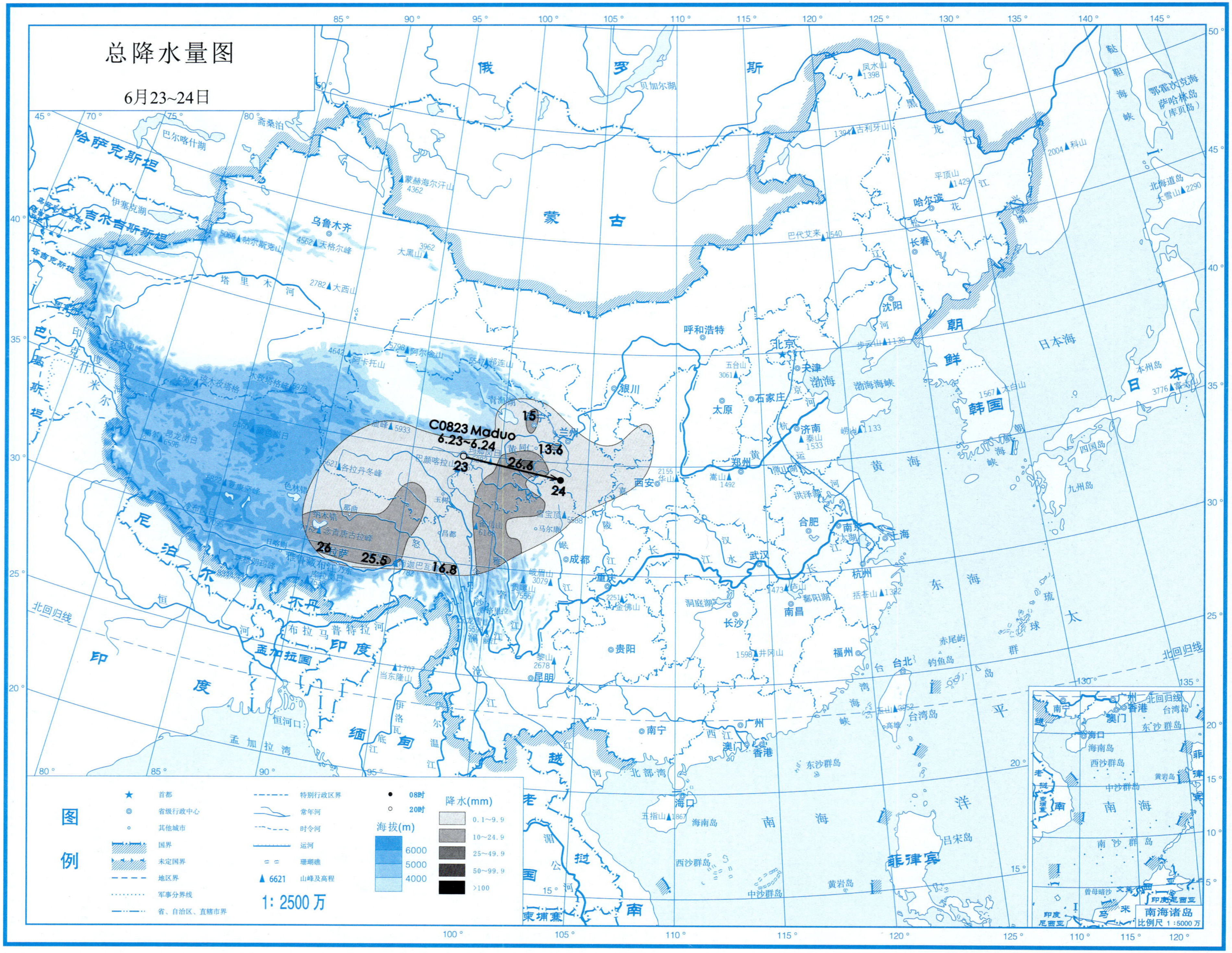
总降水量图
6月23~24日
C0823 Maduo
6.23~6.24
23
24
15
13.6
26.6
26
25.5
16.8
图例
首都
省级行政中心
其他城市
国界
未定国界
地区界
军事分界线
省、自治区、直辖市界
特别行政区界
常年河
时令河
运河
珊瑚礁
山峰及高程
08时
20时
降水(mm)
0.1~9.9
10~24.9
25~49.9
50~99.9
>100
海拔(m)
6000
5000
4000
1: 2500 万
南海诸岛
比例尺 1:5000 万

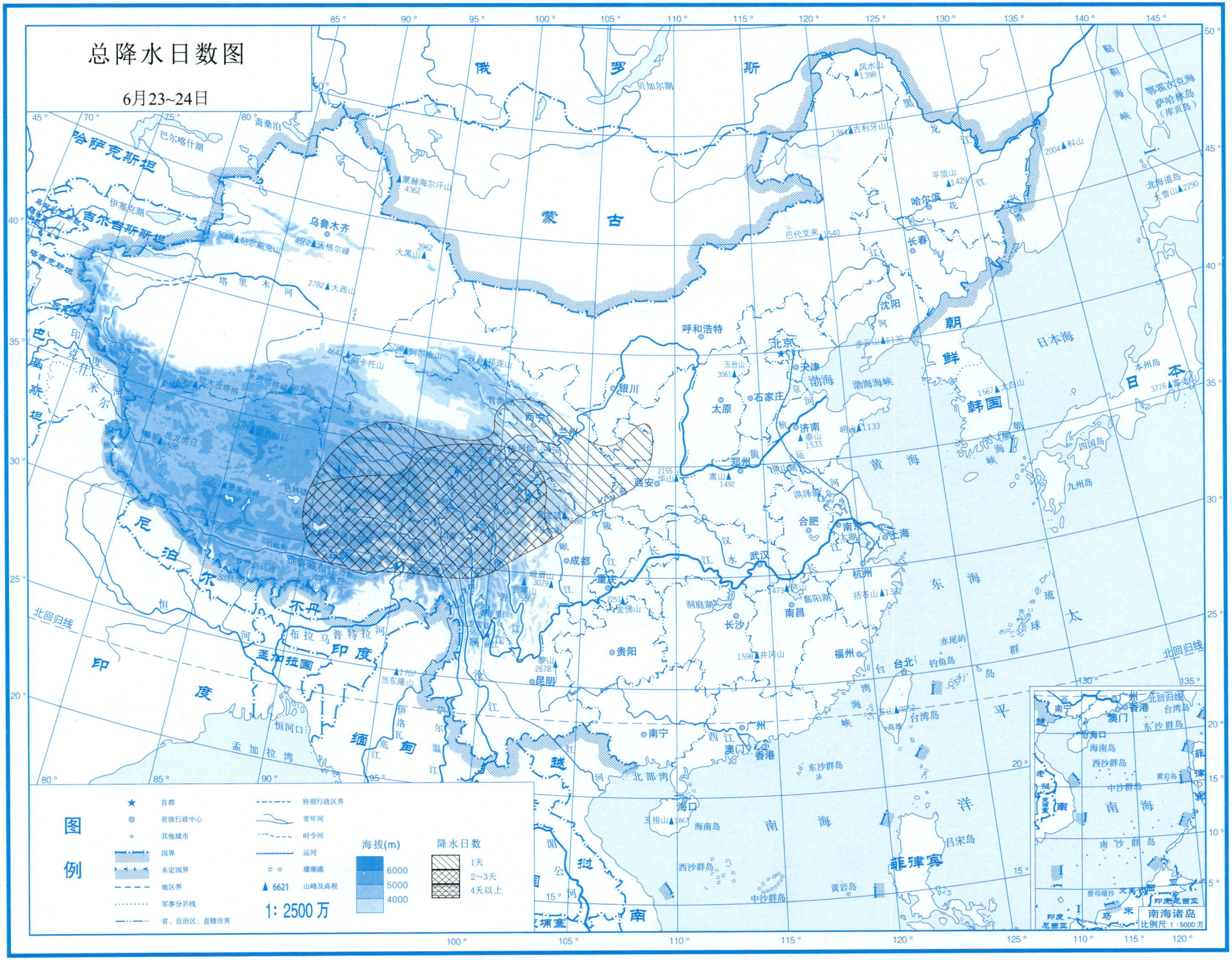
总降水日数图
6月23~24日
图例
首都
省级行政中心
其他城市
国界
未定国界
地区界
军事分界线
省、自治区、直辖市界
特别行政区界
常年河
时令河
运河
珊瑚礁
6621 山峰及高程
1: 2500万
海拔(m)
6000
5000
4000
降水日数
1天
2~3天
4天以上
南海诸岛
比例尺 1 : 5000 万

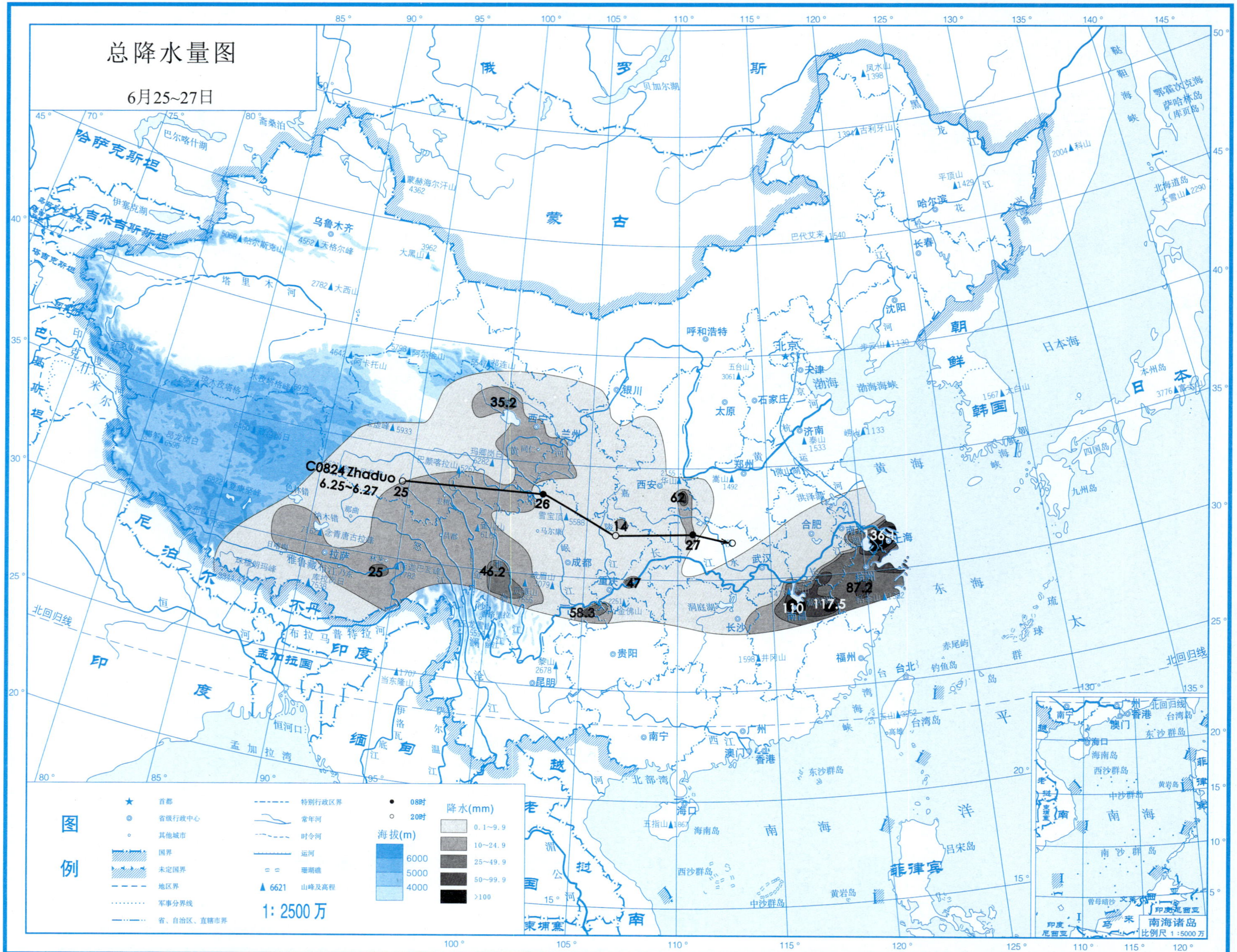
总降水量图
6月25~27日
C0824 Zhaduo
6.25~6.27
25
26
14
27
35.2
62
25
46.2
47
58.3
136
87.2
110
117.5
图例
首都
省级行政中心
其他城市
国界
未定国界
地区界
军事分界线
省、自治区、直辖市界
特别行政区界
常年河
时令河
运河
珊瑚礁
6621 山峰及高程
1: 2500 万
08时
20时
降水(mm)
0.1~9.9
10~24.9
25~49.9
50~99.9
>100
海拔(m)
6000
5000
4000
南海诸岛
比例尺 1:5000 万

总降水日数图

6月25~27日

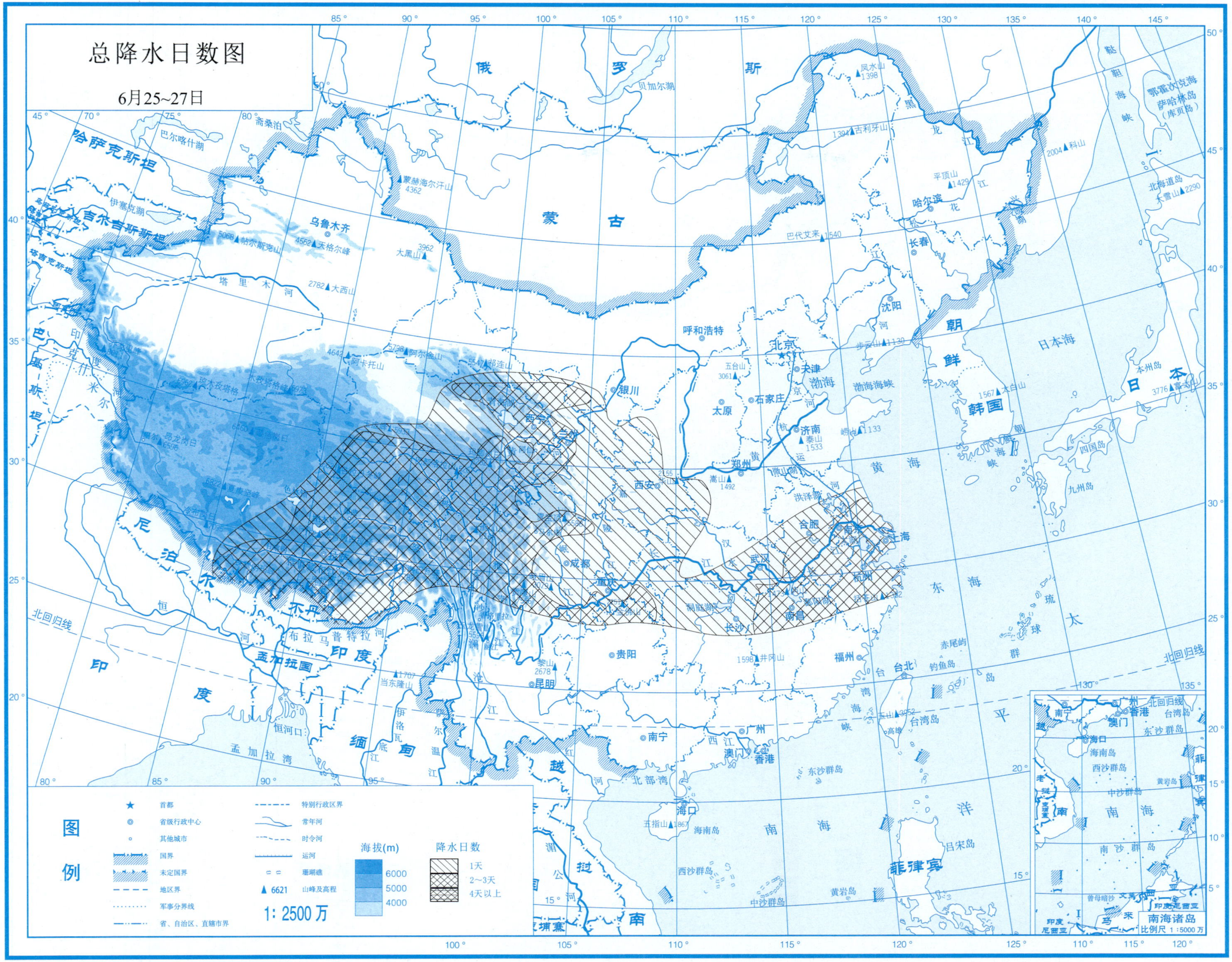

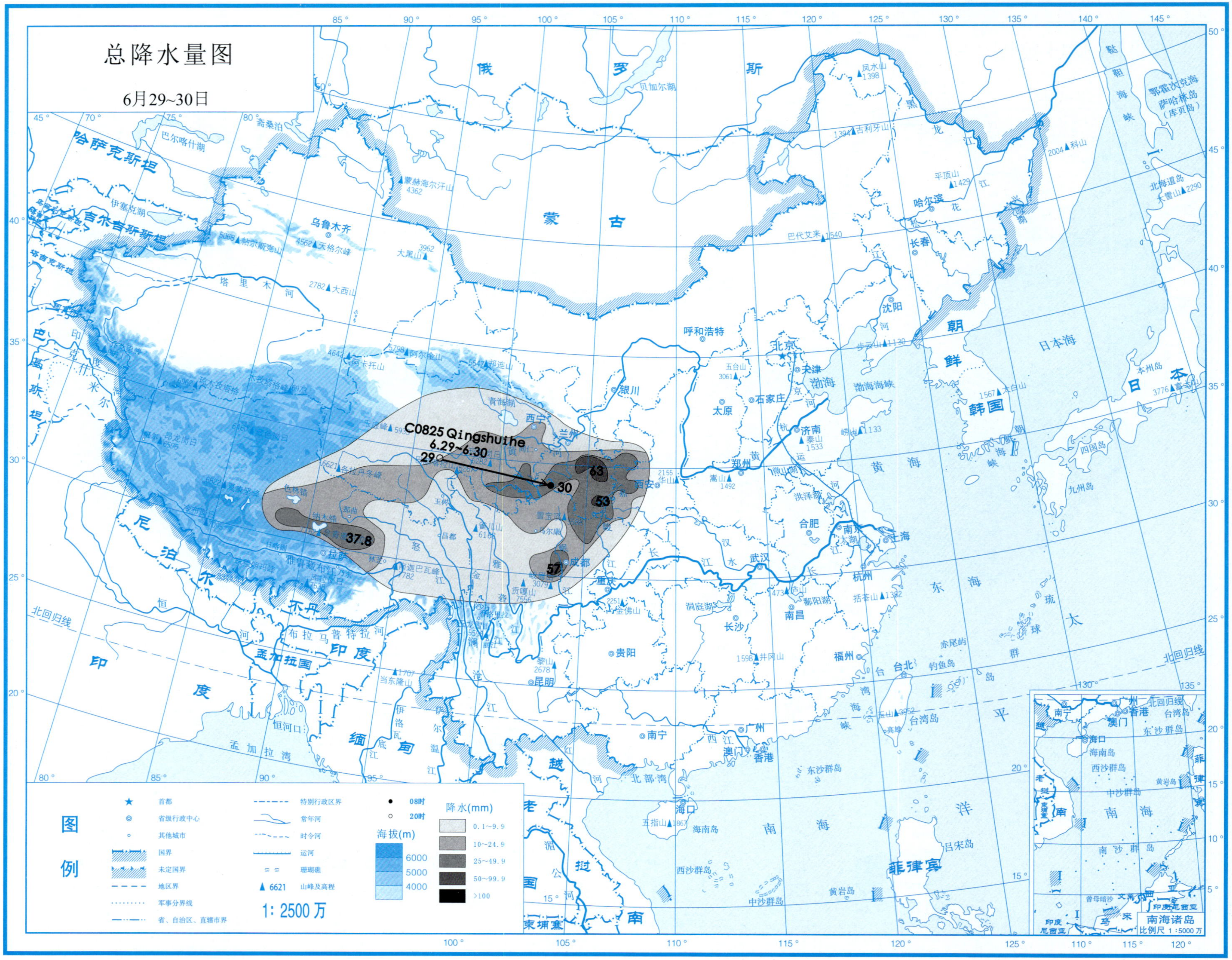
总降水量图
6月29~30日
C0825 Qingshuihe
6.29~6.30
29
30
63
53
57
37.8
图例
首都
省级行政中心
其他城市
国界
未定国界
地区界
军事分界线
省、自治区、直辖市界
特别行政区界
常年河
时令河
运河
珊瑚礁
6621 山峰及高程
08时
20时
降水(mm)
0.1~9.9
10~24.9
25~49.9
50~99.9
>100
海拔(m)
6000
5000
4000
1: 2500 万
南海诸岛
比例尺 1:5000 万

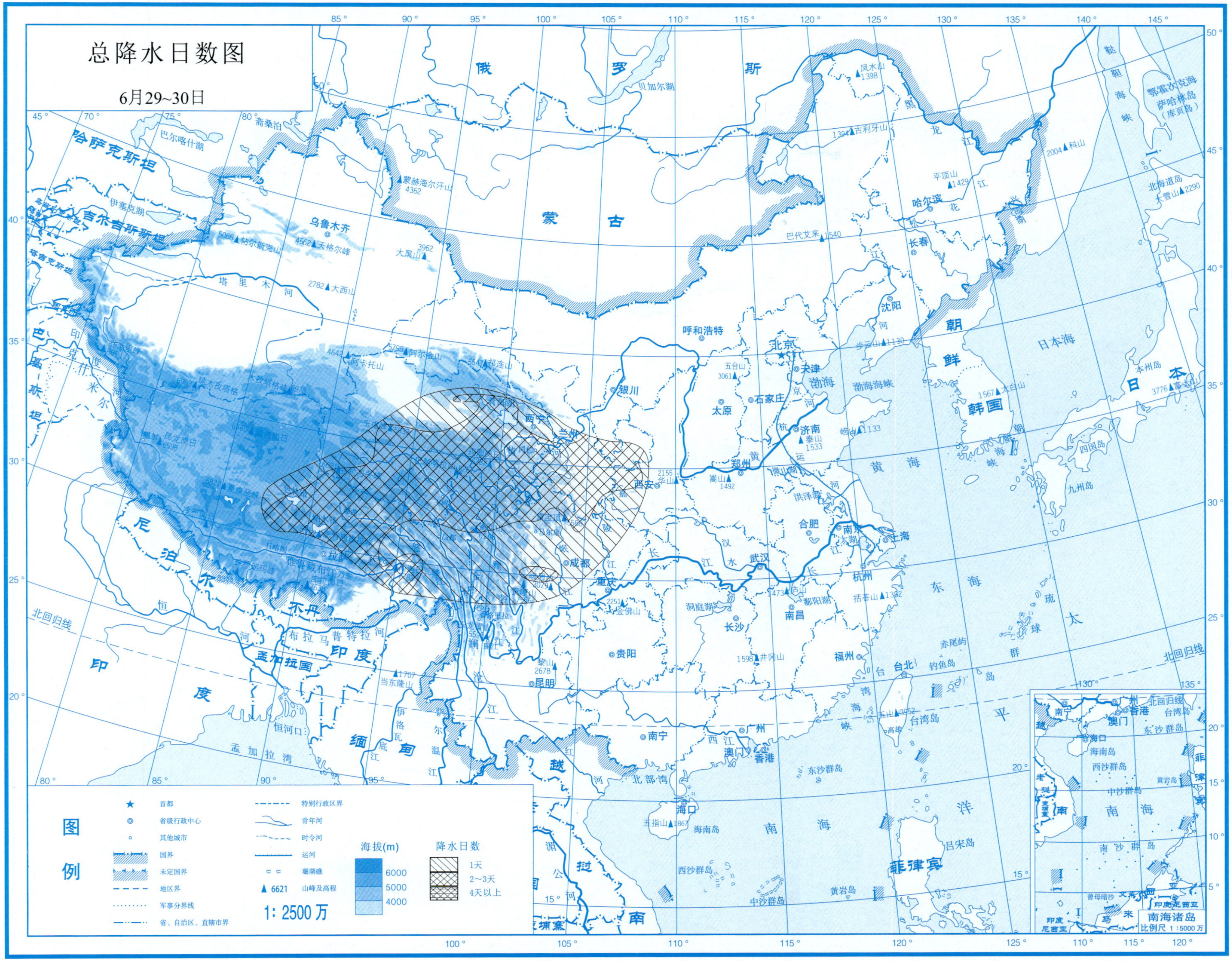
总降水日数图
6月29~30日
图例
首都
省级行政中心
其他城市
国界
未定国界
地区界
军事分界线
省、自治区、直辖市界
特别行政区界
常年河
时令河
运河
珊瑚礁
6621 山峰及高程
海拔(m)
6000
5000
4000
降水日数
1天
2~3天
4天以上
1: 2500 万
南海诸岛
比例尺 1:5000 万

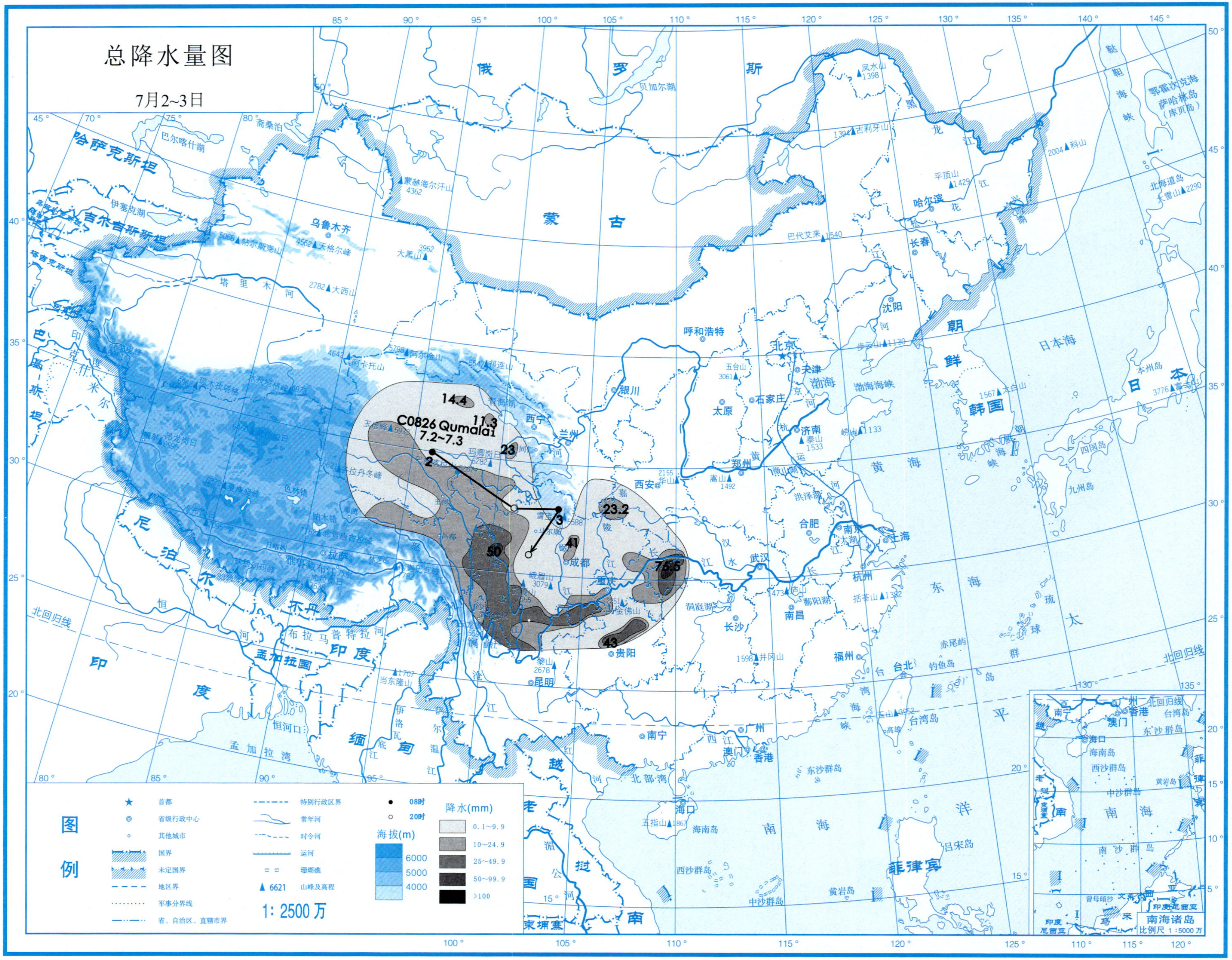
总降水量图
7月2~3日
C0826 Qumalai
7.2~7.3
14.4
11.3
23
2
3
23.2
41
50
75.5
43
图例
首都
省级行政中心
其他城市
国界
未定国界
地区界
军事分界线
省、自治区、直辖市界
特别行政区界
常年河
时令河
运河
珊瑚礁
6621 山峰及高程
08时
20时
海拔(m)
6000
5000
4000
降水(mm)
0.1~9.9
10~24.9
25~49.9
50~99.9
>100
1: 2500万
南海诸岛
比例尺 1:5000万

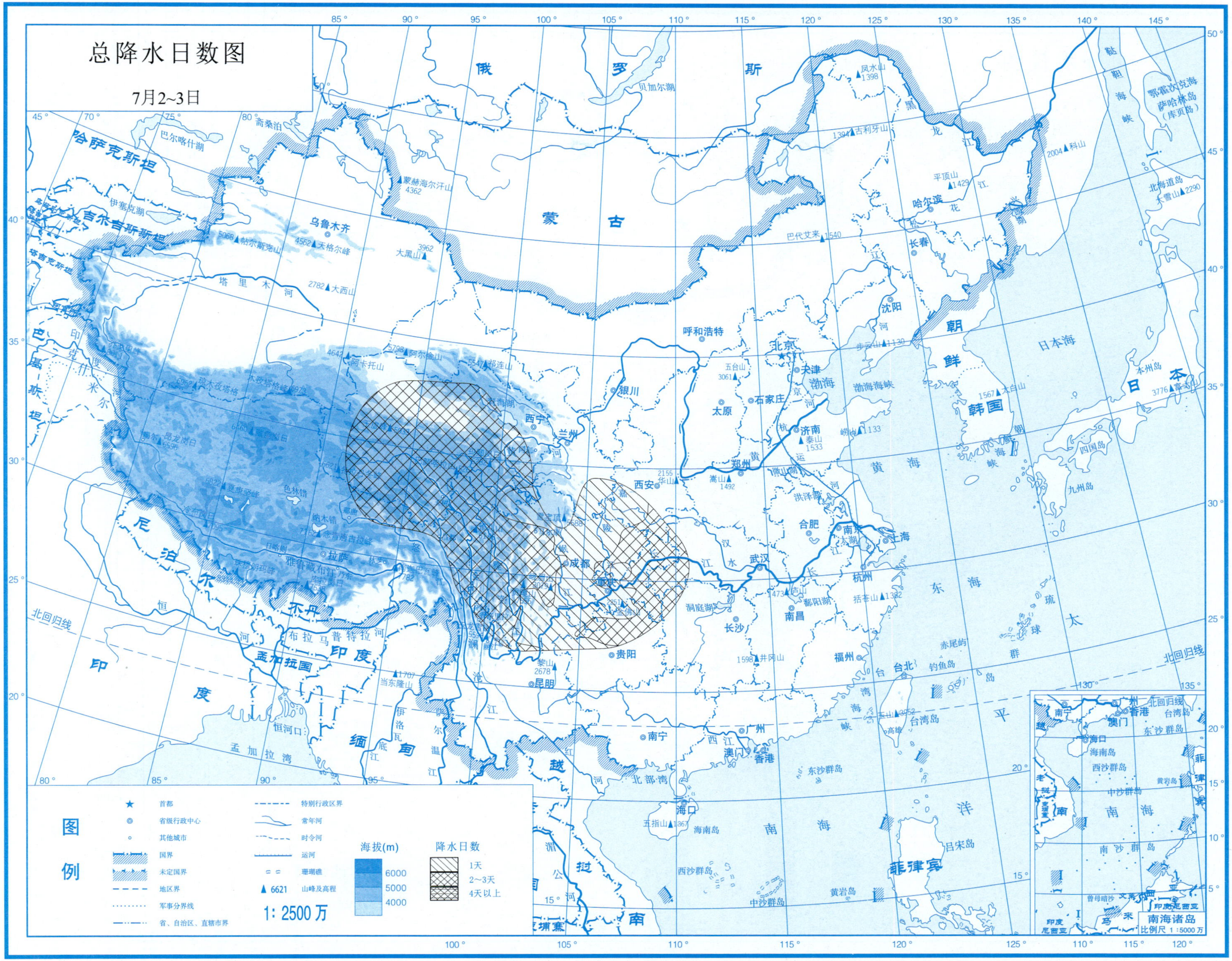
总降水日数图
7月2~3日
图例
首都
省级行政中心
其他城市
国界
未定国界
地区界
军事分界线
省、自治区、直辖市界
特别行政区界
常年河
时令河
运河
珊瑚礁
6621 山峰及高程
1: 2500万
海拔(m)
6000
5000
4000
降水日数
1天
2~3天
4天以上
南海诸岛
比例尺 1:5000万

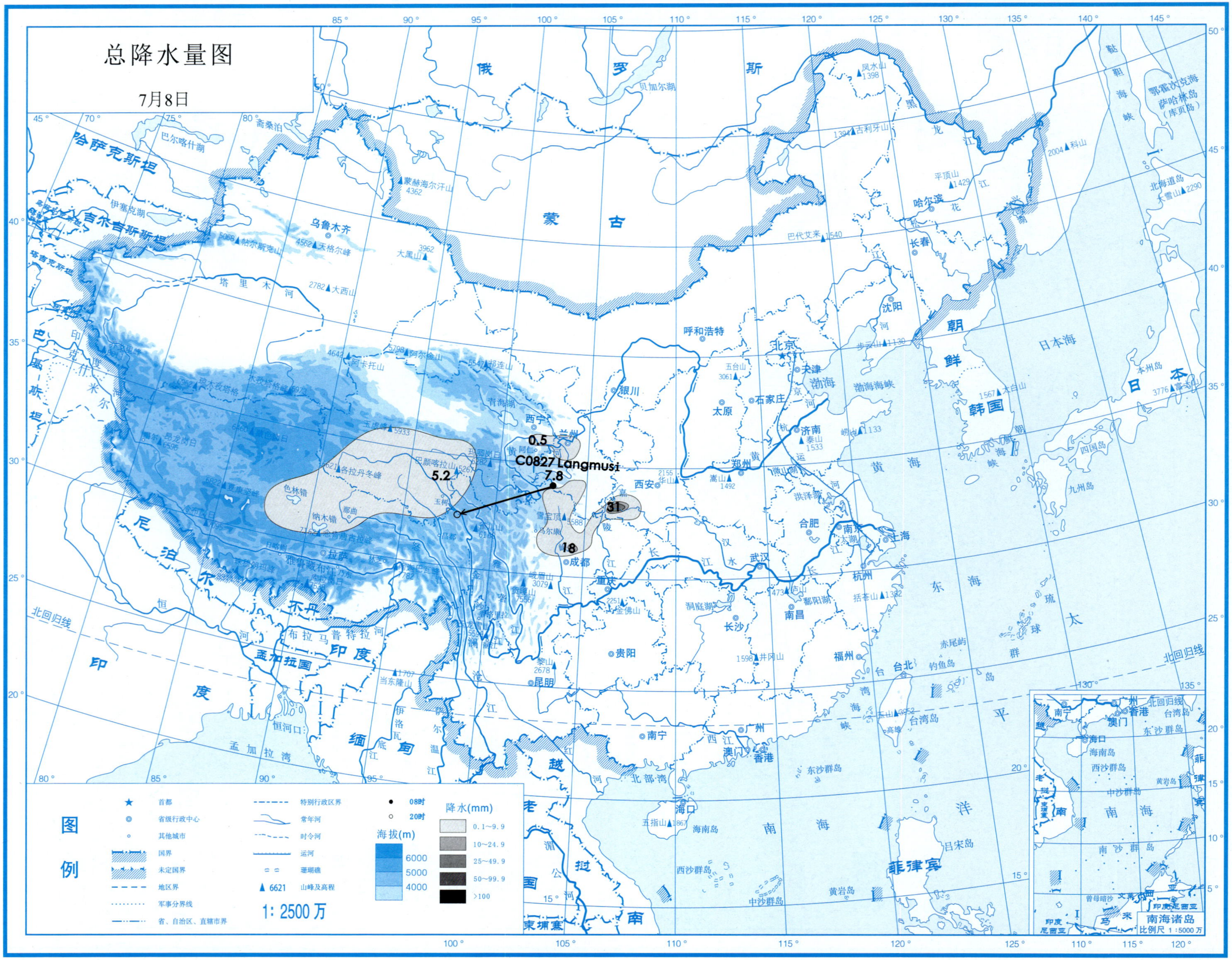
总降水量图
7月8日
C0827 Langmusi
0.5
7.8
5.2
31
18
图例
首都
省级行政中心
其他城市
国界
未定国界
地区界
军事分界线
省、自治区、直辖市界
特别行政区界
常年河
时令河
运河
珊瑚礁
6621 山峰及高程
1: 2500 万
08时
20时
海拔(m)
6000
5000
4000
降水(mm)
0.1～9.9
10～24.9
25～49.9
50～99.9
>100
南海诸岛
比例尺 1:5000 万

总降水日数图

7月8日

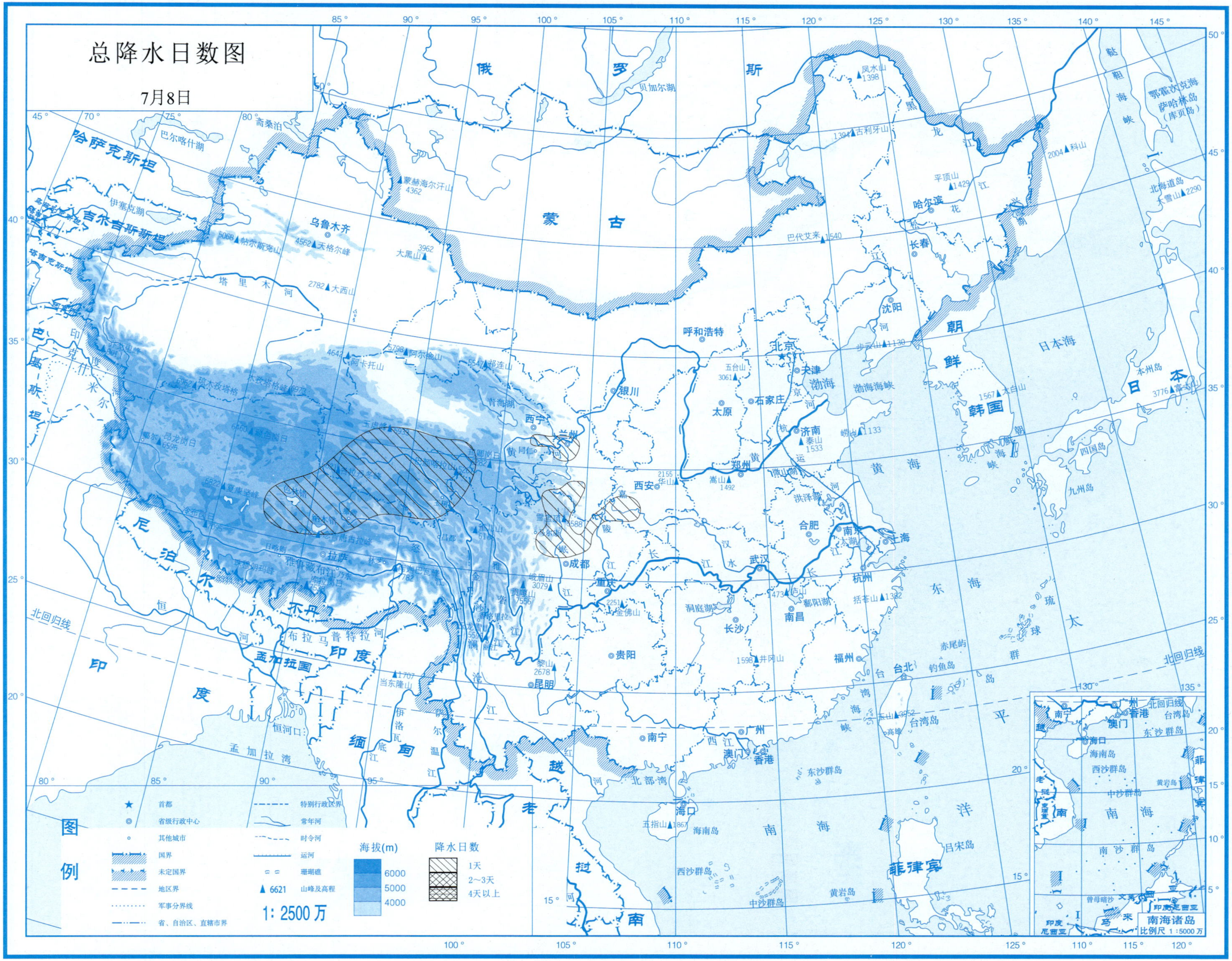

图例
首都
省级行政中心
其他城市
国界
未定国界
地区界
军事分界线
省、自治区、直辖市界
特别行政区界
常年河
时令河
运河
珊瑚礁
6621 山峰及高程
1：2500万
海拔(m)
6000
5000
4000
降水日数
1天
2~3天
4天以上
南海诸岛
比例尺 1：5000万
俄罗斯
蒙古
哈萨克斯坦
吉尔吉斯斯坦
朝鲜
韩国
日本
印度
尼泊尔
不丹
孟加拉国
缅甸
老挝
越南
菲律宾
北京
天津
上海
重庆
乌鲁木齐
拉萨
西宁
兰州
银川
呼和浩特
哈尔滨
长春
沈阳
石家庄
太原
济南
郑州
西安
成都
贵阳
昆明
南宁
广州
长沙
武汉
南昌
合肥
南京
杭州
福州
台北
香港
澳门
海口

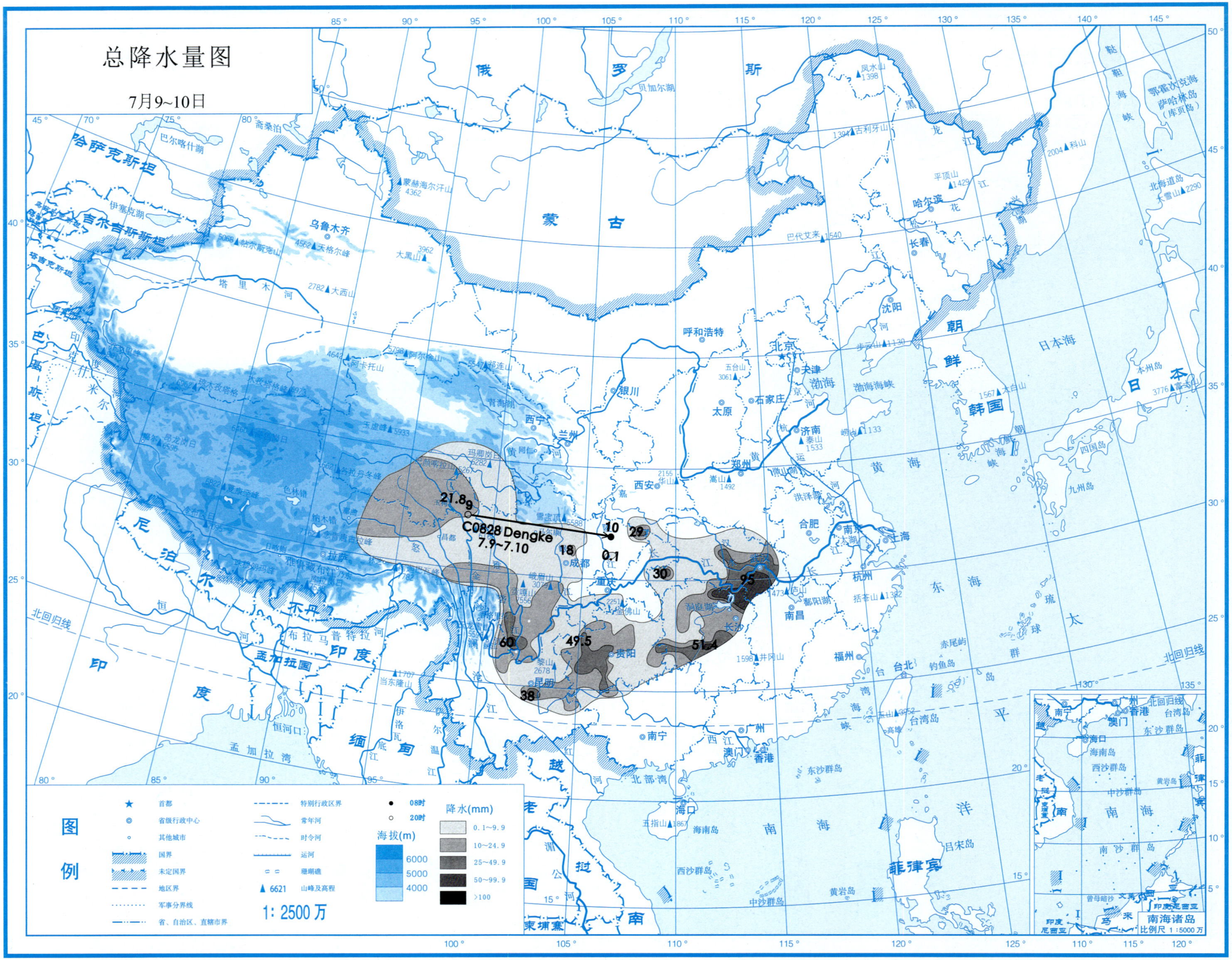
总降水量图
7月9~10日
C0828 Dengke
7.9~7.10
21.8
10
0.1
18
29
30
95
60
49.5
51.4
38
图例
首都
省级行政中心
其他城市
国界
未定国界
地区界
军事分界线
省、自治区、直辖市界
特别行政区界
常年河
时令河
运河
珊瑚礁
6621 山峰及高程
08时
20时
海拔(m)
6000
5000
4000
降水(mm)
0.1~9.9
10~24.9
25~49.9
50~99.9
>100
1: 2500万
南海诸岛
比例尺 1:5000万

总降水日数图

7月9~10日

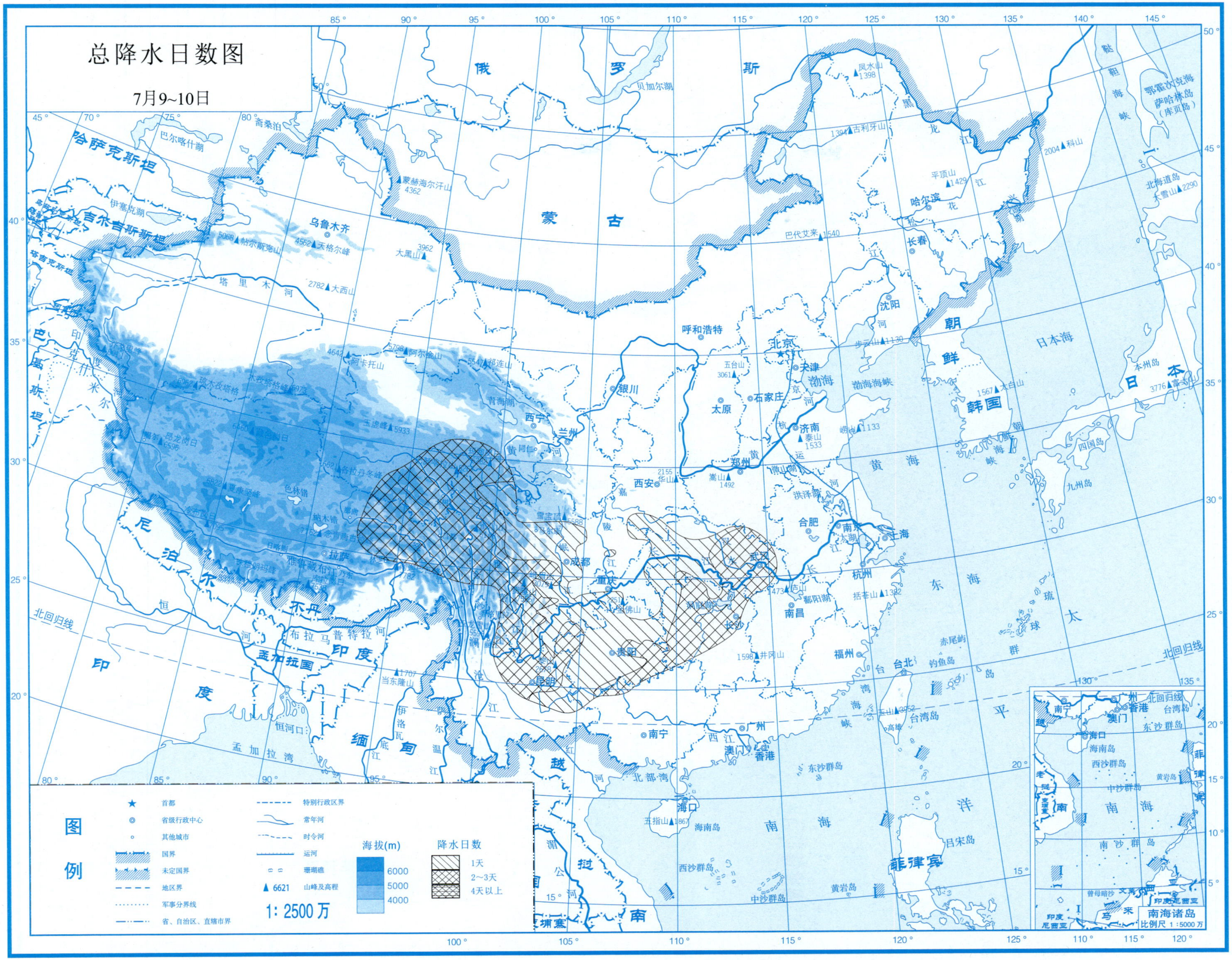

Page: 97

高原低涡 第1部分

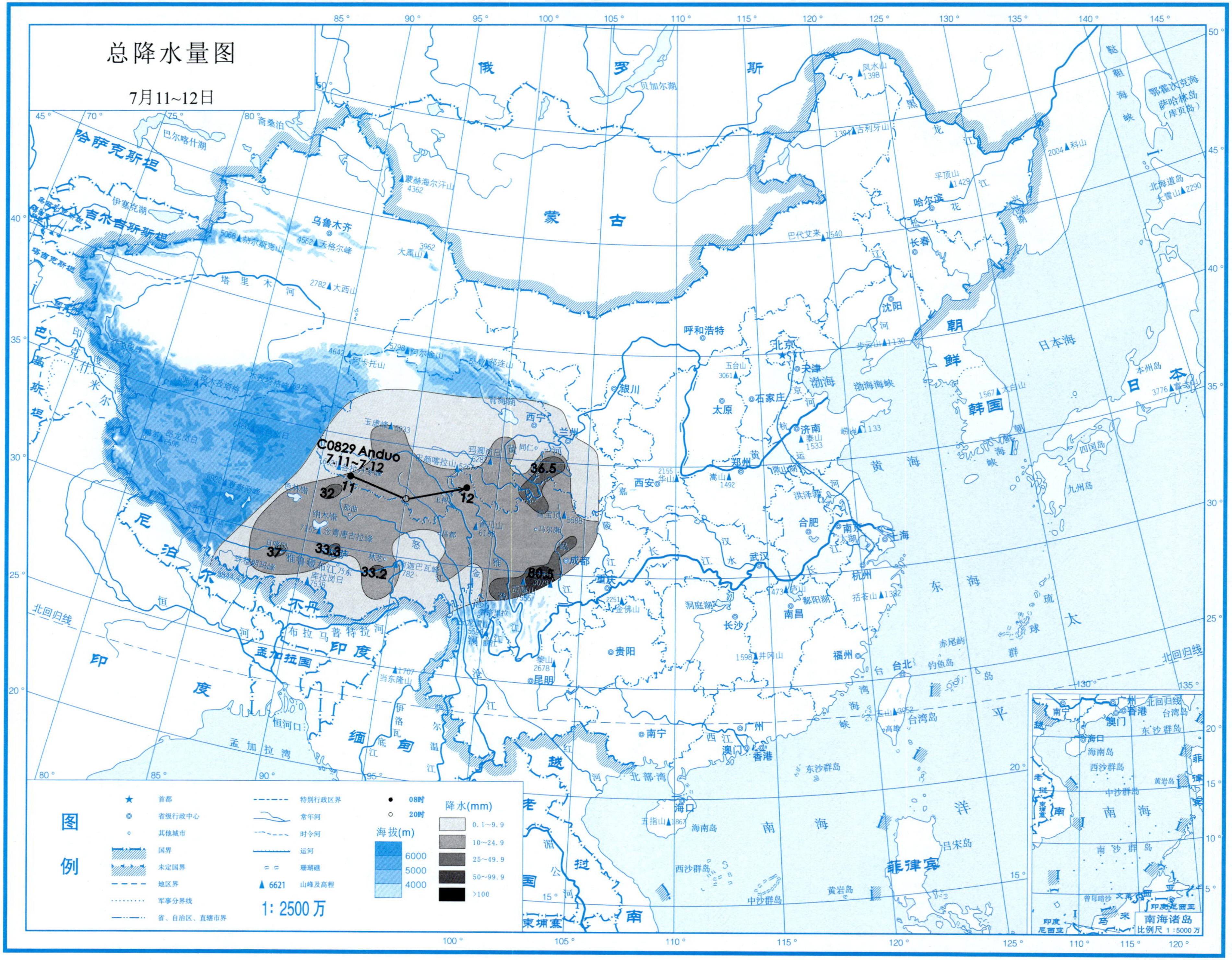
总降水量图
7月11~12日
C0829 Anduo
7.11~7.12
11
12
32
36.5
37
33.3
33.2
80.5
图例
首都
省级行政中心
其他城市
国界
未定国界
地区界
军事分界线
省、自治区、直辖市界
特别行政区界
常年河
时令河
运河
珊瑚礁
6621 山峰及高程
1: 2500 万
08时
20时
海拔(m)
6000
5000
4000
降水(mm)
0.1~9.9
10~24.9
25~49.9
50~99.9
>100
南海诸岛
比例尺 1:5000 万

总降水日数图

7月11~12日

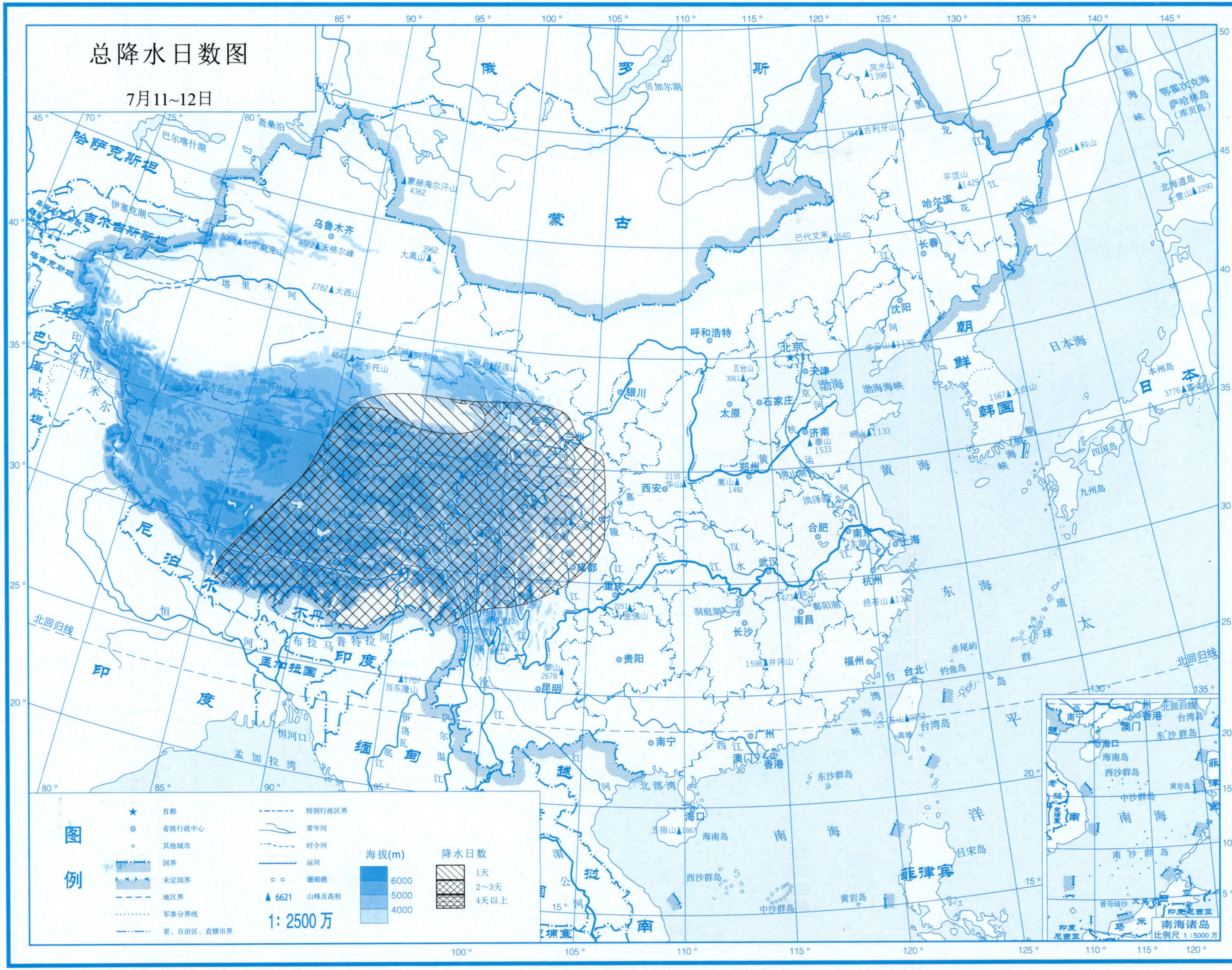

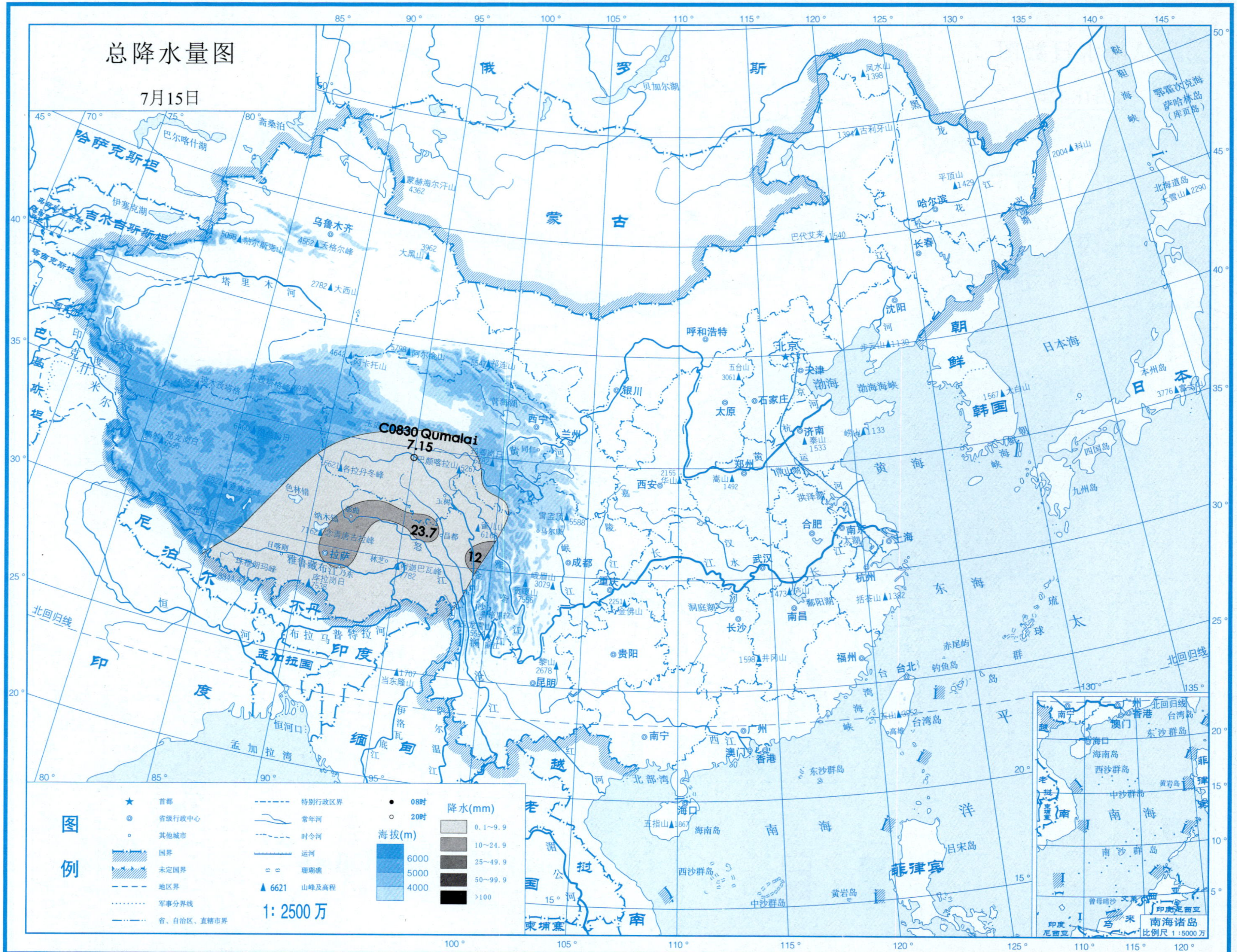
总降水量图
7月15日
C0830 Qumalai
7.15
23.7
12
图例
首都
省级行政中心
其他城市
国界
未定国界
地区界
军事分界线
省、自治区、直辖市界
特别行政区界
常年河
时令河
运河
珊瑚礁
6621 山峰及高程
08时
20时
海拔(m)
6000
5000
4000
降水(mm)
0.1~9.9
10~24.9
25~49.9
50~99.9
>100
1: 2500 万
南海诸岛
比例尺 1:5000 万

总降水日数图

7月15日

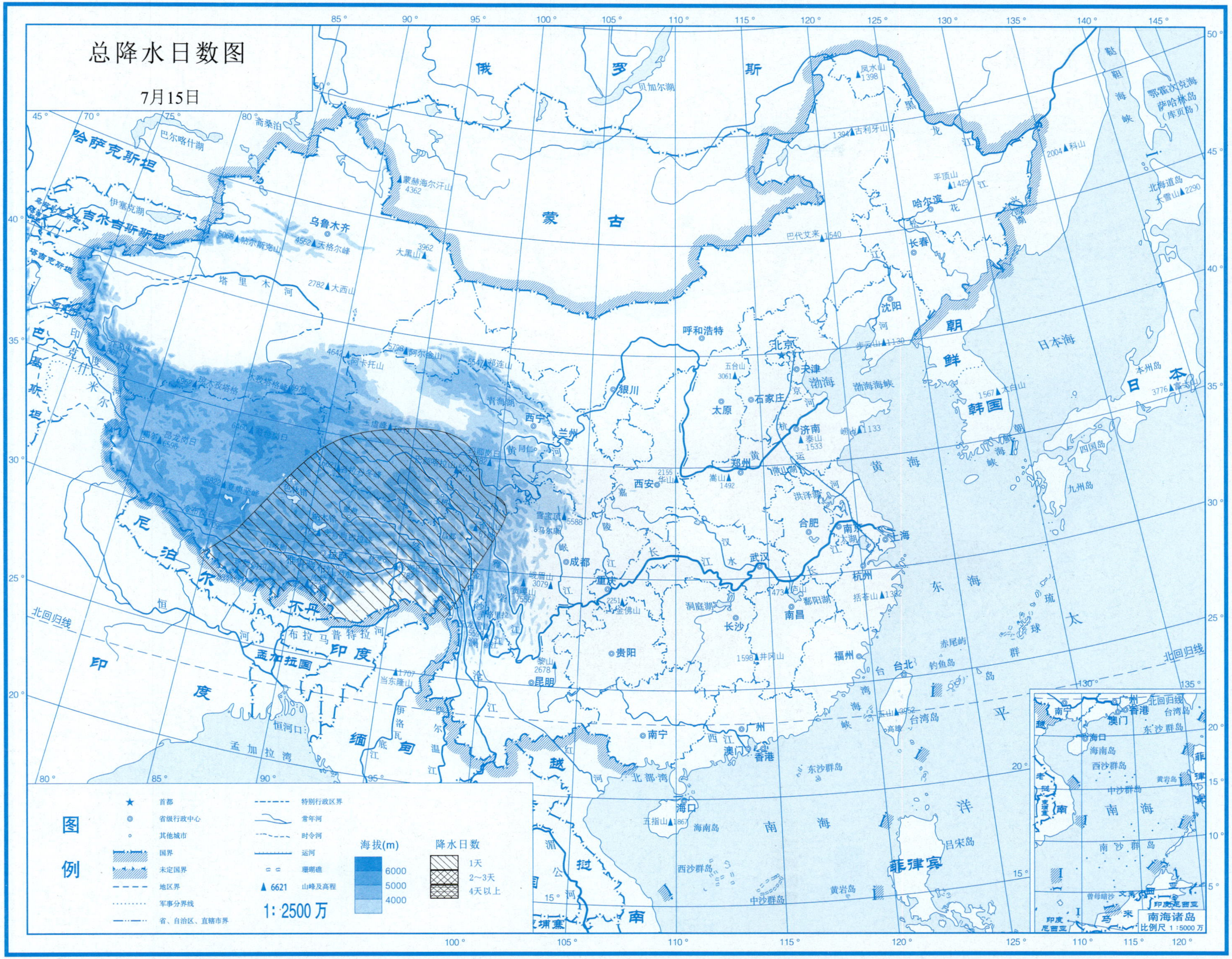

Page...101

高原低涡 第1部分

总降水量图

7月20~23日

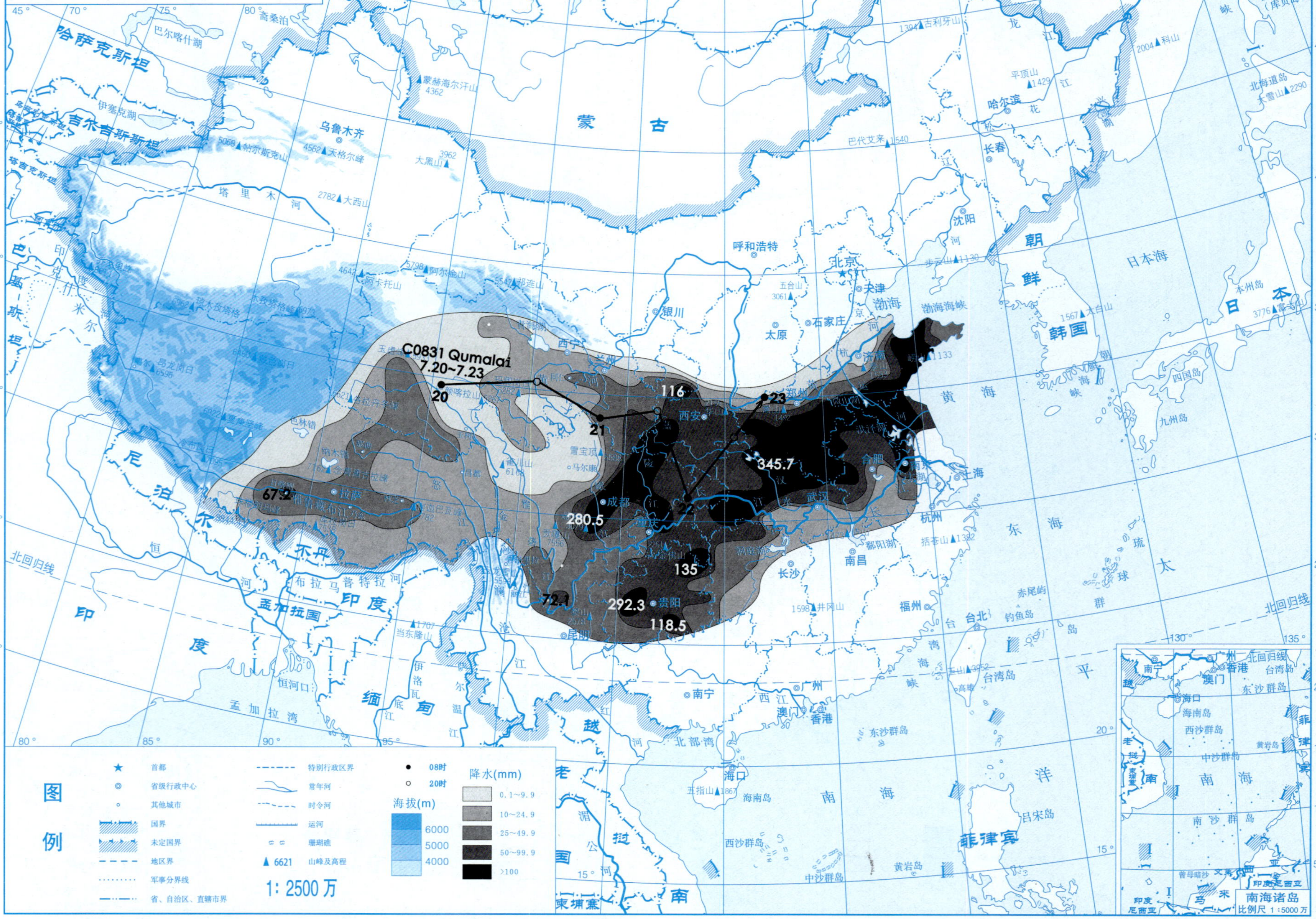

总降水日数图

7月20~23日

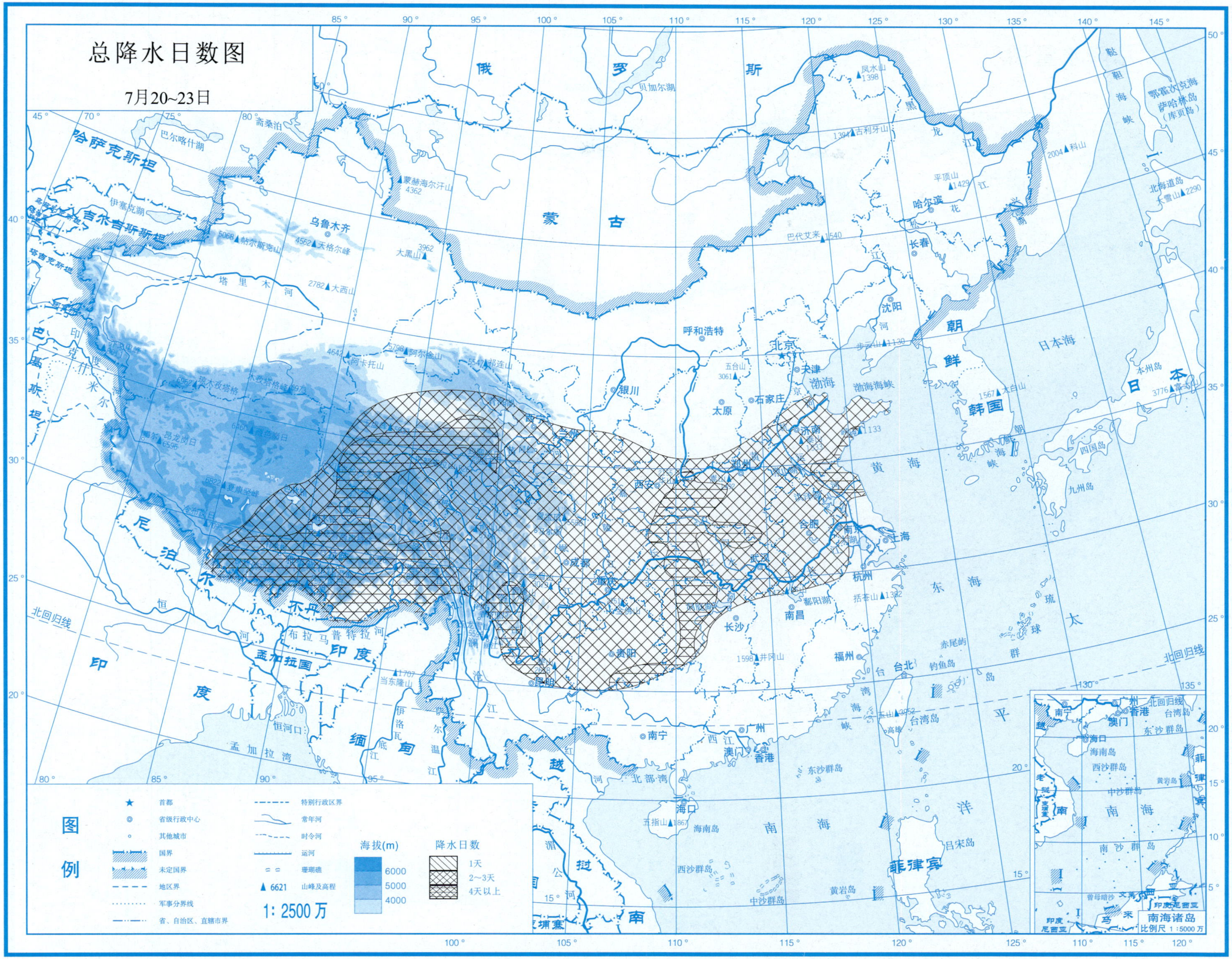

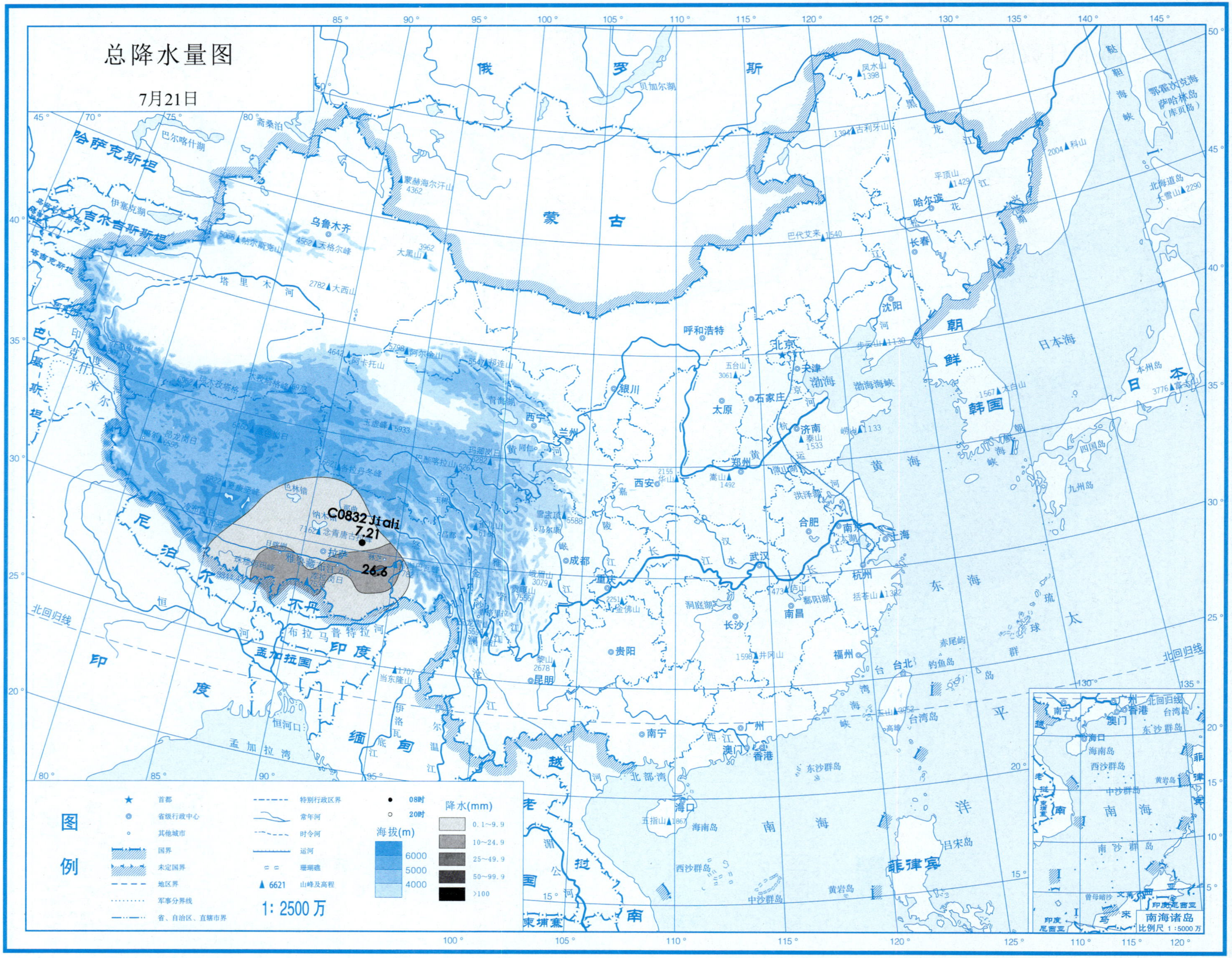
总降水量图
7月21日
C0832 Jiali
7.21
26.6
图例
首都
省级行政中心
其他城市
国界
未定国界
地区界
军事分界线
省、自治区、直辖市界
特别行政区界
常年河
时令河
运河
珊瑚礁
6621 山峰及高程
1:2500万
08时
20时
海拔(m)
6000
5000
4000
降水(mm)
0.1~9.9
10~24.9
25~49.9
50~99.9
>100
南海诸岛
比例尺 1:5000万

总降水日数图

7月21日

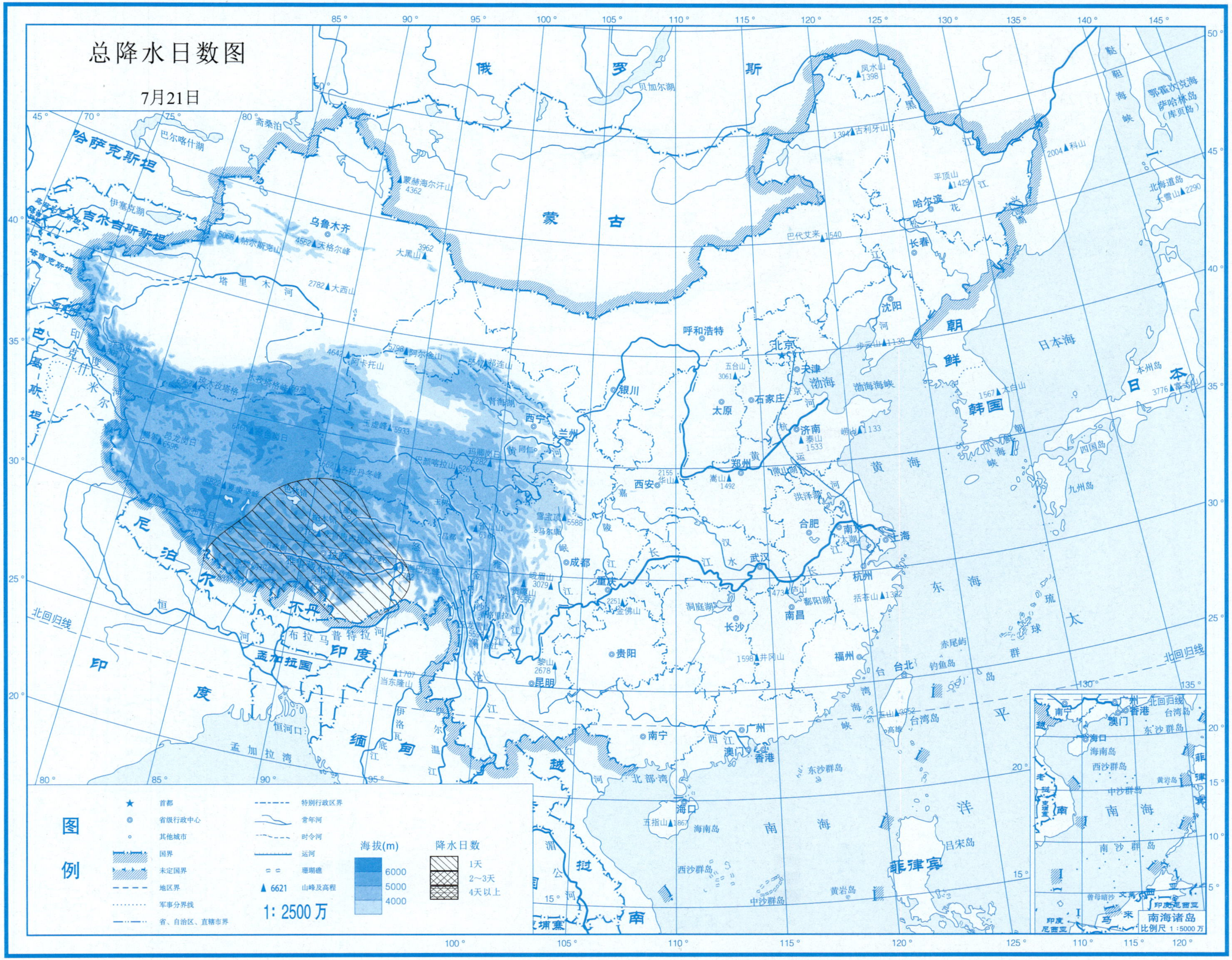

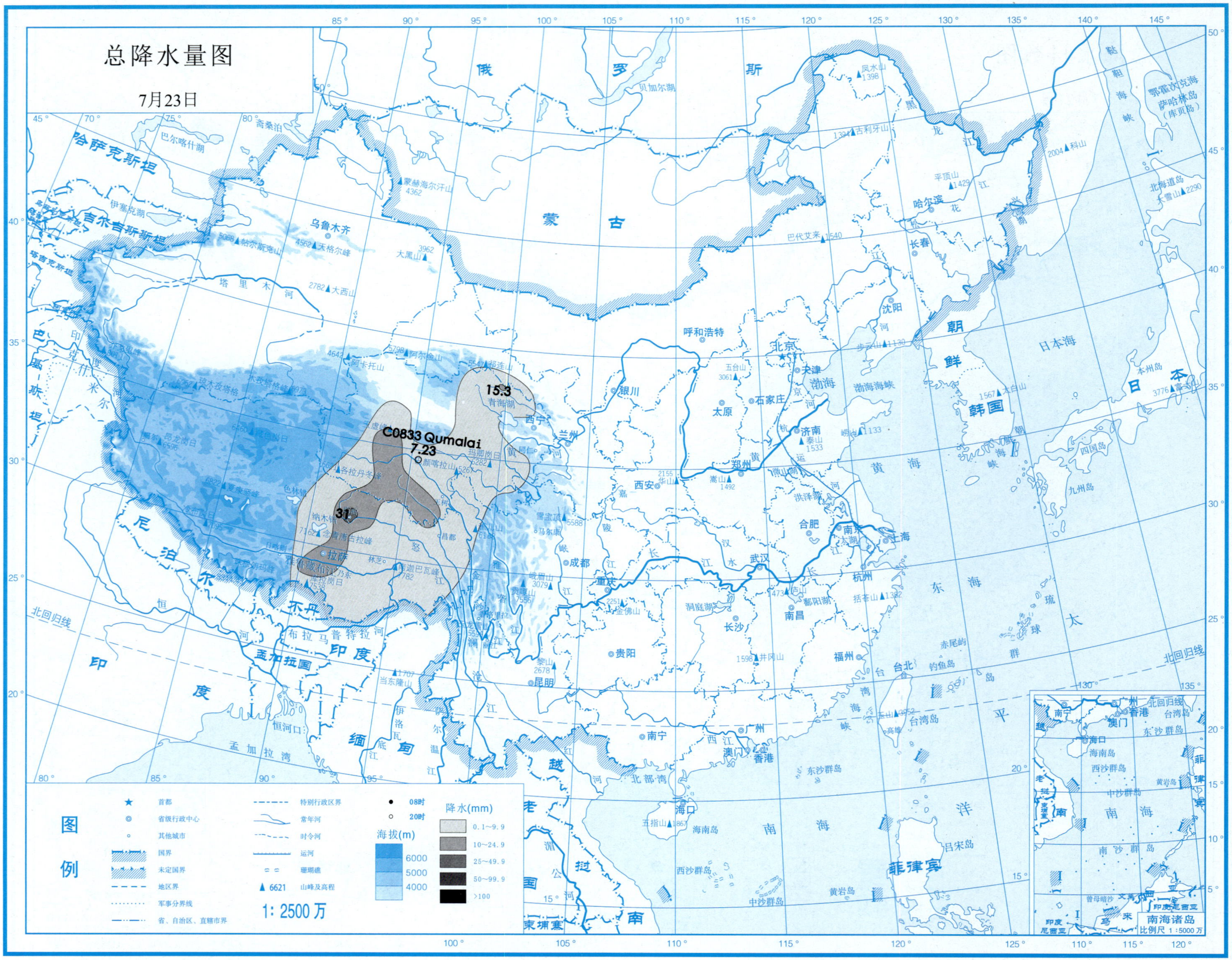
总降水量图
7月23日
C0833 Qumalai
7.23
15.3
31
图例
首都
省级行政中心
其他城市
国界
未定国界
地区界
军事分界线
省、自治区、直辖市界
特别行政区界
常年河
时令河
运河
珊瑚礁
6621 山峰及高程
1: 2500 万
08时
20时
海拔(m)
6000
5000
4000
降水(mm)
0.1~9.9
10~24.9
25~49.9
50~99.9
>100
南海诸岛
比例尺 1:5000 万

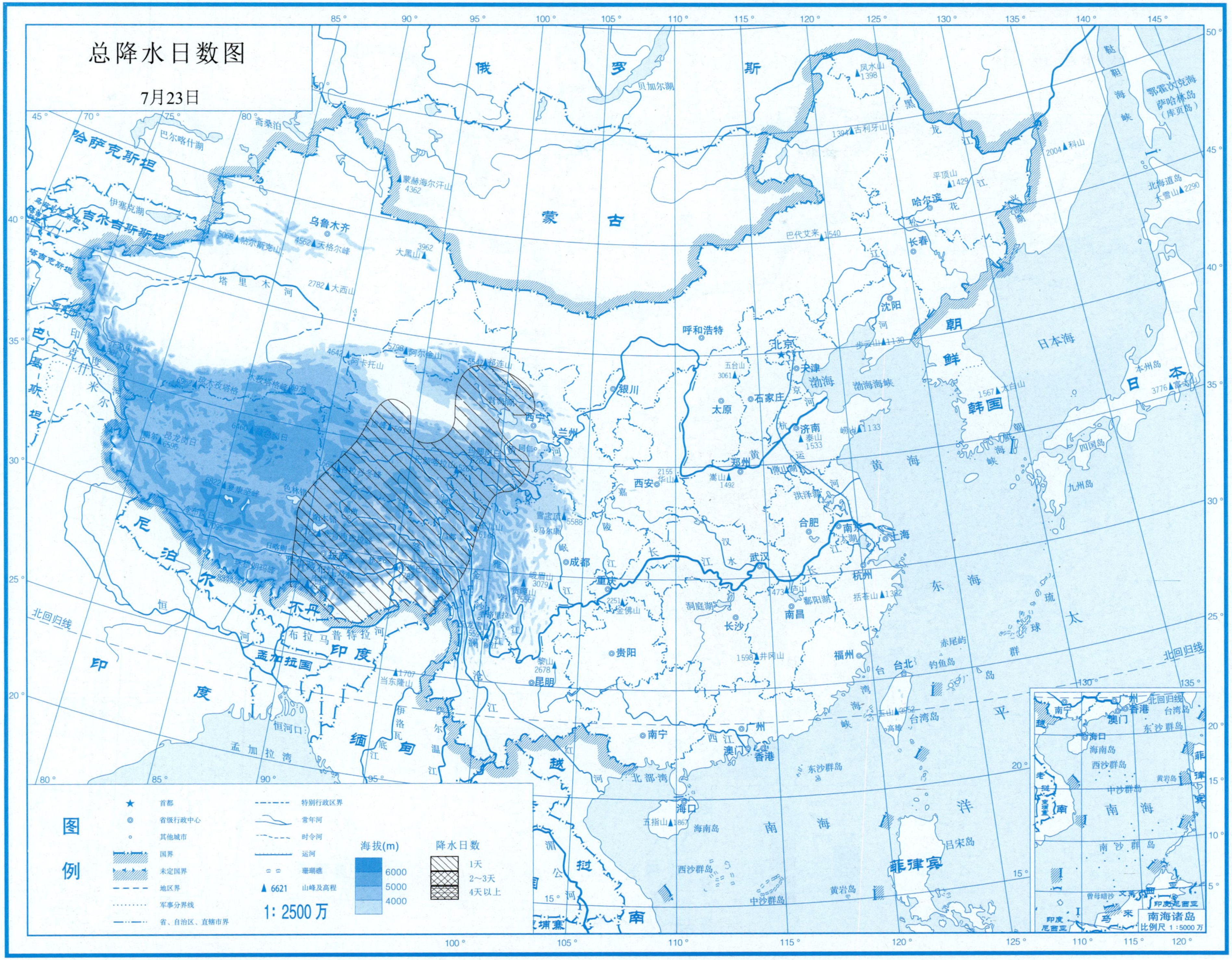
总降水日数图
7月23日
图例
首都
省级行政中心
其他城市
国界
未定国界
地区界
军事分界线
省、自治区、直辖市界
特别行政区界
常年河
时令河
运河
珊瑚礁
6621 山峰及高程
1: 2500万
海拔(m)
6000
5000
4000
降水日数
1天
2~3天
4天以上
南海诸岛
比例尺 1:5000万

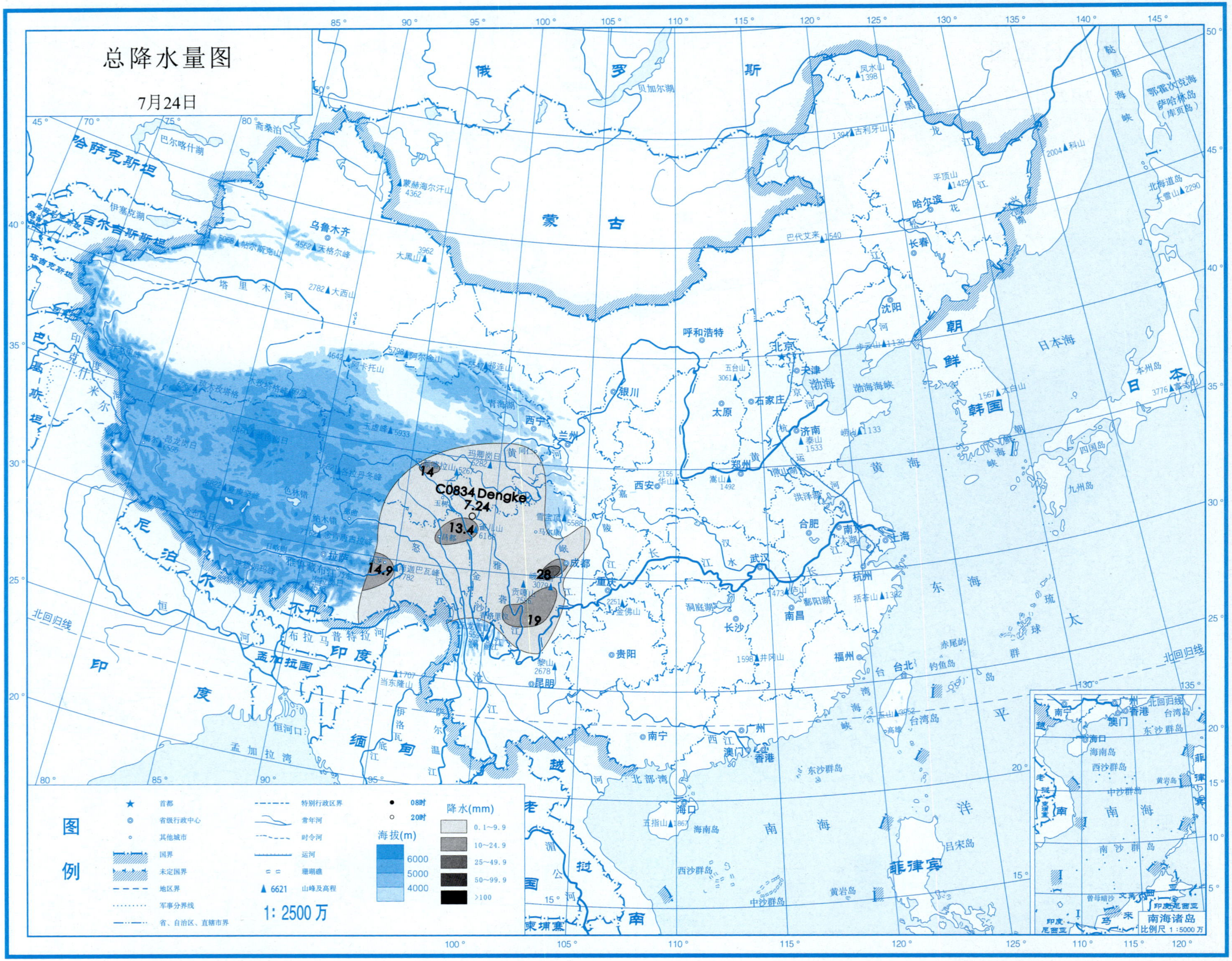
总降水量图
7月24日
C0834 Dengke
7.24
14
13.4
14.9
28
19
图例
首都
省级行政中心
其他城市
国界
未定国界
地区界
军事分界线
省、自治区、直辖市界
特别行政区界
常年河
时令河
运河
珊瑚礁
6621 山峰及高程
08时
20时
海拔(m)
6000
5000
4000
降水(mm)
0.1～9.9
10～24.9
25～49.9
50～99.9
>100
1: 2500万
南海诸岛
比例尺 1:5000万

总降水日数图

7月24日

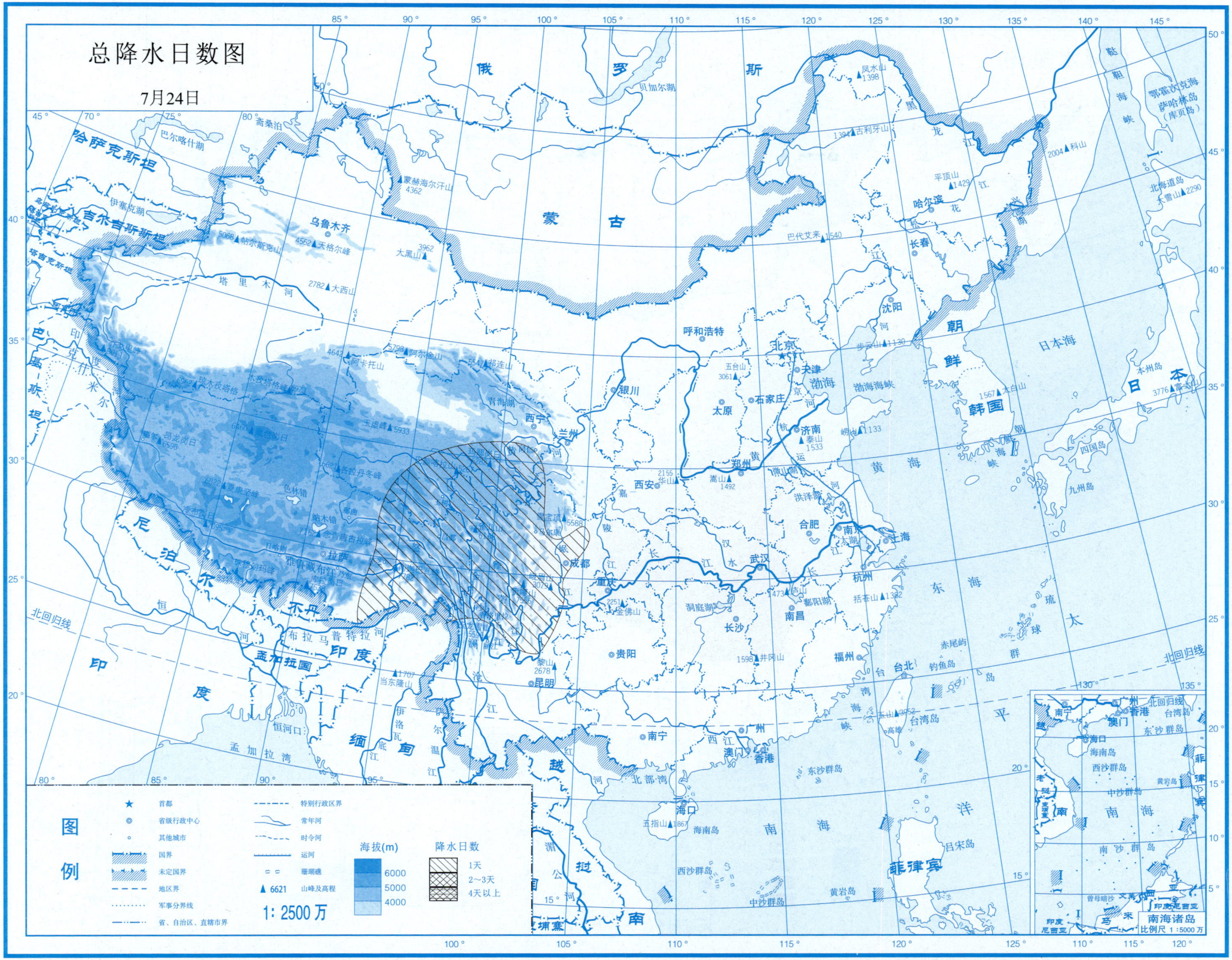

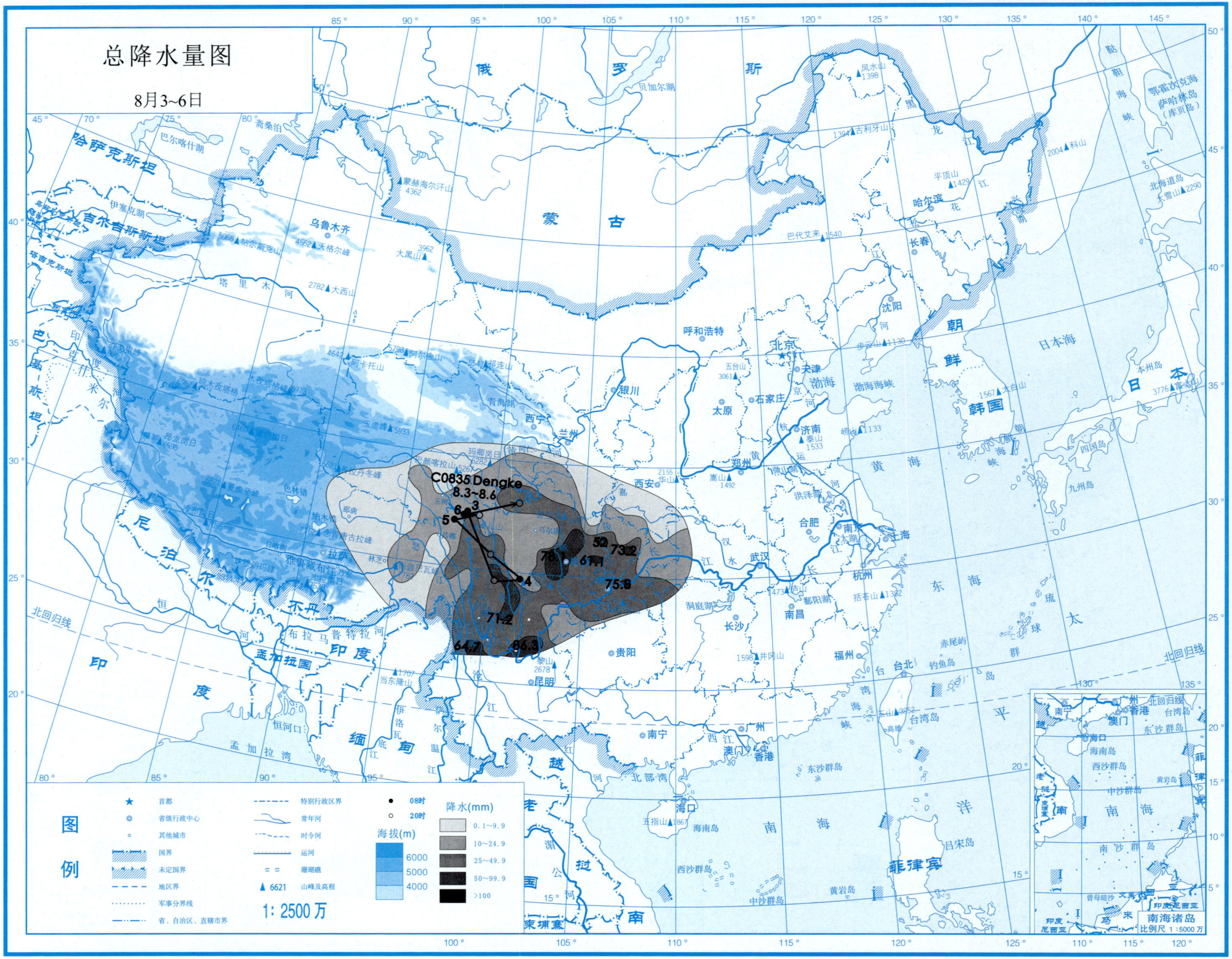
总降水量图
8月3~6日
C0835 Dengke
8.3~8.6
图例
首都
省级行政中心
其他城市
国界
未定国界
地区界
军事分界线
省、自治区、直辖市界
特别行政区界
常年河
时令河
运河
珊瑚礁
6621 山峰及高程
08时
20时
海拔(m)
6000
5000
4000
降水(mm)
0.1~9.9
10~24.9
25~49.9
50~99.9
>100
1: 2500万
南海诸岛
比例尺 1:5000万

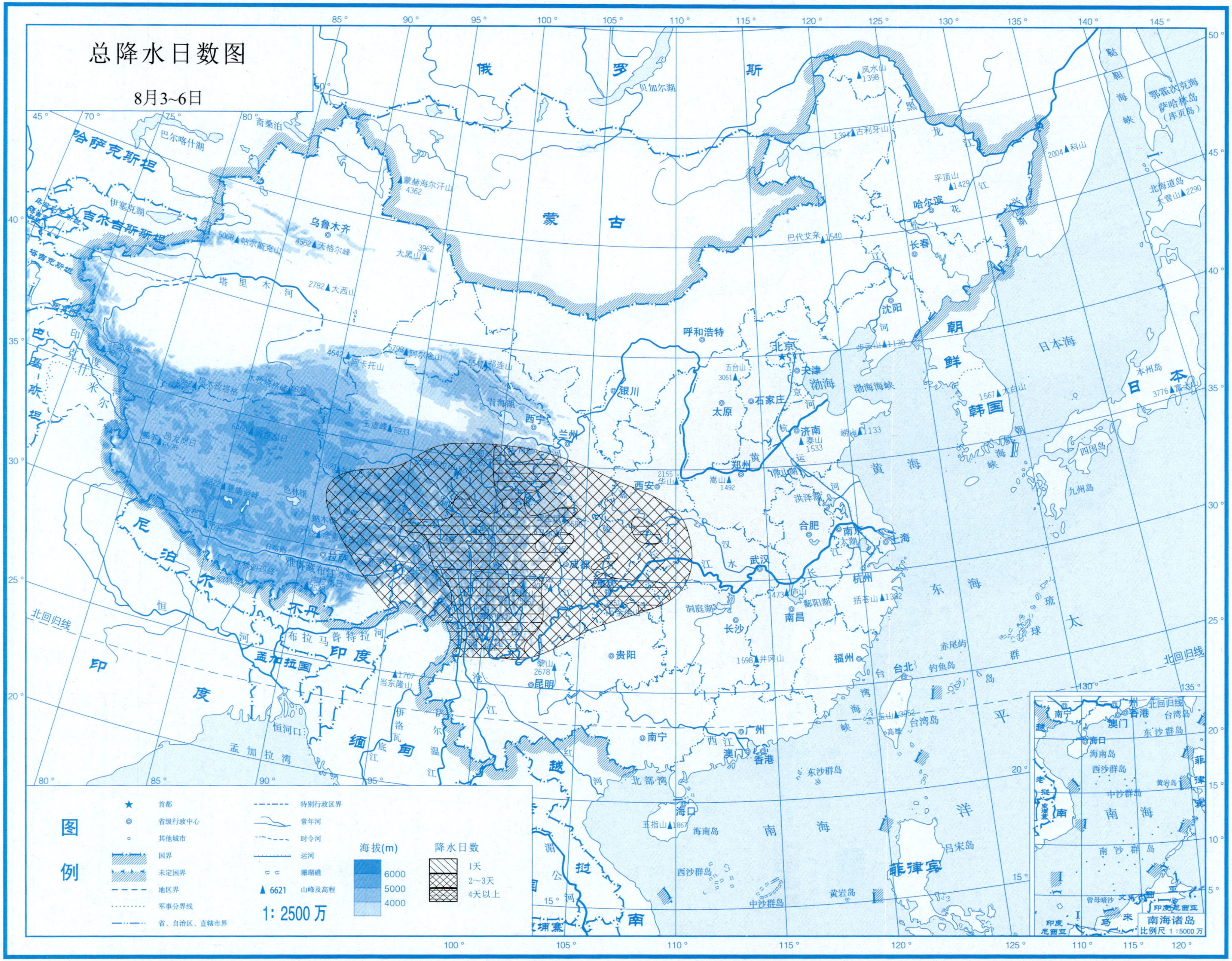
总降水日数图
8月3~6日
图例
首都
省级行政中心
其他城市
国界
未定国界
地区界
军事分界线
省、自治区、直辖市界
特别行政区界
常年河
时令河
运河
珊瑚礁
山峰及高程
1：2500万
海拔(m)
6000
5000
4000
降水日数
1天
2~3天
4天以上
南海诸岛
比例尺 1：5000万

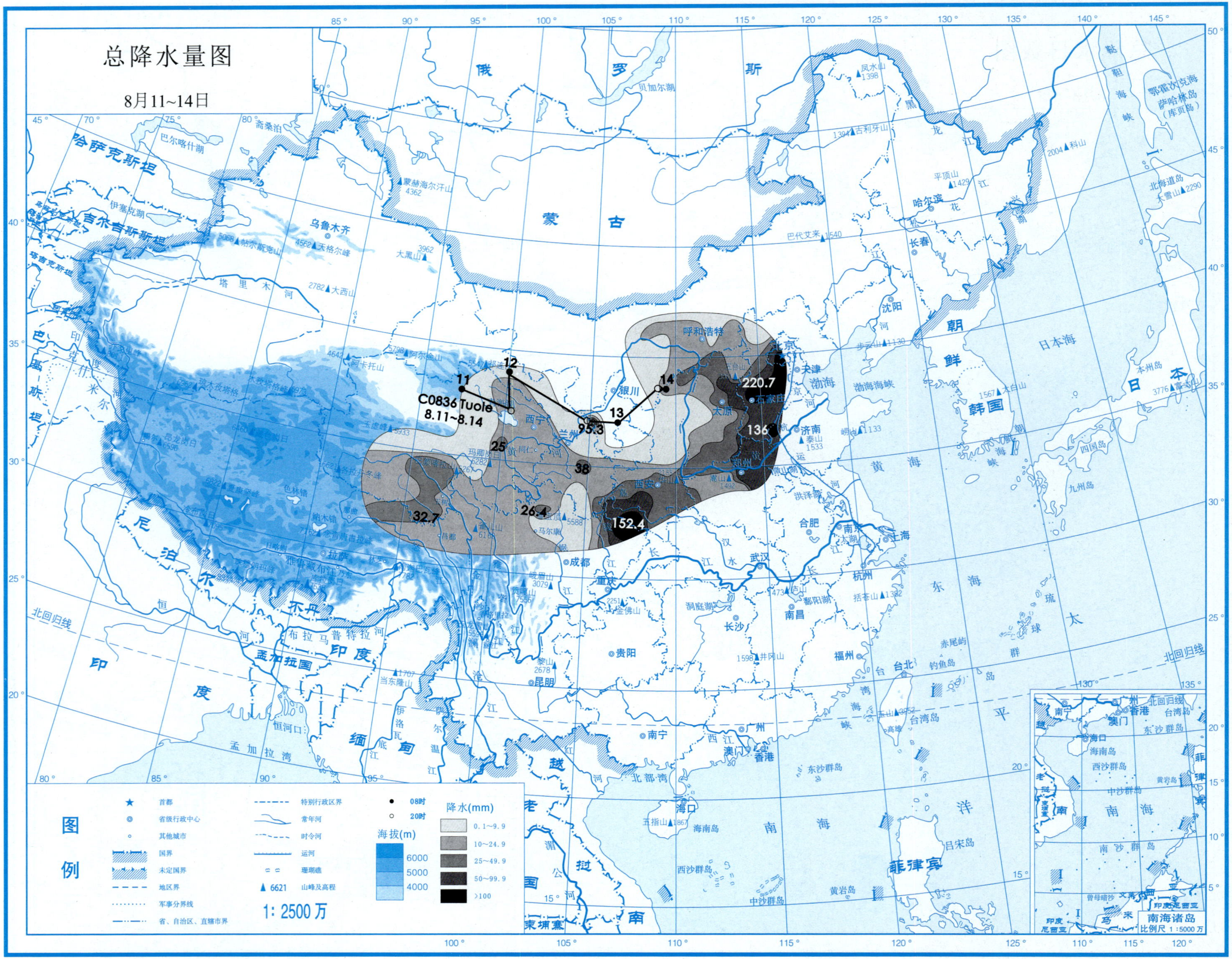
总降水量图
8月11~14日
C0836 Tuole
8.11~8.14
11
12
13
14
95.3
220.7
136
152.4
38
25
26.4
32.7
图例
首都
省级行政中心
其他城市
国界
未定国界
地区界
军事分界线
特别行政区界
常年河
时令河
运河
珊瑚礁
6621 山峰及高程
省、自治区、直辖市界
08时
20时
海拔(m)
6000
5000
4000
降水(mm)
0.1~9.9
10~24.9
25~49.9
50~99.9
>100
1: 2500万
南海诸岛
比例尺 1:5000万

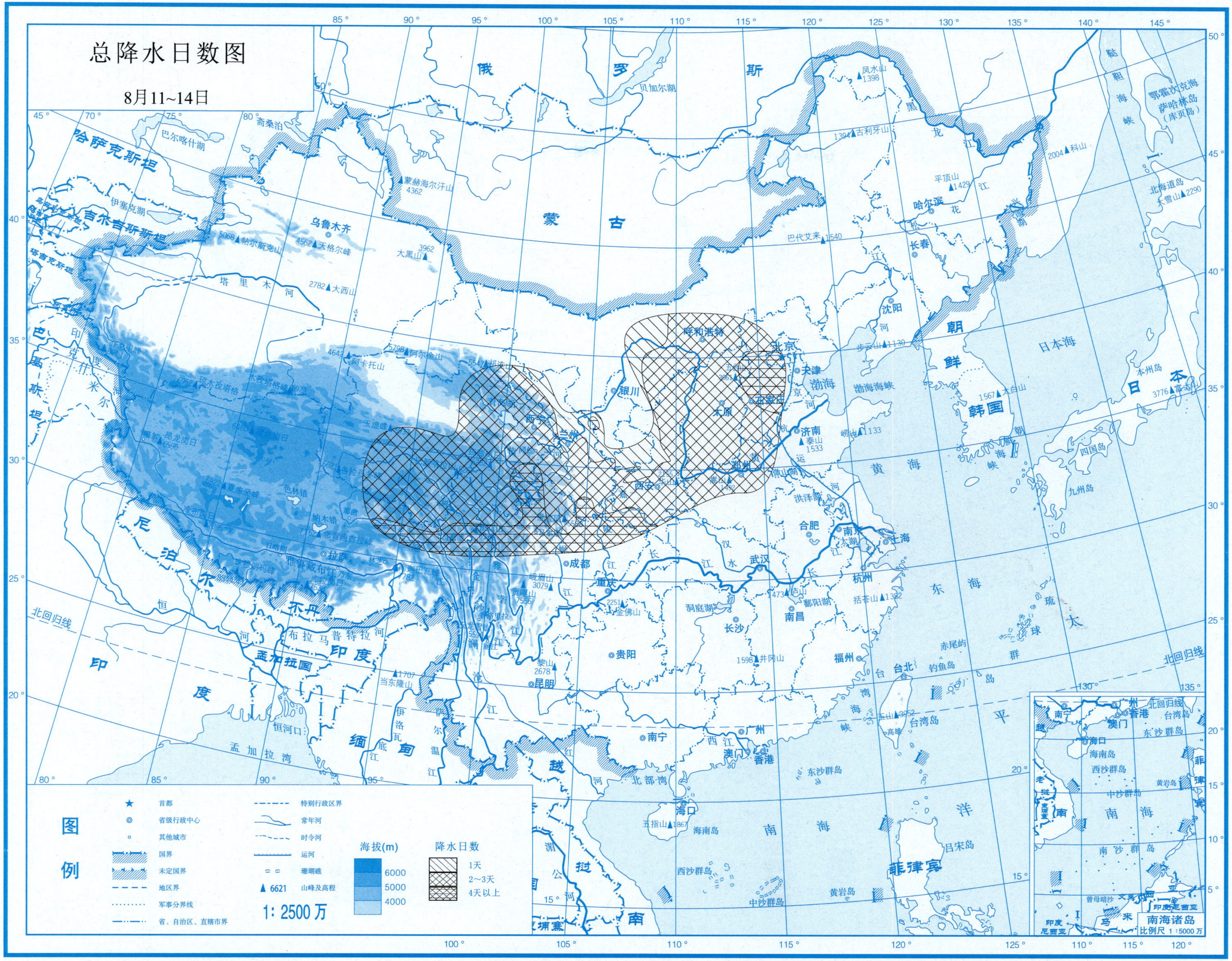
总降水日数图
8月11~14日
俄 罗 斯
蒙 古
哈萨克斯坦
吉尔吉斯斯坦
尼泊尔
不丹
孟加拉国
印度
缅甸
朝鲜
韩国
日本
日本海
黄海
东海
南海
渤海
太平洋
北回归线
乌鲁木齐
呼和浩特
北京
天津
银川
太原
石家庄
济南
兰州
西宁
西安
郑州
成都
重庆
武汉
合肥
南京
上海
杭州
南昌
长沙
贵阳
昆明
福州
台北
南宁
广州
澳门
香港
海口
拉萨
哈尔滨
长春
沈阳
图例
首都
省级行政中心
其他城市
国界
未定国界
地区界
军事分界线
省、自治区、直辖市界
特别行政区界
常年河
时令河
运河
珊瑚礁
6621 山峰及高程
1: 2500 万
海拔(m)
6000
5000
4000
降水日数
1天
2~3天
4天以上
南海诸岛
比例尺 1:5000 万

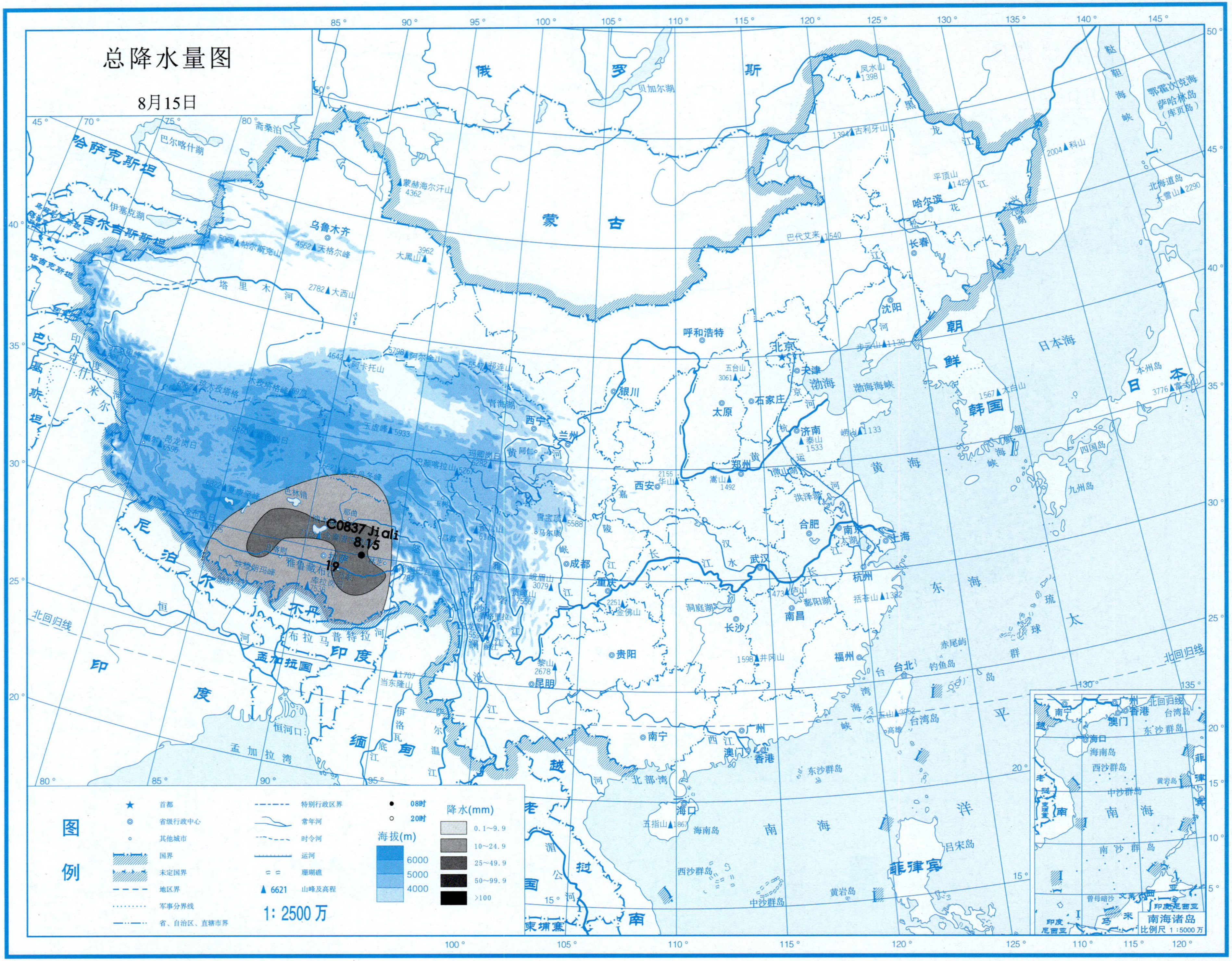
总降水量图
8月15日
C0837 Jiali
8.15
19
图例
首都
省级行政中心
其他城市
国界
未定国界
地区界
军事分界线
省、自治区、直辖市界
特别行政区界
常年河
时令河
运河
珊瑚礁
6621 山峰及高程
1: 2500 万
08时
20时
海拔(m)
6000
5000
4000
降水(mm)
0.1~9.9
10~24.9
25~49.9
50~99.9
>100
南海诸岛
比例尺 1:5000 万

总降水日数图

8月15日

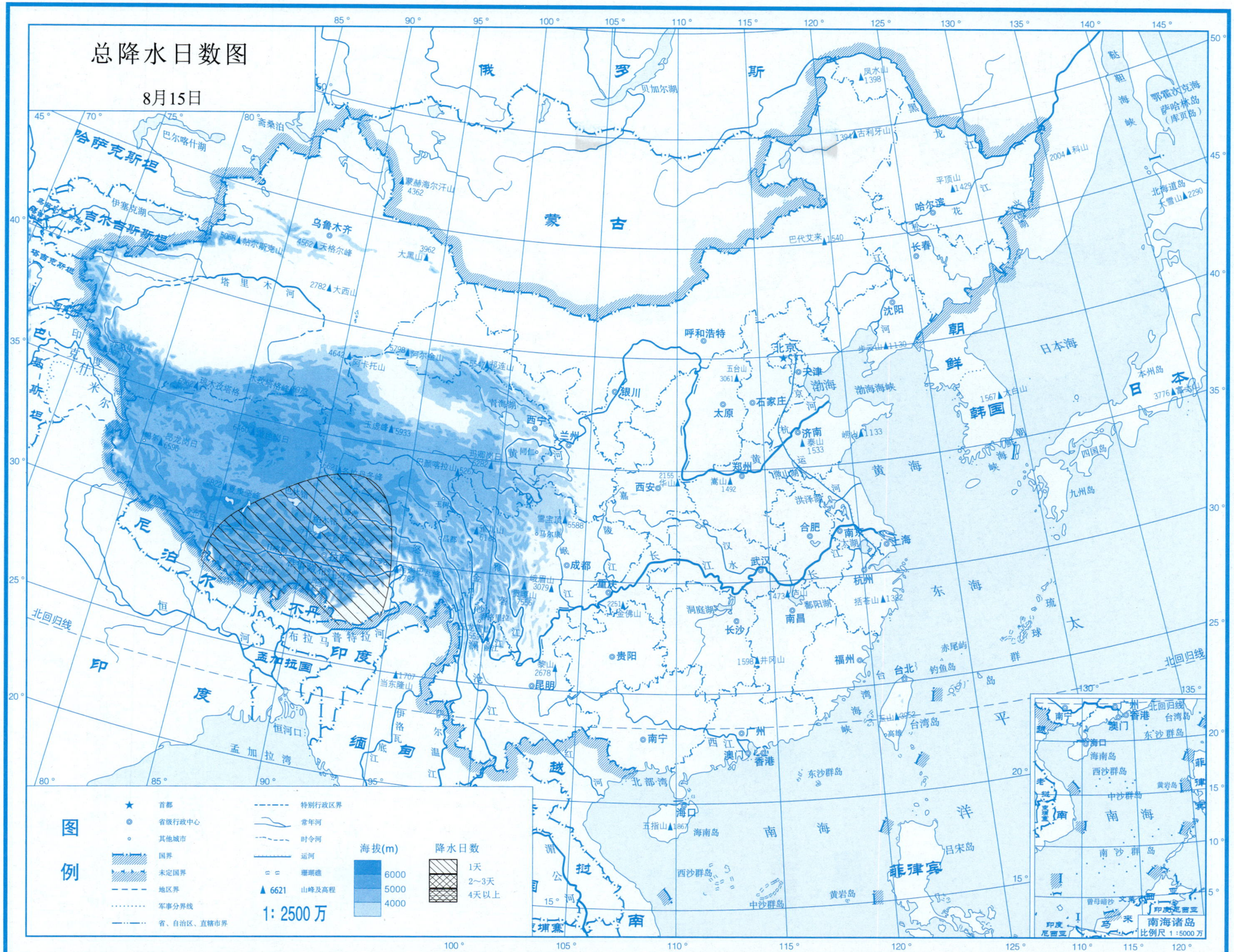

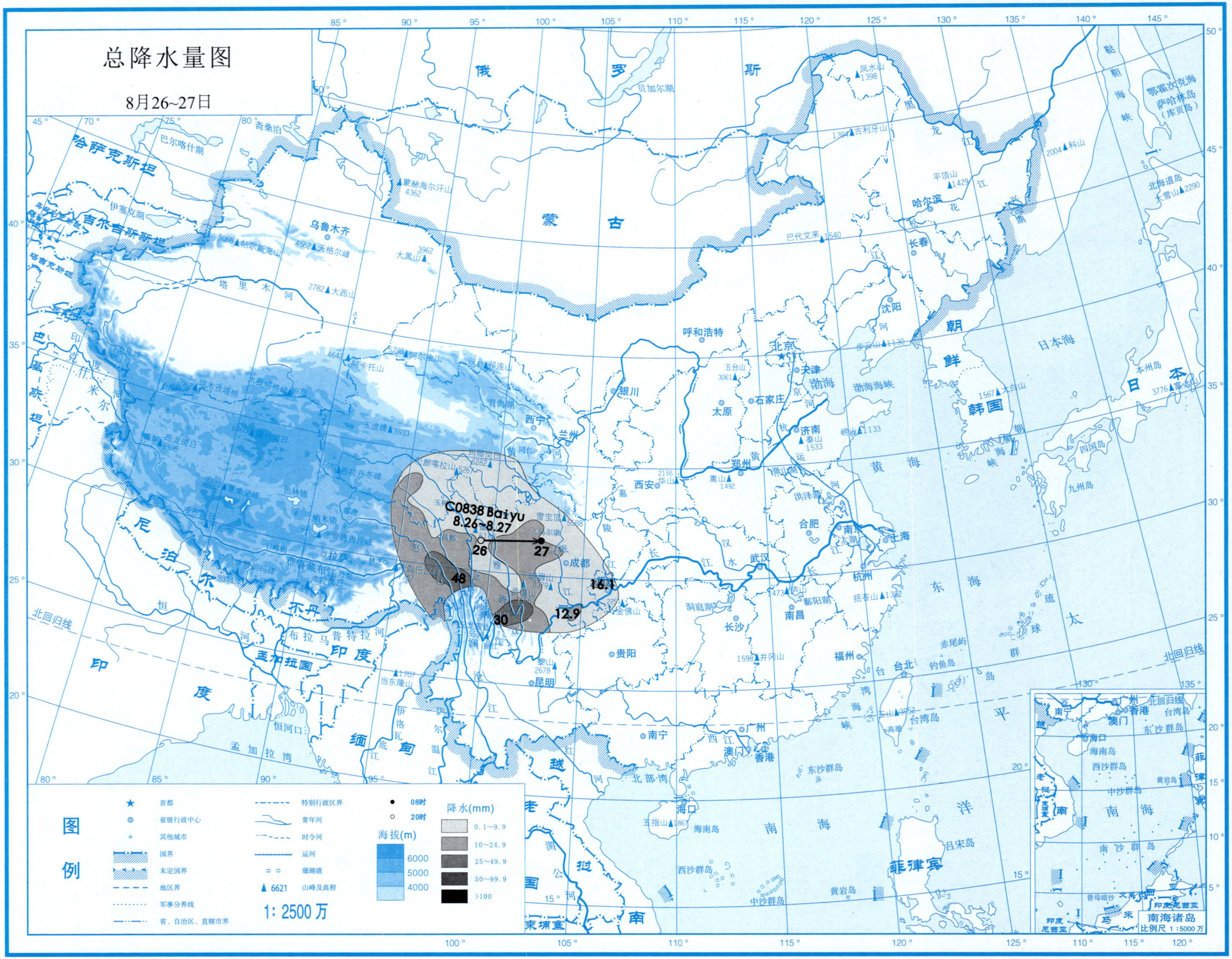
总降水量图
8月26~27日
C0838 Baiyu
8.26~8.27
26
27
48
30
16.1
12.9
图例
首都
省级行政中心
其他城市
国界
未定国界
地区界
军事分界线
省、自治区、直辖市界
特别行政区界
常年河
时令河
运河
珊瑚礁
6621 山峰及高程
08时
20时
海拔(m)
6000
5000
4000
降水(mm)
0.1~9.9
10~24.9
25~49.9
50~99.9
>100
1: 2500 万
南海诸岛
比例尺 1:5000 万

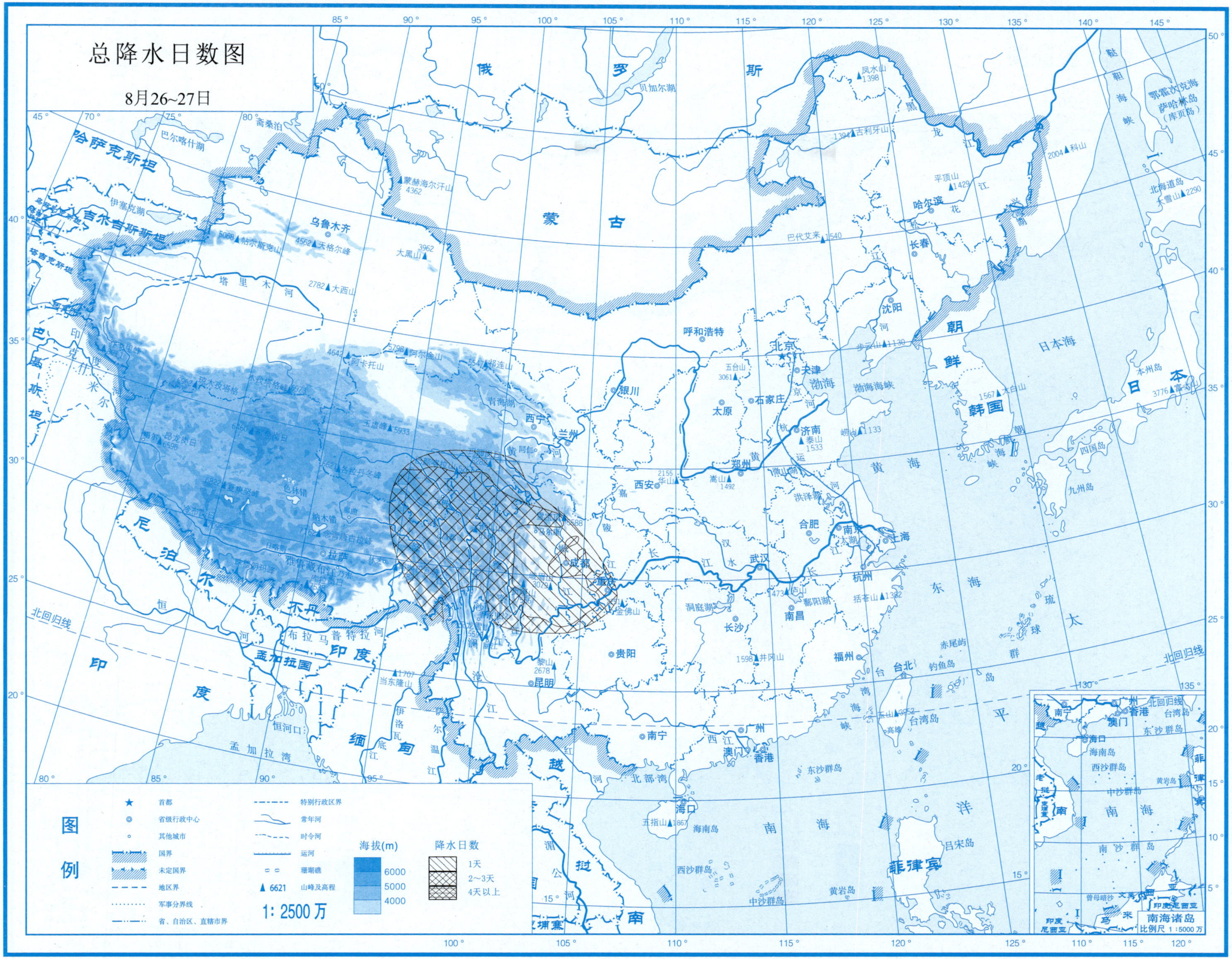

总降水日数图

8月26~27日

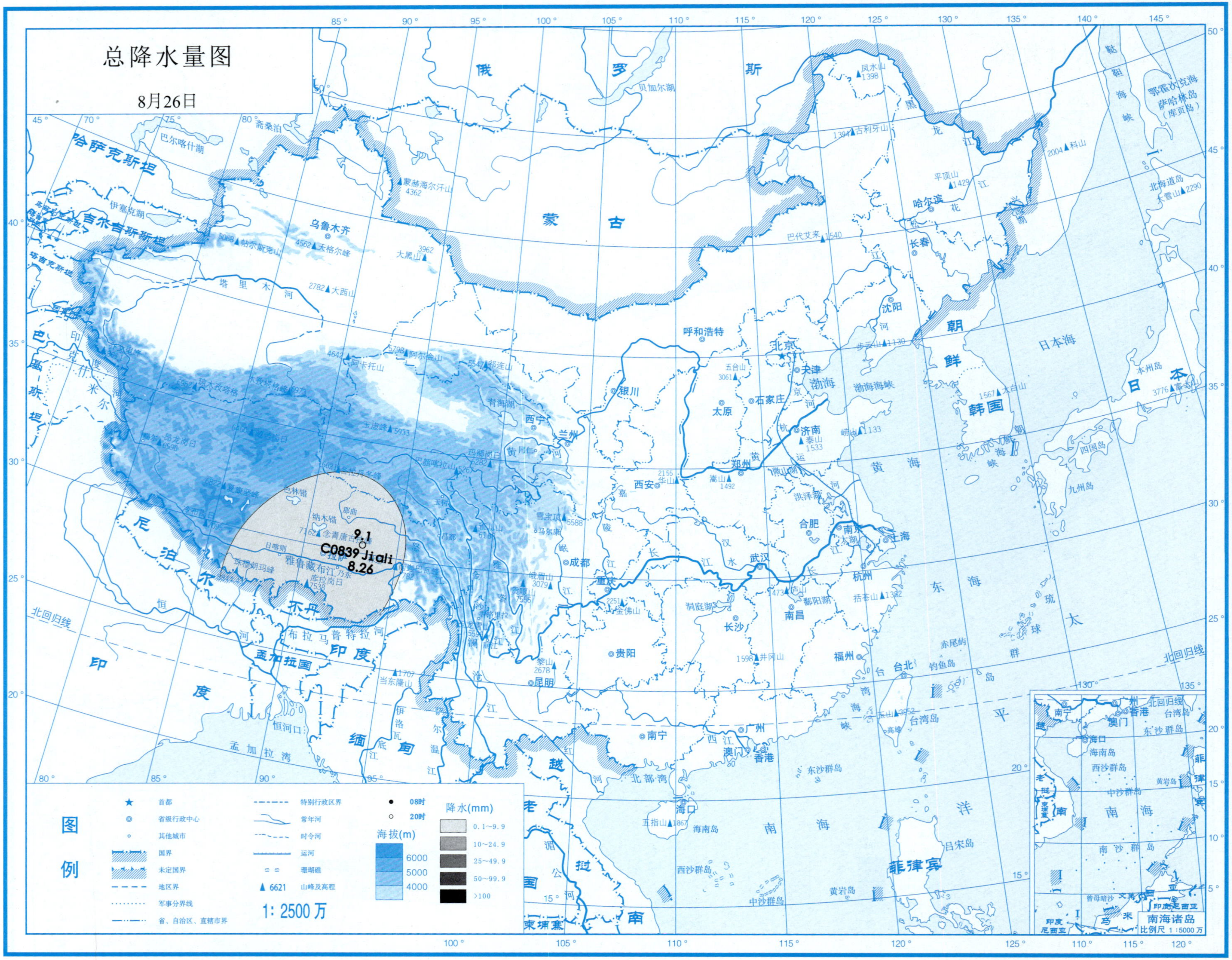
总降水量图
8月26日
9.1
C0839 Jiali
8.26
图例
首都
省级行政中心
其他城市
国界
未定国界
地区界
军事分界线
省、自治区、直辖市界
特别行政区界
常年河
时令河
运河
珊瑚礁
6621 山峰及高程
08时
20时
海拔(m)
6000
5000
4000
降水(mm)
0.1~9.9
10~24.9
25~49.9
50~99.9
>100
1:2500万
南海诸岛
比例尺 1:5000万

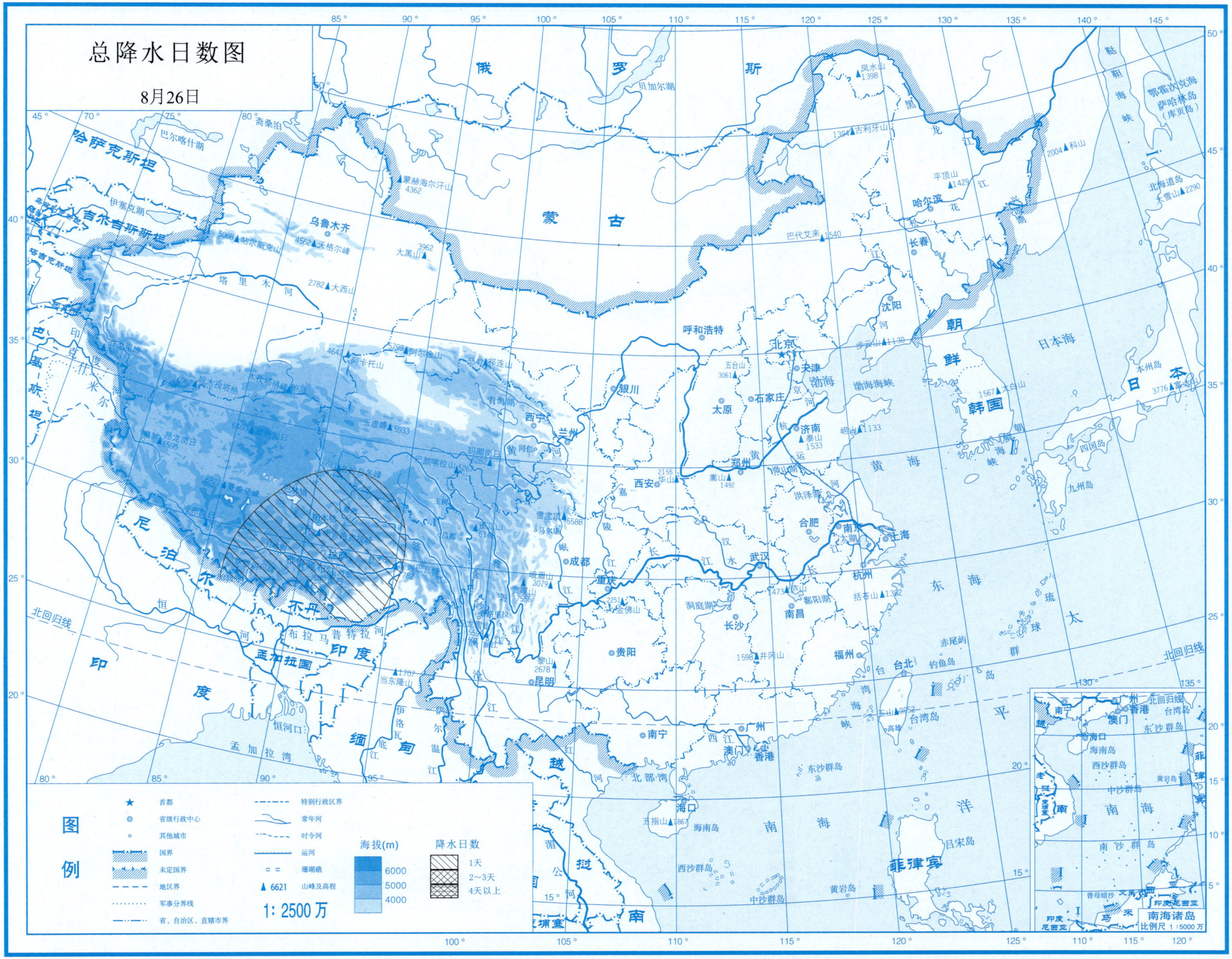
总降水日数图
8月26日
图例
首都
省级行政中心
其他城市
国界
未定国界
地区界
军事分界线
省、自治区、直辖市界
特别行政区界
常年河
时令河
运河
珊瑚礁
6621 山峰及高程
海拔(m)
6000
5000
4000
降水日数
1天
2～3天
4天以上
1：2500万
俄 罗 斯
蒙 古
哈萨克斯坦
吉尔吉斯斯坦
塔吉克斯坦
尼泊尔
不丹
孟加拉国
印度
缅甸
越南
朝鲜
韩国
日本
菲律宾
北回归线
乌鲁木齐
呼和浩特
北京
天津
银川
太原
石家庄
西宁
兰州
济南
郑州
西安
合肥
南京
上海
成都
武汉
杭州
重庆
长沙
南昌
贵阳
福州
台北
昆明
南宁
广州
澳门
香港
海口
哈尔滨
长春
沈阳
渤海
黄海
东海
南海
日本海
太平洋
台湾岛
海南岛
南海诸岛
比例尺 1：5000万

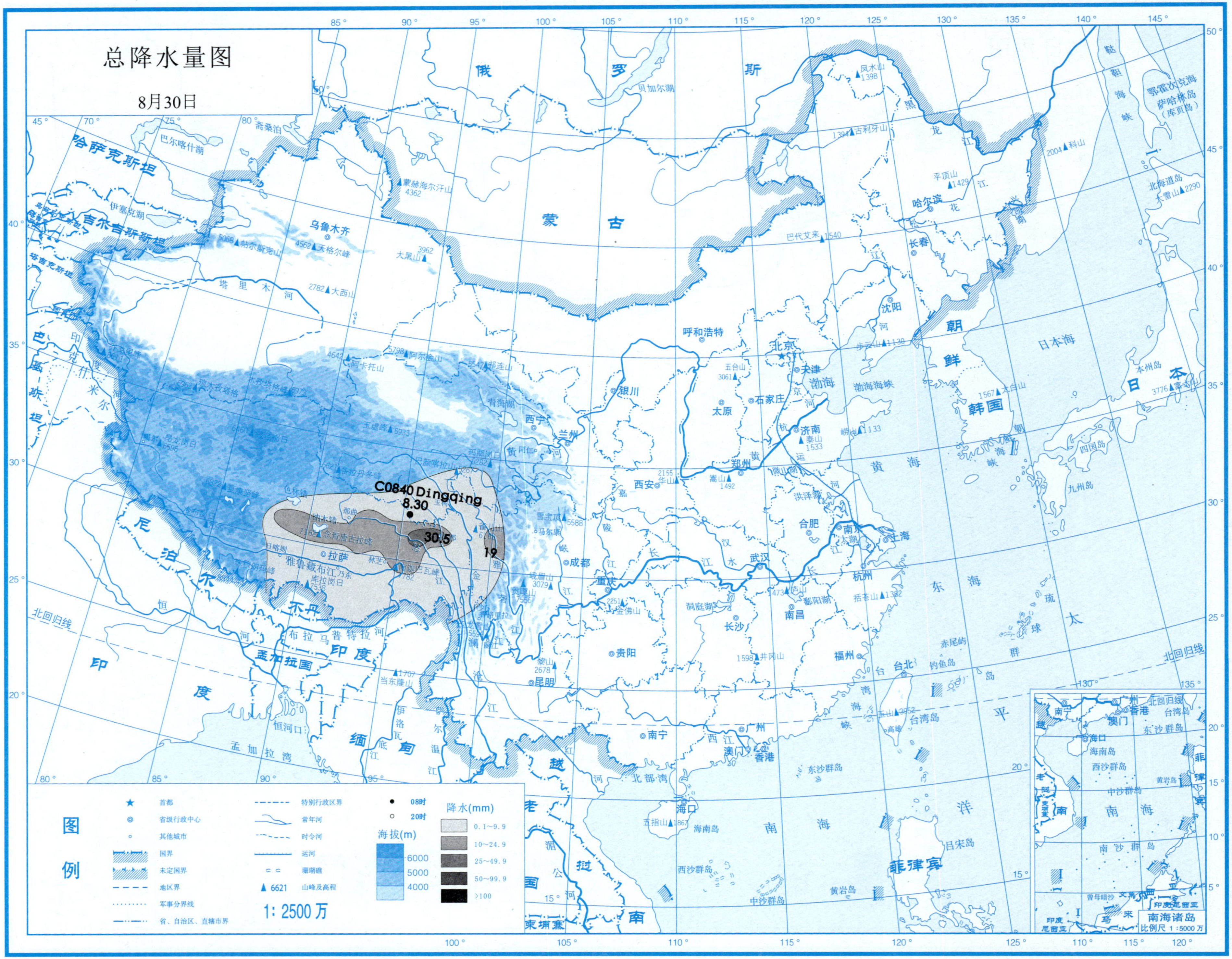
总降水量图
8月30日
C0840 Dingqing
8.30
30.5
19
图例
首都
省级行政中心
其他城市
国界
未定国界
地区界
军事分界线
省、自治区、直辖市界
特别行政区界
常年河
时令河
运河
珊瑚礁
6621 山峰及高程
1: 2500万
08时
20时
海拔(m)
6000
5000
4000
降水(mm)
0.1~9.9
10~24.9
25~49.9
50~99.9
>100
南海诸岛
比例尺 1:5000万

总降水日数图

8月30日

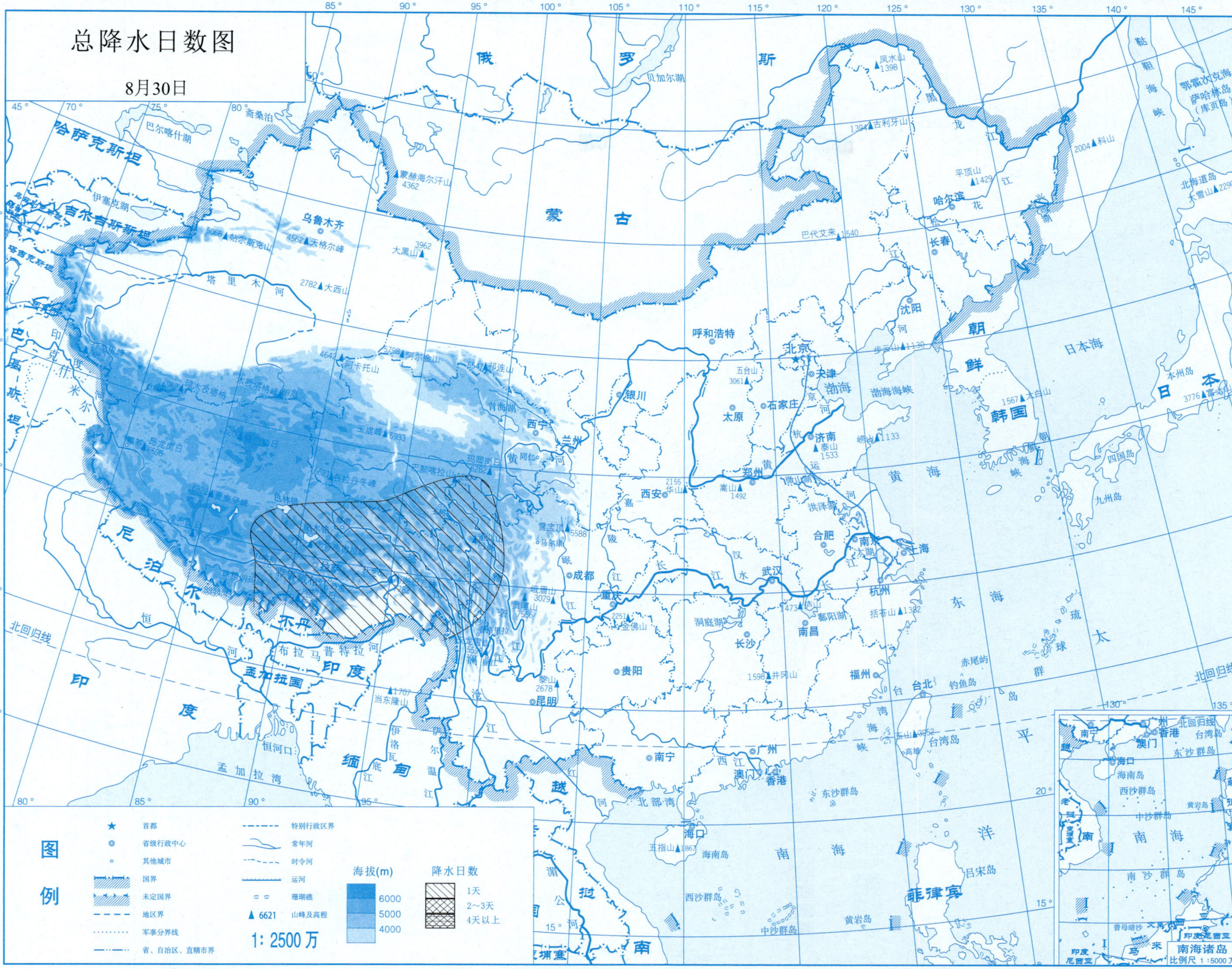

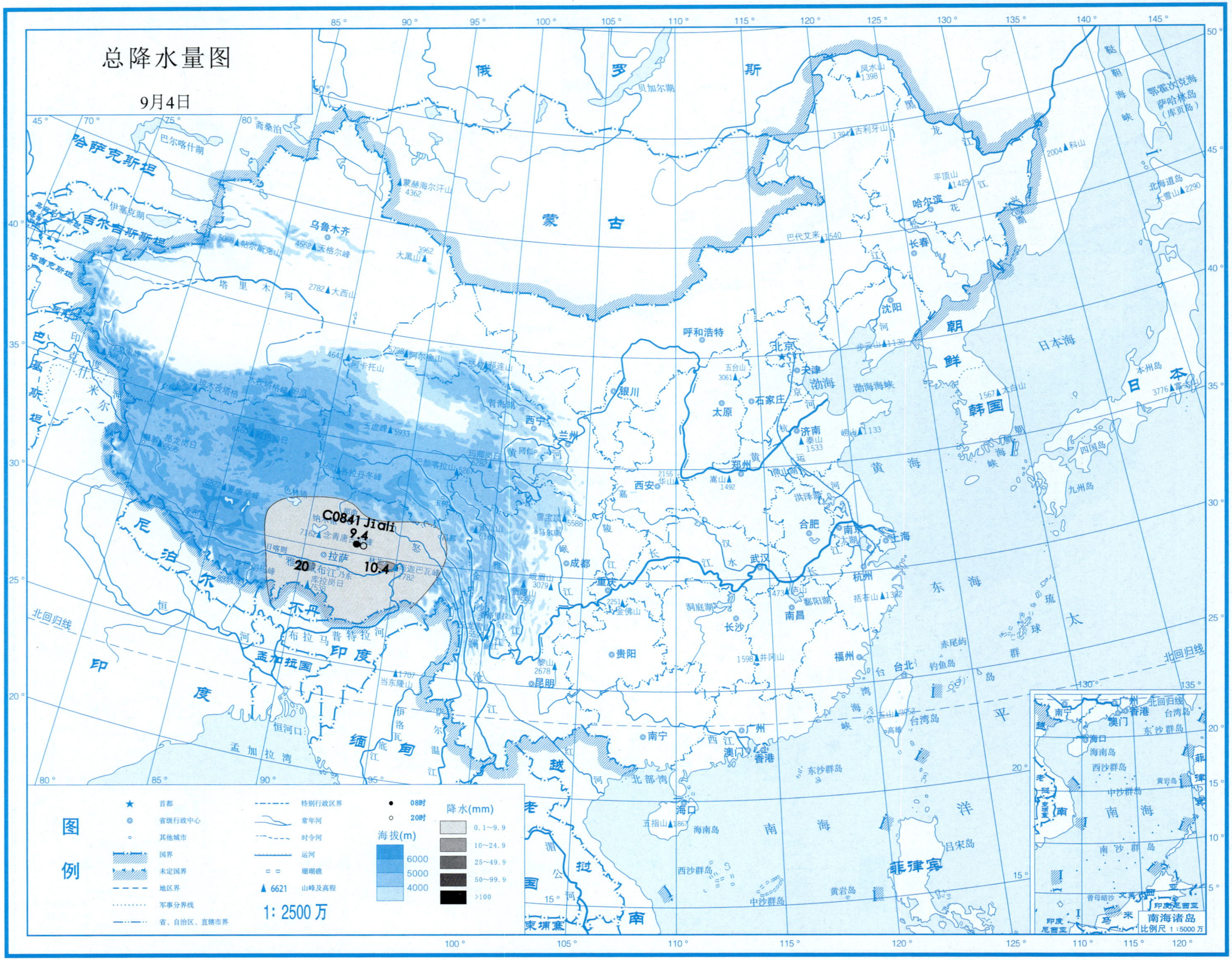
总降水量图
9月4日
C0841 Jiali
9.4
20
10.4
图例
首都
省级行政中心
其他城市
国界
未定国界
地区界
军事分界线
省、自治区、直辖市界
特别行政区界
常年河
时令河
运河
珊瑚礁
6621 山峰及高程
08时
20时
海拔(m)
6000
5000
4000
降水(mm)
0.1~9.9
10~24.9
25~49.9
50~99.9
>100
1: 2500万
南海诸岛
比例尺 1:5000万

总降水日数图

9月4日

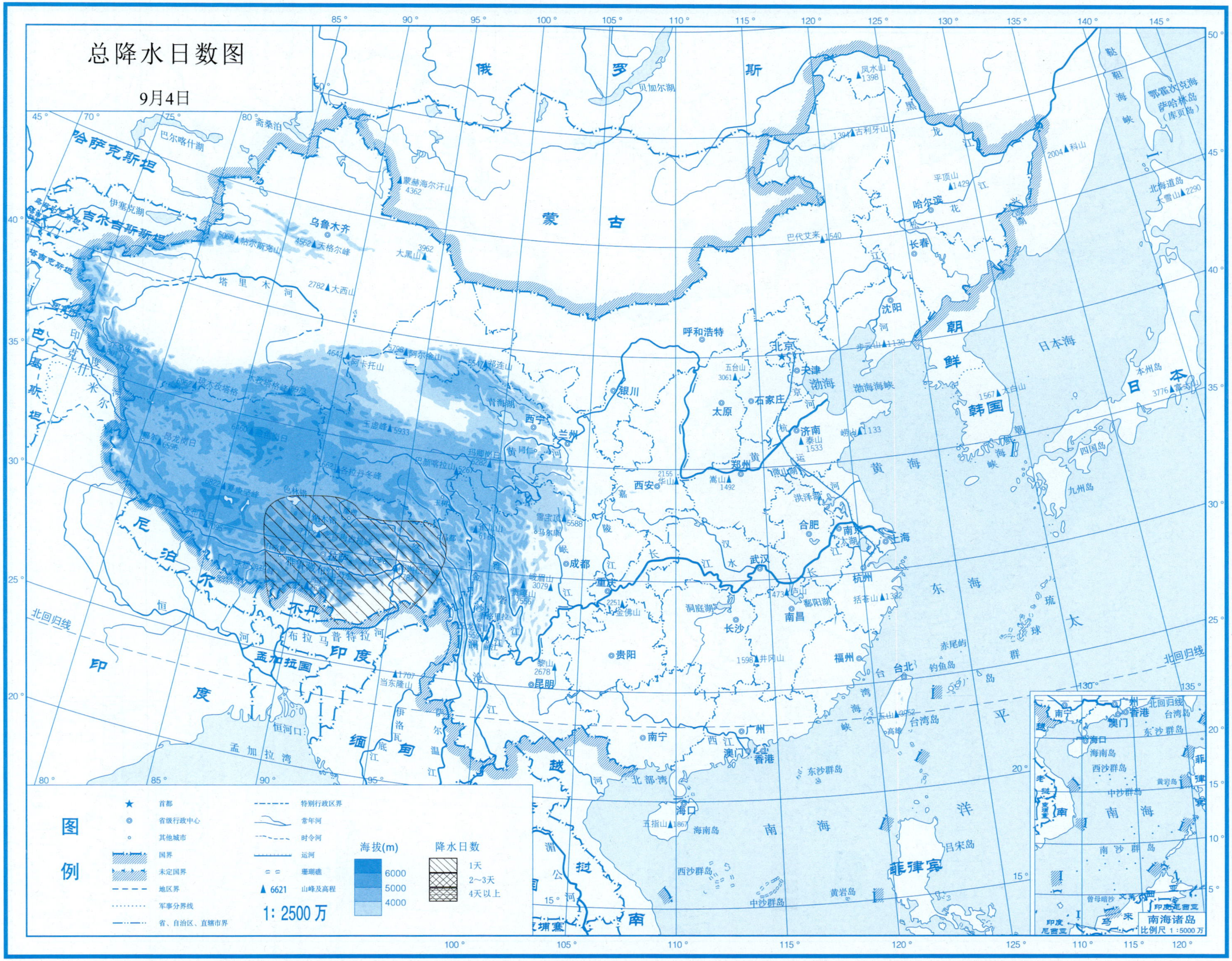
图例
首都
省级行政中心
其他城市
国界
未定国界
地区界
军事分界线
省、自治区、直辖市界
特别行政区界
常年河
时令河
运河
珊瑚礁
6621 山峰及高程
1: 2500 万
海拔(m)
6000
5000
4000
降水日数
1天
2~3天
4天以上
南海诸岛
比例尺 1:5000 万

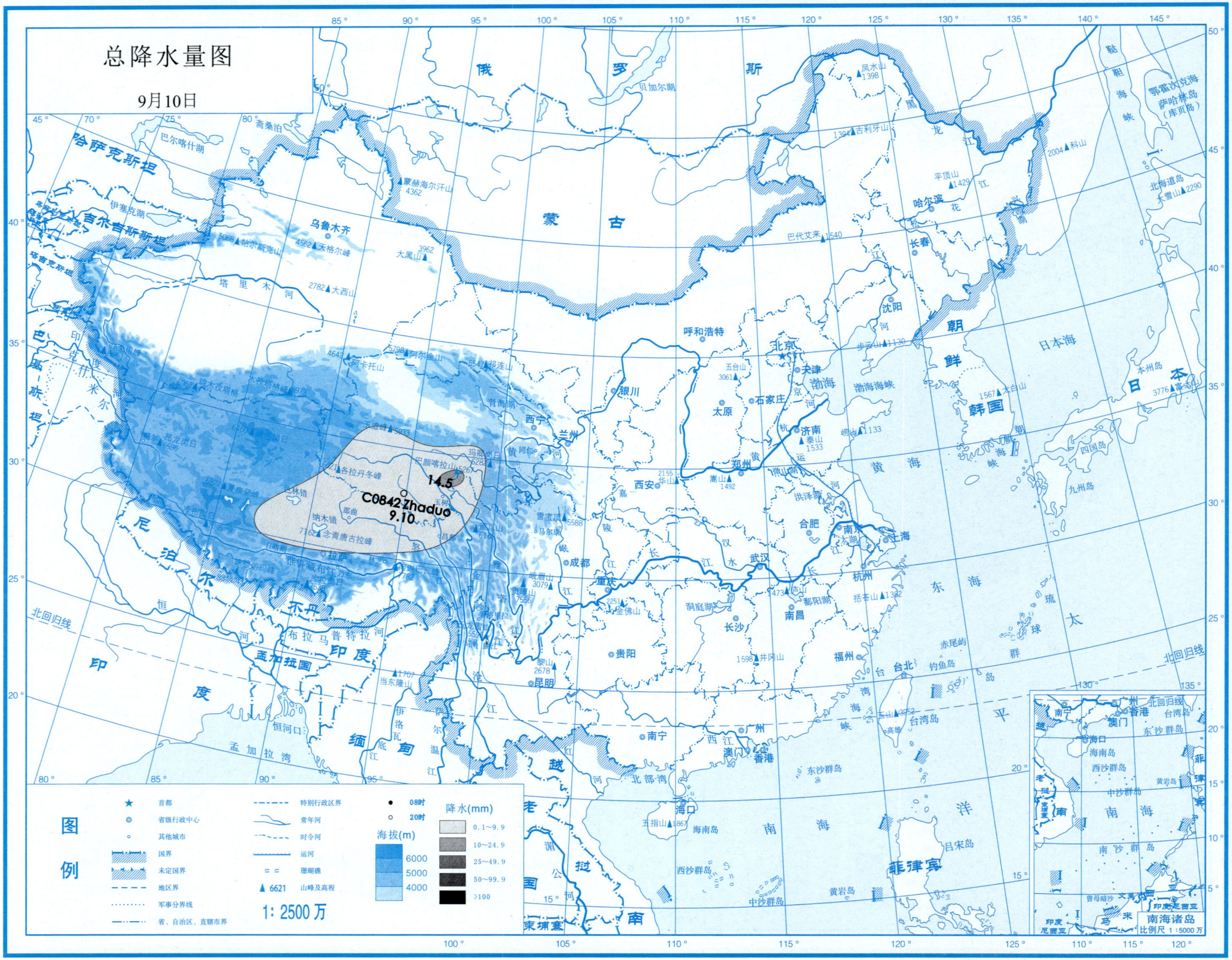
总降水量图
9月10日
14.5
C0842 Zhaduo
9.10
图例
首都
省级行政中心
其他城市
国界
未定国界
地区界
军事分界线
省、自治区、直辖市界
特别行政区界
常年河
时令河
运河
珊瑚礁
6621 山峰及高程
1: 2500 万
08时
20时
海拔(m)
6000
5000
4000
降水(mm)
0.1~9.9
10~24.9
25~49.9
50~99.9
>100
南海诸岛
比例尺 1:5000 万

总降水日数图

9月10日

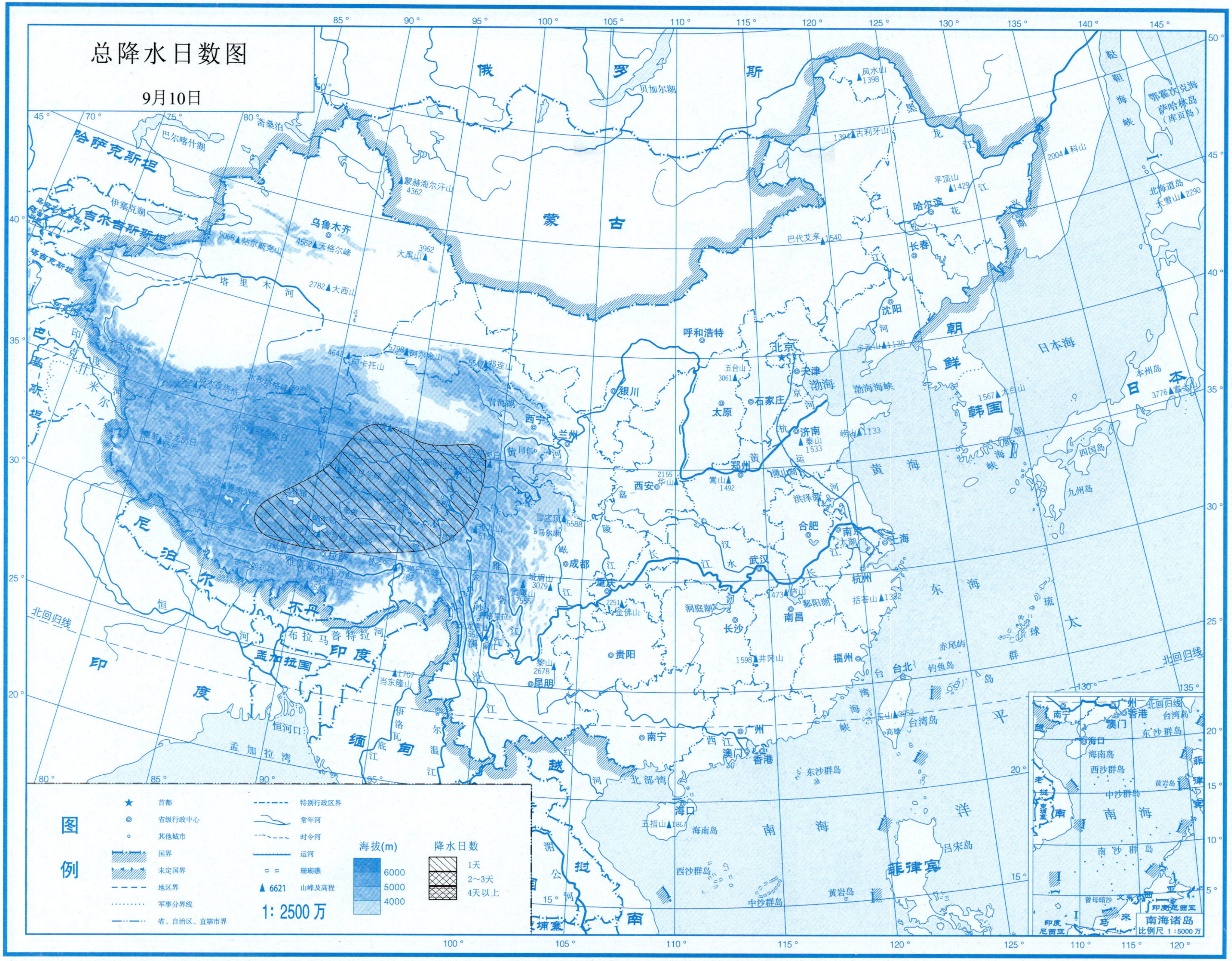

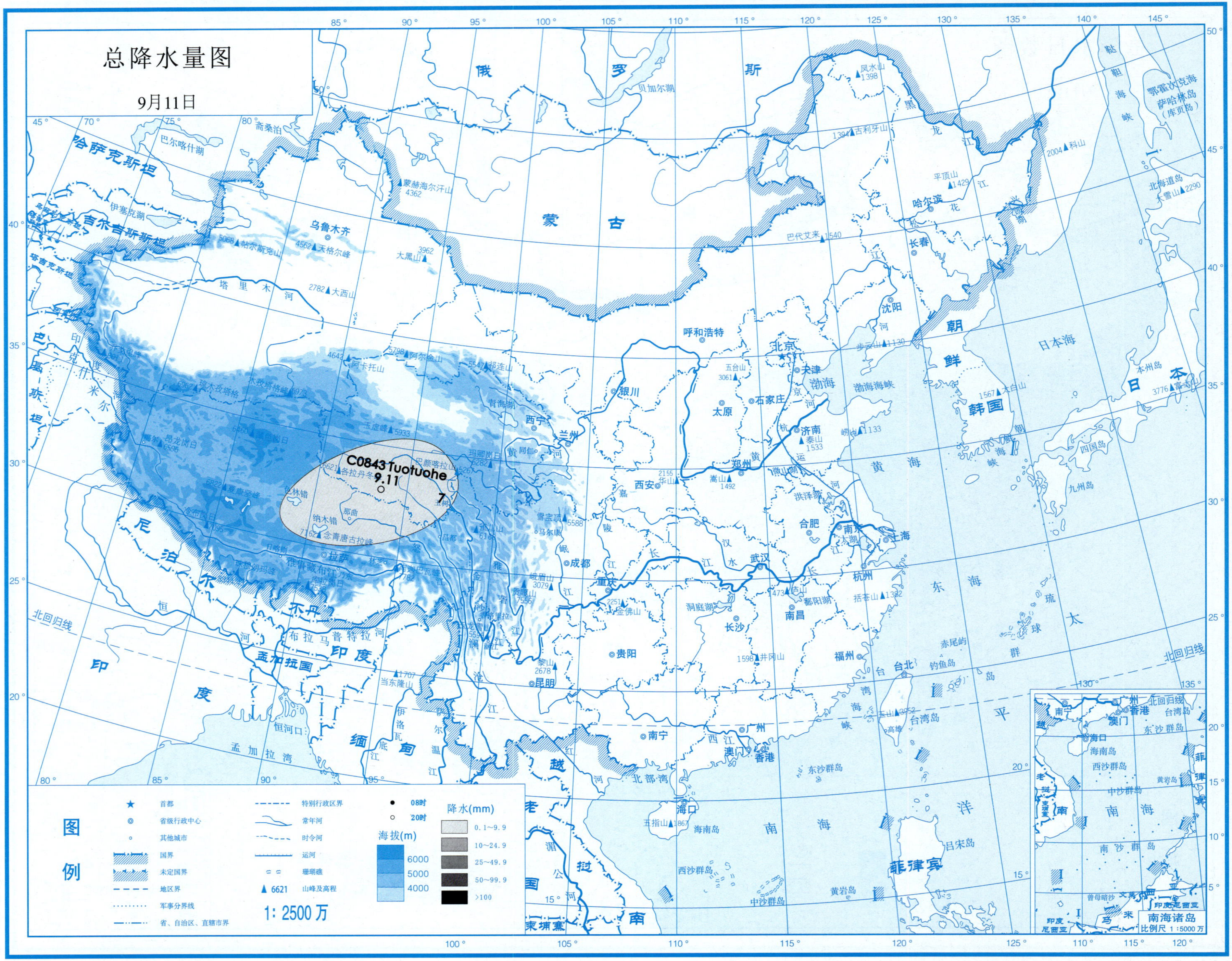
总降水量图
9月11日
C0843 Tuotuohe
9.11
7
图例
首都
省级行政中心
其他城市
国界
未定国界
地区界
军事分界线
省、自治区、直辖市界
特别行政区界
常年河
时令河
运河
珊瑚礁
6621 山峰及高程
1: 2500 万
08时
20时
海拔(m)
6000
5000
4000
降水(mm)
0.1~9.9
10~24.9
25~49.9
50~99.9
>100
南海诸岛
比例尺 1:5000万

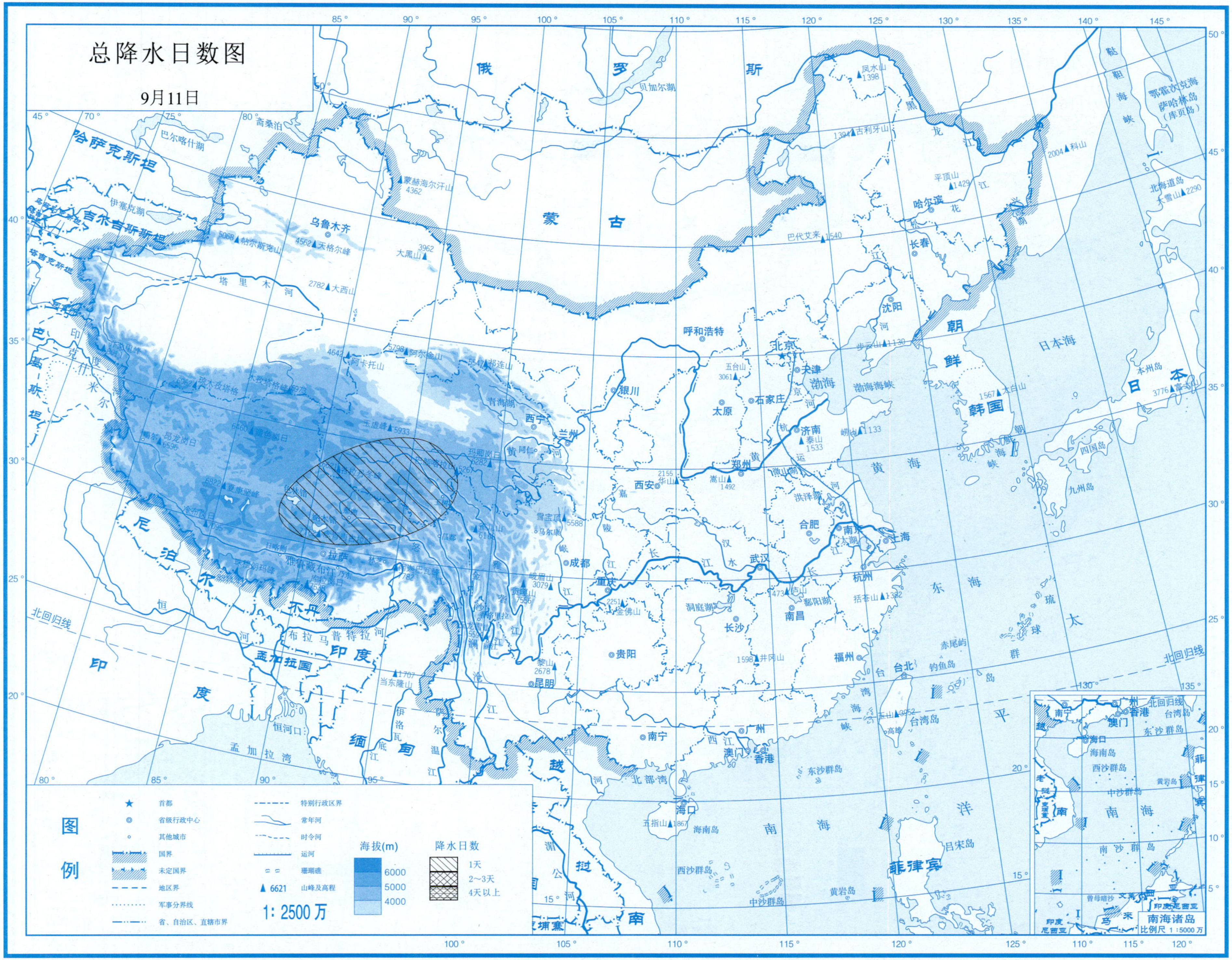

总降水日数图
9月11日
图例
首都
省级行政中心
其他城市
国界
未定国界
地区界
军事分界线
省、自治区、直辖市界
特别行政区界
常年河
时令河
运河
珊瑚礁
6621 山峰及高程
1: 2500 万
海拔(m)
6000
5000
4000
降水日数
1天
2~3天
4天以上
南海诸岛
比例尺 1:5000 万

高原低涡 第1部分

总降水量图

9月16日

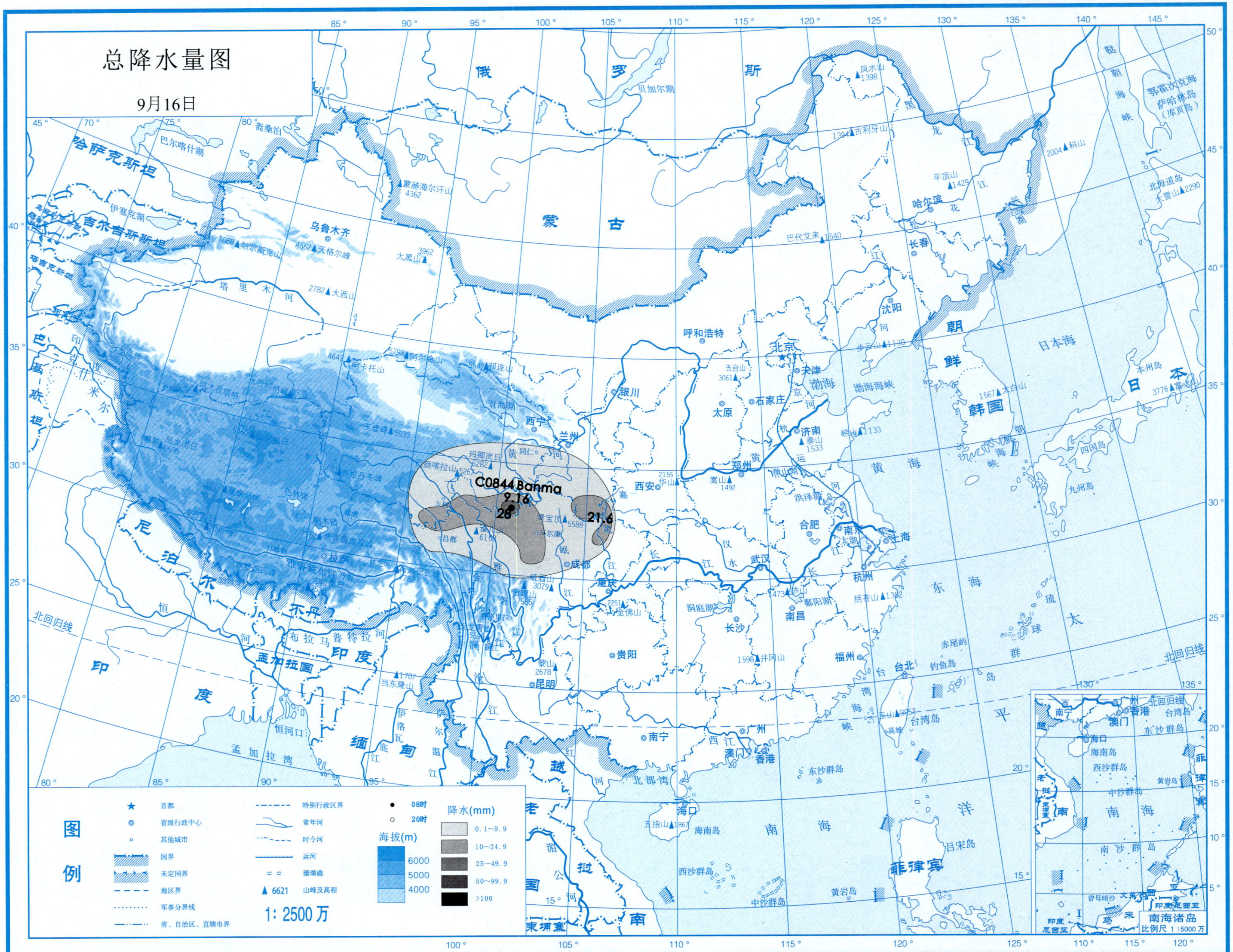
C0844 Banma
9.16
28
21.6
图例
首都
省级行政中心
其他城市
国界
未定国界
地区界
军事分界线
省、自治区、直辖市界
特别行政区界
常年河
时令河
运河
珊瑚礁
6621 山峰及高程
1:2500万
08时
20时
海拔(m)
6000
5000
4000
降水(mm)
0.1~9.9
10~24.9
25~49.9
50~99.9
>100
南海诸岛
比例尺 1:5000万

总降水日数图

9月16日

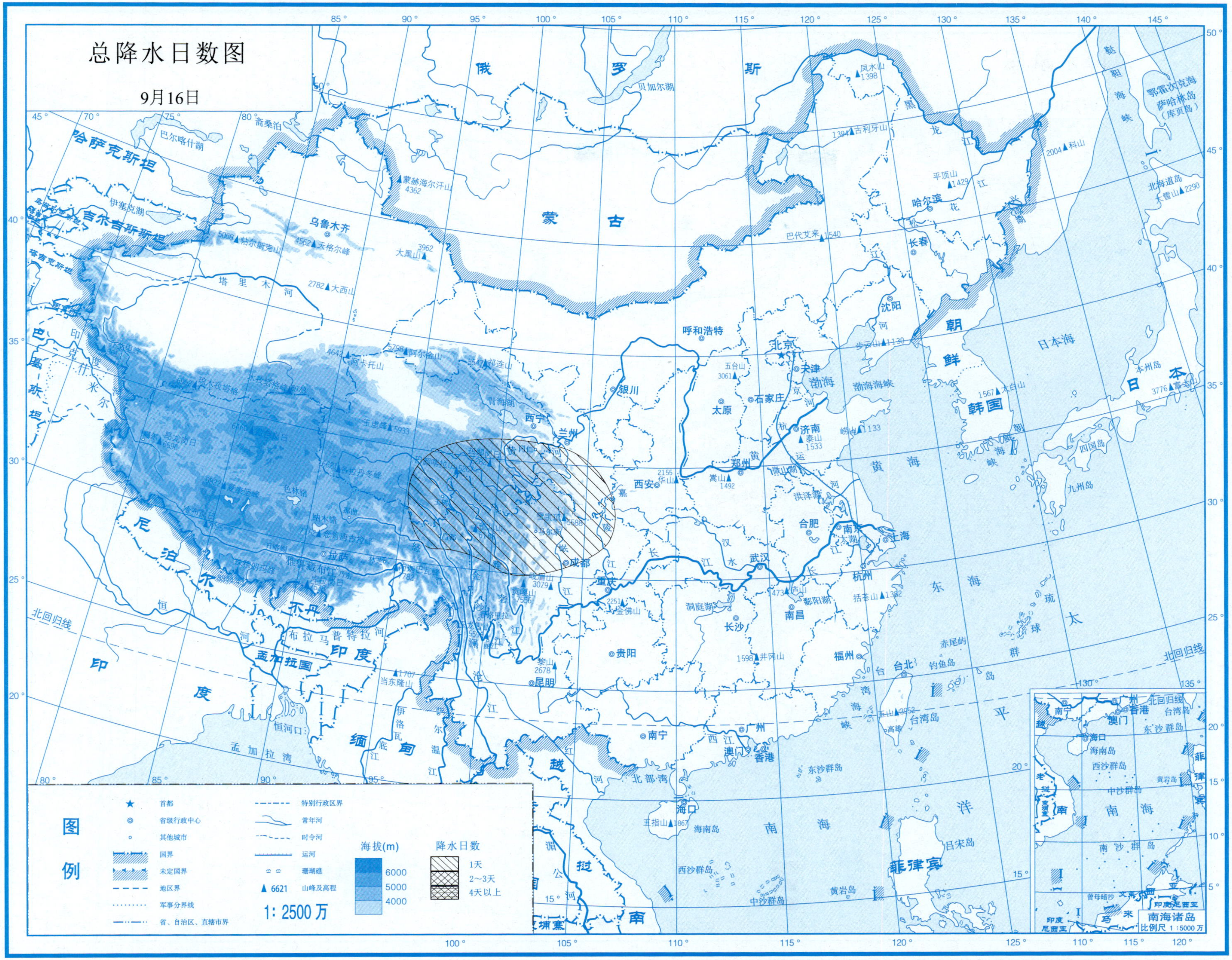

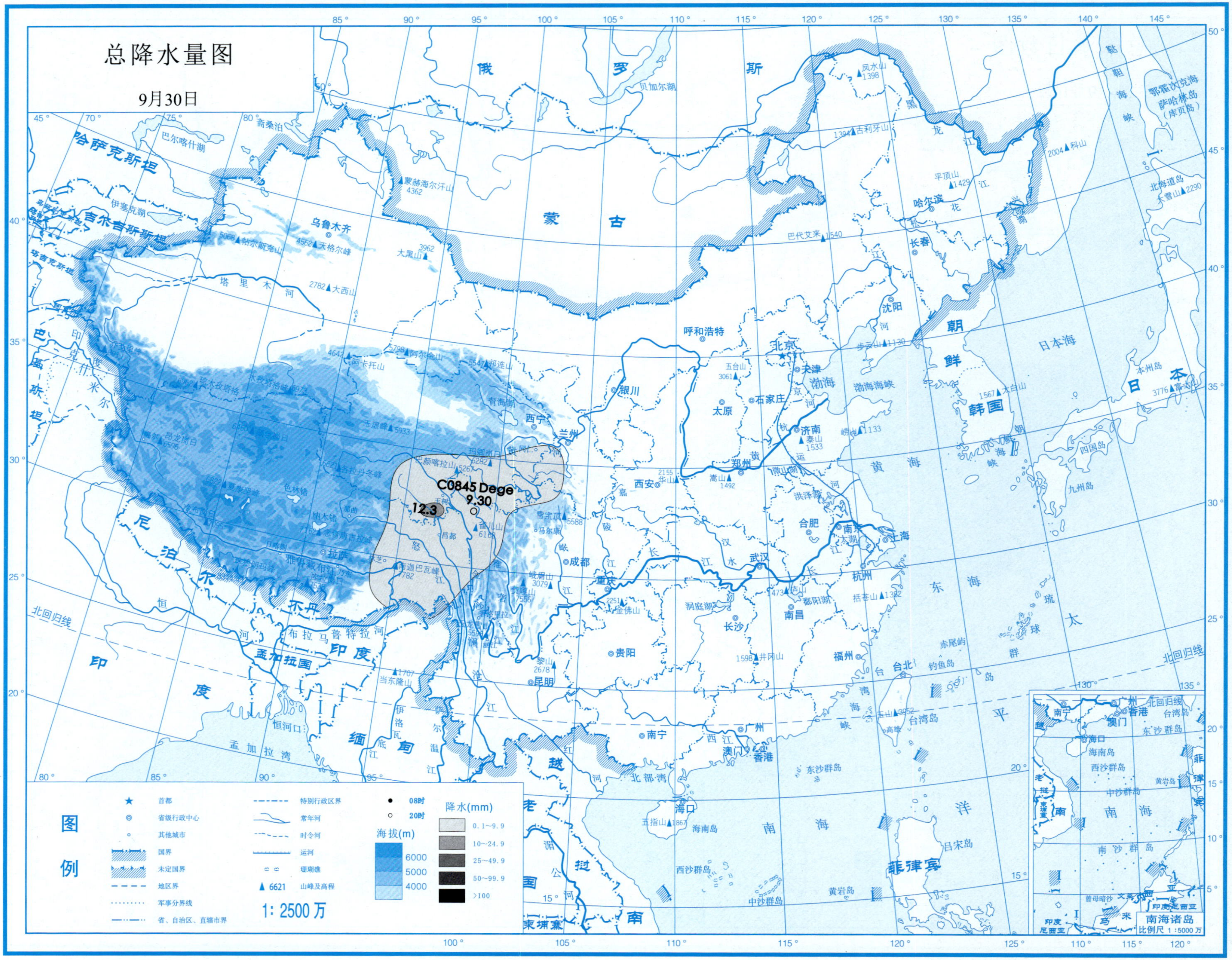
总降水量图
9月30日
C0845 Dege
9.30
12.3
图例
首都
省级行政中心
其他城市
国界
未定国界
地区界
军事分界线
省、自治区、直辖市界
特别行政区界
常年河
时令河
运河
珊瑚礁
6621 山峰及高程
08时
20时
海拔(m)
6000
5000
4000
降水(mm)
0.1~9.9
10~24.9
25~49.9
50~99.9
>100
1:2500万
南海诸岛
比例尺 1:5000万

总降水日数图

9月30日

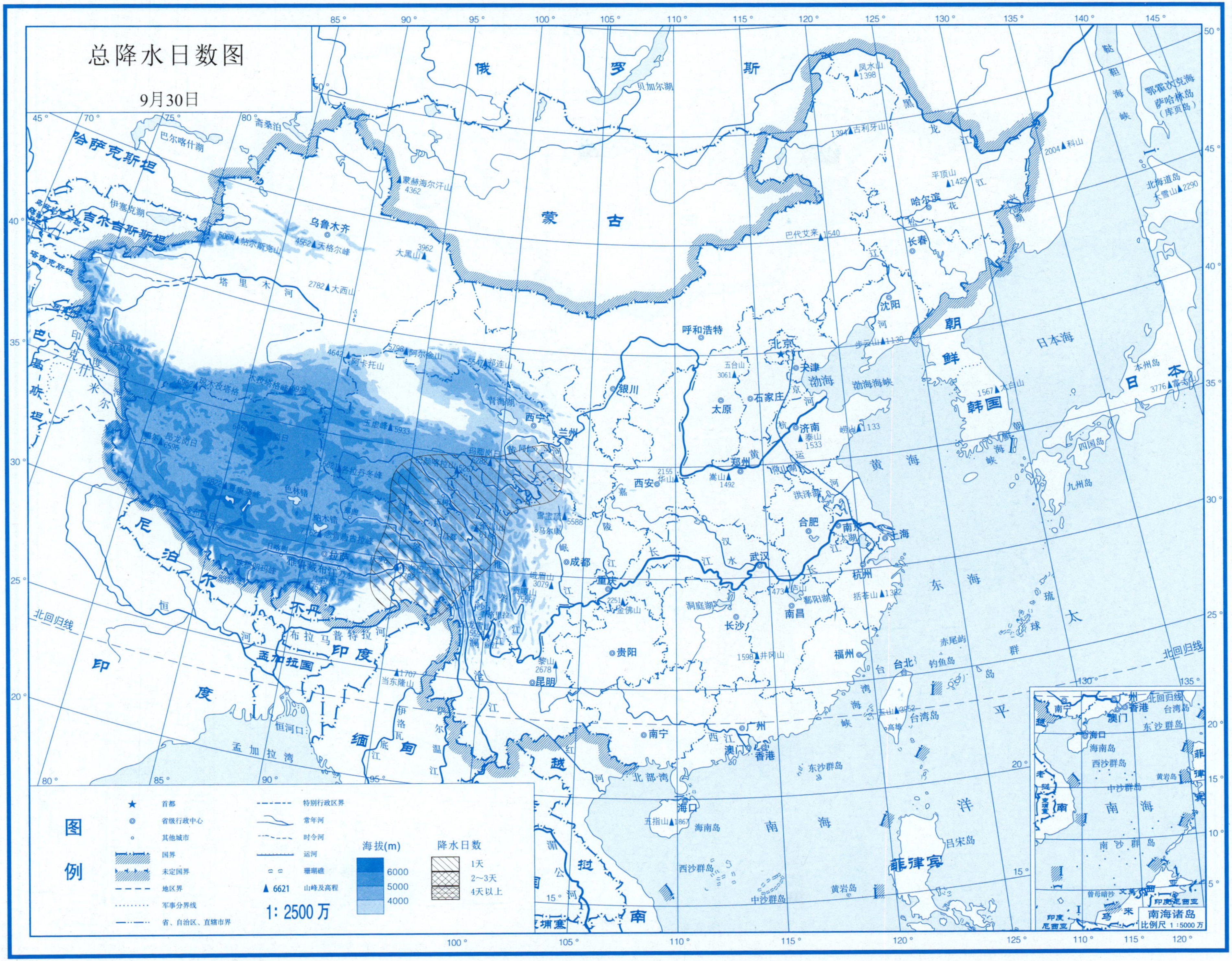

总降水量图

11月4日

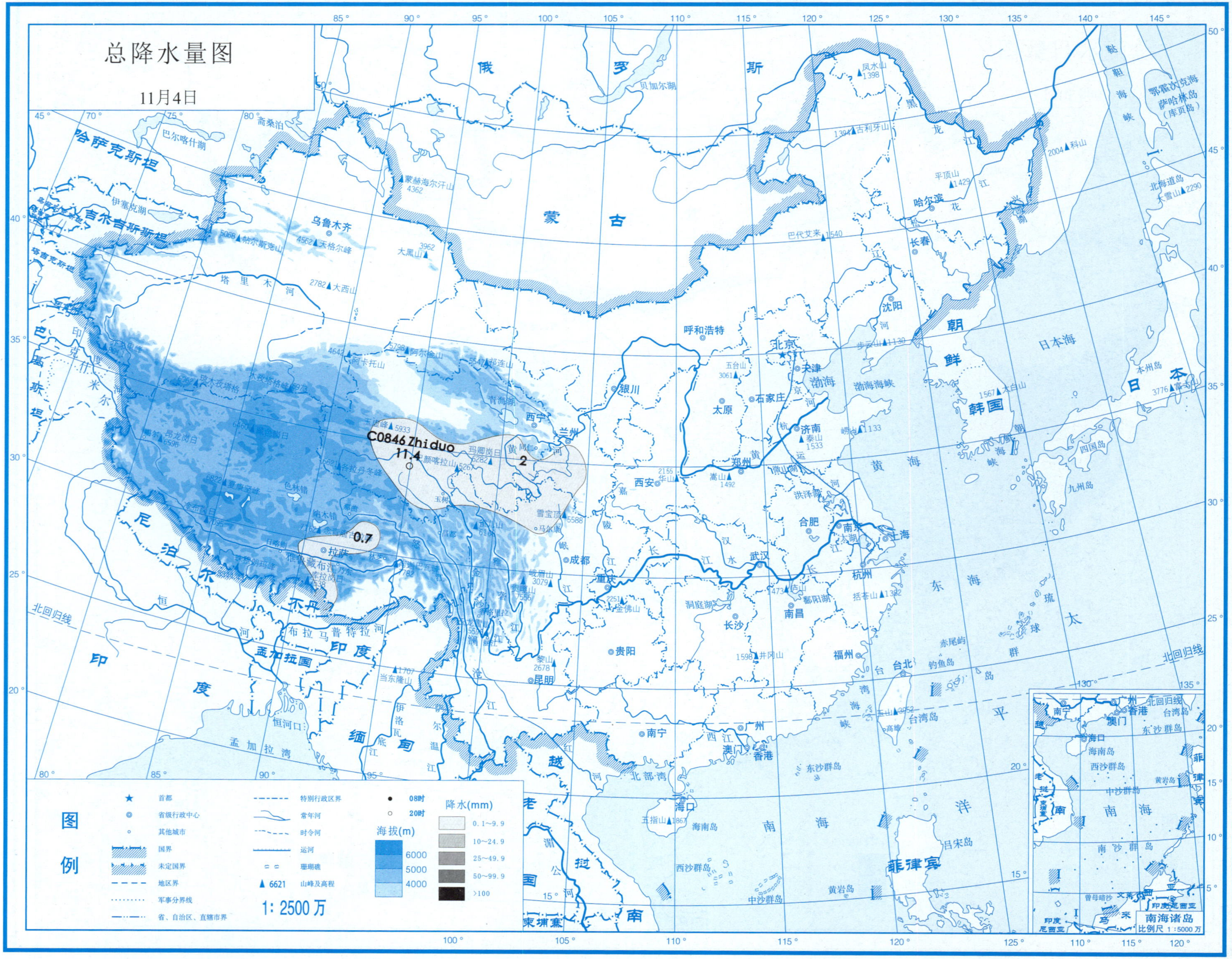
C0846 Zhiduo
11.4
2
0.7
俄 罗 斯
蒙 古
哈萨克斯坦
吉尔吉斯斯坦
朝 鲜
韩国
日 本
尼 泊 尔
不丹
孟加拉国
印 度
缅 甸
老 挝
越 南
菲律宾
日本海
黄 海
东 海
南 海
乌鲁木齐
拉萨
西宁
兰州
银川
呼和浩特
北京
天津
石家庄
太原
济南
郑州
西安
成都
重庆
武汉
合肥
南京
上海
杭州
南昌
长沙
贵阳
昆明
南宁
广州
香港
澳门
海口
福州
台北
哈尔滨
长春
沈阳
图例
首都
省级行政中心
其他城市
国界
未定国界
地区界
军事分界线
省、自治区、直辖市界
特别行政区界
常年河
时令河
运河
珊瑚礁
6621 山峰及高程
08时
20时
海拔(m)
6000
5000
4000
降水(mm)
0.1~9.9
10~24.9
25~49.9
50~99.9
>100
1: 2500 万
南海诸岛
比例尺 1:5000 万

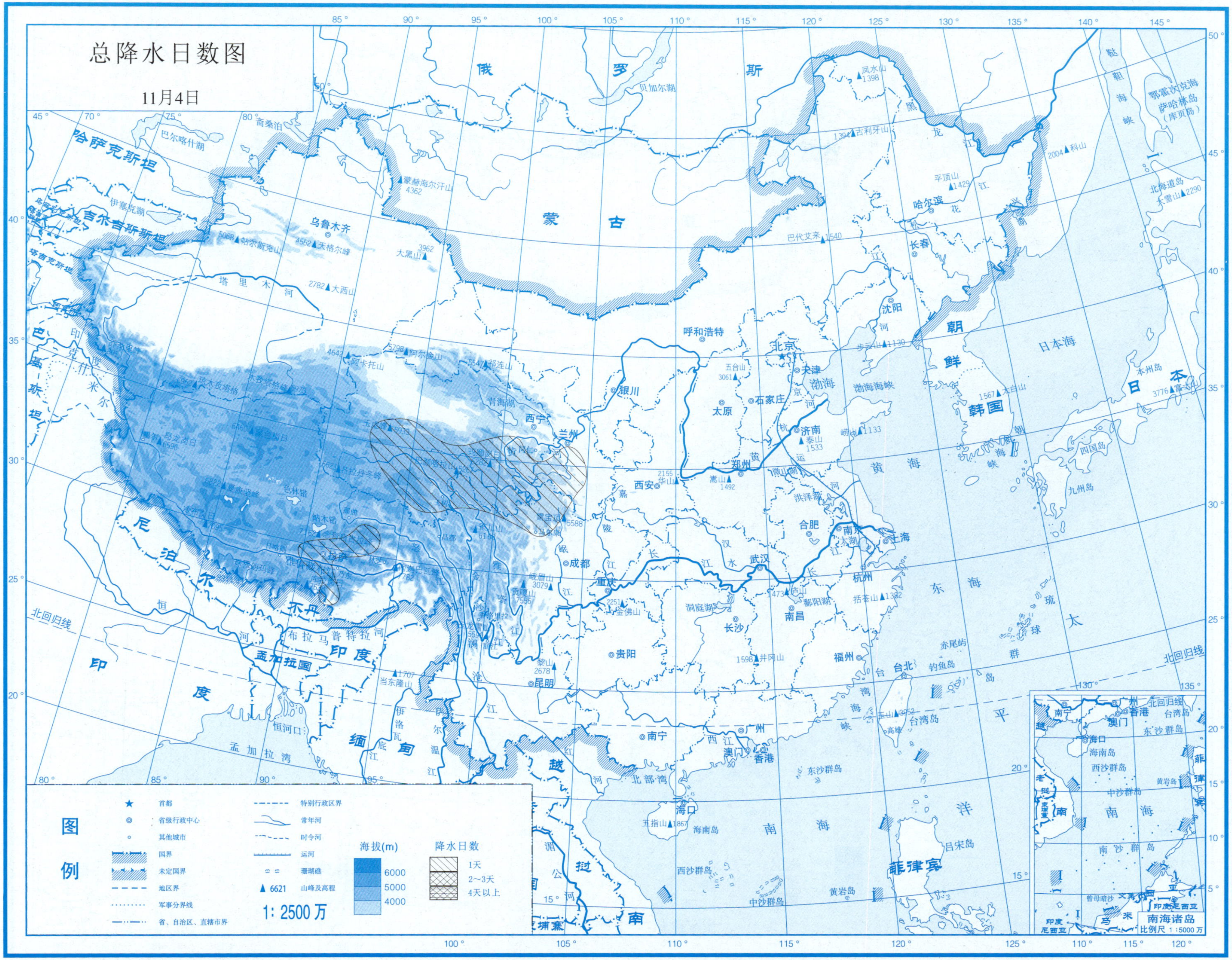
总降水日数图
11月4日
图例
首都
省级行政中心
其他城市
国界
未定国界
地区界
军事分界线
省、自治区、直辖市界
特别行政区界
常年河
时令河
运河
珊瑚礁
6621 山峰及高程
1: 2500 万
海拔(m)
6000
5000
4000
降水日数
1天
2~3天
4天以上
南海诸岛
比例尺 1 : 5000 万

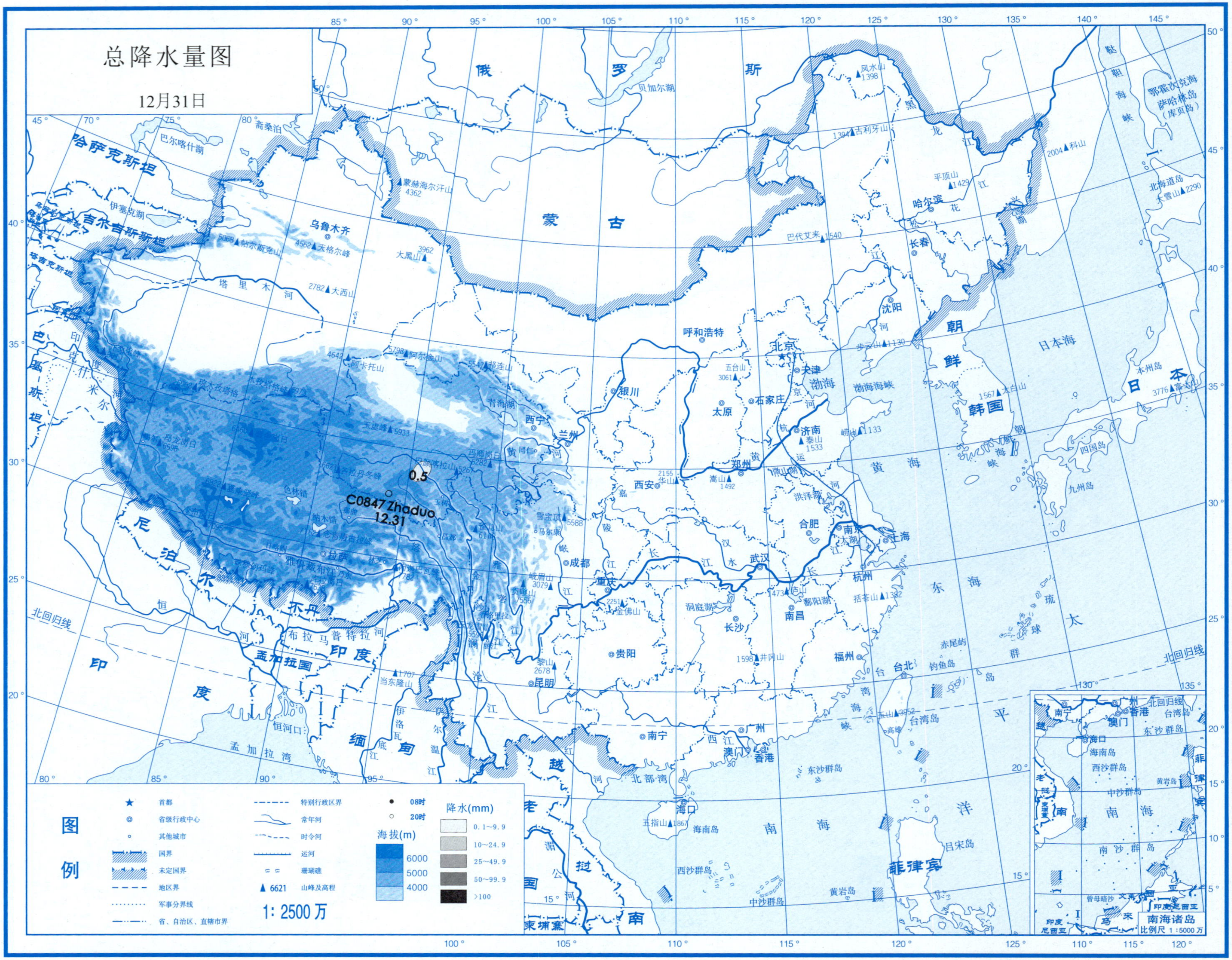
总降水量图
12月31日
0.5
C0847 Zhaduo
12.31
图例
首都
省级行政中心
其他城市
国界
未定国界
地区界
军事分界线
省、自治区、直辖市界
特别行政区界
常年河
时令河
运河
珊瑚礁
6621 山峰及高程
08时
20时
海拔(m)
6000
5000
4000
降水(mm)
0.1~9.9
10~24.9
25~49.9
50~99.9
>100
1: 2500 万
南海诸岛
比例尺 1:5000 万

总降水日数图

12月31日

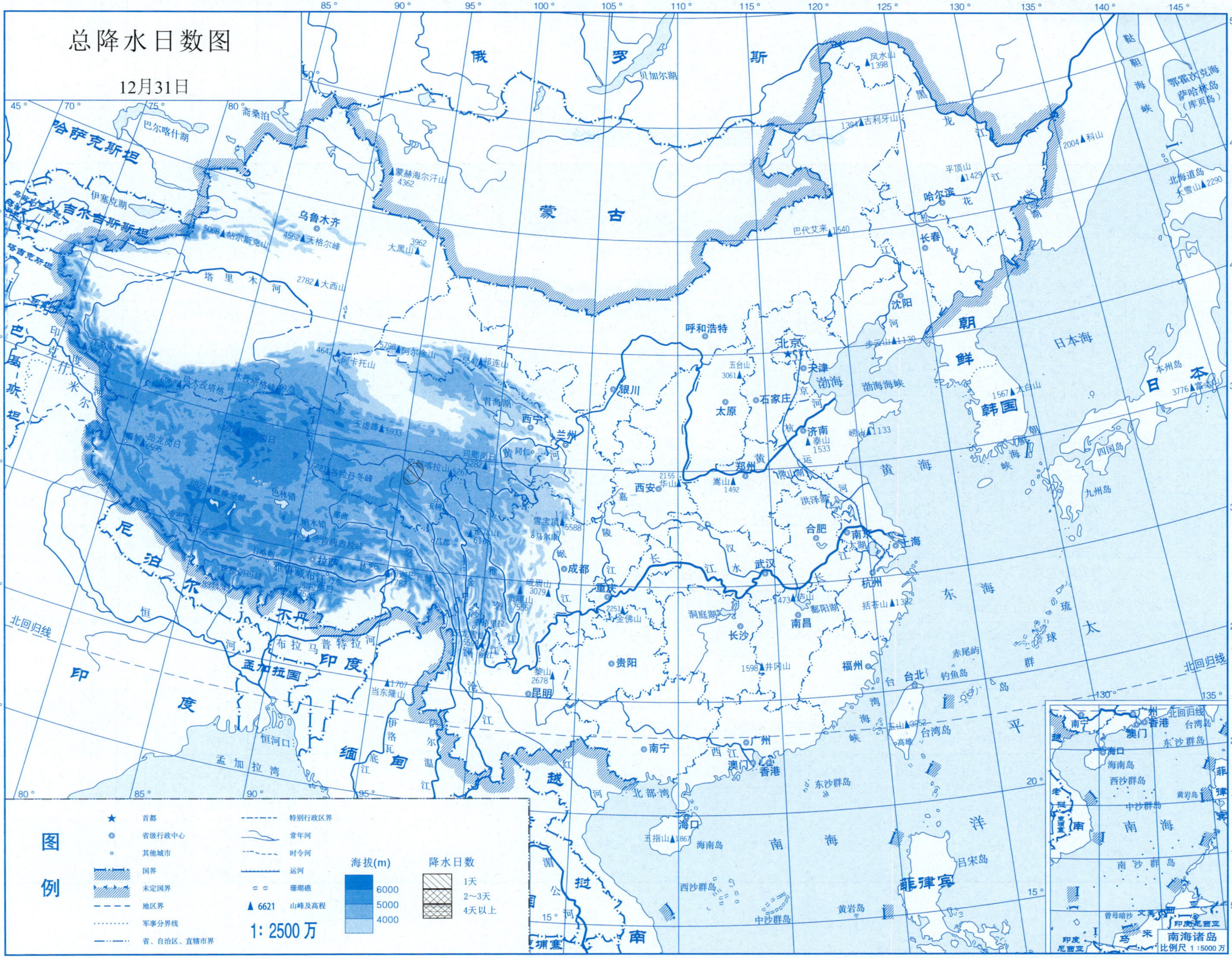

高原低涡中心位置资料表

月	日	时	中心位置		位势高度 / 位势什米
			北纬/(°)	东经/(°)	
①2月18日 (C0801) 安多，Anduo					
2	18	8	32.6	91.6	562
		20	34.6	95	559
消失					
②3月15日 (C0802)托托河，Tuotuohe					
3	15	8	92.4	33.2	568
		20	32.8	99.7	568
消失					
③4月13日 (C0803)乌图美仁，Wutumeiren					
4	13	8	36.6	92	568
消失					
④4月17日 (C0804)五道梁，Wudaoliang					
4	17	20	35.7	91.8	568
消失					
⑤4月28~29日 (C0805)玛多，Maduo					
4	28	20	35	98.3	572
	29	8	34.3	103.3	572
消失					
⑥5月6日 (C0806)贵德，Guide					
5	6	20	35.6	101.3	572
消失					
⑦5月11日 (C0807)班戈，Bange					
5	11	8	31.1	90	579
消失					
⑧5月13~14日 (C0808)玛多，Maduo					
5	13	8	34.4	98	578
		20	32.6	99.2	579
	14	8	31.4	106	577
消失					
⑨5月19~21日 (C0809)安多，Anduo					
5	19	20	32.7	92.2	575
5	20	8	35.2	97.4	576
		20	33	102	574
	21	8	32.4	108	576
消失					
⑩5月20~21日 (C0810)丁青，Dingqing					
5	20	20	32.2	95.3	576
	21	8	34	102.3	577
消失					
⑪5月21日 (C0811)安多，Anduo					
5	21	8	33	92.2	576
消失					
⑫5月24日 (C0812)冷湖，Lenghu					
5	24	20	38.2	93.5	576
消失					

高原低涡中心位置资料表（续-1）

月	日	时	中心位置		位势高度/位势什米
			北纬/(°)	东经/(°)	
⑬ 5月24~25日 (C0813)刚察，Gangcha					
5	24	20	37.7	100.8	575
	25	8	36.8	104	575
		20	38.5	109	577
消失					
⑭ 5月26日 (C0814)乌图美仁，Wutumeiren					
5	26	8	36.1	91.8	576
消失					
⑮ 5月28~29日 (C0815)双湖，Shuanghu					
5	28	8	35.4	90	576
		20	34.9	97.7	574
	29	8	35.2	102	576
消失					
⑯ 5月29日 (C0816)香日德，Xiangride					
5	29	8	35.5	97.3	576
消失					

月	日	时	中心位置		位势高度/位势什米
			北纬/(°)	东经/(°)	
⑰ 5月30日 (C0817)索县，Suoxian					
5	30	20	31.8	94.7	577
消失					
⑱ 6月1~4日 (C0818)嘉黎，Jiali					
6	1	20	30.4	93	581
	2	8	28	93.2	581
		20	28.9	92.4	582
	3	8	28.5	91.8	581
		20	28.4	100.1	584
	4	8	31	101.3	583
		20	28.9	105	583
消失					

月	日	时	中心位置		位势高度/位势什米
			北纬/(°)	东经/(°)	
⑲ 6月5~10日 (C0819)曲麻莱，Qumalai					
6	5	20	34.6	96	575
	6	8	33	101	577
		20	32.2	103.2	578
	7	8	34.6	105.4	579
		20	34.4	106.6	579
	8	8	34.3	108	579
		20	32.3	107.7	579
6	9	8	34.2	109.7	578
		20	33.4	111.4	579
	10	8	33.3	114	578
		20	33.5	114	578
消失					
⑳ 6月7日 (C0820)贵德，Guide					
6	7	20	101	35.7	579
消失					

高原低涡中心位置资料表（续-2）

月	日	时	中心位置		位势高度/位势什米
			北纬/(°)	东经/(°)	
㉑ 6月10日 (C0821)扎多，Zhaduo					
6	10	8	32.9	94.3	583
消失					
㉒ 6月22日 (C0822)马尔康，Maerkang					
6	22	8	31.5	102.2	580
消失					
㉓ 6月23~24日 (C0823)玛多，Maduo					
6	23	20	34.9	97.8	579
	24	8	34.2	103.4	577
消失					
㉔ 6月25~27日 (C0824)扎多，Zhaduo					
6	25	20	33.4	94.6	581
	26	8	33.6	102.5	581
		20	31.9	106.5	580
	27	8	32.1	110.8	579
		20	31.7	113	579
消失					
㉕ 6月29~30日 (C0825)清水河，Qingshuihe					
6	29	20	34.7	96.7	577
	30	8	34	102.9	577
消失					
㉖ 7月2～3日 (C0826)曲麻莱，Qumalai					
7	2	8	35	96	581
		20	39	101	582
	3	8	33	103.5	582
		20	30.9	102	582
消失					
㉗ 7月8日 (C0827)郎木寺，Langmusi					
7	8	8	34	103	582
		20	32.3	98	581
消失					
㉘ 7月9~10日 (C0828)邓柯，Dengke					
7	9	20	32.4	98.6	584
	10	8	31.9	106.5	583
消失					
㉙ 7月11~12日 (C0829)安多，Anduo					
7	11	8	33.2	91.8	582
		20	32.6	95	580
	12	8	33.5	98.3	580
消失					
㉚ 7月15日 (C0830)曲麻莱，Qumalai					
7	15	20	34.6	95	580
消失					
㉛ 7月20~23日 (C0831)曲麻莱，Qumalai					
7	20	8	34.7	95.4	580
		20	35.3	100.2	580
	21	8	34	103.7	579
		20	34.5	106.6	580
	22	8	30.9	108.3	579
		20	33.4	110.4	578
	23	8	35	112	579
消失					

高原低涡中心位置资料表（续-3）

月	日	时	中心位置 北纬/(°)	东经/(°)	位势高度/位势什米
㉜7月21日 (C0832)嘉黎，Jiali					
7	21	8	30.4	93	584
消失					
㉝7月23日 (C0833)曲麻莱，Qumalai					
7	23	8	34.6	95.3	581
消失					
㉞7月24日 (C0834)邓柯，Dengke					
7	24	20	32.4	98.8	582
消失					
㉟8月3～6日 (C0835)邓柯，Dengke					
8	3	8	32.5	98.5	585
		20	29.6	100.3	585
	4	8	29.7	101.7	585
		20	30.7	100	585
	5	8	32.1	97.8	584
		20	32.4	99	583
	6	8	32.3	98.3	582
		20	33.1	101.3	582
消失					
㊱8月11～14日 (C0836)托勒，Tuole					
8	11	8	38	97.3	578
		20	37.3	100.3	580
	12	8	39	100	579
		20	37	104.8	579
	13	8	37	106.5	578
		20	38.6	108.9	579
	14	8	38.6	109.4	576
消失					
㊲8月15日 (C0837)嘉黎，Jiali					
8	15	8	30	93	582
消失					
㊳8月26～27日 (C0838)白玉，Baiyu					
8	26	20	31.3	99.3	584
	27	8	31.6	102.6	584
消失					

高原低涡中心位置资料表（续-4）

月	日	时	中心位置		位势高度/位势什米
			北纬/(°)	东经/(°)	
㊴ 8月26日 (C0839)嘉黎，Jiali					
8	26	20	30.4	93	585
消失					
㊵ 8月30日 (C0840)丁青，Dingqing					
8	30	8	32	95.3	582
消失					
㊶ 9月4日 (C0841)嘉黎，Jiali					
9	4	8	30.4	92.8	584
		20	30.4	93.2	583
消失					
㊷ 9月10日 (C0842)扎多，Zhaduo					
9	10	20	33	94.9	584
消失					
㊸ 9月11日 (C0843)托托河，Tuotuohe					
9	11	20	33	93.5	584
消失					

月	日	时	中心位置		位势高度/位势什米
			北纬/(°)	东经/(°)	
㊹ 9月16日 (C0844)班玛，Banma					
9	16	8	33	100.8	581
消失					
㊺ 9月30日 (C0845)德格，Dege					
9	30	20	32.5	98.8	584
消失					
㊻ 11月4日 (C0846)治多，Zhiduo					
11	4	20	34.1	95	570
消失					
㊼ 12月31日 (C0847)扎多，Zhaduo					
12	31	20	32.8	94	562
消失					

第二部分

高原切变线

Tibetan Plateau Shear Line

2008年 高原切变线概况

2008年发生在青藏高原上的切变线共有38次，其中在青藏高原东部生成的切变线共有38次，没有在青藏高原西部生成切变线（表11~表13）。

2008年初生成高原切变线出现在1月下旬，最后一个高原切变线生成于11月下旬（表11）。从月季分布看，5月出现次数最多，达9次；2008年切变线主要集中在5月、7~9月，占了70%以上（表11）。移出高原的青藏高原切变线共6次，在3月、5月、7月和9月有切变线移出，其中5月最多，达3次；3月、7月和9月各一次（表14）。此外，1~11月，各月都有1~9次高原切变线生成，各月生成的高原切变线次数差异大，具体详见表11。

2008年青藏高原切变线源地全部在高原东部。移出高原的青藏高原切变线共6次，6次都生成于青藏高原东部（表14~表16），移出高原的地点在宁夏、四川、重庆（表17）。

2008年高原切变线北、南两侧最大风速的最多频率分别是北侧以6~10m/s，约占75.29%；南侧以12~14m/s，约占37.65%（表18）。夏半年，高原切变线北、南两侧最大风速的最多频率分别是北侧以6~10m/s，约占77.78%；南侧以12 ~14m/s，约占40.28%（表19）。冬半年，高原切变线北、南两侧最大风速的最多频率分别是北侧以6m/s、10m/s，分别占23.08% 、30.77%，约占53.85%；南侧以16m/s，占23.08%（表20）。

全年除影响青藏高原外，对我国其余地区有影响的高原切变线共35次。其中5次高原切变线造成过程降水量在100mm以上，造成降水量在150mm以上的高原切变线只有1次，是S0812，在贵州长顺造成过程降水量为170mm，降水日数为2天。

2008年对我国降水影响较强的高原切变线主要是S0812、S0837，其中S0812高原切变线是影响我国降水最强的高原切变线过程，它造成我国降水区域最大、降水强度最强，有多个暴雨中心，暴雨区集中在西南和华南地区。5月21日生成于高原东南部班玛到嘉黎的S0812高原切变线，是2008年造成我国暴雨强度最大的一次高原切变线活动。5月21日20时切变线北、南两侧最大风速分别是8 m/s、12 m/s，切变线在高原东南部先向东北移动，后转为南移，移出高原到四川西北部。在这次高原切变线移动过程中，切变线北侧风速逐渐增强然后减弱，南侧风速先增强后减弱再增强；5月22日20时切变线北、南两侧最大风速加强，分别为12 m/s、16 m/s，切变线移出高原；出高原后切变线北南两侧先增强后减弱，切变线持续到24日20时，之后减弱消失。受其影响，四川、重庆、湖北、湖南、贵州、云南、广东、江西降了大到暴雨，降水日数为2~4天；西藏、青海、甘肃、陕西、海南降了小到中雨，降水日数为2~4天。S0837高原切变线是对我国青藏高原强降水影响最大的高原切变线，造成青藏高原上有多个大暴雨中心，10月27日在高原东南部石渠到林芝生成S0837高原切变线，10月27日20时切变线北、南两侧最大风速分别是4 m/s、24 m/s，此切变线东移。在此高原切变线移动过程中，北侧风速增强，南侧风速略减弱。28日08时切变线北、南两侧最大风速分别是10 m/s，22 m/s，之后切变线减弱消失。受其影响，西藏、云南降了暴雨到大暴雨，降水日数为2天，青海、四川、重庆，贵州降了小到中雨，降水日数为1~2天。

2008年对我国黄河河套地区降水影响最大的高原切变线是7月29日生成于高原东部德令哈到索县的S0821高原切变线，7月29日20时切变线北、南两侧最大风速分别是10 m/s、6 m/s，该高原切变线生成后在高原东部东北移。在切变线东北移动的过程中，北侧风速先略有减弱，然后增强；南侧风速逐渐增强，然后减弱。30日20时高原切变线北、南两侧最大风速分别增强到10 m/s、20 m/s；以后此切变线减弱，31日08时切变线移至高原东北边缘，切变线北、南两侧最大风速减弱为10 m/s、12 m/s，并在该时刻之后减弱消失。受其影响，西藏、青海、甘肃、内蒙、宁夏普降大到暴雨，降水日数为2~3天，陕西、山西、四川降了小到中雨，降水日数为1~3天。

表11 高原切变线出现次数

月 年	1	2	3	4	5	6	7	8	9	10	11	12	合计
2008	1	1	2	2	9	1	6	6	6	3	1	0	38
几率/%	2.63	2.63	5.26	5.26	23.68	2.63	15.79	15.79	15.79	7.89	2.63	0.00	99.98

表12 高原东部切变线出现次数

月 年	1	2	3	4	5	6	7	8	9	10	11	12	合计
2008	1	1	2	2	9	1	6	6	6	3	1	0	38
几率/%	2.63	2.63	5.26	5.26	23.68	2.63	15.79	15.79	15.79	7.89	2.63	0.00	99.98

表13 高原西部切变线出现次数

月 年	1	2	3	4	5	6	7	8	9	10	11	12	合计
2008	0	0	0	0	0	0	0	0	0	0	0	0	0
几率/%	0.00	0.00	0.00	0.00	0.00	0.00	0.00	0.00	0.00	0.00	0.00	0.00	0.00

表14　高原切变线移出高原次数

月 年	1	2	3	4	5	6	7	8	9	10	11	12	合计
2008	0	0	1	0	3	0	1	0	1	0	0	0	6
移出几率/%	0.00	0.00	2.63	0.00	7.89	0.00	2.63	0.00	2.63	0.00	0.00	0.00	15.78
月移出率/%	0.00	0.00	16.66	0.00	50.00	0.00	16.66	0.00	16.66	0.00	0.00	0.00	99.98

表15　高原东部切变线移出高原次数

月 年	1	2	3	4	5	6	7	8	9	10	11	12	合计
2008	0	0	1	0	3	0	1	0	1	0	0	0	6
移出几率/%	0.00	0.00	2.63	0.00	7.89	0.00	2.63	0.00	2.63	0.00	0.00	0.00	15.78
月移出率/%	0.00	0.00	16.66	0.00	50.00	0.00	16.66	0.00	16.66	0.00	0.00	0.00	99.98

表16　高原西部切变线移出高原次数

月 年	1	2	3	4	5	6	7	8	9	10	11	12	合计
2008	0	0	0	0	0	0	0	0	0	0	0	0	0
移出几率/%	0.00	0.00	0.00	0.00	0.00	0.00	0.00	0.00	0.00	0.00	0.00	0.00	0.00
月移出率/%	0.00	0.00	0.00	0.00	0.00	0.00	0.00	0.00	0.00	0.00	0.00	0.00	0.00

表17　高原切变线移出高原的地区分布

年＼地区	湖南	甘肃	宁夏	四川	陕西	重庆	贵州	云南	合计
2008	0	0	1	4	0	1	0	0	6
出高原率/%	0.00	0.00	16.67	66.66	0.00	16.67	0.00	0.00	100

表18　高原切变线两侧最大风速频率分布

最大风速/(m/s)	2	4	6	8	10	12	14	16	18	20	22	24	26	28	合计
北侧/%	1.18	5.88	18.82	29.41	27.06	10.59	2.35	2.35	1.18	0	0	1.18	0	0	100
南侧/%	1.18	2.35	10.59	11.76	9.41	21.18	16.47	9.41	8.24	5.88	1.18	2.35	0	0	100

表19　夏半年高原切变线两侧最大风速频率分布

最大风速/ (m/s)	2	4	6	8	10	12	14	16	18	20	22	24	26	28	合计
北侧/%	1.39	5.55	18.06	33.33	26.39	11.11	2.78	1.39	0	0	0	0	0	0	100
南侧/%	1.39	2.78	12.50	12.50	8.33	23.61	16.67	6.94	6.94	4.17	1.39	2.78	0	0	100

表20　冬半年高原切变线两侧最大风速频率分布

最大风速/ (m/s)	2	4	6	8	10	12	14	16	18	20	22	24	26	28	合计
北侧/%	0	7.69	23.08	7.69	30.77	7.69	0	7.69	7.69	0	0	7.69	0	0	99.99
南侧/%	0	0	0	7.69	15.38	7.69	15.38	23.08	15.38	15.38	0	0	0	0	99.98

高原切变线纪要表

序号	编号	名称	起止日期(月.日)	最大风速/(m/s)		发现时起–终点经纬度	移出高原的地区	移出高原时间	移出高原的风速/(m/s)		路径趋向	影响切变线移出高原的天气系统
				北侧	南侧				北侧	南侧		
1	S0801	兴海–五道梁，Xinghai–Wudaoliang	1.24	4	20	100°E,35.8°N–92.2°E,35.2°N					原地生消	
2	S0802	临夏–曲麻莱，Linxia–Qumalai	2.19	10	10	102.8°E,35.9°N–94.2°E,34.8°N					原地生消	
3	S0803	曲麻莱–当雄，Qumalai–Dangxiong	3.24～3.25	24	20	96.2°E,34.2°N–90°E,30.7°N	重庆	25^{8}	24	20	东南移出高原	新疆高压脊
4	S0804	壤塘–班戈，Rangtang–Bange	3.29	18	16	101.4°E,32.4°N–90.7°E,32.2°N					东北移	
5	S0805	久治–当雄，Jiuzhi–Dangxiong	4.4	12	18	101.2°E,33.7°N–91.6°E,30.6°N					原地生消	
6	S0806	班玛–安多，Banma–Anduo	4.26～4.27	16	18	100.8°E,33°N–91.3°E,33°N					东南移转西北移后少动	
7	S0807	班玛–当雄，Banma–Dangxiong	5.1～5.3	12	24	100°E,33.2°N–90.6°E,30.5°N	四川	3^{20}	12	18	东移转东北移折向西南移后东移出高原	青藏高压
8	S0808	彭山–林芝，Pengshan–Linzhi	5.4	8	18	104°E,30.2°N–93°E,28°N					稍西移	
9	S0809	邓柯–当雄，Dengke–Dangxiong	5.8～5.10	12	18	97.5°E,32.5°N–91.2°E,30.7°N					东南移转西北移后少动	
10	S0810	松潘–安多，Songpan–Anduo	5.12	4	10	103.5°E,32.5°N–91.6°E,32.4°N					原地生消	

高原切变线纪要表（续-1）

序号	编号	名称	起止日期(月.日)	最大风速/(m/s)		发现时起-终点经纬度	移出高原的地区	移出高原时间	移出高原的风速/(m/s)		路径趋向	影响切变线移出高原的天气系统
				北侧	南侧				北侧	南侧		
11	S0811	邓柯-安多, Dengke-Anduo	5.15～5.18	12	14	98.1°E,32.5°N-91°E,32.9°N	四川	18^{08}	10	12	东移内折向西移转东北移再转东南移出高原	新疆高压脊
12	S0812	班玛-嘉黎, Banma-Jiali	5.21～5.24	14	16	100.8°E,33.2°N-92.7°E,30.3°N	四川	22^{20}	10	14	东北移转南移出高原	青藏高压
13	S0813	山丹-安多, Shandan-Anduo	5.26	6	10	101.5°E,38.4°N-91.6°E,32.8°N					原地生消	
14	S0814	色达-安多, Seda-Anduo	5.29～5.30	10	12	100.2°E,32.4°N-92.2°E,32.8°N					西南移	
15	S0815	邓柯-当雄, Dengke-Dangxiong	5.31～6.1	10	12	97.8°E,32.4°N-91.3°E,31.2°N					东南移	
16	S0816	贵德-当雄, Guide-Dangxiong	6.18	8	20	102.3°E,36.2°N-90.4°E,30.8°N					原地生消	
17	S0817	平武-安多, Pingwu-Anduo	7.1	12	16	104.6°E,32.2°N-92°E,33.2°N					原地生消	
18	S0818	民和-托托河, Minhe-Tuotuohe	7.14	8	14	103.2°E,36.3°N-93.4°E,34°N					西南移	
19	S0819	乐山-当雄, Leshan-Dangxiong	7.25	6	6	104.6°E,29.7°N-91.8°E,30.9°N					原地生消	
20	S0820	德令哈-安多, Delingha-Anduo	7.28	6	6	97°E,37°N-92°E,32.5°N					北移	

高原切变线纪要表（续-2）

序号	编号	名称	起止日期(月.日)	最大风速/(m/s)		发现时起-终点经纬度	移出高原的地区	移出高原时间	移出高原的风速/(m/s)		路径趋向	影响切变线移出高原的天气系统
				北侧	南侧				北侧	南侧		
21	S0821	德令哈-索县, Delingha-Suoxian	7.29～7.31	10	20	97°E,36.6°N-93.4°E,32.4°N	宁夏	31^{08}	10	12	东北移出高原	西风槽
22	S0822	诺木洪-安多, Nuomuhong-Anduo	7.31～8.2	10	18	96.7°E,37°N-91.7°E,32.5°N					西南移转东南移	
23	S0823	德令哈-当雄, Delingha-Dangxiong	8.10	12	2	97°E,36.6°N-91.1°E,30.5°N					原地生消	
24	S0824	德令哈-嘉黎, Delingha-Jiali	8.17	8	12	97.4°E,36.3°N-92.7°E,29.8°N					原地生消	
25	S0825	天水-当雄, Tianshui-Dangxiong	8.20～8.21	14	14	105.2°E,34.1°N-92°E,30.5°N					南移转东移	
26	S0826	吉迈-安多, Jimai-Anduo	8.22	2	4	100°E,33.1°N-91.8°E,33°N					原地生消	
27	S0827	玛曲-当雄, Maqu-Dangxiong	8.29	6	12	102.2°E,33.7°N-90.2°E,30°N					原地生消	
28	S0828	小金-当雄, Xiaojin-Dangxiong	8.30	6	14	102°E,31°N-91.3°E,30.5°N					原地生消	
29	S0829	新龙-当雄, Xinlong-Dangxiong	9.2～9.3	8	8	100.6°E,30.9°N-91.2°E,31.3°N					东北移	
30	S0830	大柴旦-安多, Dachaidan-Anduo	9.5	10	14	96.8°E,37.8°N-91.6°E,32°N					原地生消	

高原切变线纪要表（续-3）

序号	编号	名称	起止日期(月.日)	最大风速/(m/s)		发现时起–终点经纬度	移出高原的地区	移出高原时间	移出高原的风速/(m/s)		路径趋向	影响切变线移出高原的天气系统
				北侧	南侧				北侧	南侧		
31	S0831	色达–保山, Seda–Baoshan	9.11	16	8	100.4°E,32.4°N–99.3°N,25.2°N	四川	11^{20}	10	8	东北移出高原	西藏东部高压
32	S0832	班玛–安多, Banma–Anduo	9.12～9.13	10	12	100.5°E,33°N–91.9°E,33.2°N					东南移转西南移	
33	S0833	色达–安多, Seda–Anduo	9.15～9.16	8	16	100°E,32.5°N–92.1°E,32.7°N					东北移	
34	S0834	岷县–昂欠, Minxian–Angqian	9.29	10	16	104.5°E,34.9°N–96.2°E,32.1°N					东南移	
35	S0835	果洛–安多, Guoluo–Anduo	10.7	8	20	99.9°E,35.1°N–91.9°E,33°N					原地生消	
36	S0836	色达–那曲, Seda–Naqu	10.23	6	14	100.6°E,32.9°N–91.5°E,32°N					原地生消	
37	S0837	石渠–林芝, Shiqu–Linzhi	10.27～10.28	10	24	98.3°E,33.3°N–93°E,29.2°N					东移	
38	S0838	班玛–当雄, Banma–Dangxiong	11.23	6	14	100.1°E,33°N–90°E,30.6°N					原地生消	

高原切变线对我国影响简表

序号	编号	简述活动的情况	高原切变线对我国的影响			
			项目	时间(月.日)	概况	极值
1	S0801	高原东北部生消	降水	1.24	西藏东部，青海东、南部，甘肃、宁夏南半部，陕西西南部和四川西北部地区降雨量为0.1~19mm，降雨日数为1天	青海杂多 19mm（1天）
2	S0802	高原东部生消	降水	2.19	西藏东半部、青海南部、甘肃西南部和四川西北部地区降雨量为0.1~4.2mm，降雨日数为1天	西藏索县 4.2mm（1天）
3	S0803	高原中部东南移出高原	降水	3.24~3.25	西藏东半部，青海南部，四川、重庆、湖南大部，湖北西南部，贵州，云南，广东，广西，海南和江西、福建南部地区降雨量为0.1~25mm，降雨日数为1~2天	四川珙县 24.7mm（2天）
4	S0804	高原东南部东北移	降水	3.29	西藏东北部，青海东部，甘肃、陕西西南部，四川北部地区降雨量为0.1~30mm，降雨日数为1天	四川都江堰 28.6mm（1天）
5	S0805	高原东南部生消	降水	4.4	西藏东部，青海东南部，甘肃、陕西西南部，四川中、西北部和云南西北部地区降雨量为0.1~7mm，降雨日数为1天	陕西凤翔 6.4mm（1天）
6	S0806	高原东南部东南移转西北移后少动	降水	4.26~4.27	西藏东部，青海东南部，四川大部，甘肃、重庆西南部，云南北部和贵州西北部地区降雨量为0.1~45mm，降雨日数为1~2天	四川甘洛 45mm（2天）
7	S0807	高原东南部东移转东北移折向西南移后东移出高原	降水	5.1~5.3	西藏南至东部，青海东南部，甘肃、宁夏南部，陕西西部，四川、贵州、重庆大部，湖北西南部，湖南西北部和云南北部地区降雨量为0.1~120mm，降雨日数为1~3天。其中，贵州、重庆、四川、湖北有成片降雨量＞25mm的区域，降雨日数为2天	四川阆中 115.1mm（2天）

高原切变线对我国影响简表（续-1）

序号	编号	简述活动的情况	高原切变线对我国的影响			
			项目	时间（月.日）	概况	极值
8	S0808	高原南部稍西移	降水	5.4	西藏东部，四川西至东南部，云南，重庆西南部，贵州西部和广西西北部地区降雨量为0.1~55mm，降雨日数为1天	贵州兴文 55mm（1天）
9	S0809	高原南部东南移转西北移后少动	降水	5.8~5.10	西藏东半部，青海南部，四川大部，云南西、北部和贵州西北部地区降雨量为0.1~50mm，降雨日数为1~3天	四川甘洛 47.7mm（3天）
10	S0810	高原东南部生消	降水	5.12	西藏东、中、南部，青海西南部，四川中、西南部和云南西北部地区降雨量为0.1~20mm，降雨日数为1天	四川盐源、理塘 19.2mm（1天）
11	S0811	高原南部东移内折向西移转东北移再转东南移出高原	降水	5.15~5.18	西藏中部至东半部，青海南部，甘肃西南部，四川、贵州大部，重庆南半部，湖南西部，湖北西南部和云南北部地区降雨量为0.1~85mm，降雨日数为1~4天。其中，四川、云南、贵州、湖南有成片降雨量＞25mm的区域，降雨日数为2~4天	云南洱源 83.3mm（4天）
12	S0812	高原东南部东北移转南移出高原	降水	5.21~5.24	西藏中部至东半部、青海南半部、甘肃西南部、陕西南部、湖北西部、湖南西北部至南半部、江西西南部、广东、广西、贵州、四川，重庆、云南、海南降雨量为0.1~170mm，降雨日数为2~4天。其中，四川、贵州、湖北、湖南、江西、广西、广东、海南有成片降雨量＞25mm的区域，降雨日数为2~4天	贵州长顺 170mm（2天）
13	S0813	高原东北部生消	降水	5.26	西藏南至东北部、青海大部、甘肃中部和四川西北部地区降雨量为0.1~25mm，降雨日数为1天	四川茂县 23mm（1天）
14	S0814	高原东部西南移	降水	5.29~5.30	西藏中、东北部、青海大部、甘肃西南部和四川西北部地区降雨量为0.1~30mm，降雨日数为1~2天	四川甘孜 29.7mm（2天）

高原切变线对我国影响简表（续-2）

序号	编号	简述活动的情况	高原切变线对我国的影响			
			项目	时间（月.日）	概况	极值
15	S0815	高原南部东南移	降水	5.31~6.1	西藏中部至东半部、青海南部、云南西北部和四川西部地区降雨量为0.1~29mm，降雨日数为1~2天	西藏嘉黎 29mm（2天）
16	S0816	高原东部生消	降水	6.18	西藏东半部，青海东、南部，甘肃、宁夏南部，陕西西南部，四川中、西北部地区降雨量为0.1~55mm，降雨日数为1天	西藏南木林 52.7mm（1天）
17	S0817	高原东南部生消	降水	7.1	西藏中部至东半部、青海南部、甘肃南部、陕西西南部、重庆西北部、四川西至东北部和云南西北部地区降雨量为0.1~90mm，降雨日数为1天	四川仪陇 87.5mm（1天）
18	S0818	高原东北部西南移	降水	7.14	西藏中部至东半部，青海东、南部，甘肃中、南部，四川大部，云南西北部和重庆西部局地降雨量为0.1~80mm，降雨日数为1天	四川都江堰 77mm（1天）
19	S0819	高原东南部生消	降水	7.25	西藏中部至东半部，青海南部，甘肃南部，陕西西南部，四川大部，云南，贵州、广西西部地区降雨量为0.1~65mm，降雨日数为1天	云南永善 62mm（1天）
20	S0820	高原东部北移	降水	7.28	西藏北部至南部、青海大部、甘肃中部和四川西北部地区降雨量为0.1~44.6mm，降雨日数为1天	青海天峻 44.6mm（1天）
21	S0821	高原东部东北移出高原	降水	7.29~7.31	西藏中部至东半部，青海、甘肃大部，内蒙古西南、南部，宁夏，陕西西、北部，山西、四川西北部地区降雨量为0.1~100mm，降雨日数为1~3天。其中，西藏、青海、甘肃、内蒙古、宁夏有成片降雨量>25mm的区域，降雨日数为2~3天	内蒙古呼和浩特 99mm（3天）

高原切变线对我国影响简表（续-3）

序号	编号	简述活动的情况	高原切变线对我国的影响			
			项目	时间（月.日）	概况	极值
22	S0822	高原东部西南移转东南移	降水	7.31~8.2	西藏中部至东半部，青海大部，甘肃中、南部，陕西西南部，重庆西部，四川，贵州西北部和云南北部地区降雨量为0.1~80mm，降雨日数为1~3天。其中，西藏、四川、重庆、青海、甘肃有成片降雨量＞25mm的区域，降雨日数为1~3天	重庆垫江 105mm（2天）
23	S0823	高原东部生消	降水	8.10	西藏东、南部，青海中、东、南部，甘肃西部和四川西北部地区降雨量为0.1~11mm，降雨日数为1天	青海野牛沟 11mm（1天）
24	S0824	高原东部生消	降水	8.17	西藏东半部、青海西南部、四川西部和云南西北部地区降雨量为0.1~25mm，降雨日数为1天	四川稻城 24.8mm（1天）
25	S0825	高原东南部南移转东移	降水	8.20~8.21	西藏中部至东半部，青海东、南部，甘肃、宁夏、陕西南半部，湖北西部，重庆西、北部，贵州西部，四川大部和云南西北部地区降雨量为0.1~130mm，降雨日数为1~2天。其中，西藏、青海、四川、陕西、宁夏有＞25mm的降雨区，降雨日数为1~2天	四川雅安 129.8mm（2天）
26	S0826	高原东部生消	降水	8.22	西藏中部至东半部、青海南部、四川西部和云南西北部地区降雨量为0.1~25mm，降雨日数为1天	西藏那曲 23mm（1天）
27	S0827	高原东南部生消	降水	8.29	西藏中部至东半部，青海南部，甘肃、陕西西南部，四川大部和云南西北部地区降雨量为0.1~35mm，降雨日数为1天	四川甘孜 30.5mm（1天）
28	S0828	高原东南部生消	降水	8.30	西藏中部至东半部、青海东南部、四川大部和云南西北部地区降雨量为0.1~40mm，降雨日数为1天	四川金阳 39mm（1天）
29	S0829	高原东南部东北移	降水	9.2~9.3	西藏中部至东半部、青海东南部、四川大部，云南西、北部和贵州西部地区降雨量为0.1~55mm，降雨日数为1~2天	云南沧源 51.3mm（2天）

高原切变线对我国影响简表（续-4）

序号	编号	简述活动的情况	高原切变线对我国的影响			
			项目	时间(月.日)	概　况	极值
30	S0830	高原东部生消	降水	9.5	西藏中部至东半部、青海南部和四川西部地区降雨量为0.1~30mm，降雨日数为1天	西藏当雄 27.6mm（1天）
31	S0831	高原东南部东北移出高原	降水	9.11	西藏东部，青海东南部，四川西、东、南部，重庆北、西部，湖北西部，云南西、西北部和贵州西北部地区降雨量为0.1~75mm，降雨日数为1天	湖北恩施 72.3mm（1天）
32	S0832	高原东南部东南移转西南移	降水	9.12~9.13	西藏中部至东半部，青海南半部，甘肃西南部，四川大部，重庆西南部，贵州西北部和云南西、北部地区降雨量为0.1~45mm，降雨日数为1~2天	贵州赫章 42mm（1天）
33	S0833	高原东南部东北移	降水	9.15~9.16	西藏中部至东半部，青海东北至南半部，甘肃、宁夏、陕西南半部，湖北西北部，重庆西、北部，四川大部和云南西北部地区降雨量为0.1~40mm，降雨日数为1~2天	云南六库 38.4mm（1天）
34	S0834	高原东部东南移	降水	9.29	西藏中部至东半部，青海东、南部，甘肃西南部，陕西南部，湖北西北部，四川，重庆大部和云南北部地区降雨量为0.1~18mm，降雨日数为1天	云南宁蒗 17.6mm（1天）
35	S0835	高原东部生消	降水	10.7	西藏北至南部，青海东、南部，甘肃西南部，四川西北部地区降雨量为0.1~21mm，降雨日数为1天	甘肃卓尼 21mm（1天）
36	S0836	高原东南部生消	降水	10.23	西藏东北部和四川西部地区降雨量为0.1~3.1mm，降雨日数为1天	西藏波密 3.1mm（1天）
37	S0837	高原东南部东移	降水	10.27~10.28	西藏中部至东半部，青海南部，四川，重庆、云南大部，贵州西南部至东北部地区降雨量为0.1~130mm，降雨日数为1~2天。其中，西藏、云南有成片降雨量＞25mm的区域，降雨日数为2天	西藏米林 128.8mm（2天）
38	S0838	高原东南部生消	降水	11.23	四川中、西南部地区降雨量为0.1~0.5mm，降雨日数为1天	四川青神 0.5mm（1天）

2008年高原切变线编号、名称、日期对照表

未移出高原的高原切变线		移出高原的高原切变线
① S0801兴海-五道梁	② S0802临夏-曲麻莱	③ S0803曲麻莱-当雄
Xinghai-Wudaoliang	Linxia-Qumalai	Qumalai-Dangxiong
1.24	2.19	3.24～25
④ S0804壤塘-班戈	⑤ S0805久治-当雄	⑦ S0807班玛-当雄
Rangtang-Bange	Jiuzhi-Dangxiong	Banma-Dangxiong
3.29	4.4	5.1～5.3
⑥ S0806班玛-安多	⑧ S0808彭山-林芝	⑪ S0811邓柯-安多
Banma-Anduo	Pengshan-Linzhi	Dengke-Anduo
4.26～4.27	5.4	5.15～5.18
⑨ S0809邓柯-当雄	⑩ S0810松潘-安多	⑫ S0812班玛-嘉黎
Dengke-Dangxiong	Songpan-Anduo	Banma-Jiali
5.8～5.10	5.12	5.21～5.24
⑬ S0813山丹-安多	⑭ S0814色达-安多	㉑ S0821德令哈-索县
Shandan-Anduo	Seda-Anduo	Delingha-Suoxian
5.26	5.29～5.30	7.29～7.31
⑮ S0815邓柯-当雄	⑯ S0816贵德-当雄	㉛ S0831色达-保山
Dengke-Dangxiong	Guide-Dangxiong	Seda-Baoshan
5.31～6.1	6.18	9.11
⑰ S0817平武-安多	⑱ S0818民和-托托河	
Pingwu-Anduo	Minhe-Tuotuohe	
7.1	7.14	
⑲ S0819乐山-当雄	⑳ S0820德令哈-安多	
Leshan-Dangxiong	Delingha-Anduo	
7.25	7.28	

2008年高原切变线编号、名称、日期对照表（续-1）

未移出高原的高原切变线	未移出高原的高原切变线	未移出高原的高原切变线
㉒ S0822诺木洪–安多	㉓ S0823德令哈–当雄	㉔ S0824德令哈–嘉黎
Nuomuhong–Anduo	Delingha–Dangxiong	Delingha–Jiali
7.31～8.2	8.10	8.17
㉕ S0825天水–当雄	㉖ S0826吉迈–安多	㉗ S0827玛曲–当雄
Tianshui–Dangxiong	Jimai–Anduo	Maqu–Dangxiong
8.20～8.21	8.22	8.29
㉘ S0828小金–当雄	㉙ S0829新龙–当雄	㉚ S0830大柴旦–安多
Xiaojin–Dangxiong	Xinlong–Dangxiong	Dachaidan–Anduo
8.30	9.2～9.3	9.5
㉜ S0832班玛–安多	㉝ S0833色达–安多	㉞ S0834岷县–昂欠
Banma–Anduo	Seda–Anduo	Minxian–Angqian
9.12～9.13	9.15～9.16	9.29
㉟ S0835果洛–安多	㊱ S0836色达–那曲	㉞ S0837石渠–林芝
Guoluo–Anduo	Seda–Naqu	Shiqu–Linzhi
10.7	10.23	10.27～10.28
㊳ S0838班玛–当雄		
Banma–Dangxiong		
11.23		

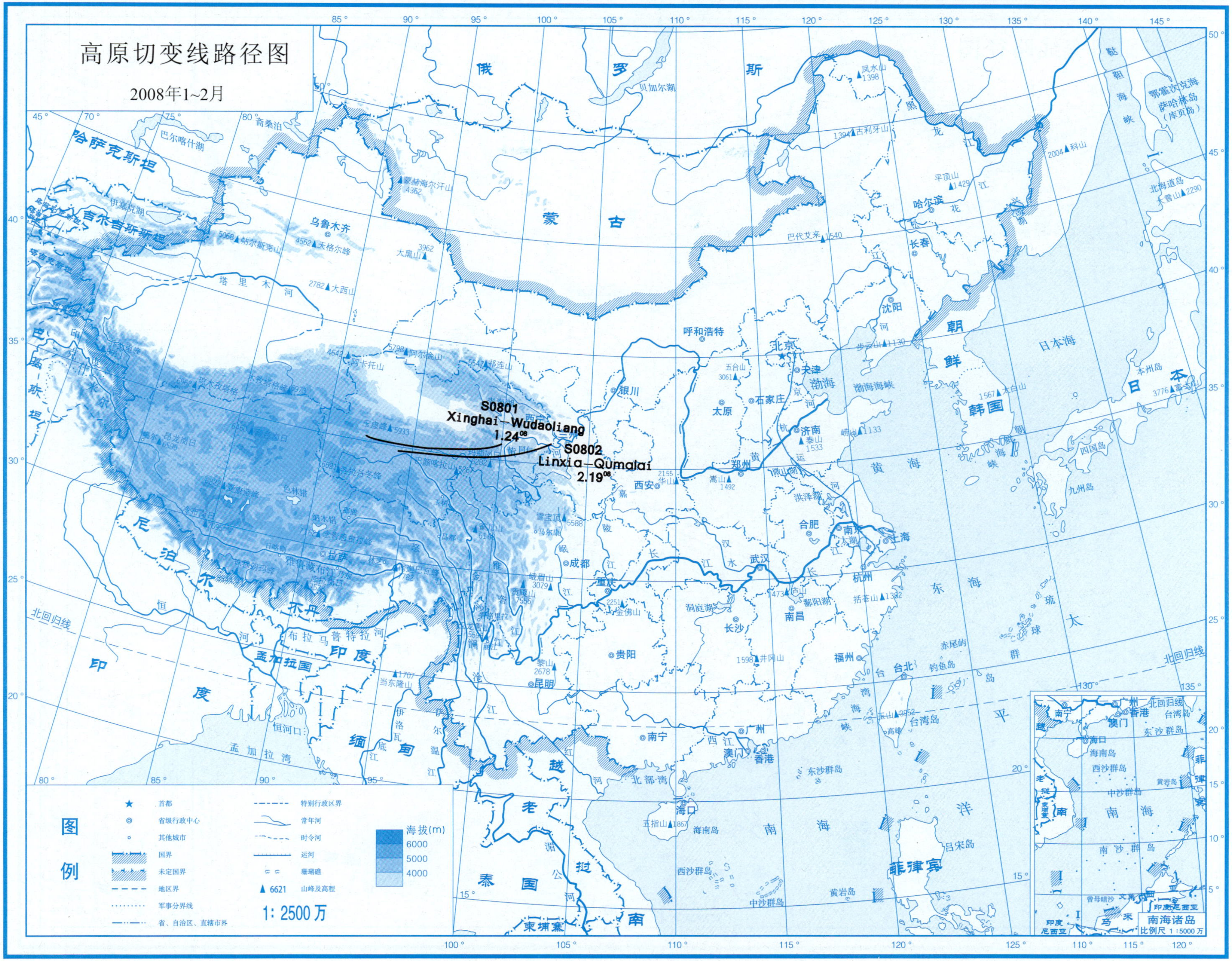
高原切变线路径图
2008年1~2月
S0801
Xinghai–Wudaoliang
1.24[08]
S0802
Linxia–Qumalai
2.19[08]
图例
首都
省级行政中心
其他城市
国界
未定国界
地区界
军事分界线
省、自治区、直辖市界
特别行政区界
常年河
时令河
运河
珊瑚礁
山峰及高程
海拔(m)
6000
5000
4000
1: 2500 万
南海诸岛
比例尺 1:5000 万

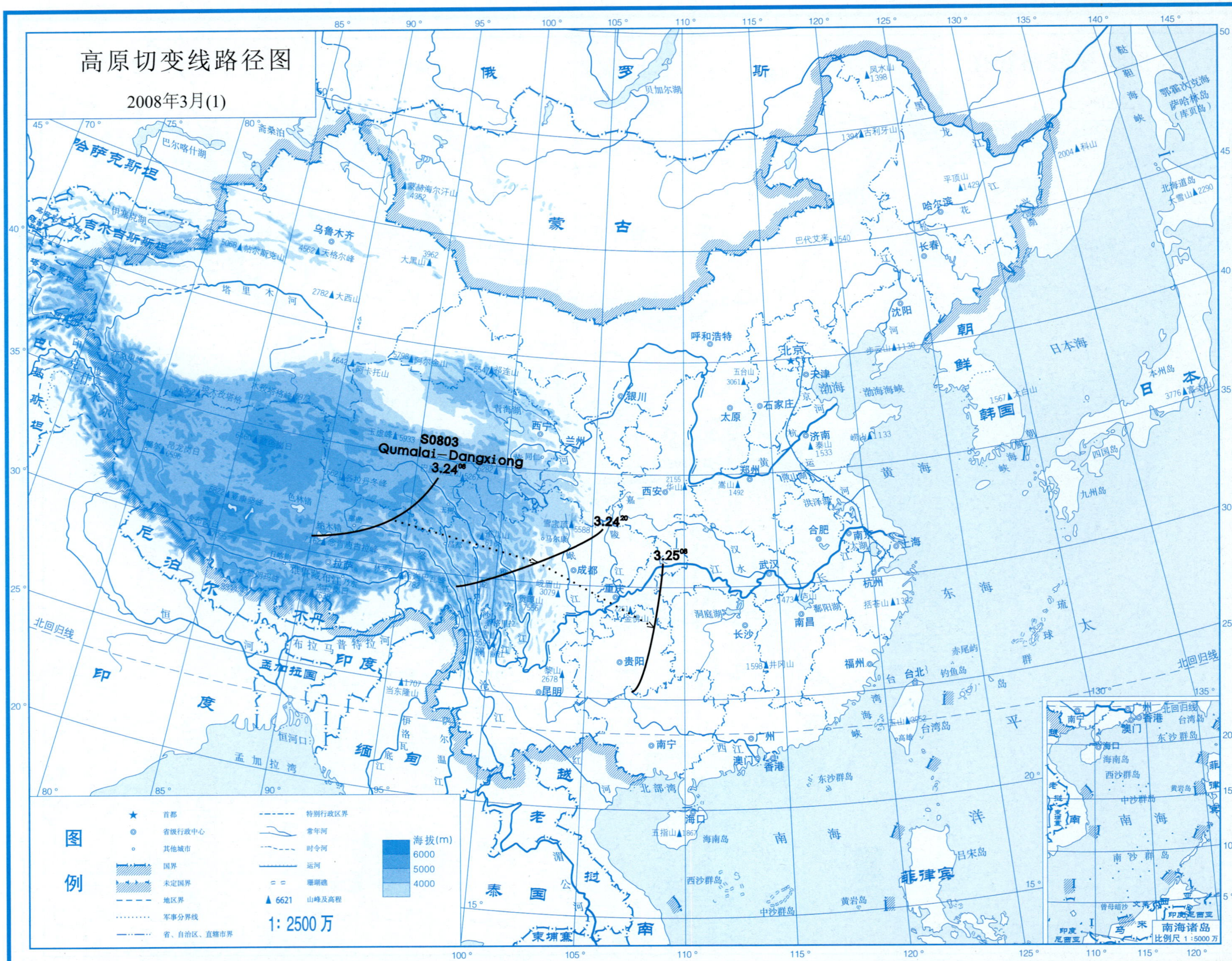
高原切变线路径图
2008年3月(1)
S0803
Qumalai—Dangxiong
3.24 08
3.24 20
3.25 08
图例
首都
省级行政中心
其他城市
国界
未定国界
地区界
军事分界线
省、自治区、直辖市界
特别行政区界
常年河
时令河
运河
珊瑚礁
6621 山峰及高程
海拔(m)
6000
5000
4000
1:2500万
南海诸岛
比例尺 1:5000万

高原切变线路径图

2008年3月(2)

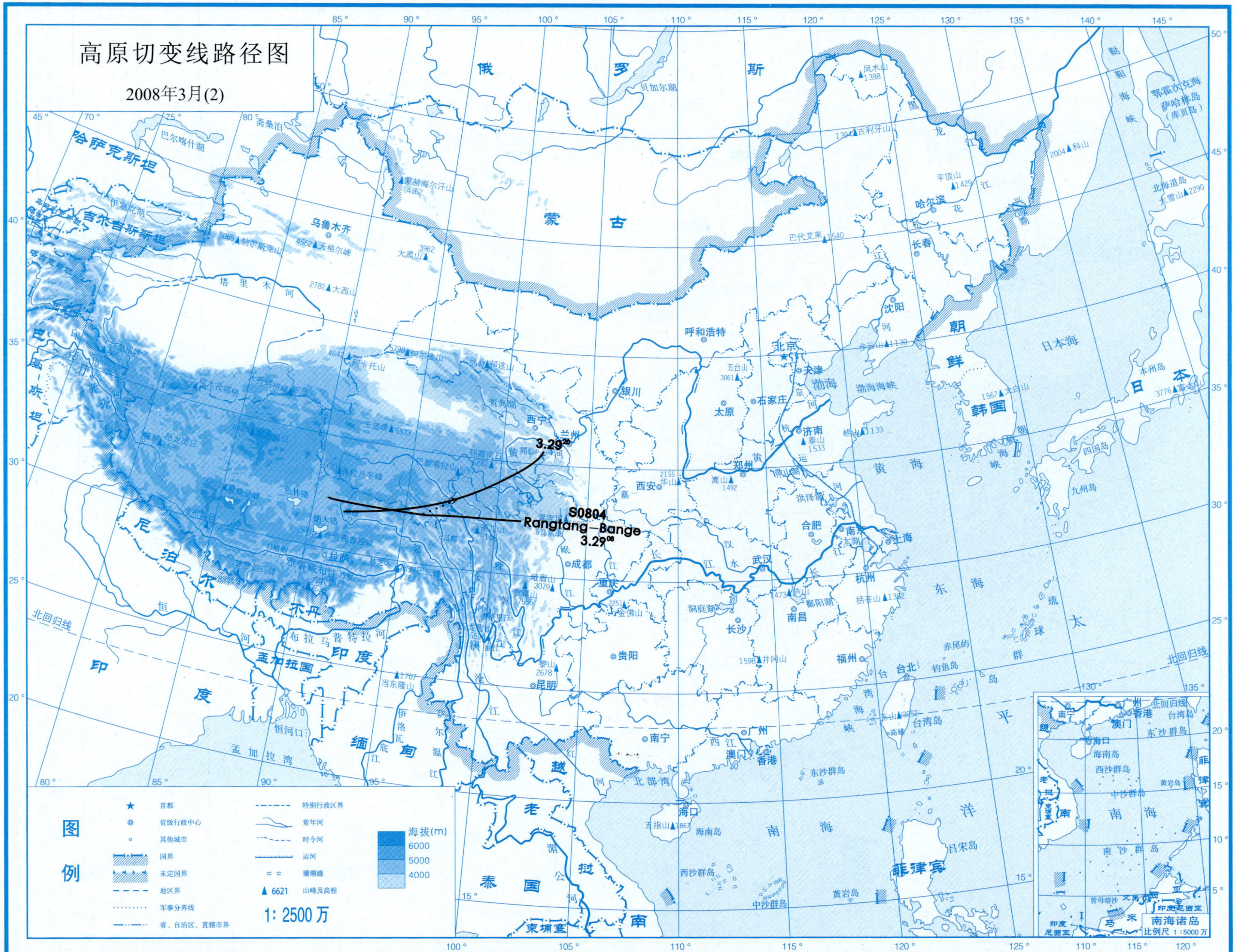

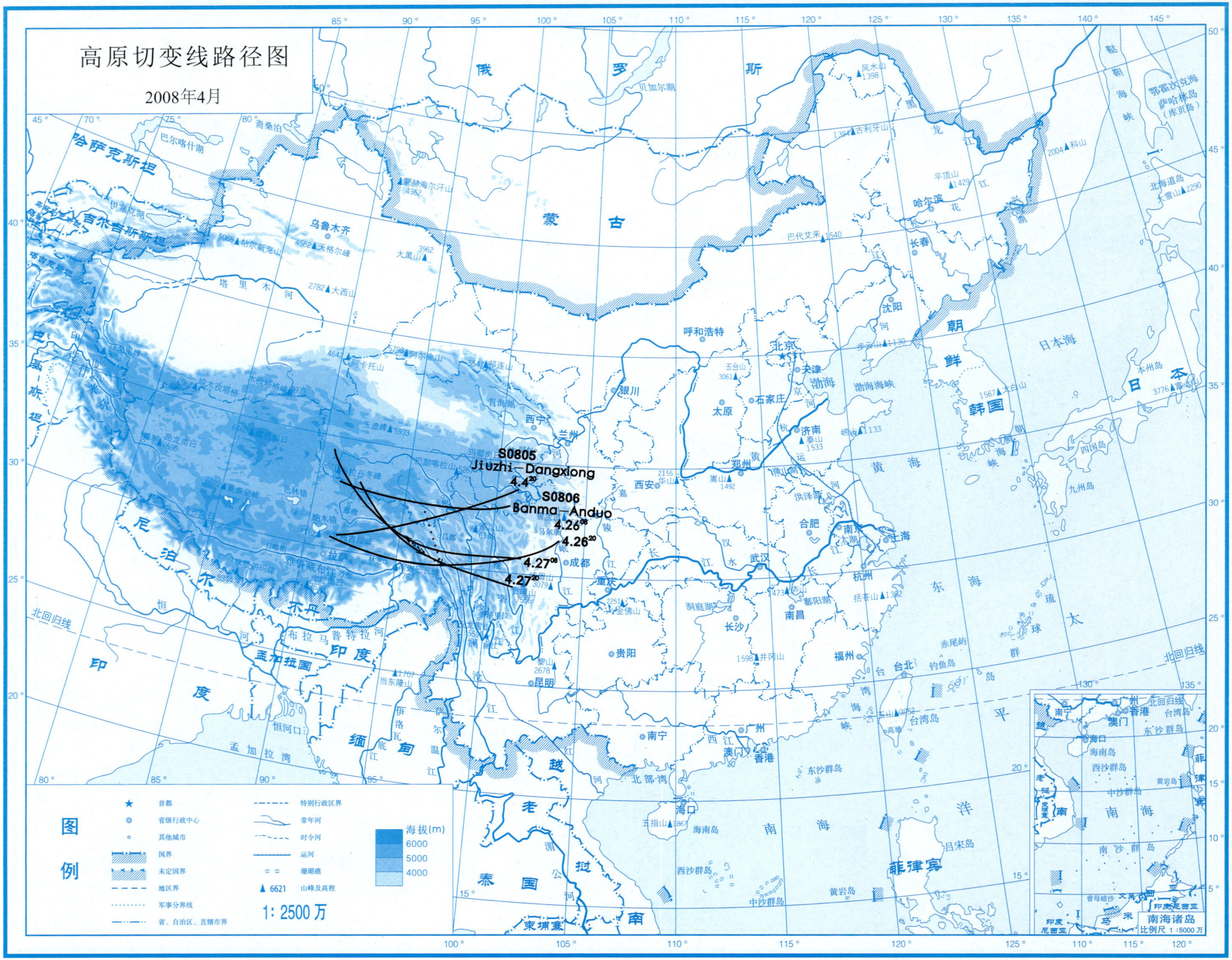
高原切变线路径图
2008年4月
S0805
Jiuzhi–Dangxiong
4.4[20]
S0806
Banma–Anduo
4.26[08]
4.26[20]
4.27[08]
4.27[20]
图例
首都
省级行政中心
其他城市
国界
未定国界
地区界
军事分界线
省、自治区、直辖市界
特别行政区界
常年河
时令河
运河
珊瑚礁
6621 山峰及高程
海拔(m)
6000
5000
4000
1:2500万
南海诸岛
比例尺 1:5000万

高原切变线路径图

2008年5月(1)

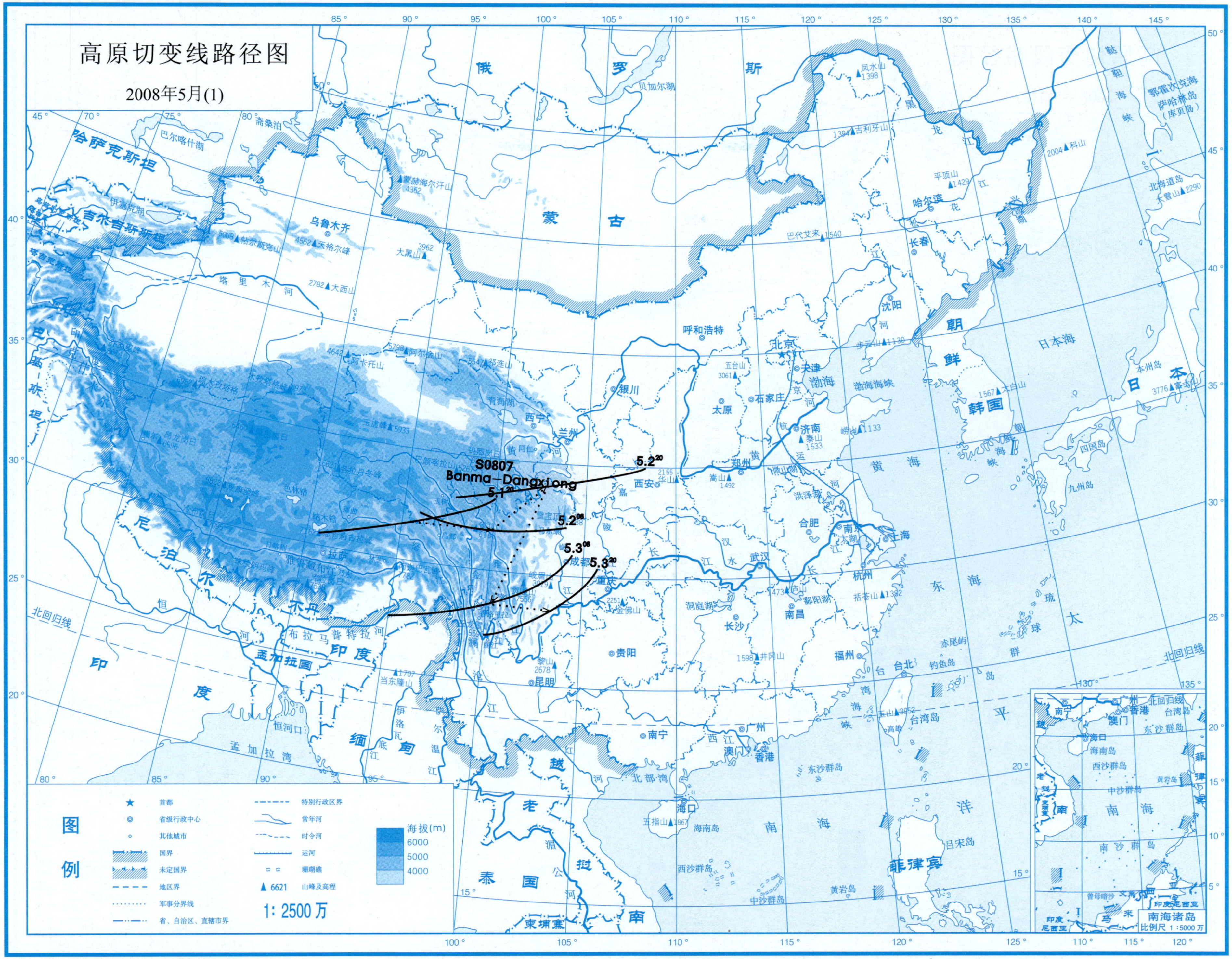

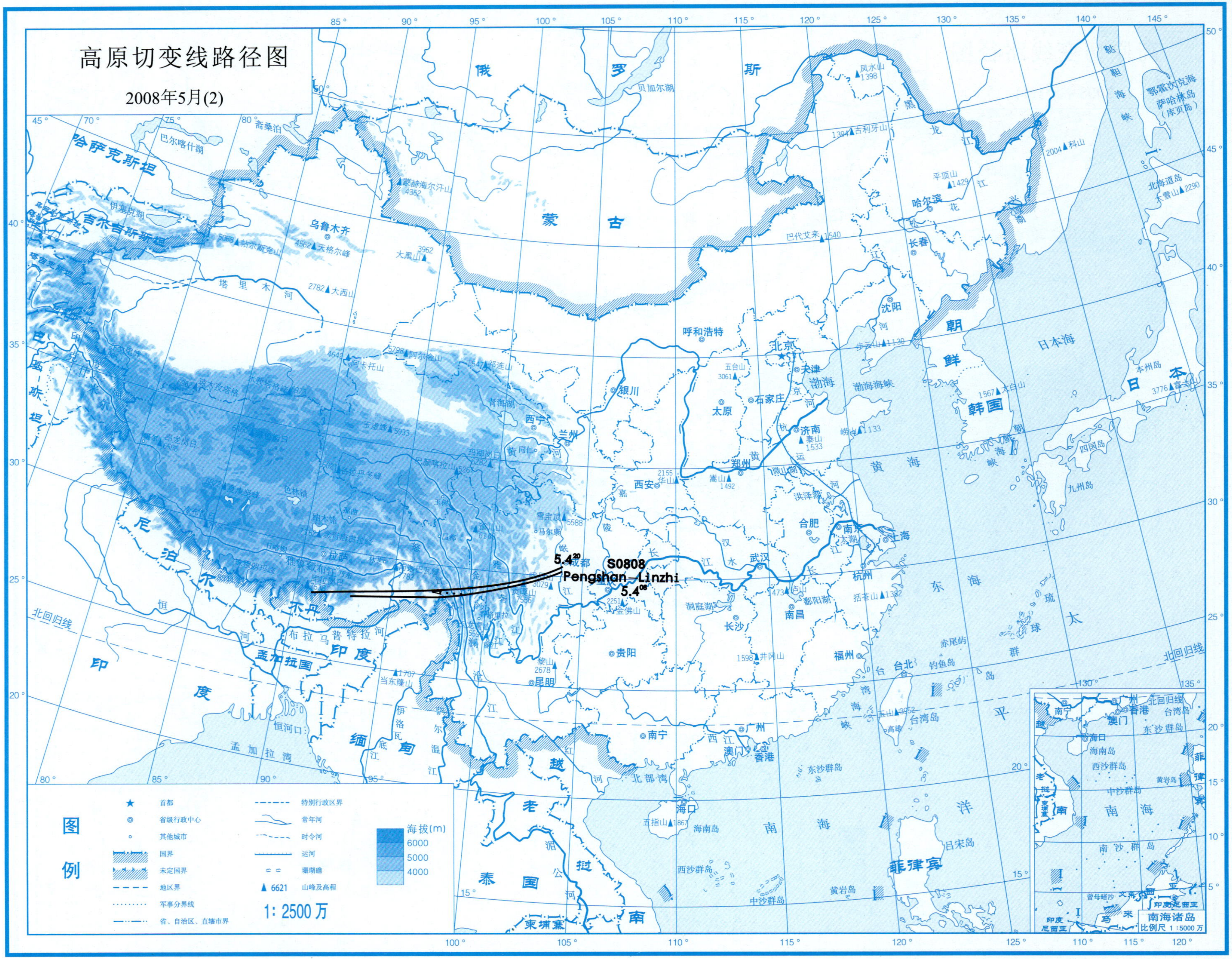

高原切变线路径图
2008年5月(2)
S0808
Pengshan–Linzhi
5.4²⁰
5.4⁰⁸
图例
首都
省级行政中心
其他城市
国界
未定国界
地区界
军事分界线
省、自治区、直辖市界
特别行政区界
常年河
时令河
运河
珊瑚礁
6621 山峰及高程
海拔(m)
6000
5000
4000
1: 2500 万
南海诸岛
比例尺 1:5000 万

高原切变线路径图

2008年5月(3)

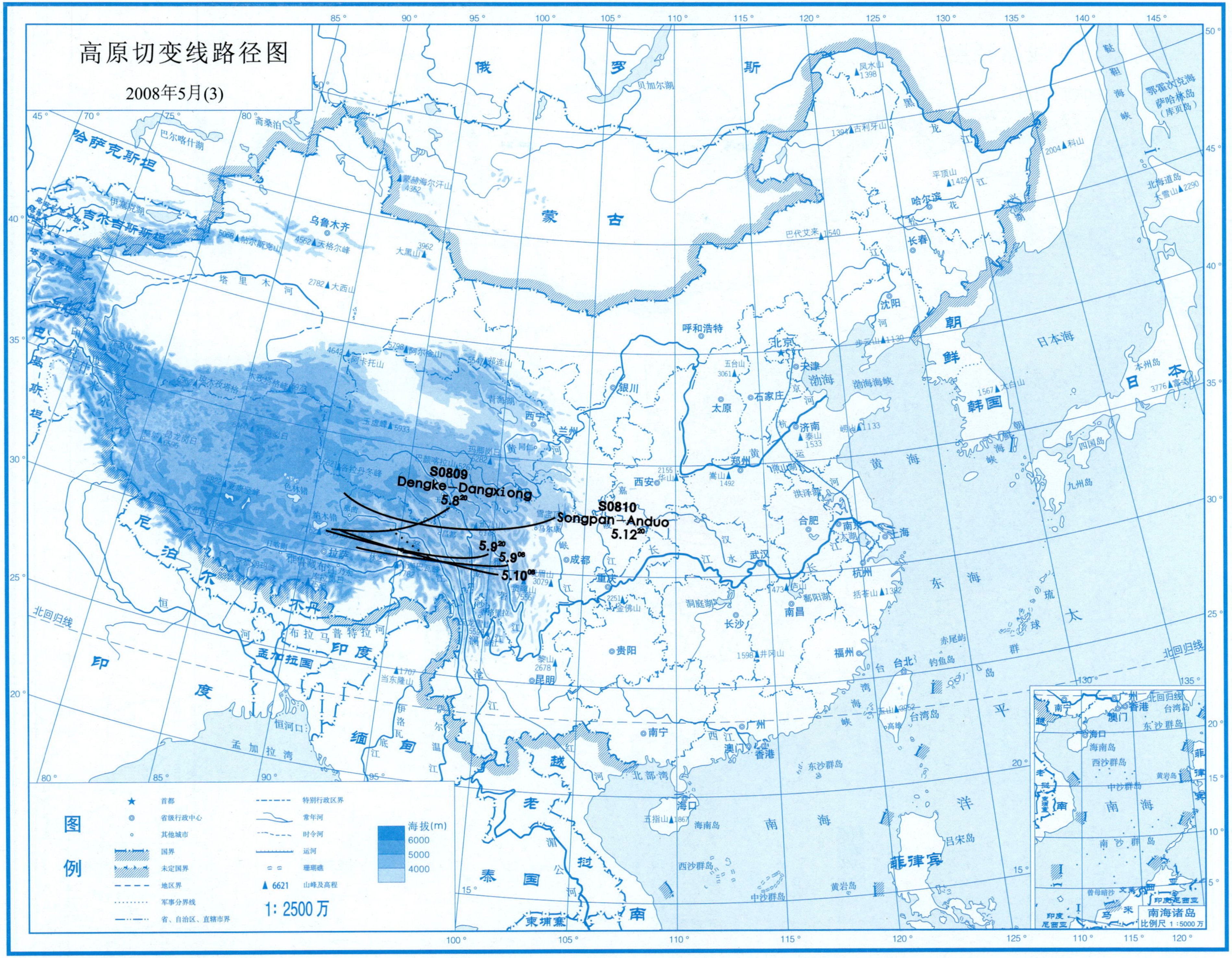

高原切变线路径图

2008年5月(4)

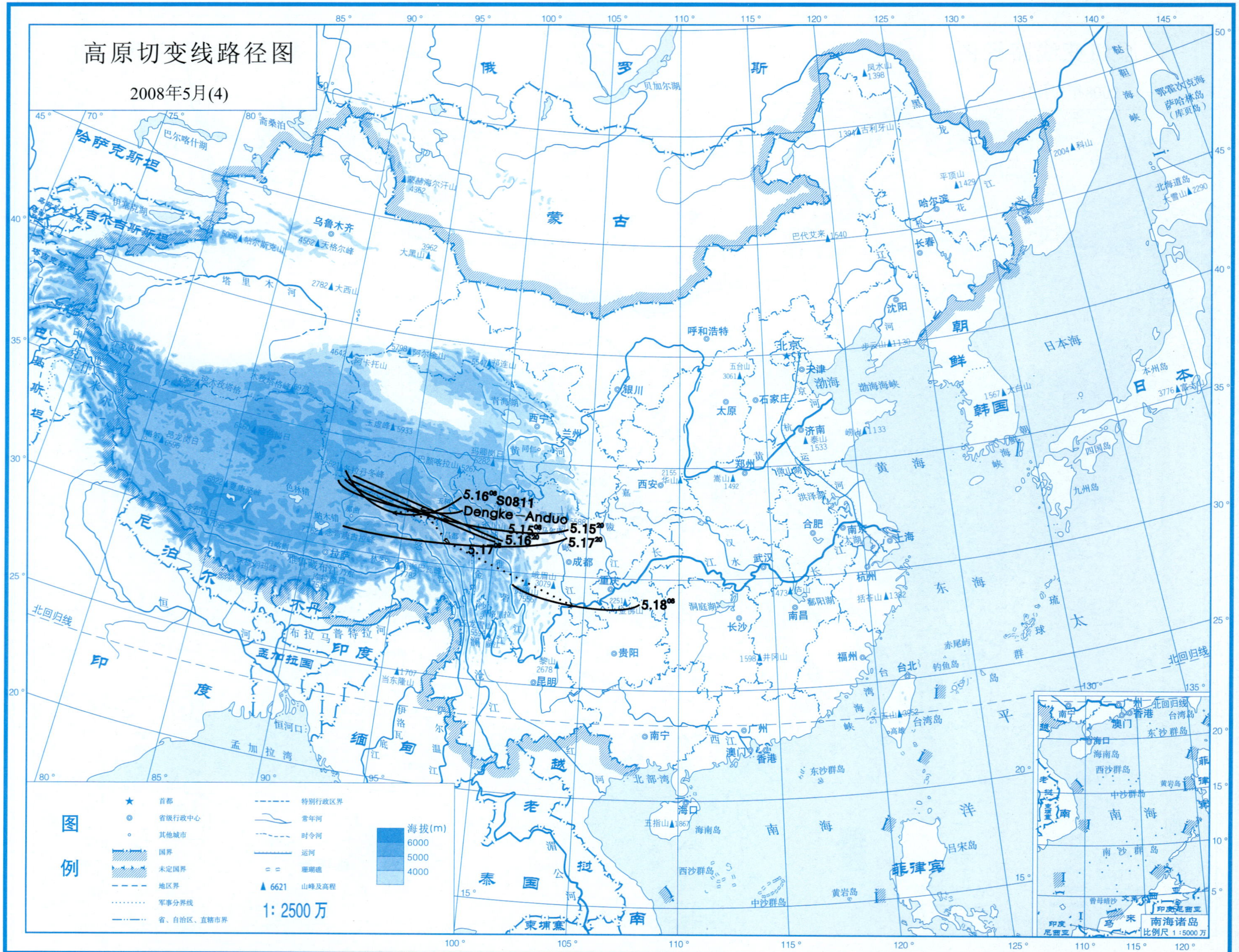

高原切变线路径图

2008年5月(5)

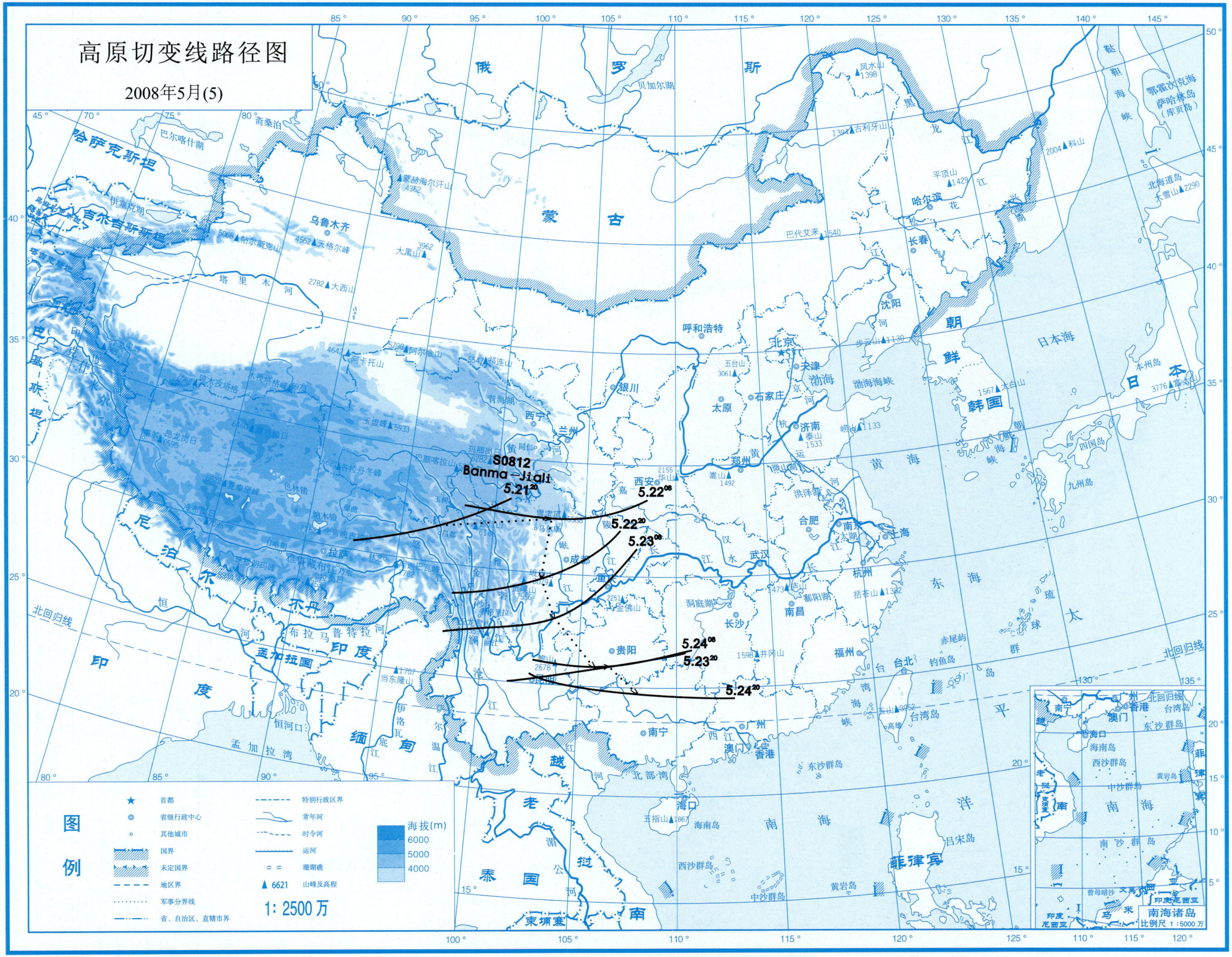

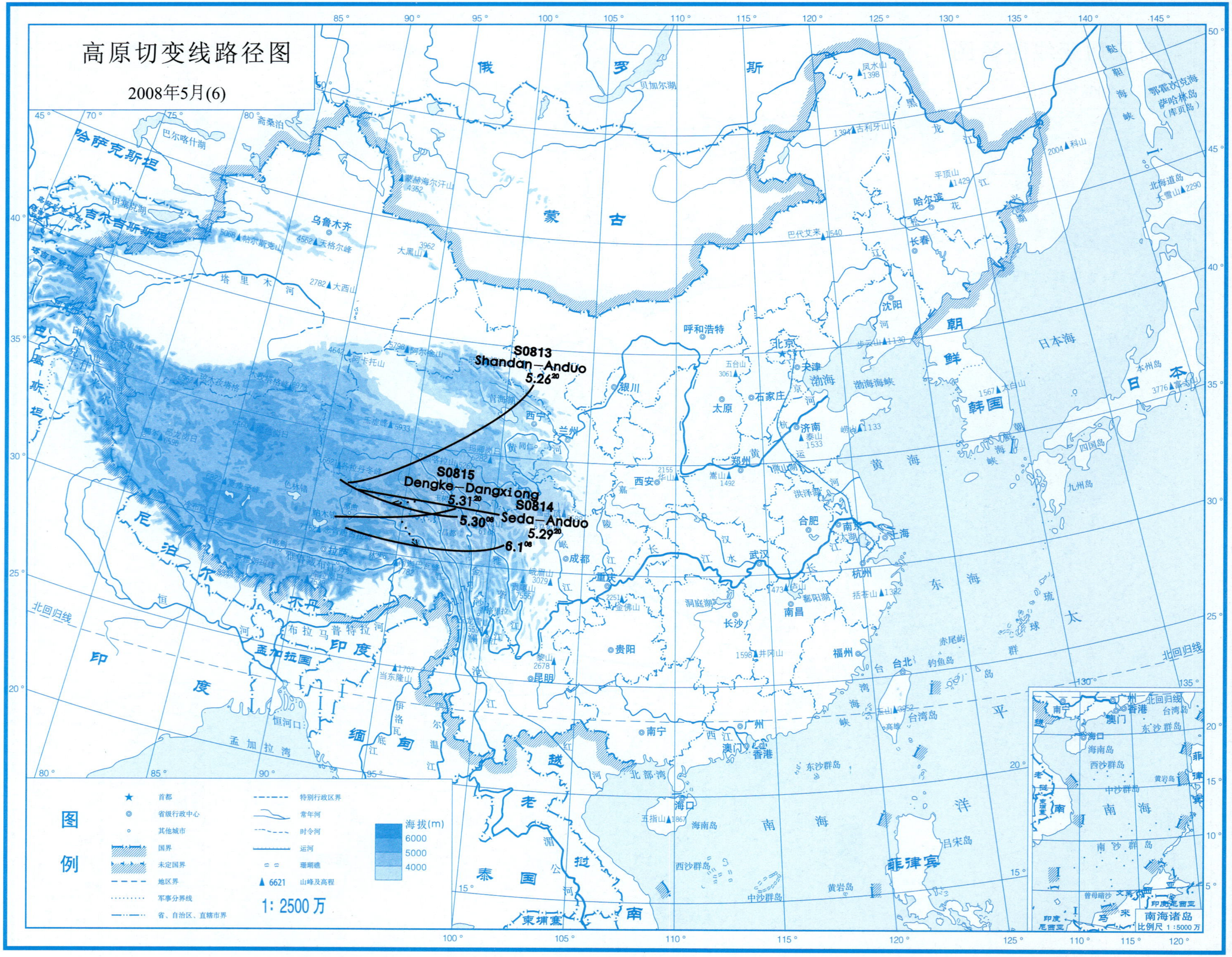

高原切变线路径图

2008年5月(6)

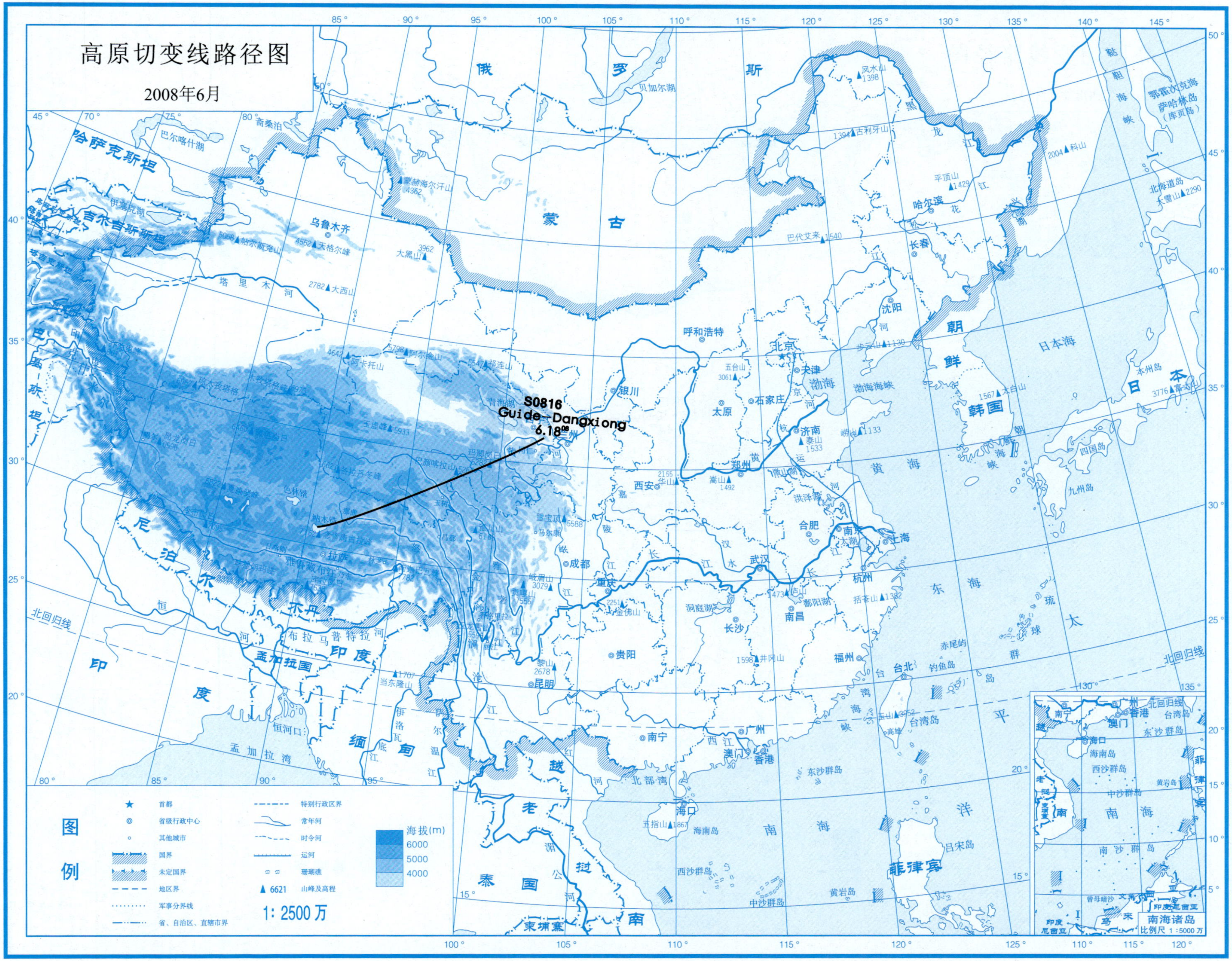
高原切变线路径图
2008年6月
S0816
Guide-Dangxiong
6.18 08
图例
首都
省级行政中心
其他城市
国界
未定国界
地区界
军事分界线
省、自治区、直辖市界
特别行政区界
常年河
时令河
运河
珊瑚礁
6621 山峰及高程
海拔(m)
6000
5000
4000
1: 2500万
南海诸岛
比例尺 1：5000万

高原切变线路径图

2008年7月(1)

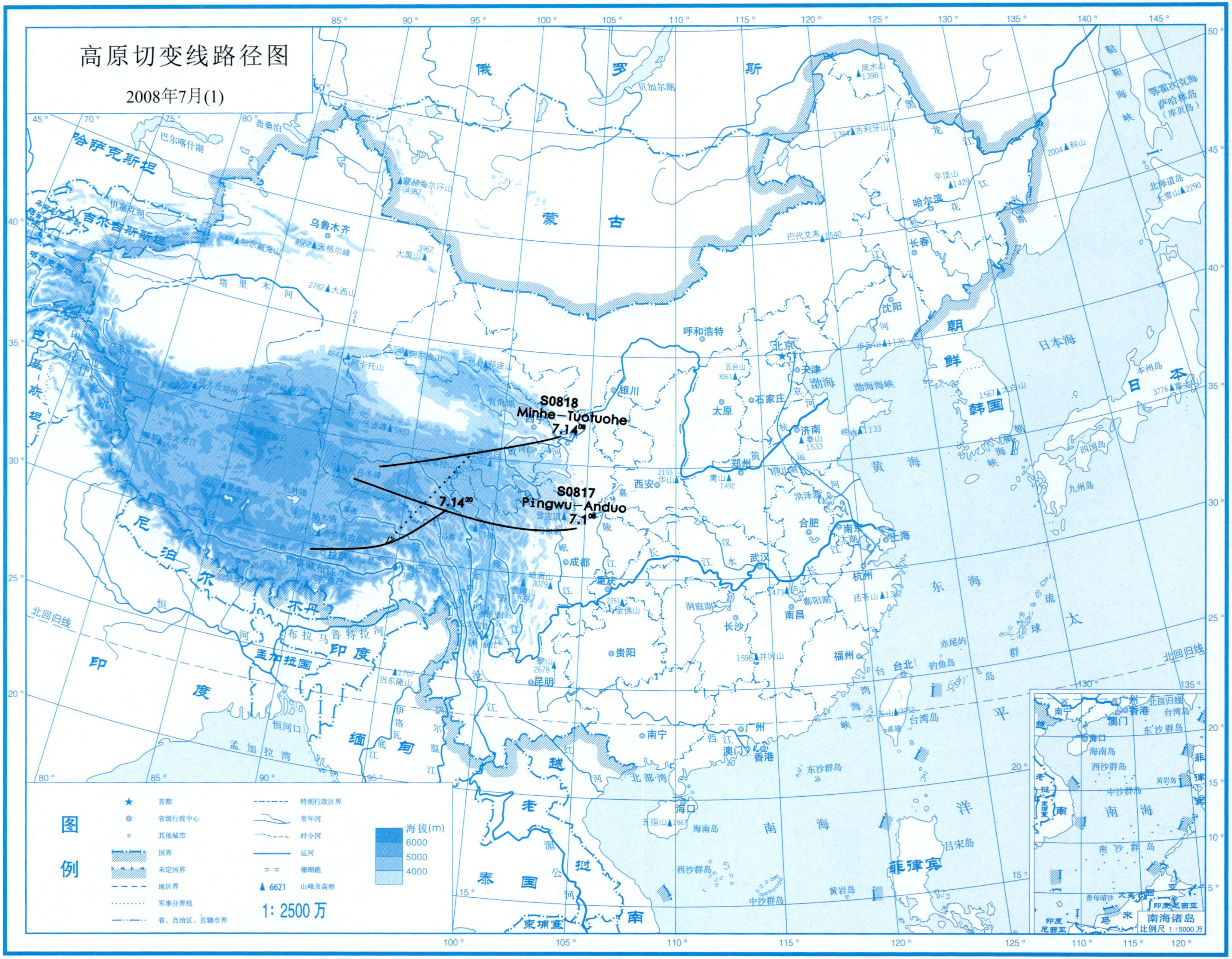

高原切变线路径图

2008年7月(2)

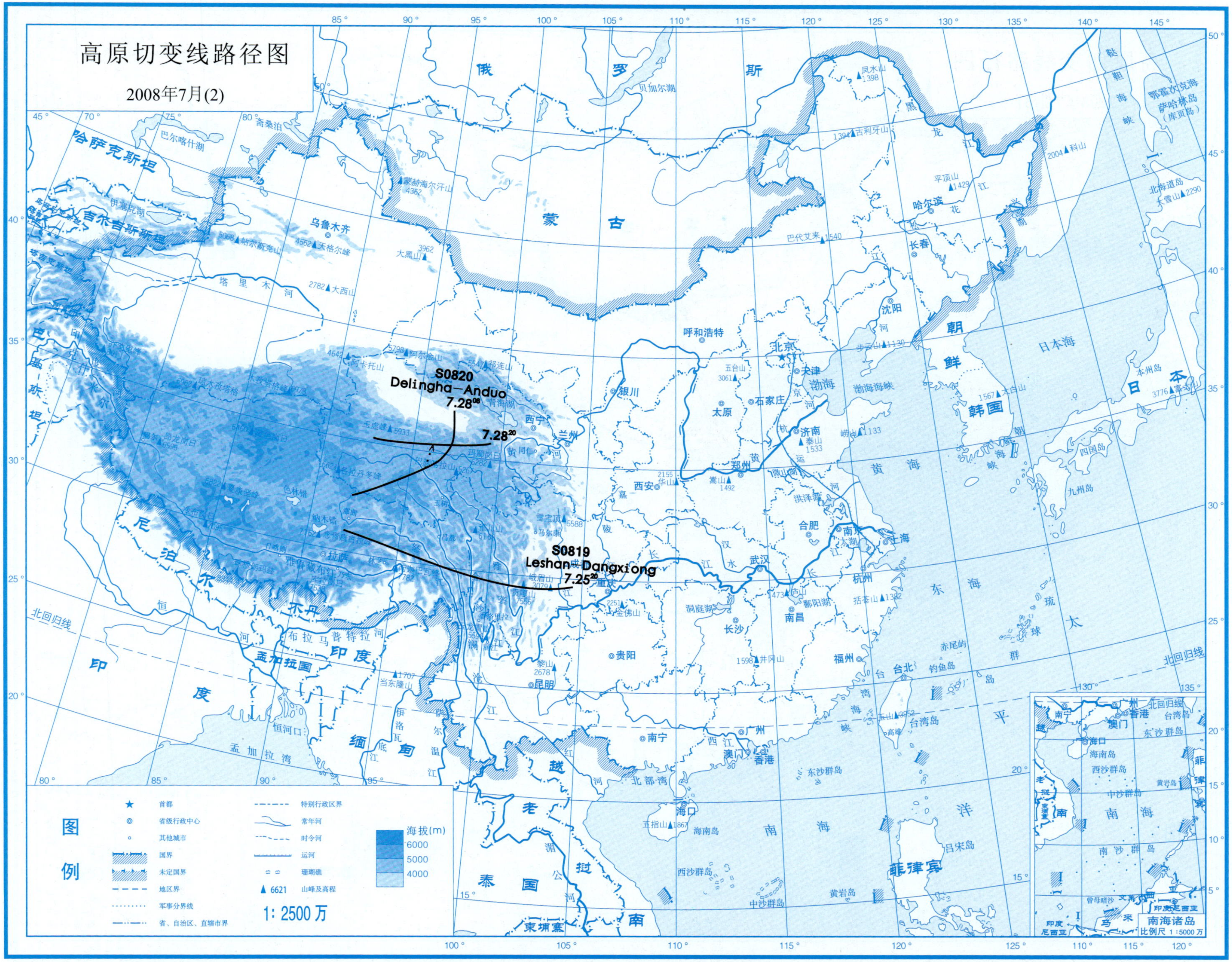

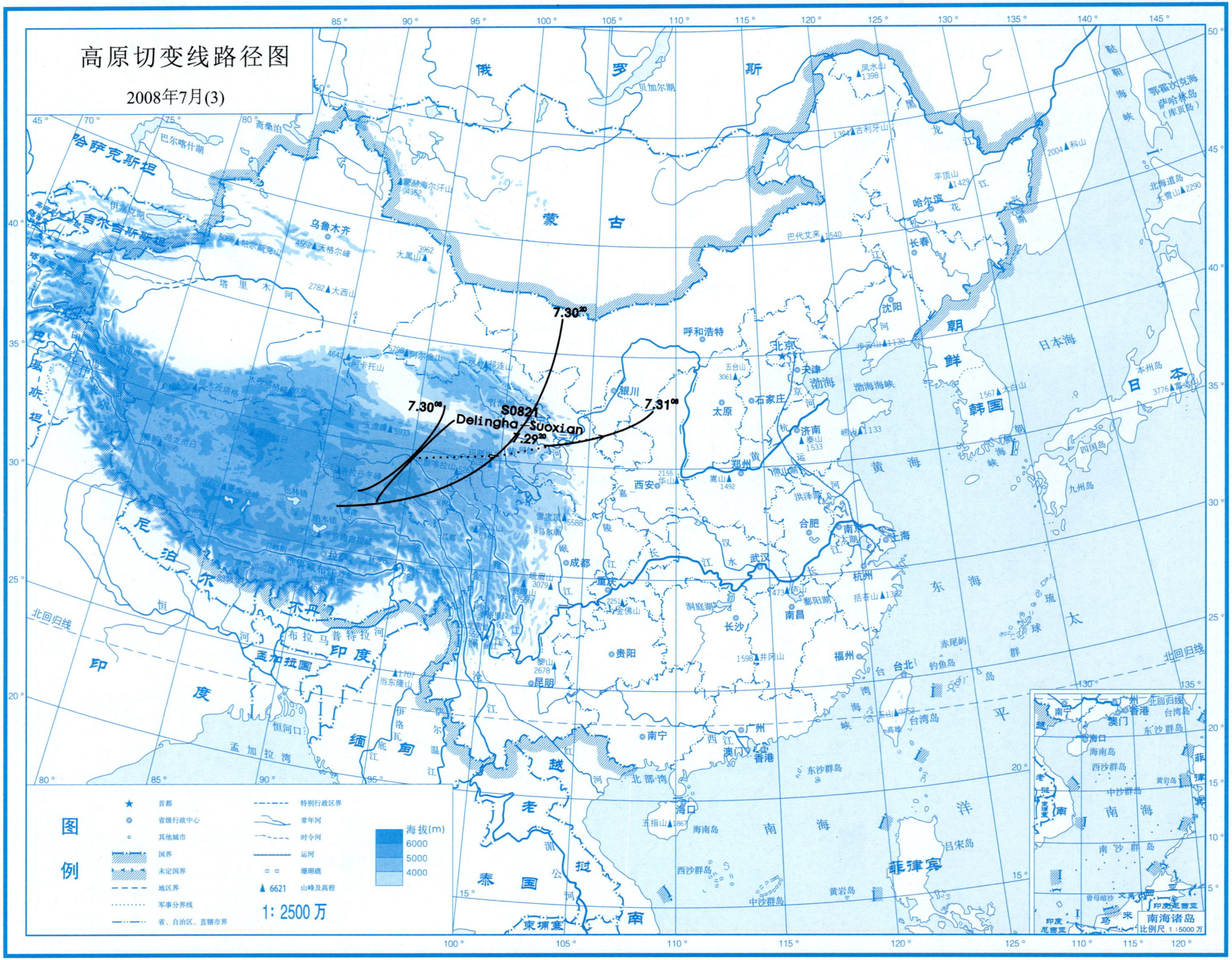
高原切变线路径图
2008年7月(3)
7.30^20
7.30^08
S0821
Delingha-Suoxian
7.29^20
7.31^08
图例
首都
省级行政中心
其他城市
国界
未定国界
地区界
军事分界线
省、自治区、直辖市界
特别行政区界
常年河
时令河
运河
珊瑚礁
6621 山峰及高程
海拔(m)
6000
5000
4000
1: 2500 万
南海诸岛
比例尺 1:5000 万

高原切变线路径图

2008年7月(4)

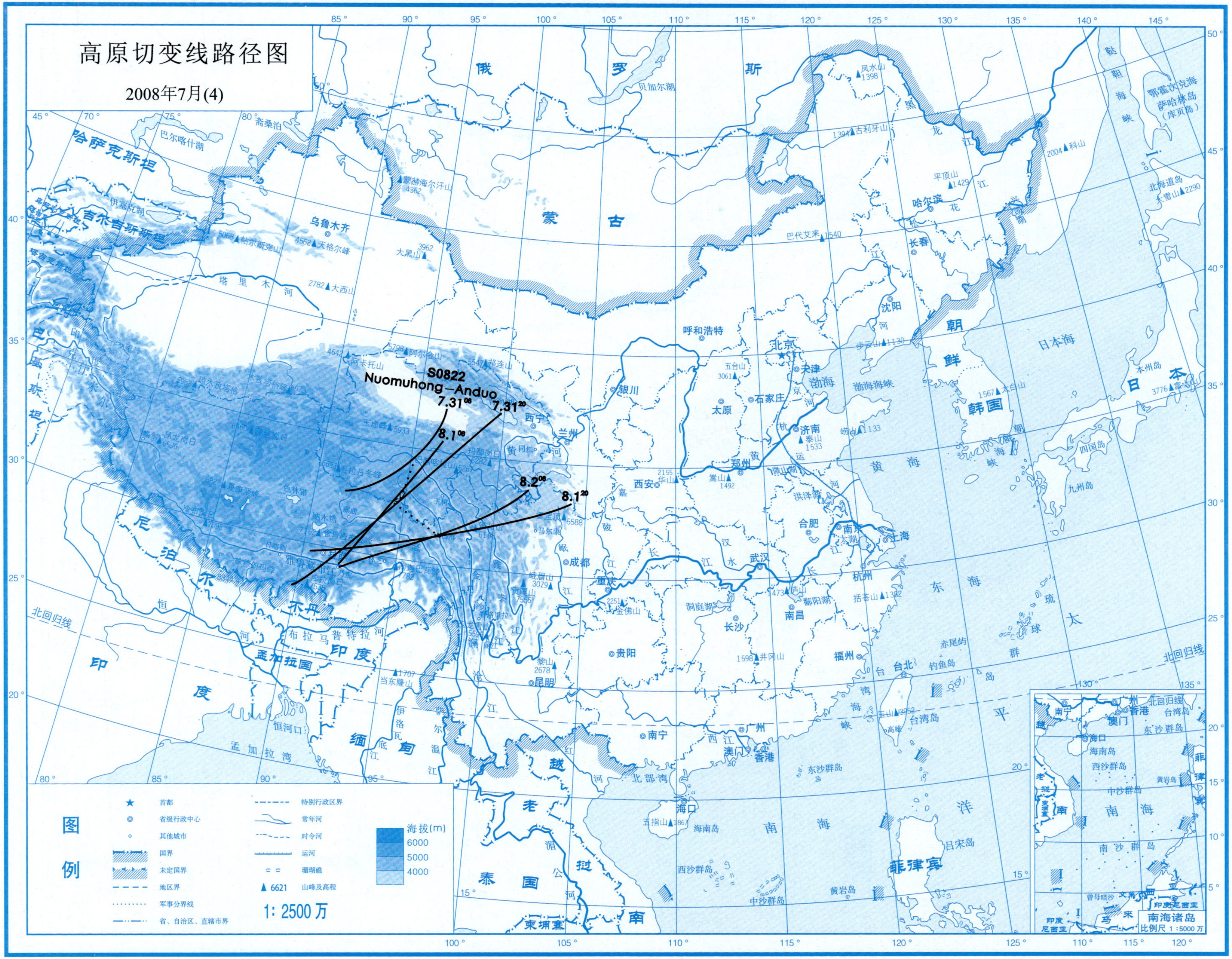

Page...178

高原切变线

第2部分

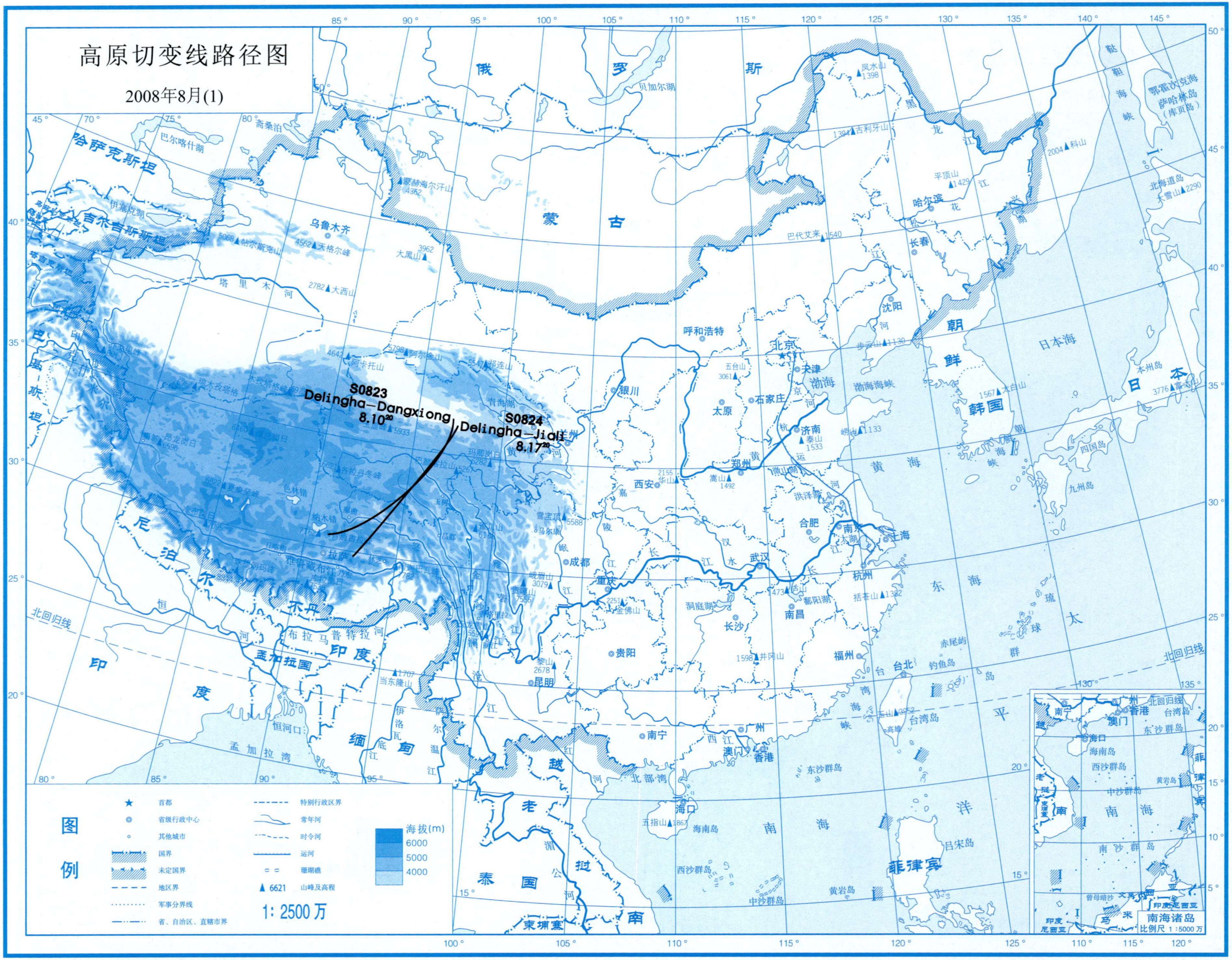

高原切变线路径图

2008年8月(1)

高原切变线路径图

2008年8月(2)

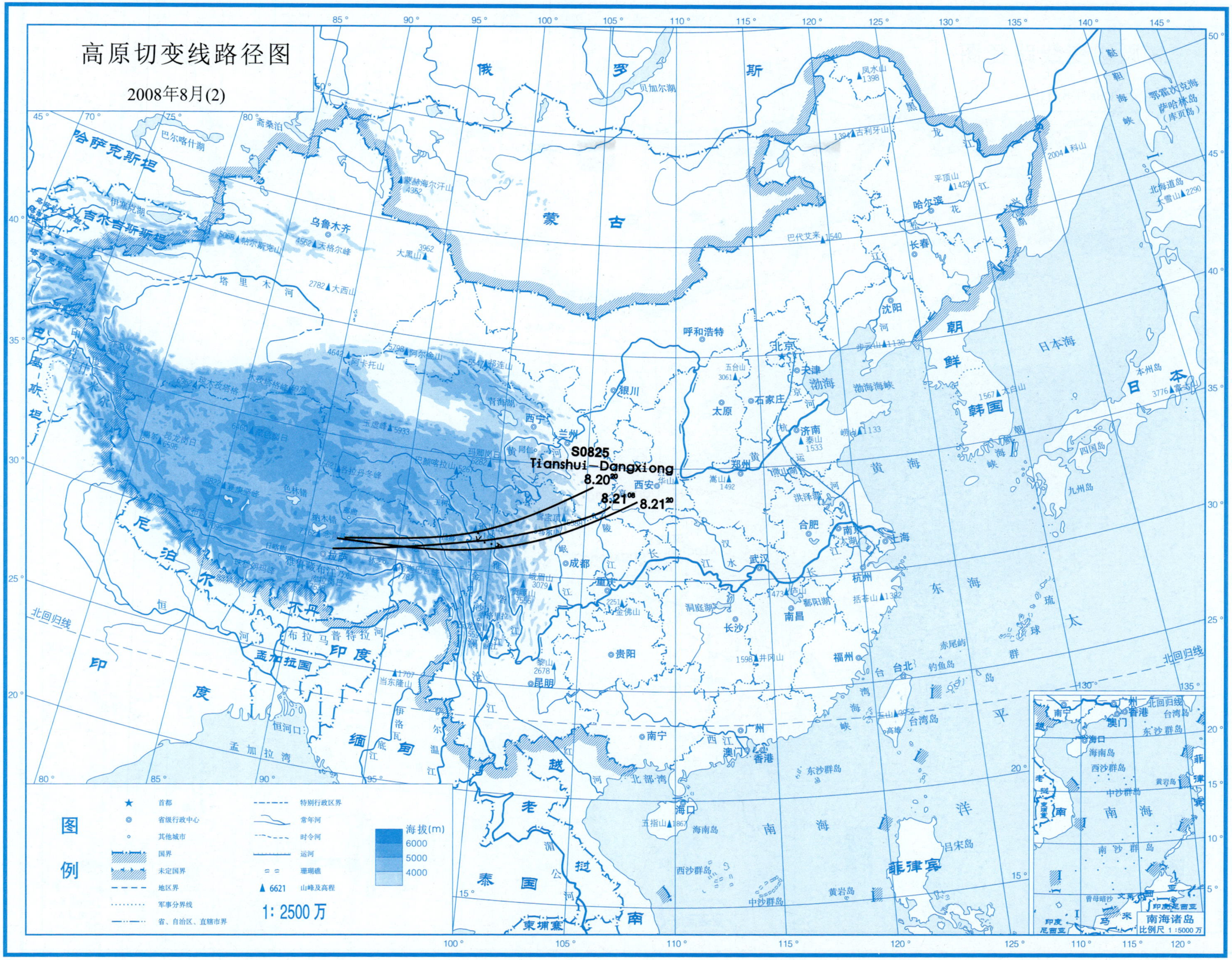

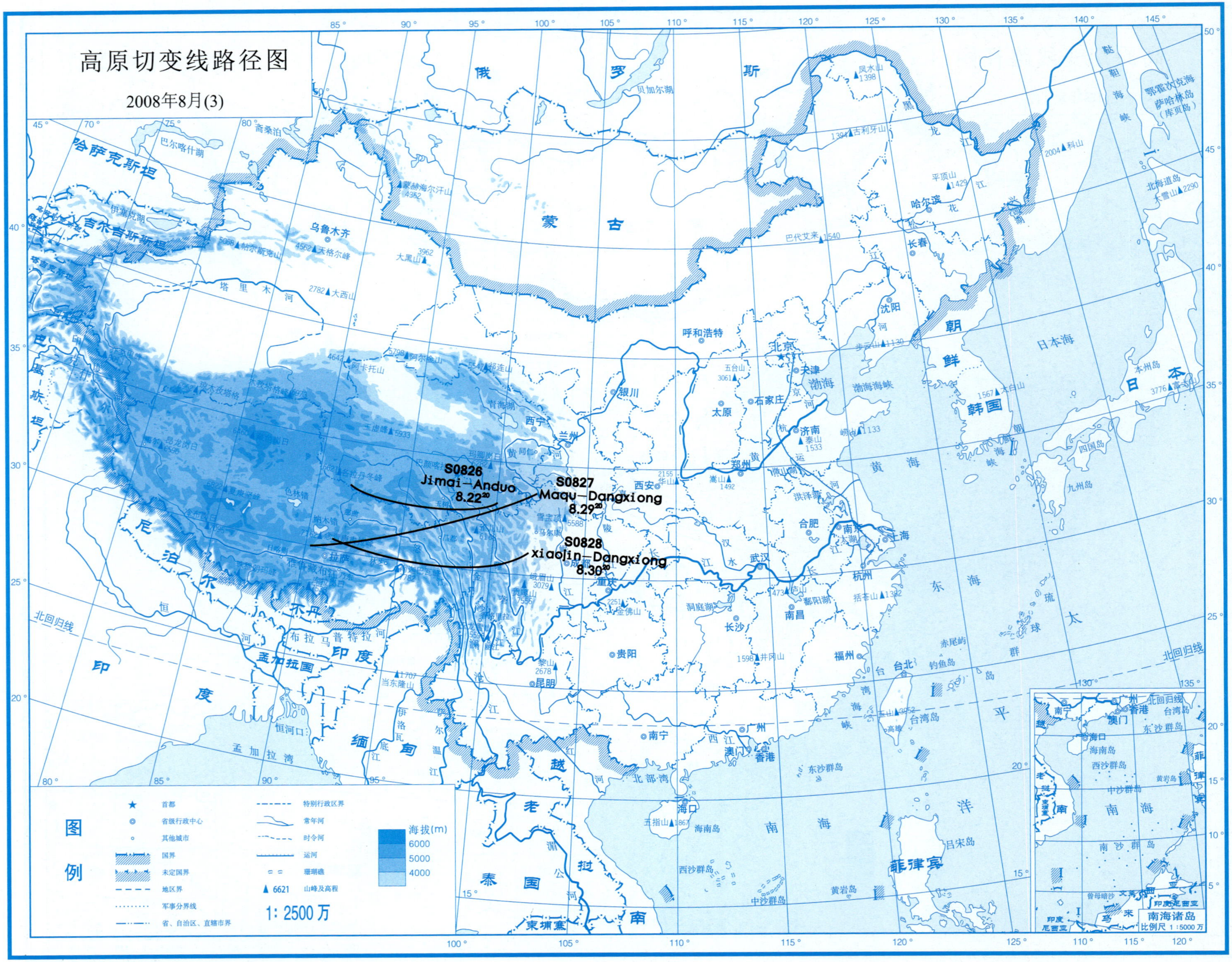

高原切变线路径图

2008年8月(3)

高原切变线路径图

2008年9月(1)

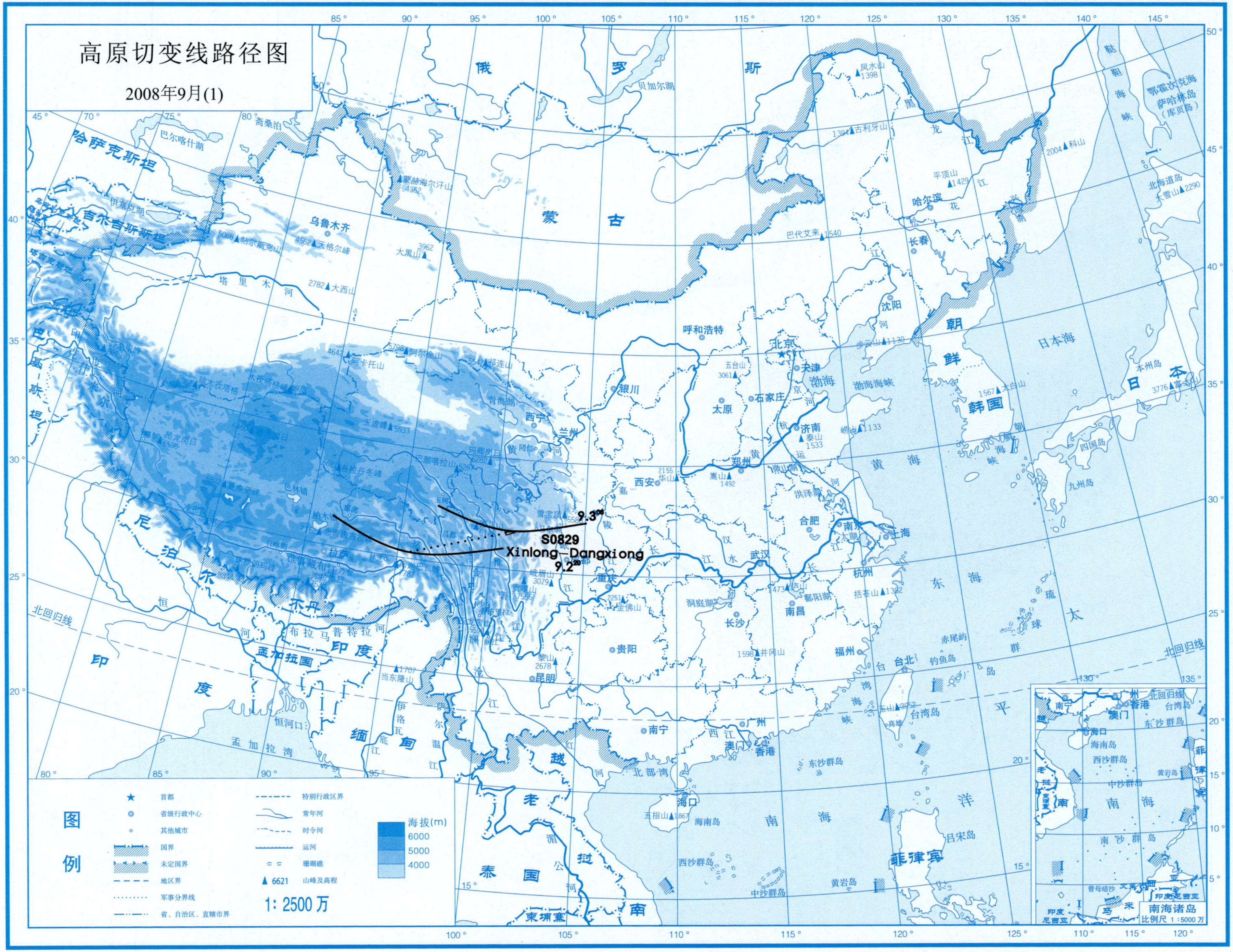

高原切变线路径图

2008年9月(2)

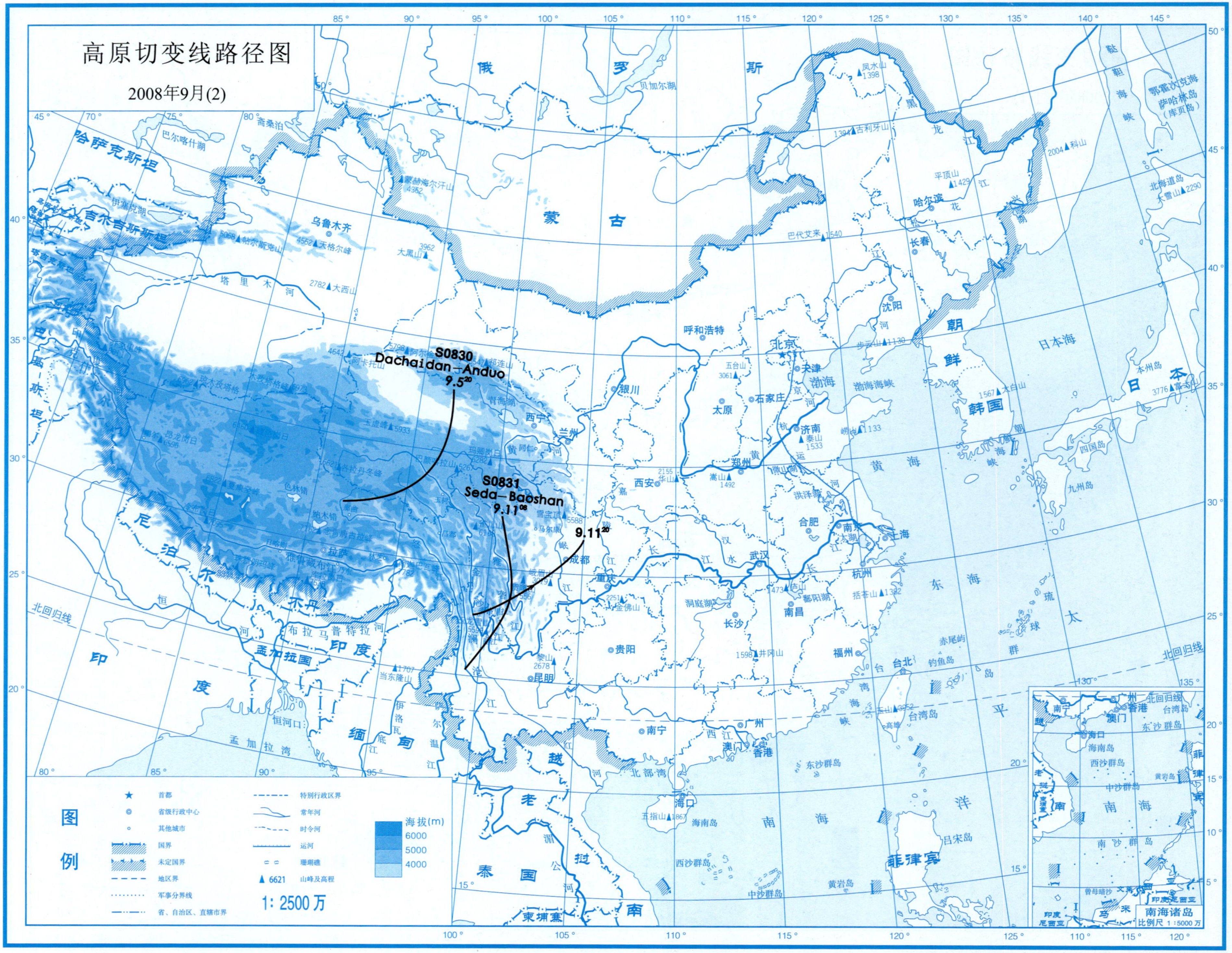

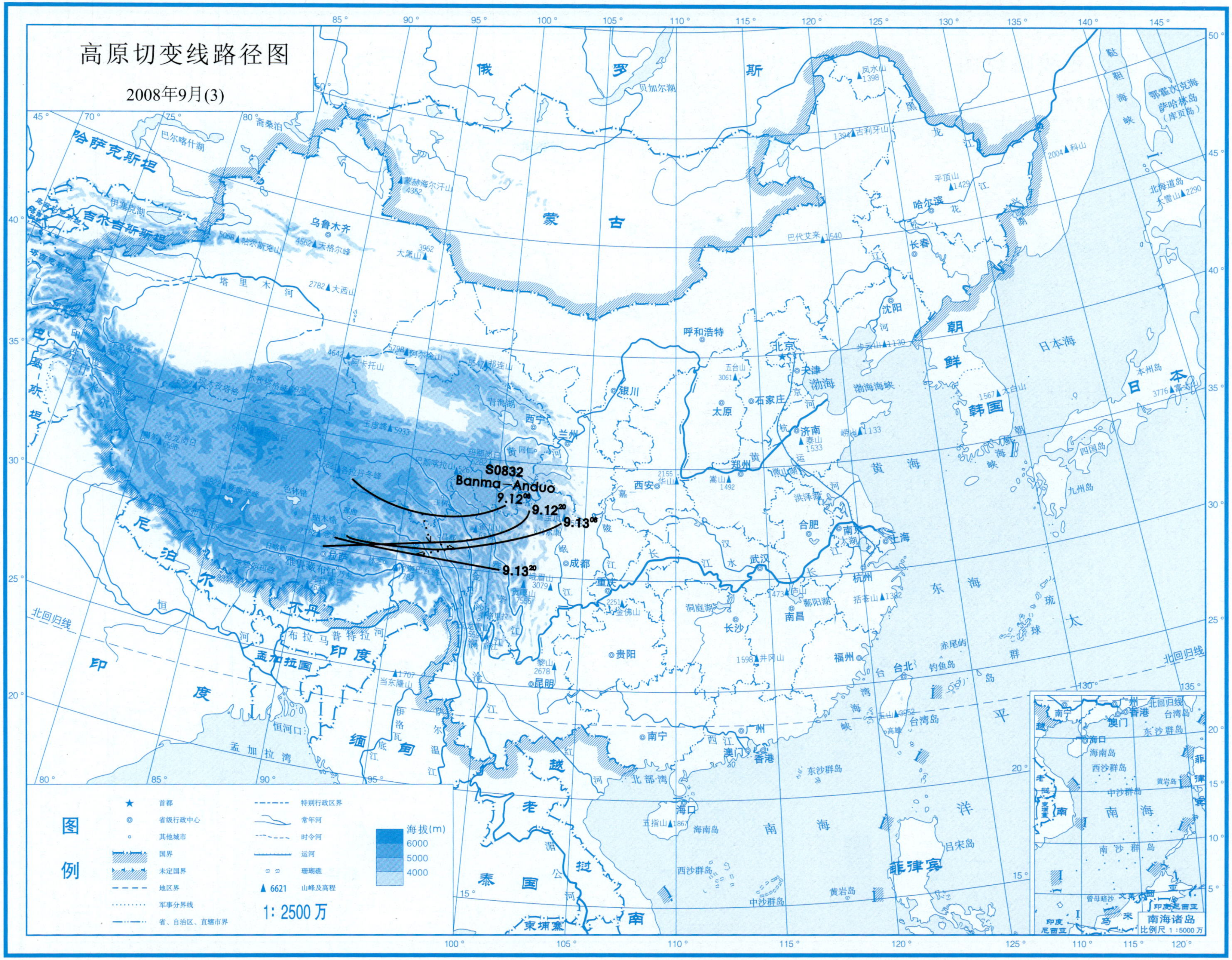
高原切变线路径图
2008年9月(3)
S0832
Banma–Anduo
9.12⁰⁸
9.12²⁰
9.13⁰⁸
9.13²⁰
图例
首都
省级行政中心
其他城市
国界
未定国界
地区界
军事分界线
省、自治区、直辖市界
特别行政区界
常年河
时令河
运河
珊瑚礁
6621 山峰及高程
海拔(m)
6000
5000
4000
1: 2500 万
南海诸岛
比例尺 1:5000 万

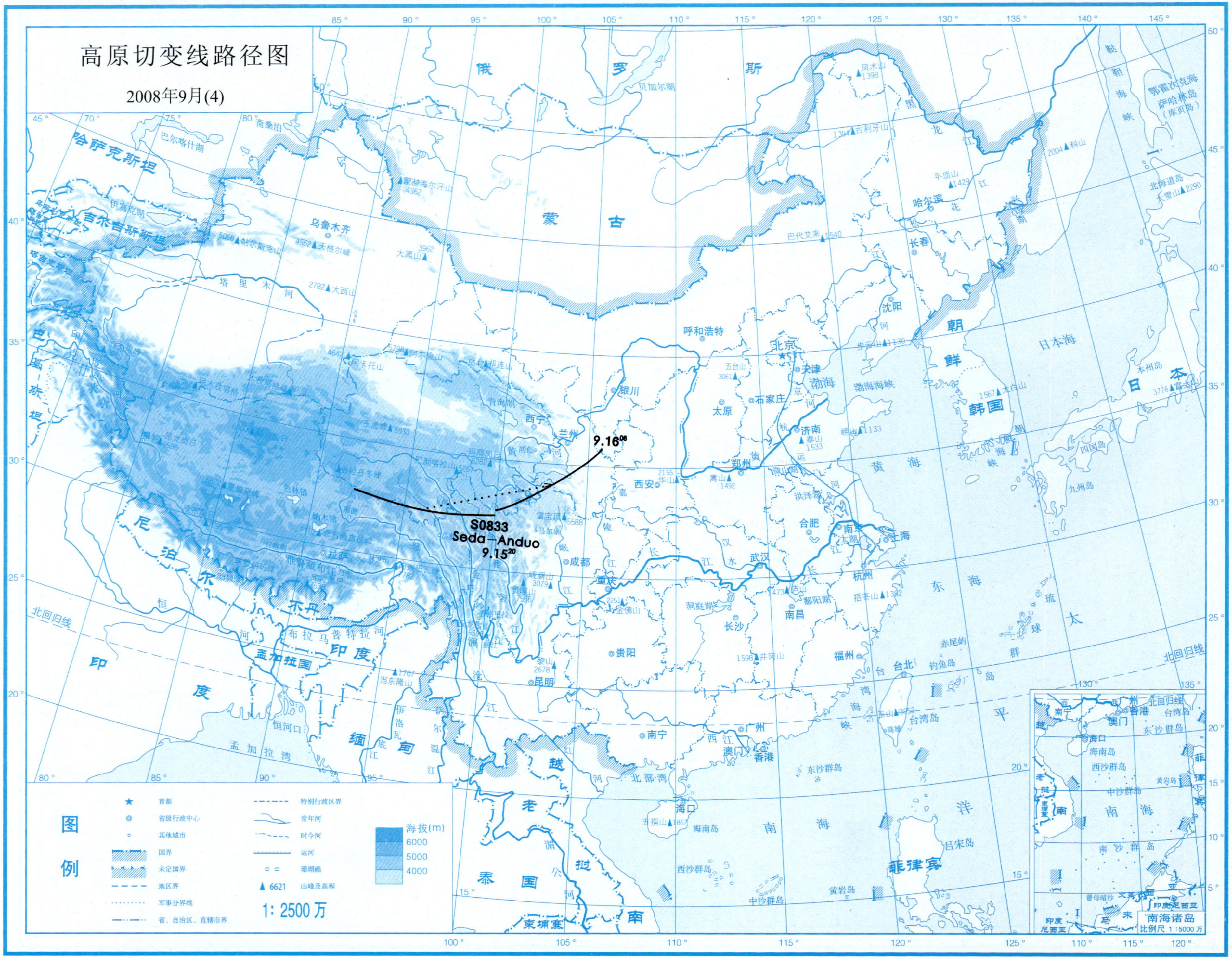

高原切变线路径图

2008年9月(4)

高原切变线路径图

2008年9月(5)

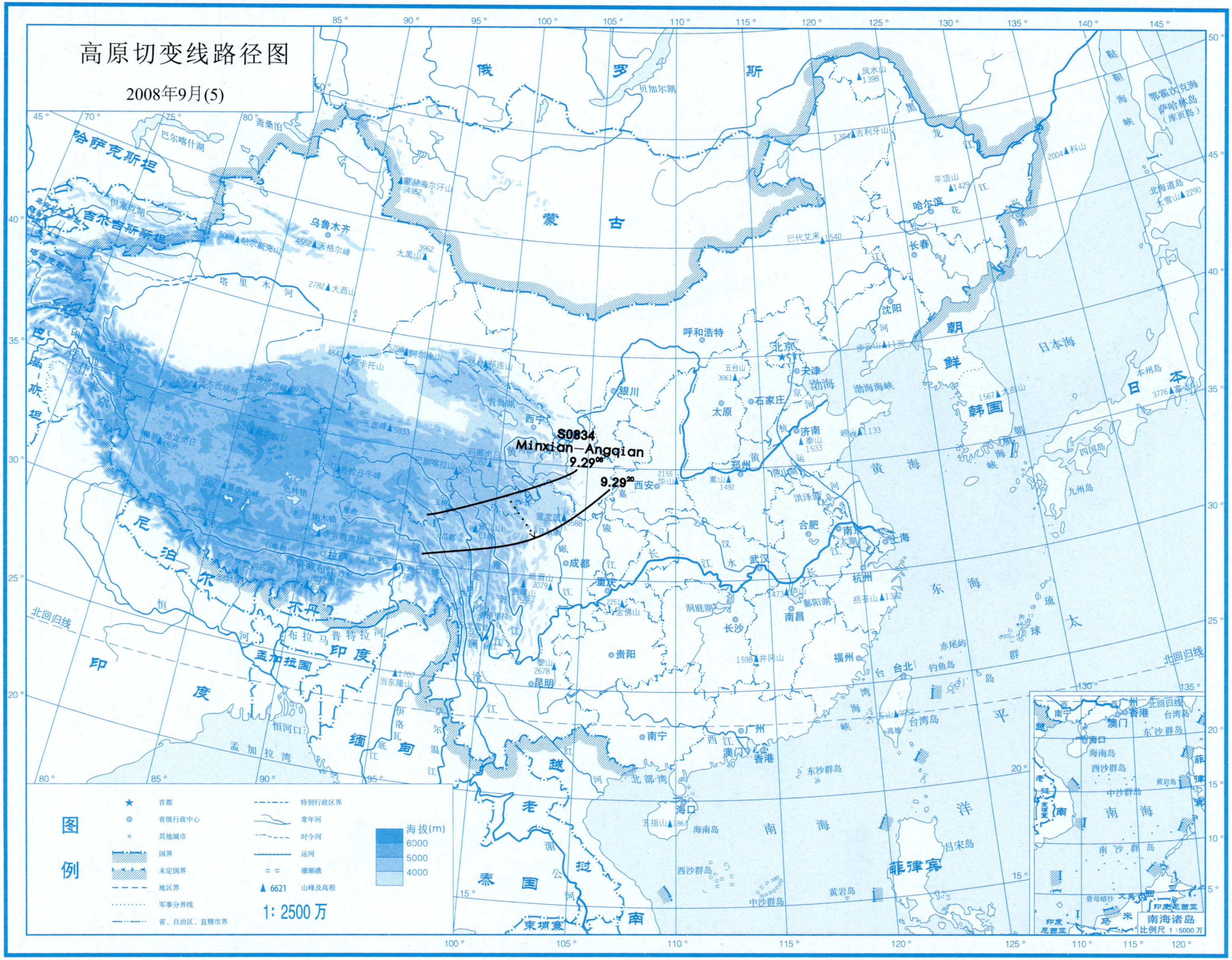

高原切变线路径图

2008年10月(1)

高原切变线路径图

2008年10月(2)~12月

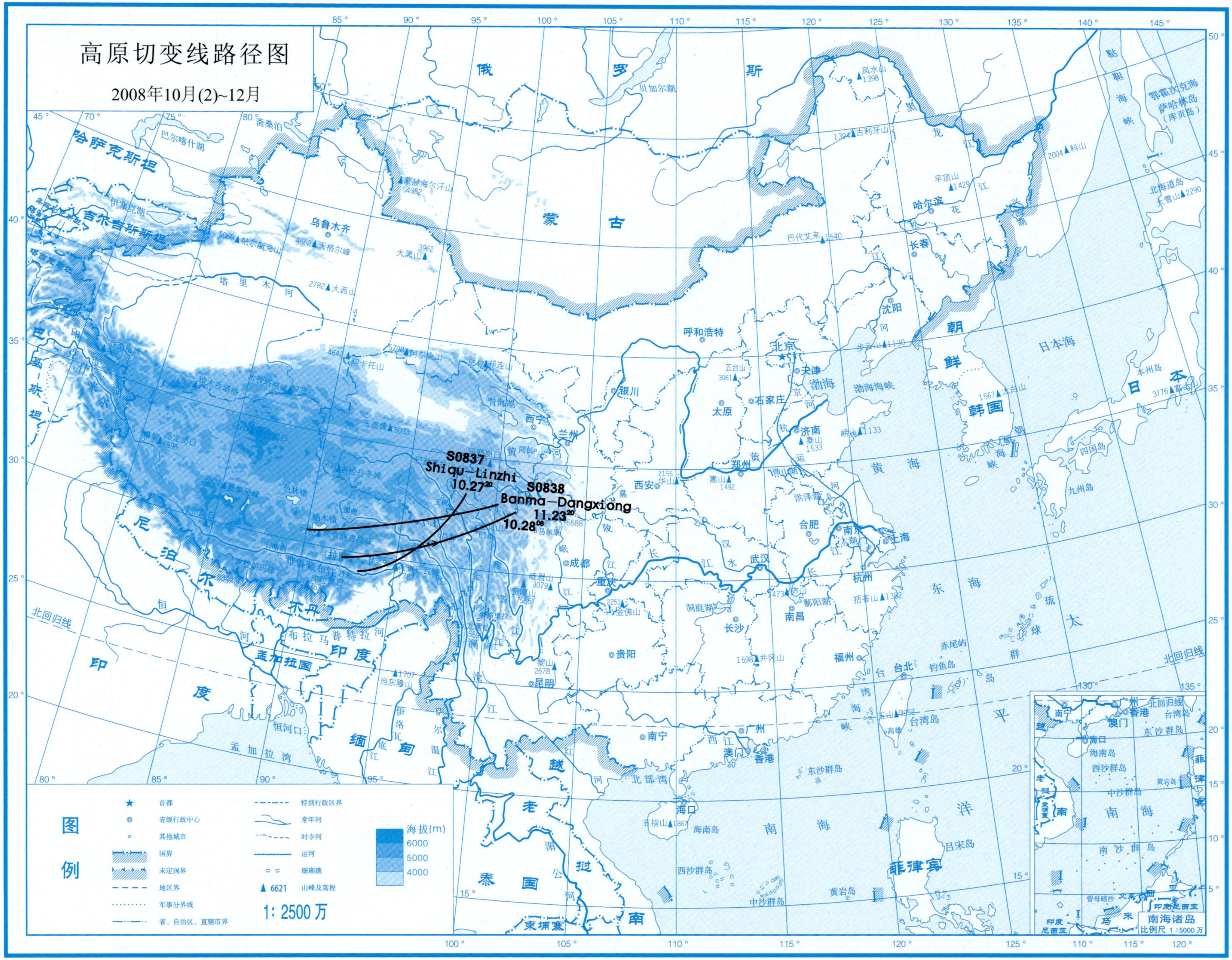

青 藏 高 原 切 变 线 降 水 资 料

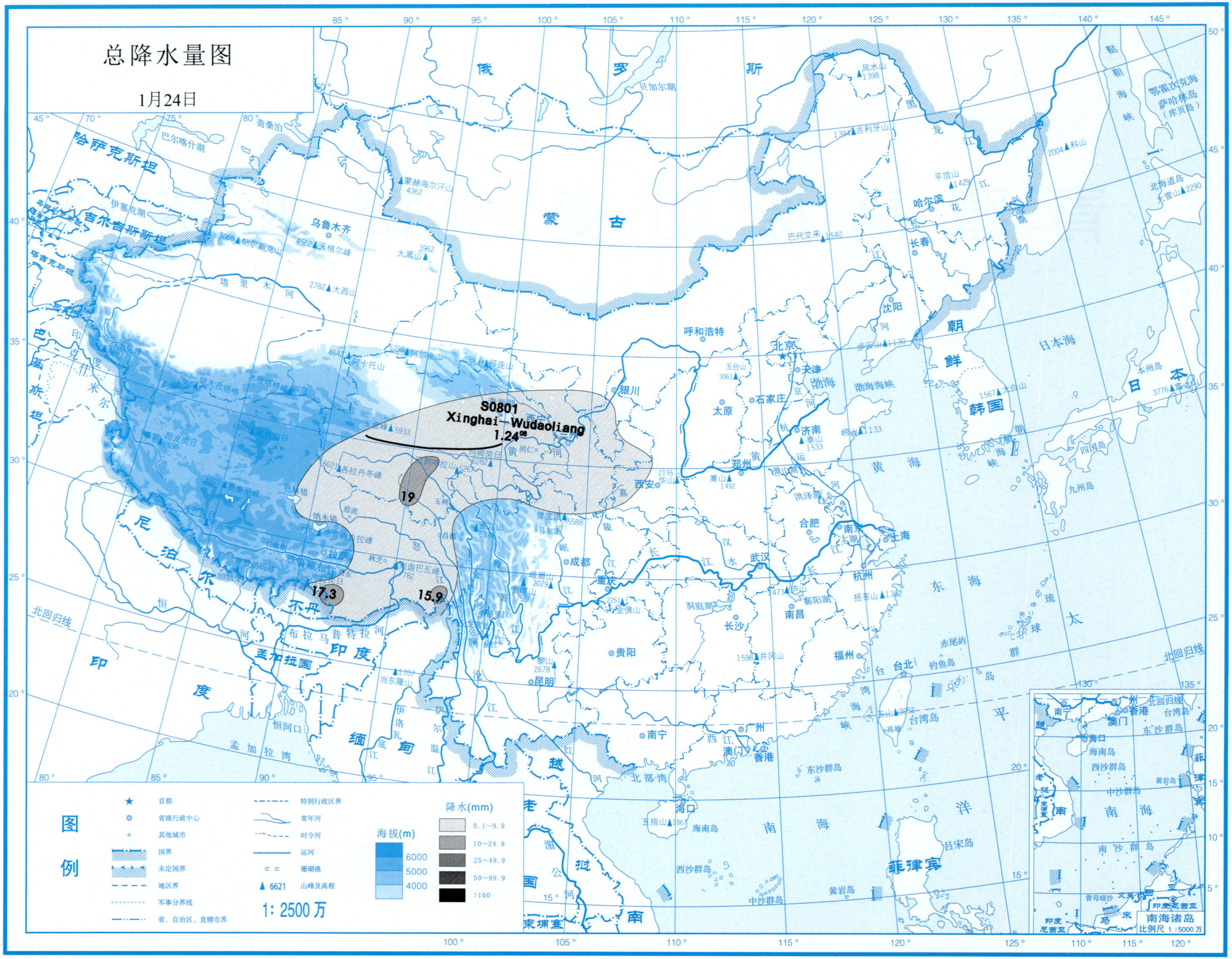
总降水量图
1月24日
S0801
Xinghai—Wudaoliang
1.24
19
17.3
15.9
图例
首都
省级行政中心
其他城市
国界
未定国界
地区界
军事分界线
省、自治区、直辖市界
特别行政区界
常年河
时令河
运河
珊瑚礁
6621 山峰及高程
1：2500万
海拔(m)
6000
5000
4000
降水(mm)
0.1～9.9
10～24.9
25～49.9
50～99.9
>100
南海诸岛
比例尺 1：5000万

总降水日数图

1月24日

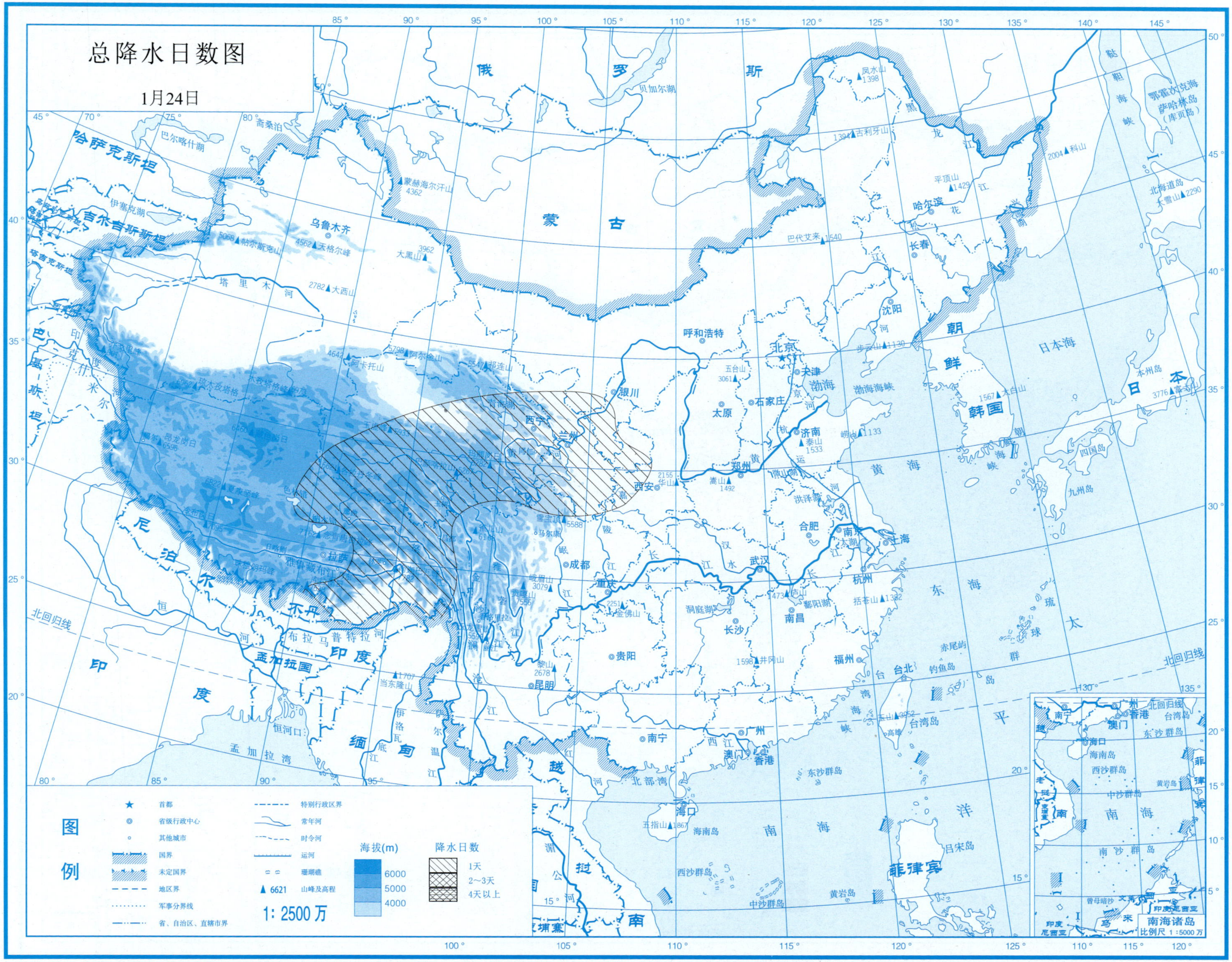

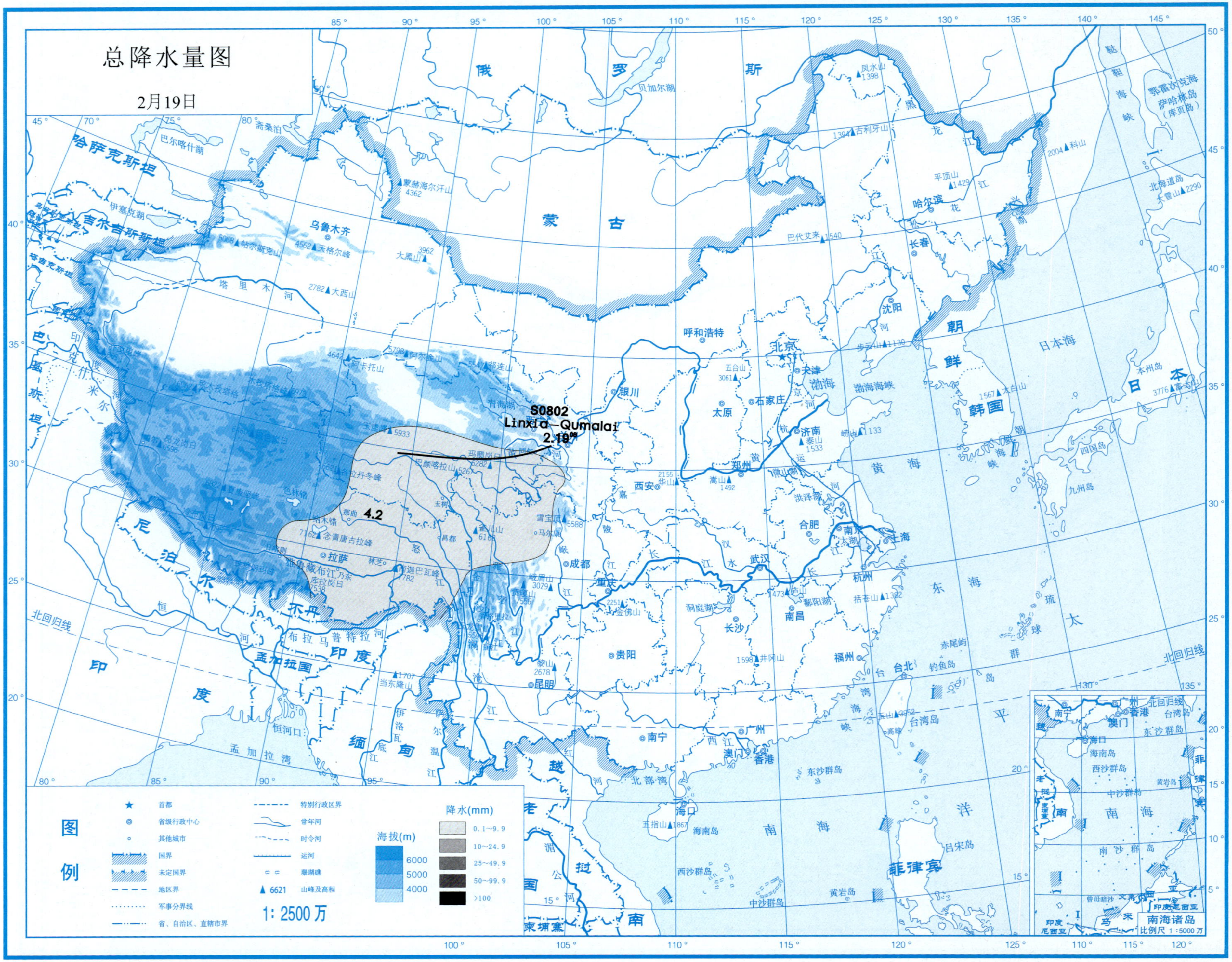
总降水量图
2月19日
S0802
Linxia—Qumalai
2.19
4.2
图例
首都
省级行政中心
其他城市
国界
未定国界
地区界
军事分界线
省、自治区、直辖市界
特别行政区界
常年河
时令河
运河
珊瑚礁
6621 山峰及高程
海拔(m)
6000
5000
4000
降水(mm)
0.1~9.9
10~24.9
25~49.9
50~99.9
>100
1: 2500万
南海诸岛
比例尺 1:5000万

总降水日数图

2月19日

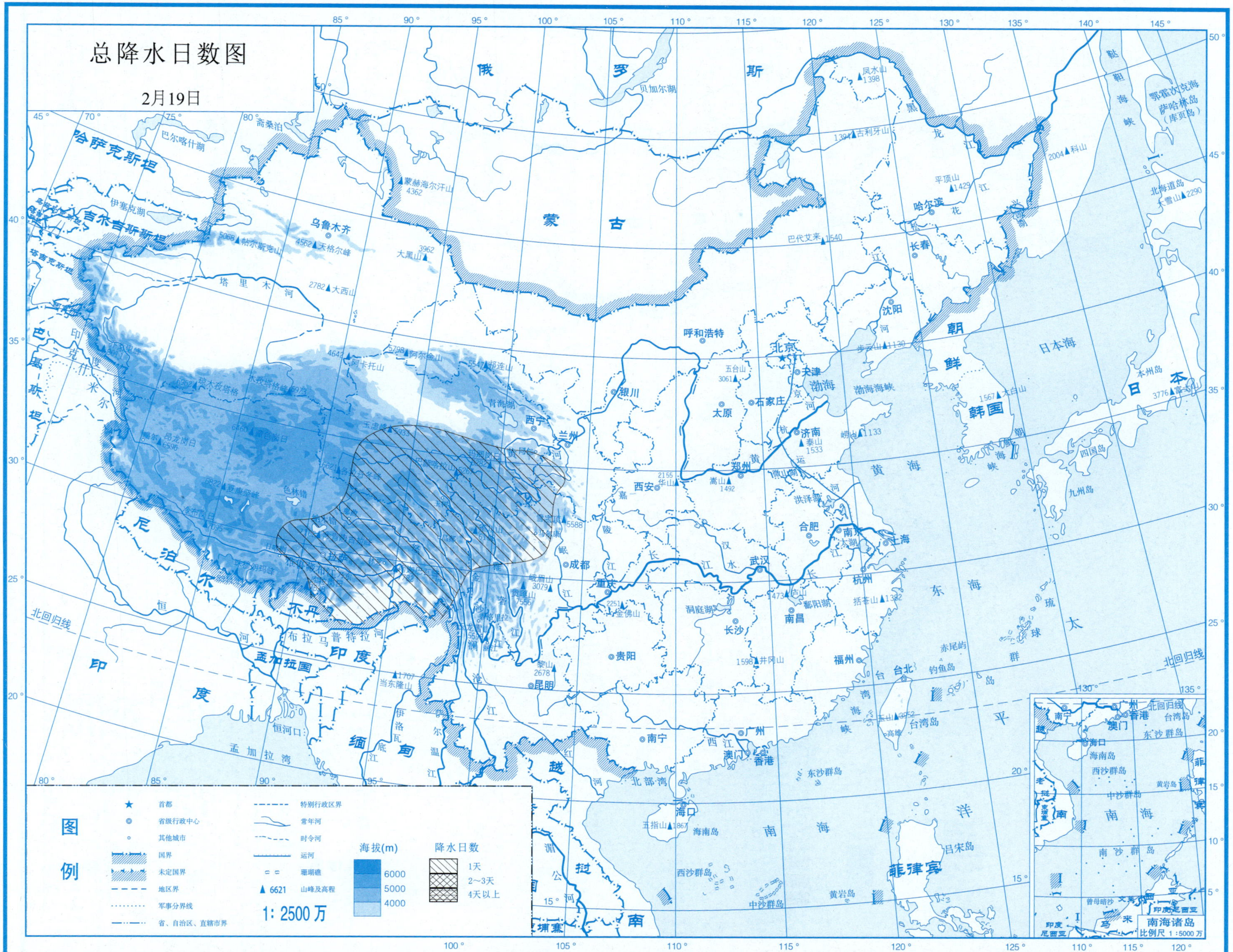

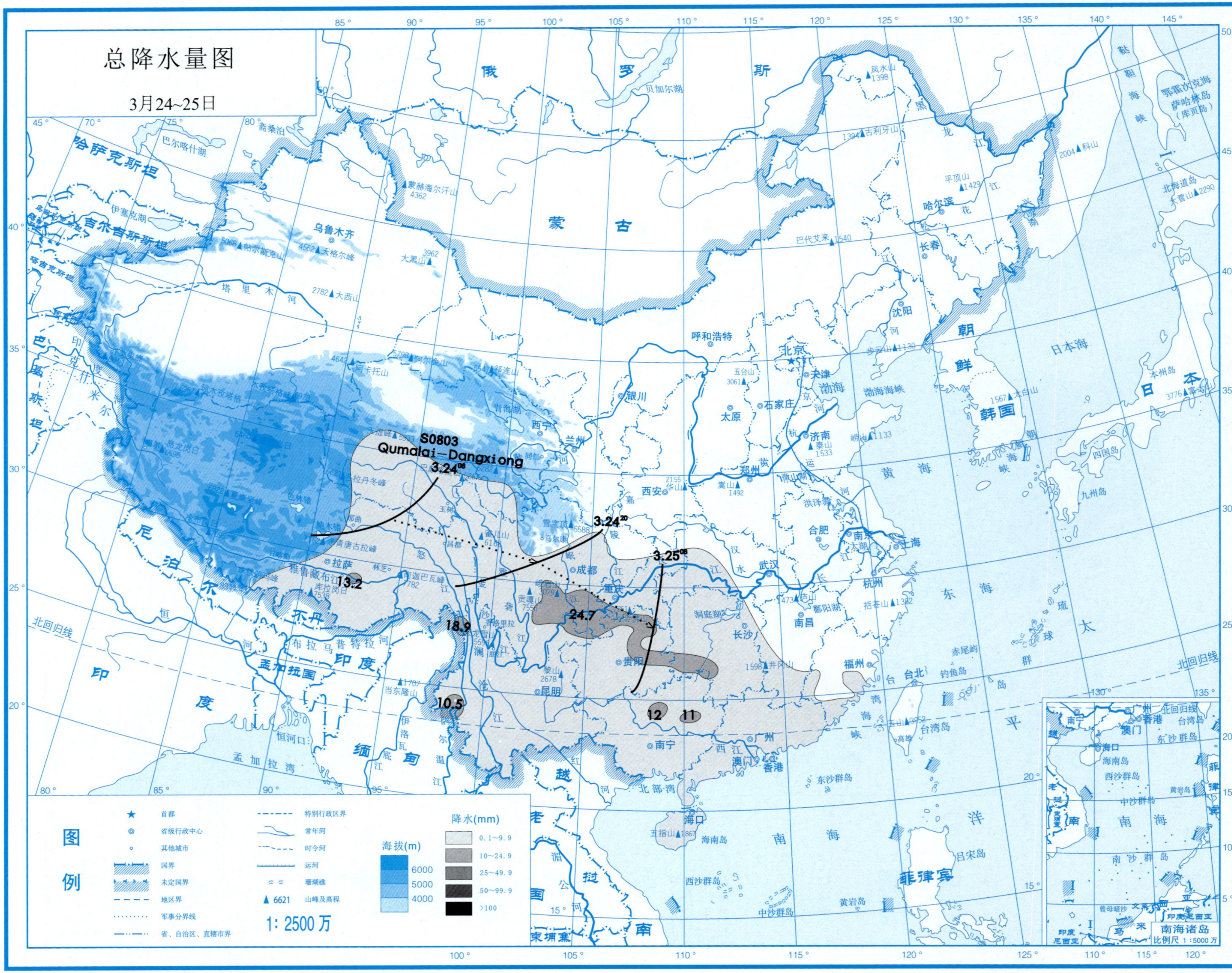
总降水量图
3月24~25日
S0803
Qumalai–Dangxiong
3.24⁰⁸
3.24²⁰
3.25⁰⁸
13.2
18.9
24.7
10.5
12
11
图例
首都
省级行政中心
其他城市
国界
未定国界
地区界
军事分界线
省、自治区、直辖市界
特别行政区界
常年河
时令河
运河
珊瑚礁
6621 山峰及高程
1: 2500万
海拔(m)
6000
5000
4000
降水(mm)
0.1~9.9
10~24.9
25~49.9
50~99.9
>100
南海诸岛
比例尺 1:5000万

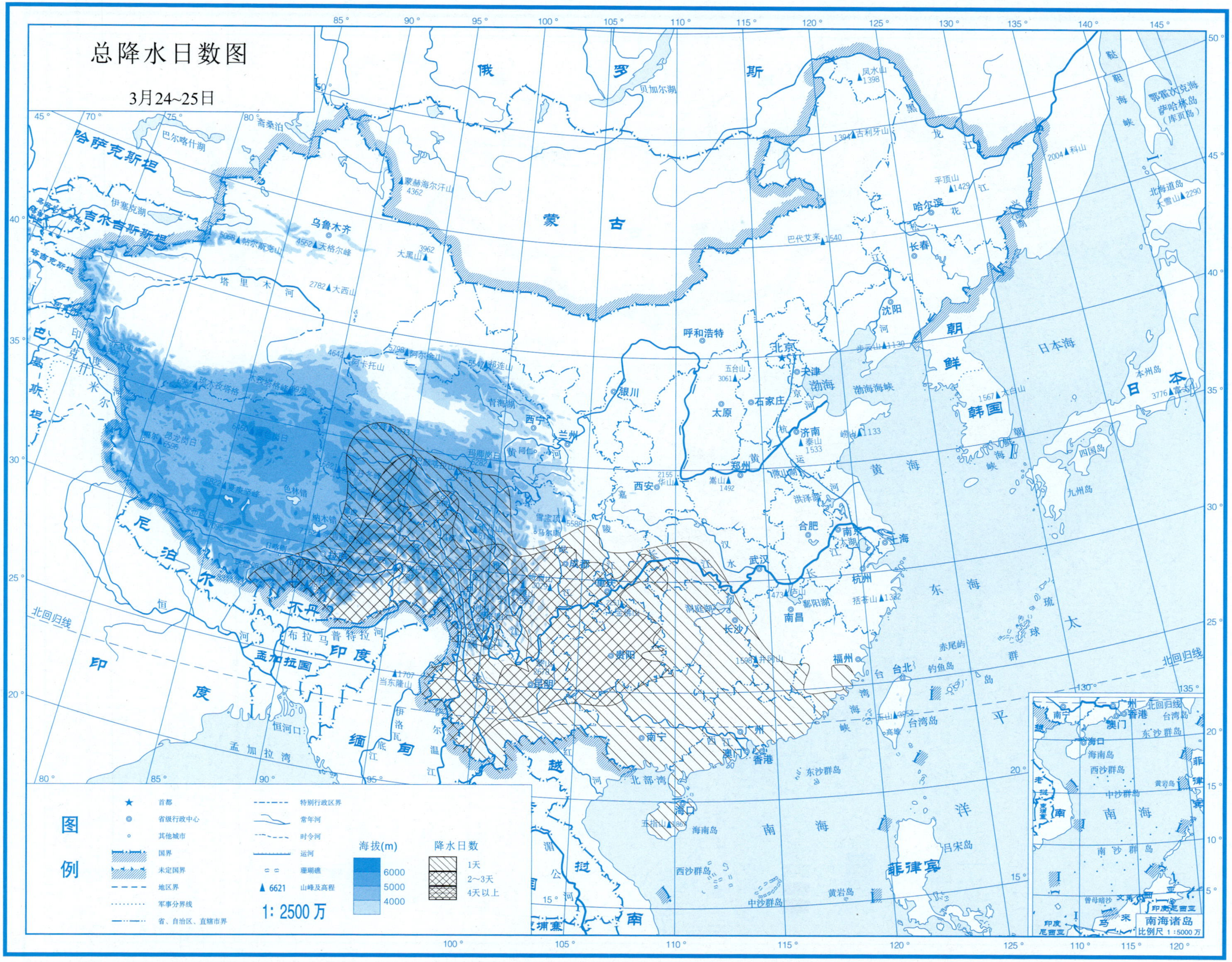
总降水日数图
3月24~25日
图例
首都
省级行政中心
其他城市
国界
未定国界
地区界
军事分界线
省、自治区、直辖市界
特别行政区界
常年河
时令河
运河
珊瑚礁
山峰及高程
1：2500万
海拔(m)
6000
5000
4000
降水日数
1天
2~3天
4天以上
南海诸岛
比例尺 1：5000万

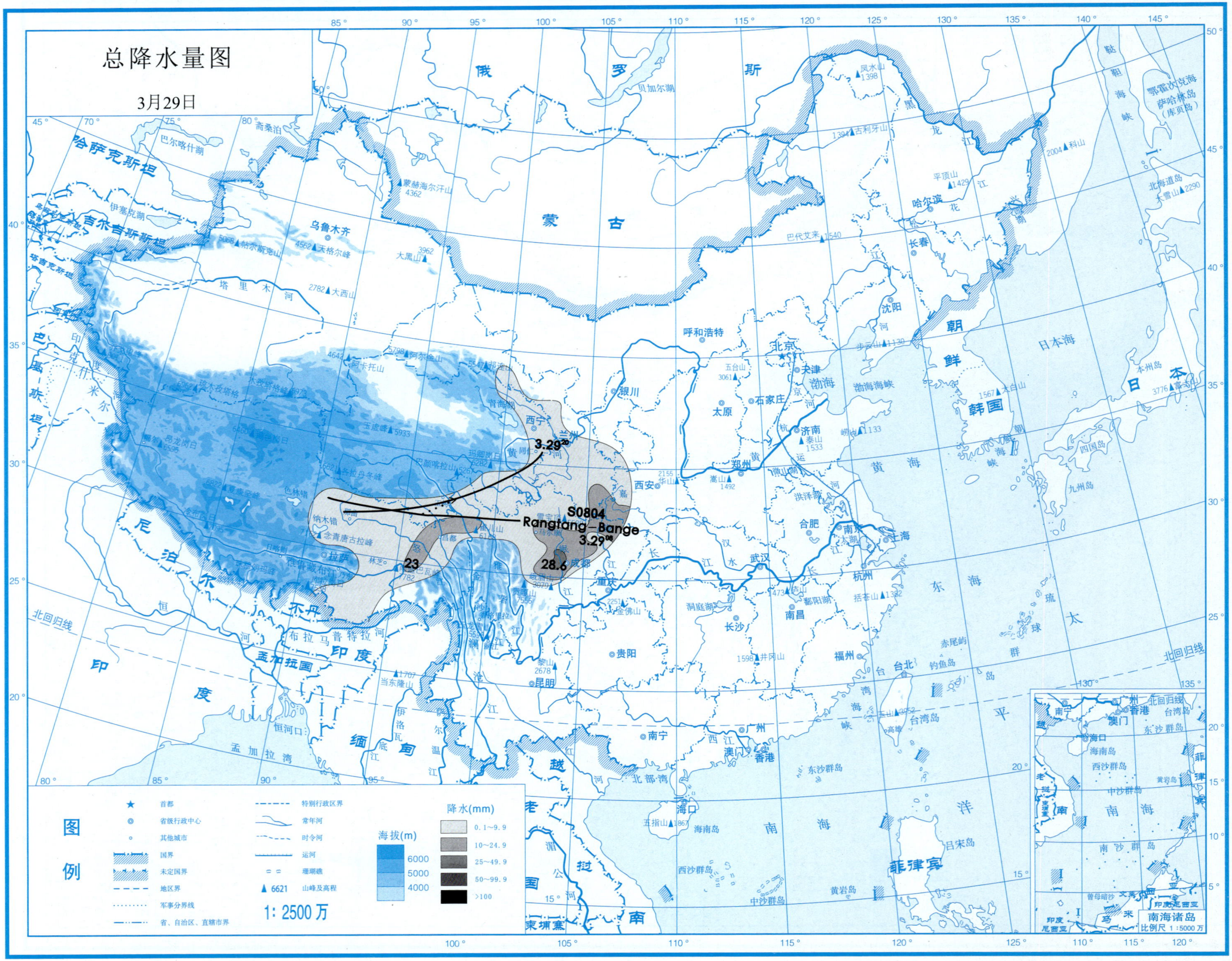
总降水量图
3月29日
S0804
Rangtang-Bange
3.29 20
3.29 08
23
28.6
图例
首都
省级行政中心
其他城市
国界
未定国界
地区界
军事分界线
省、自治区、直辖市界
特别行政区界
常年河
时令河
运河
珊瑚礁
6621 山峰及高程
1: 2500万
海拔(m)
6000
5000
4000
降水(mm)
0.1~9.9
10~24.9
25~49.9
50~99.9
>100
南海诸岛
比例尺 1:5000万

总降水日数图

3月29日

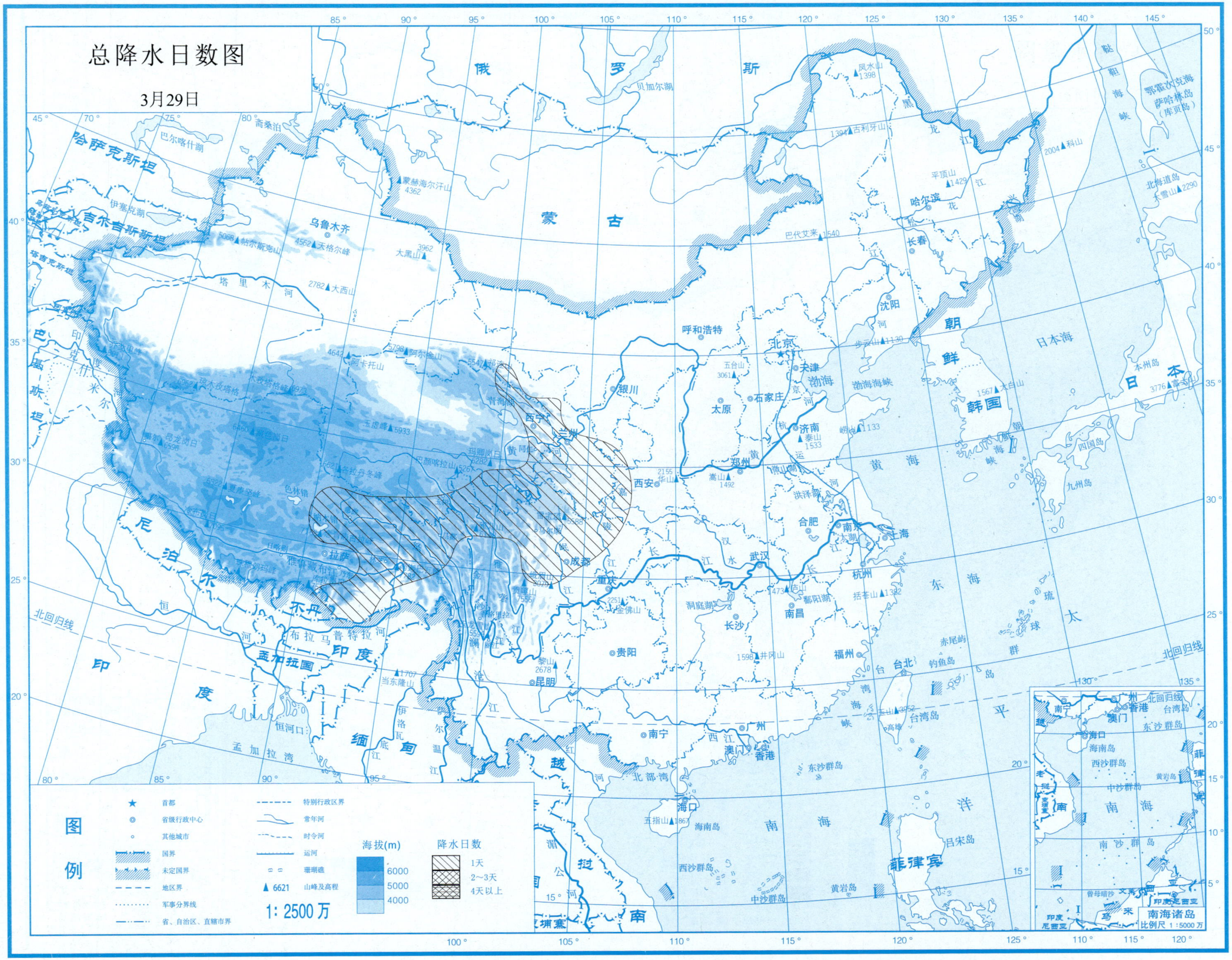

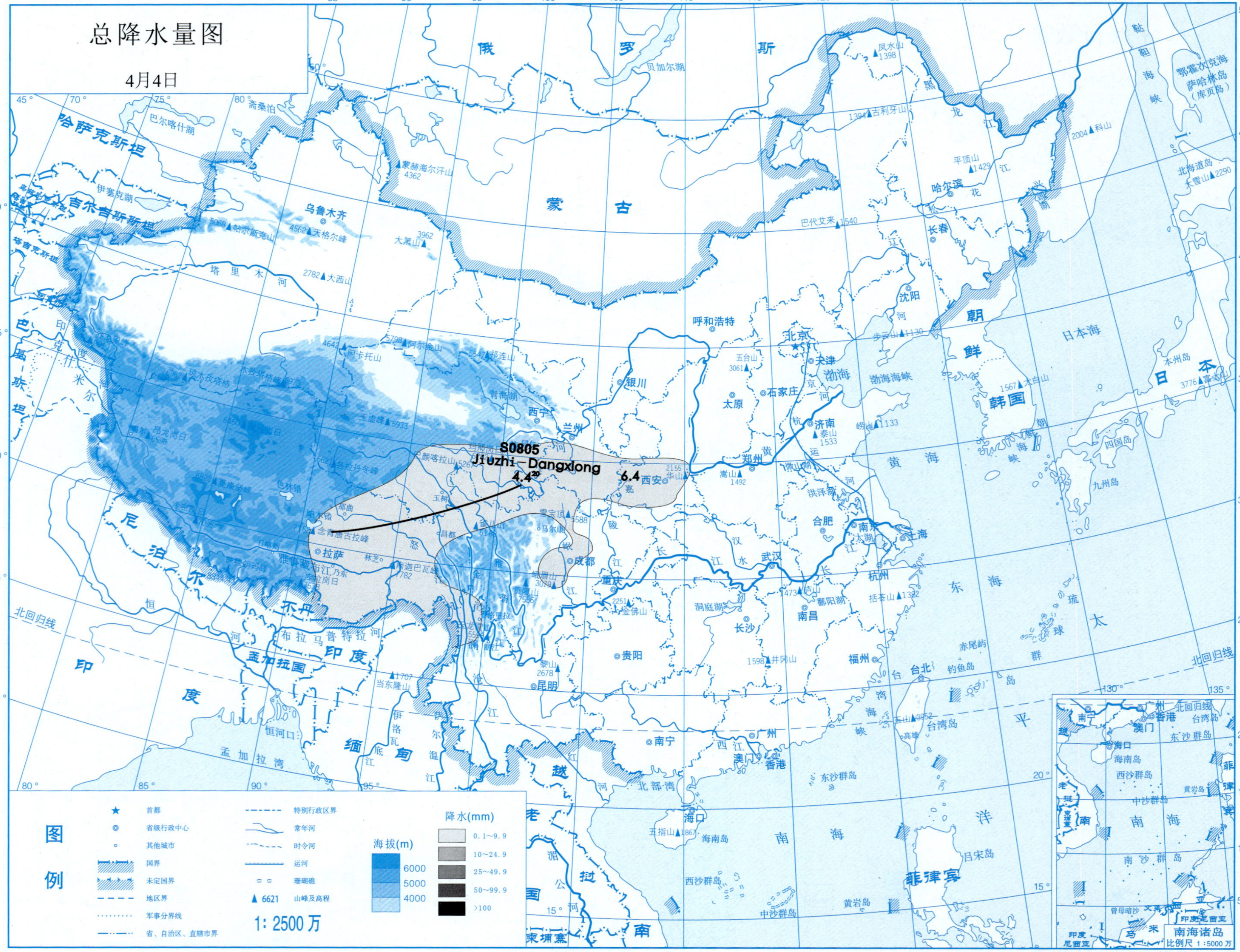
总降水量图
4月4日
S0805
Jiuzhi–Dangxiong
4.4[20]
6.4
图例
首都
省级行政中心
其他城市
国界
未定国界
地区界
军事分界线
省、自治区、直辖市界
特别行政区界
常年河
时令河
运河
珊瑚礁
6621 山峰及高程
海拔(m)
6000
5000
4000
降水(mm)
0.1～9.9
10～24.9
25～49.9
50～99.9
>100
1: 2500 万
南海诸岛
比例尺 1:5000 万

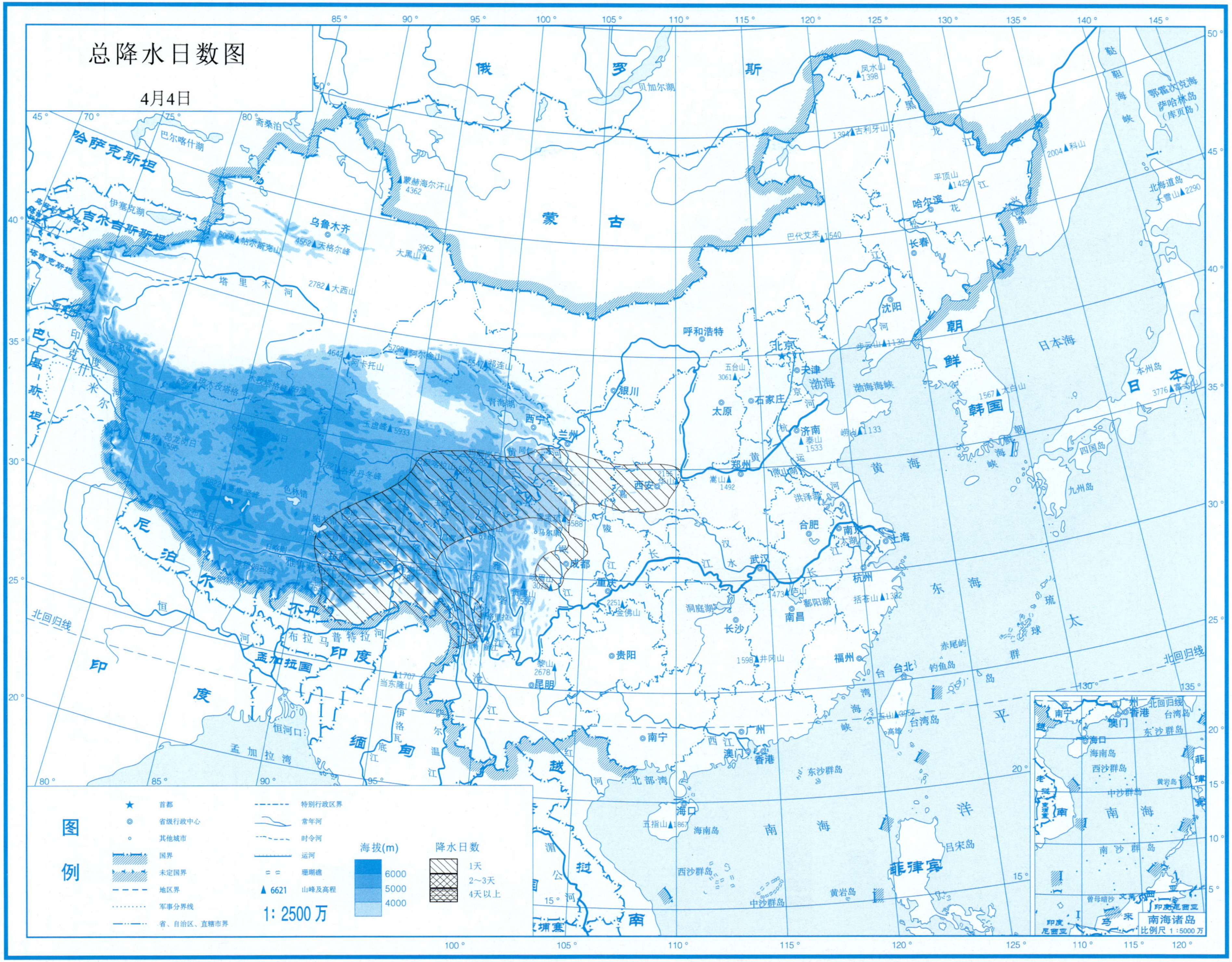
总降水日数图
4月4日
图例
首都
省级行政中心
其他城市
国界
未定国界
地区界
军事分界线
省、自治区、直辖市界
特别行政区界
常年河
时令河
运河
珊瑚礁
6621 山峰及高程
1∶2500万
海拔(m)
6000
5000
4000
降水日数
1天
2~3天
4天以上
南海诸岛
比例尺 1∶5000万

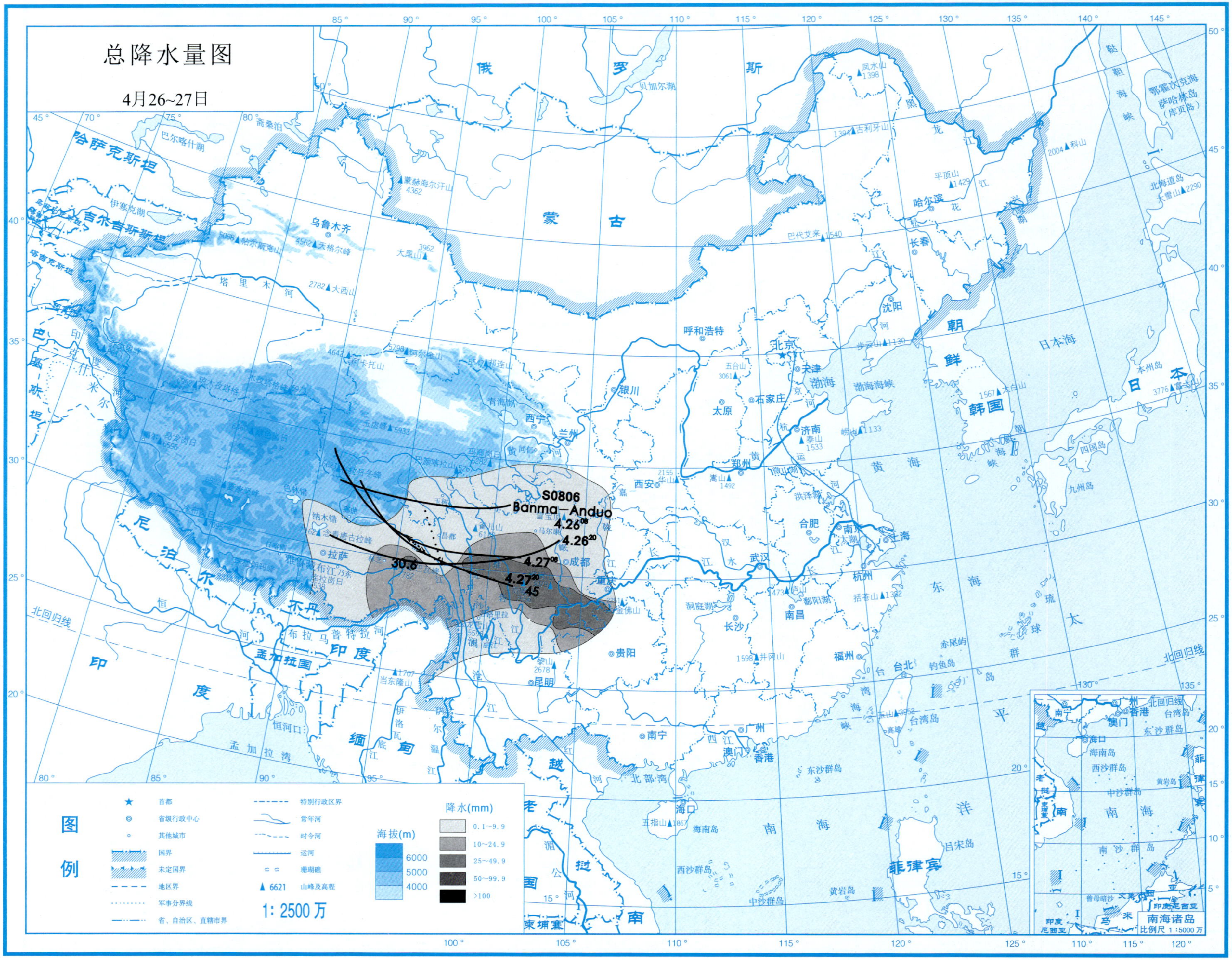

总降水量图
4月26~27日
S0806
Banma–Anduo
4.26[08]
4.26[20]
4.27[08]
4.27[20]
30.6
45
图例
首都
省级行政中心
其他城市
国界
未定国界
地区界
军事分界线
省、自治区、直辖市界
特别行政区界
常年河
时令河
运河
珊瑚礁
山峰及高程
海拔(m)
6000
5000
4000
降水(mm)
0.1~9.9
10~24.9
25~49.9
50~99.9
>100
1: 2500万
南海诸岛
比例尺 1:5000万

总降水日数图

4月26~27日

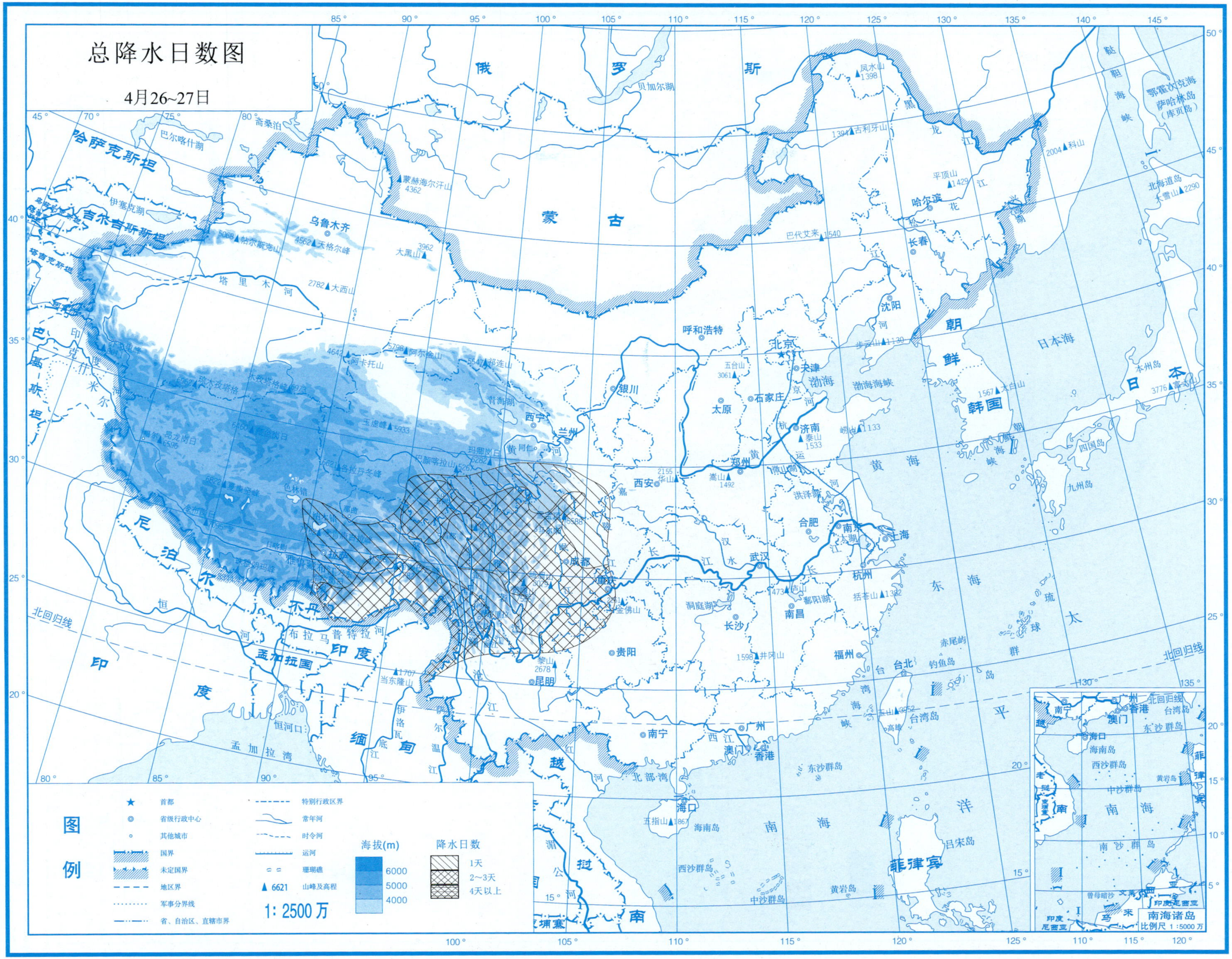

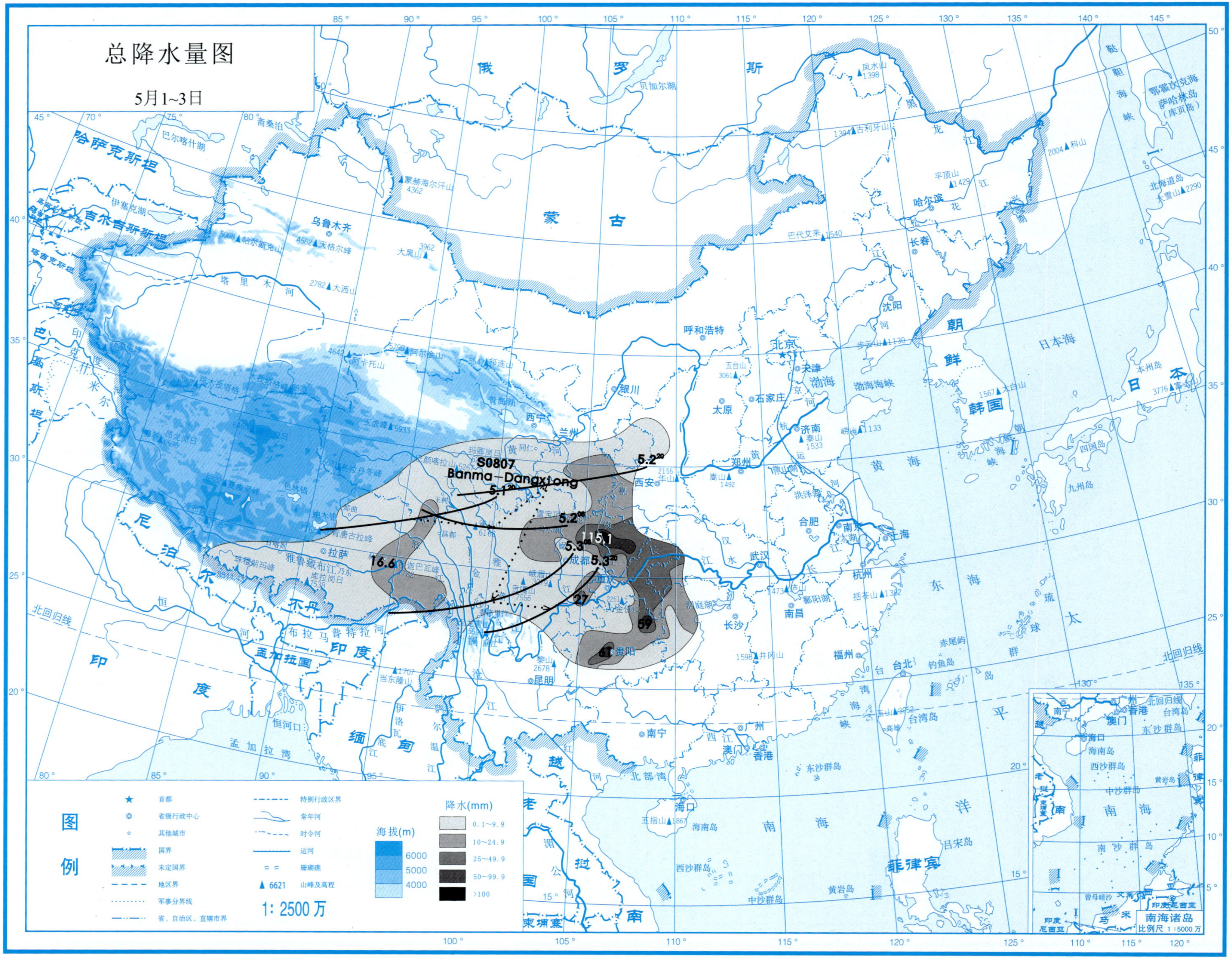

总降水量图
5月1~3日
S0807
Banma-Dangxiong
5.1[20]
5.2[20]
5.2[08]
5.3[08]
5.3[20]
115.1
16.6
27
59
61
图例
首都
省级行政中心
其他城市
国界
未定国界
地区界
军事分界线
省、自治区、直辖市界
特别行政区界
常年河
时令河
运河
珊瑚礁
6621 山峰及高程
1:2500万
海拔(m)
6000
5000
4000
降水(mm)
0.1~9.9
10~24.9
25~49.9
50~99.9
>100
南海诸岛
比例尺 1:5000万

总降水日数图

5月1~3日

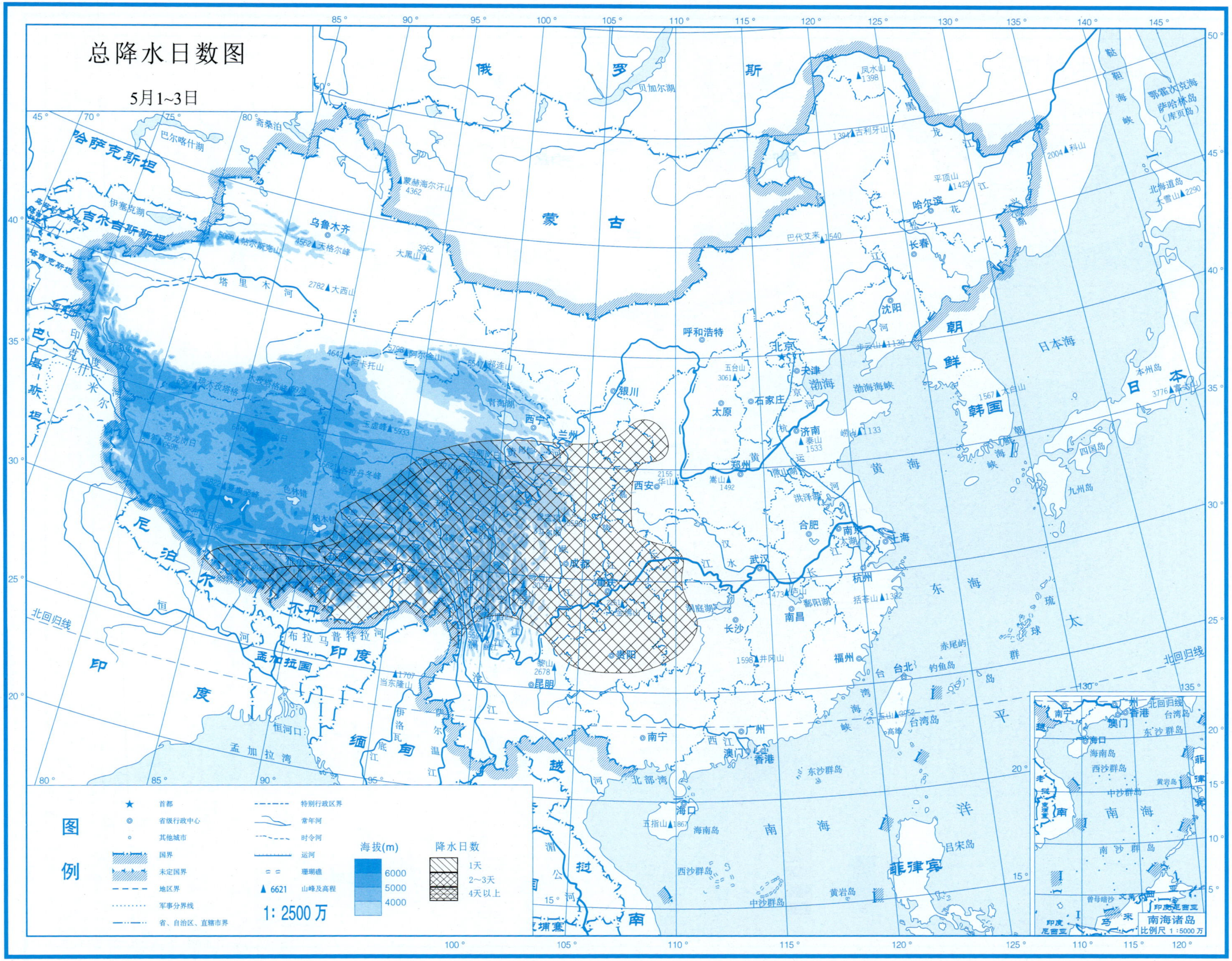

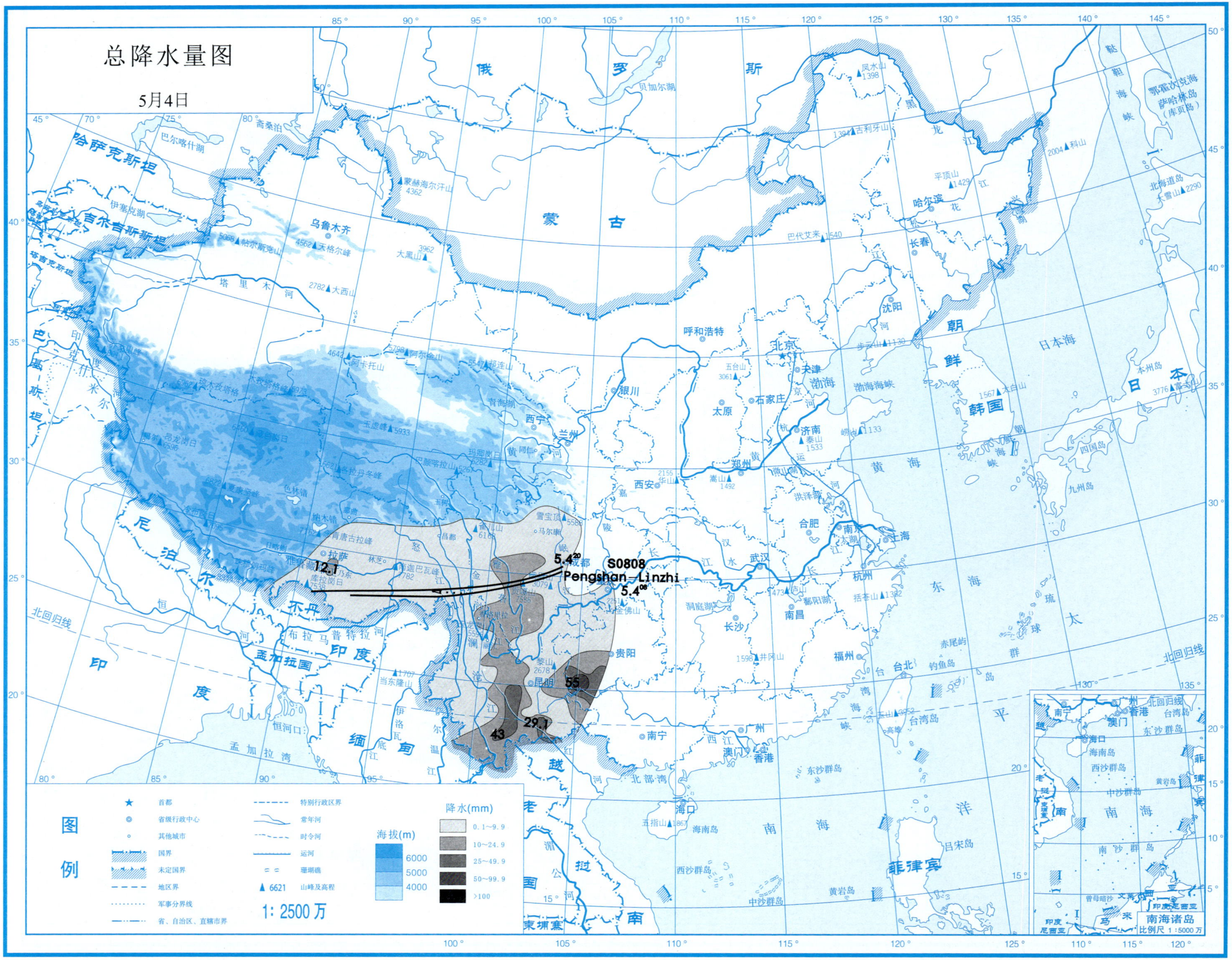

总降水量图
5月4日
S0808
Pengshan–Linzhi
12.1
5.4^20
5.4^08
55
43
29.1
图例
首都
省级行政中心
其他城市
国界
未定国界
地区界
军事分界线
特别行政区界
常年河
时令河
运河
珊瑚礁
山峰及高程
省、自治区、直辖市界
海拔(m)
6000
5000
4000
降水(mm)
0.1~9.9
10~24.9
25~49.9
50~99.9
>100
1: 2500万
南海诸岛
比例尺 1:5000万

总降水日数图

5月4日

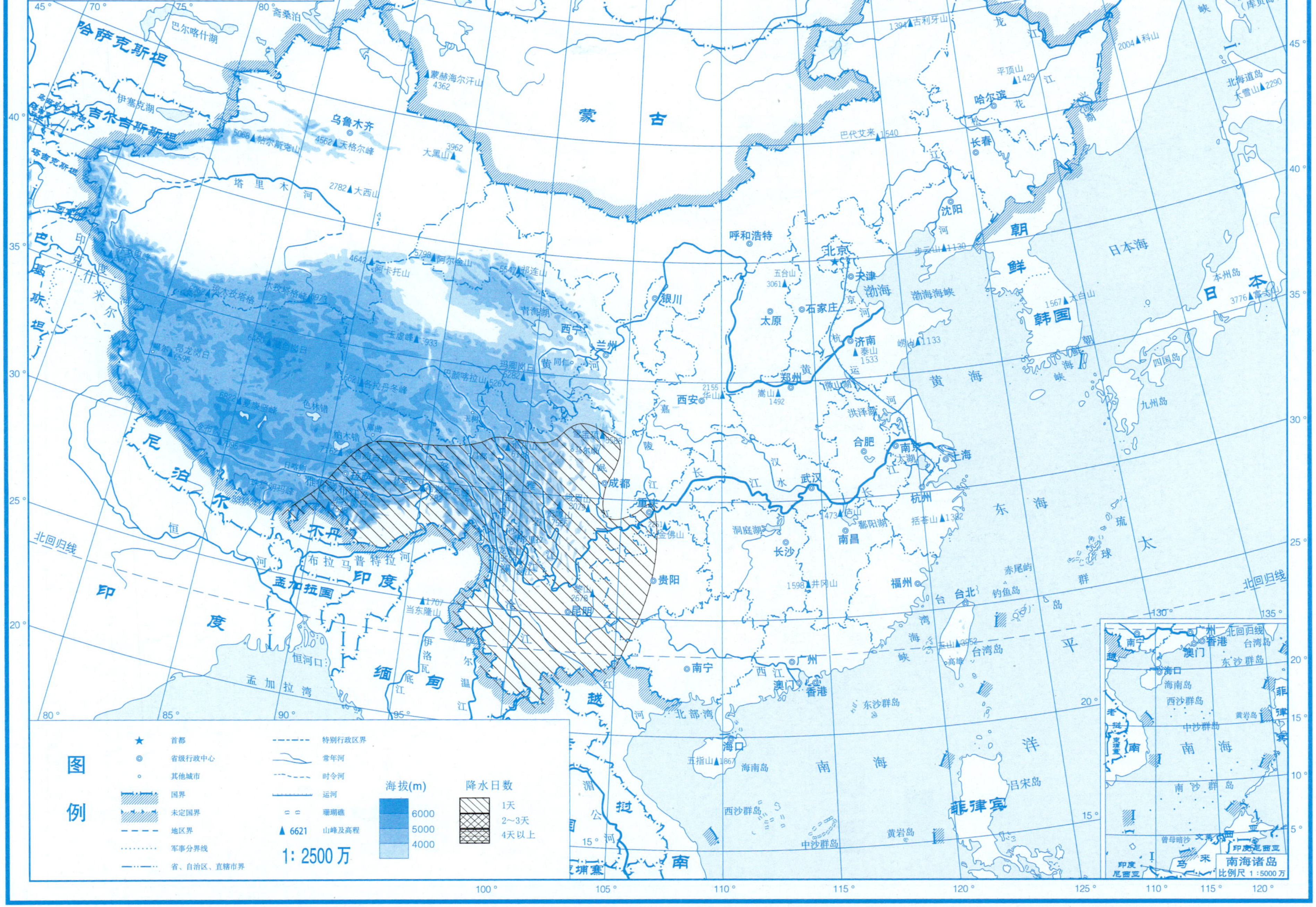
图例
首都
省级行政中心
其他城市
国界
未定国界
地区界
军事分界线
省、自治区、直辖市界
特别行政区界
常年河
时令河
运河
珊瑚礁
6621 山峰及高程
1: 2500万
海拔(m)
6000
5000
4000
降水日数
1天
2~3天
4天以上
南海诸岛
比例尺 1:5000万

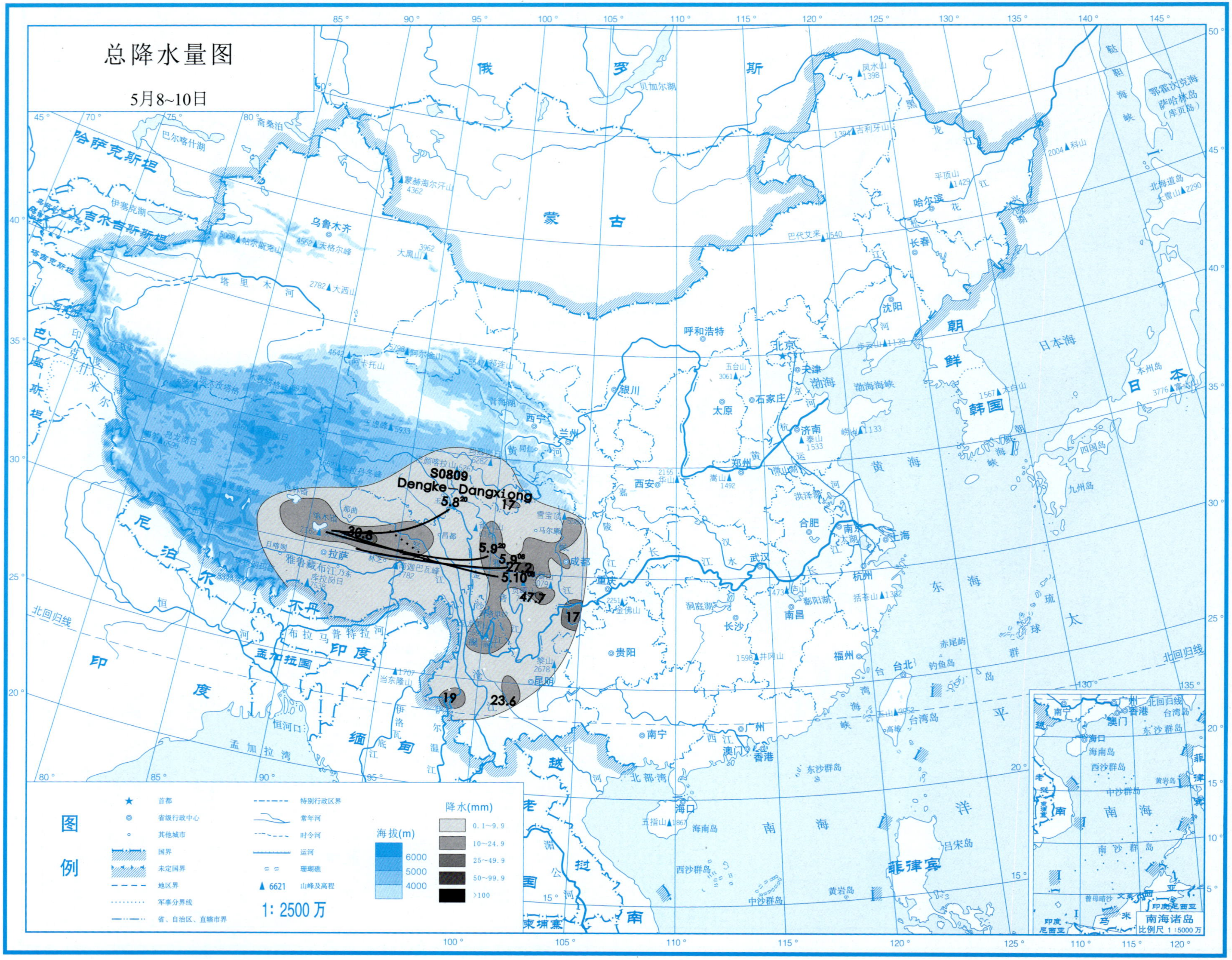
总降水量图
5月8~10日
S0809
Dengke–Dangxiong
图例
首都
省级行政中心
其他城市
国界
未定国界
地区界
军事分界线
省、自治区、直辖市界
特别行政区界
常年河
时令河
运河
珊瑚礁
6621 山峰及高程
1: 2500 万
海拔(m)
6000
5000
4000
降水(mm)
0.1~9.9
10~24.9
25~49.9
50~99.9
>100
南海诸岛
比例尺 1:5000 万

总降水日数图

5月8~10日

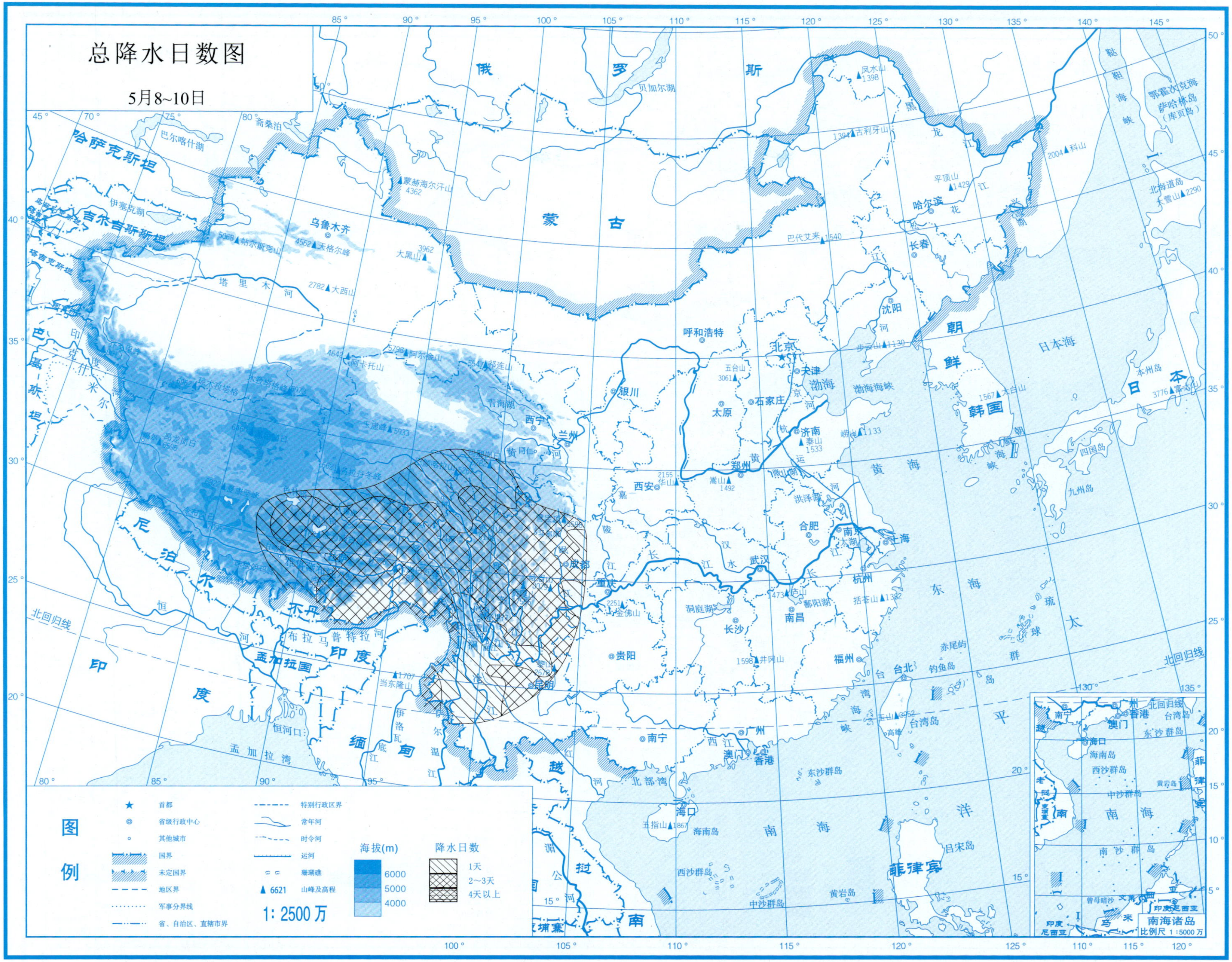

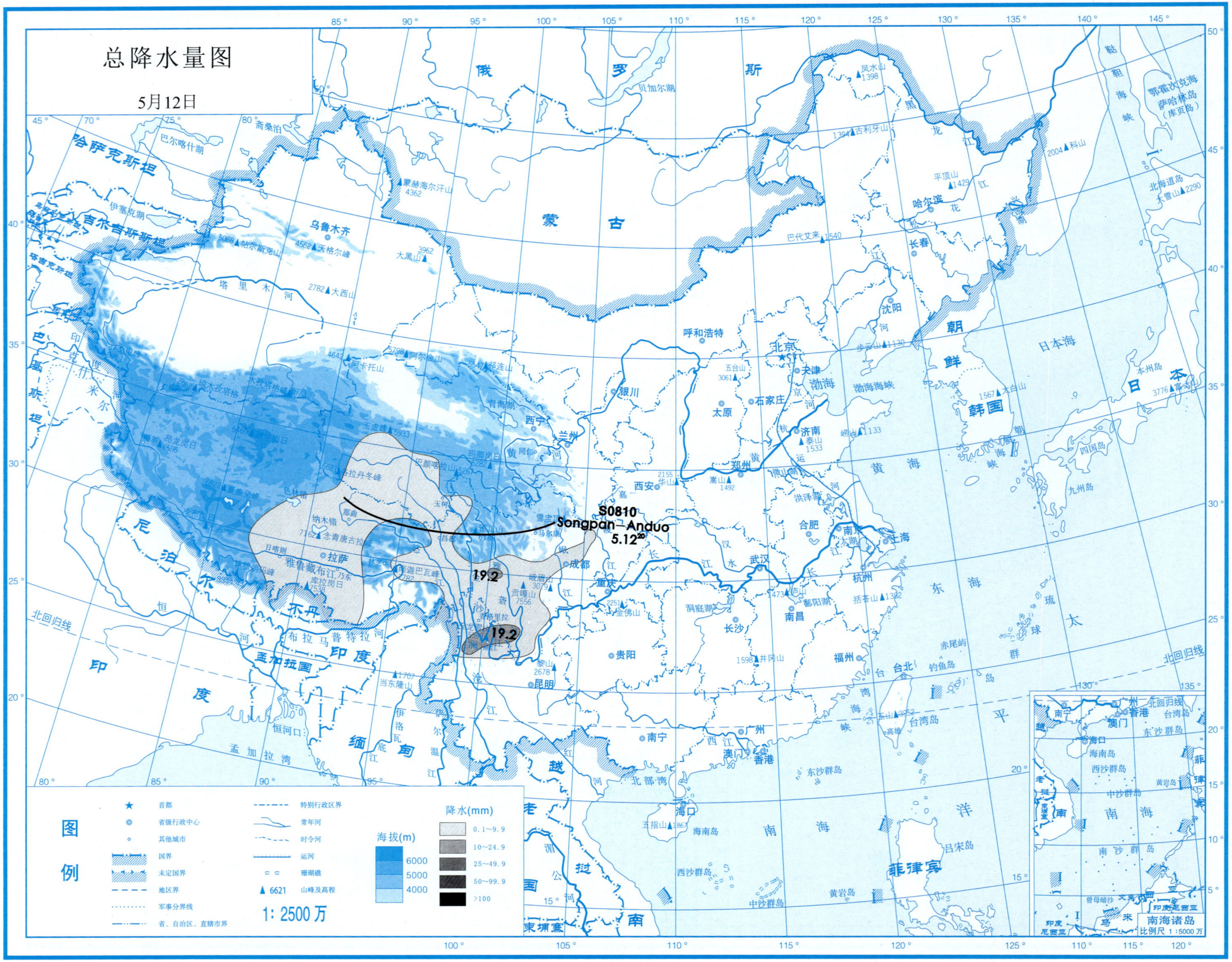
总降水量图
5月12日
S0810
Songpan–Anduo
5.12 20
19.2
19.2
图例
首都
省级行政中心
其他城市
国界
未定国界
地区界
军事分界线
省、自治区、直辖市界
特别行政区界
常年河
时令河
运河
珊瑚礁
6621 山峰及高程
1: 2500 万
海拔(m)
6000
5000
4000
降水(mm)
0.1~9.9
10~24.9
25~49.9
50~99.9
>100
南海诸岛
比例尺 1:5000 万

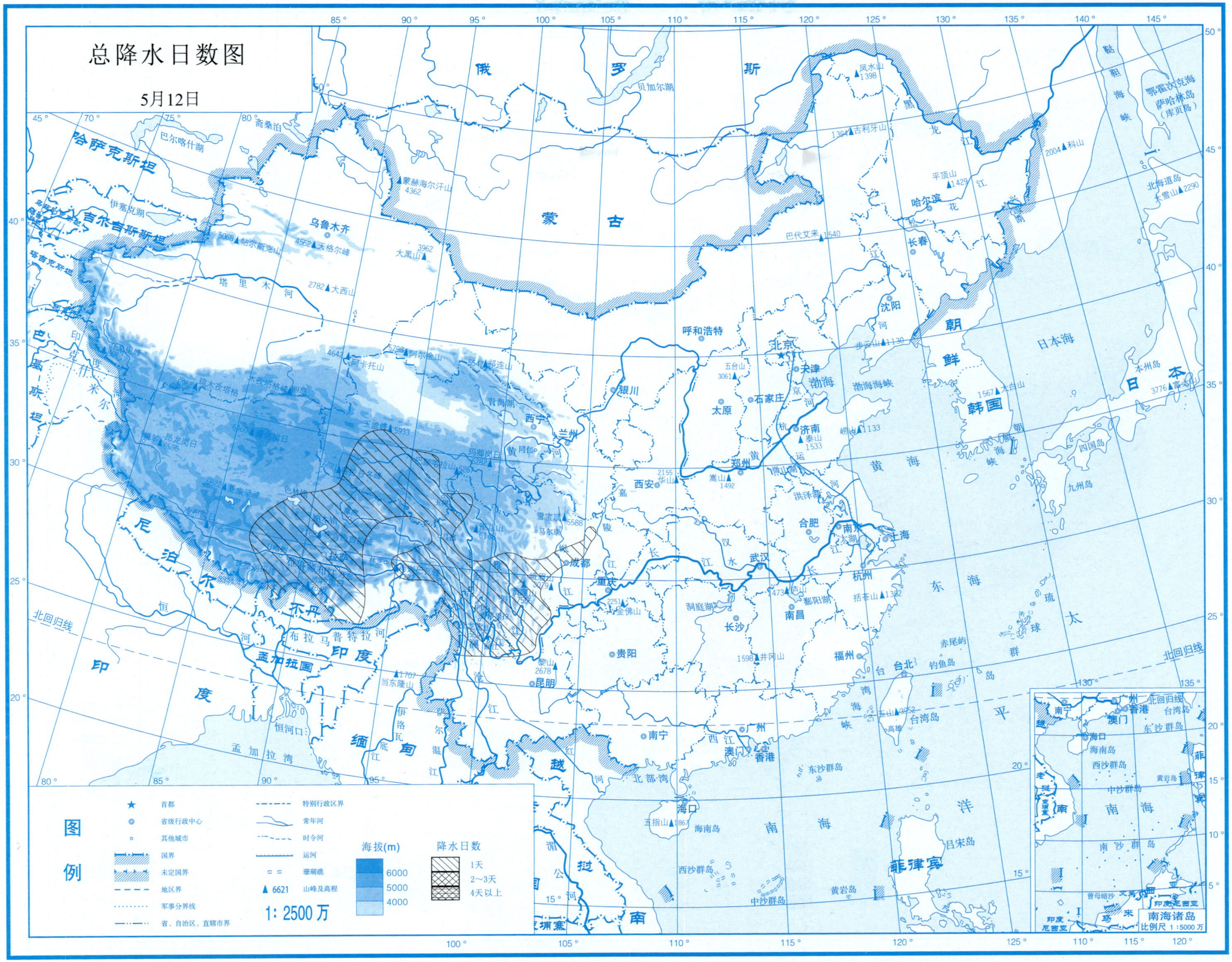
总降水日数图
5月12日
图例
首都
省级行政中心
其他城市
国界
未定国界
地区界
军事分界线
省、自治区、直辖市界
特别行政区界
常年河
时令河
运河
珊瑚礁
6621 山峰及高程
海拔(m)
6000
5000
4000
降水日数
1天
2~3天
4天以上
1: 2500万
南海诸岛
比例尺 1:5000万

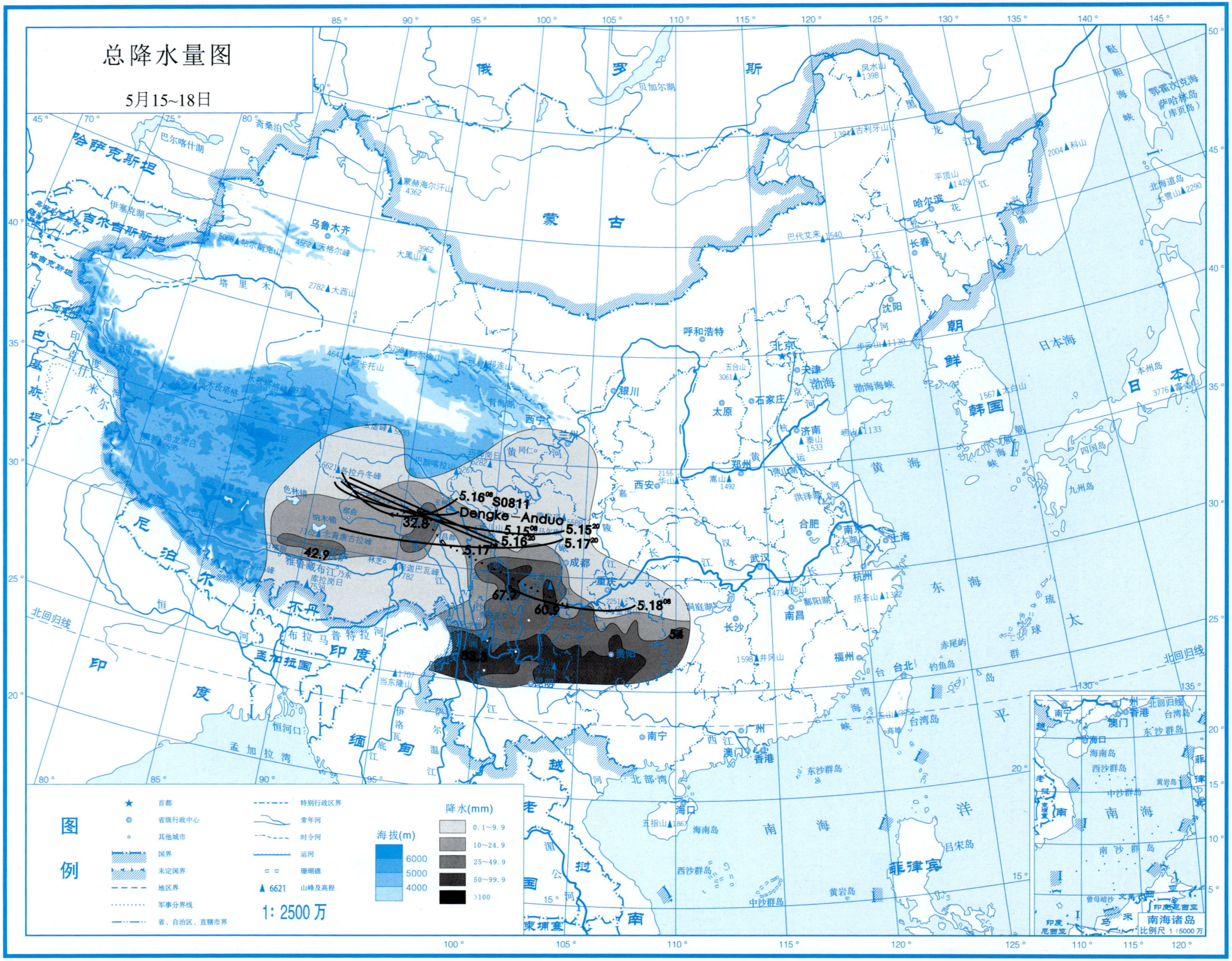
总降水量图
5月15~18日
5.16⁰⁸ S0811
Dengke−Anduo
5.15⁰⁸
5.16²⁰
5.17
5.15²⁰
5.17²⁰
5.18⁰⁸
32.8
42.9
67.7
60.9
54
图例
首都
省级行政中心
其他城市
国界
未定国界
地区界
军事分界线
省、自治区、直辖市界
特别行政区界
常年河
时令河
运河
珊瑚礁
6621 山峰及高程
1: 2500 万
海拔(m)
6000
5000
4000
降水(mm)
0.1~9.9
10~24.9
25~49.9
50~99.9
>100
南海诸岛
比例尺 1:5000 万

总降水日数图

5月15~18日

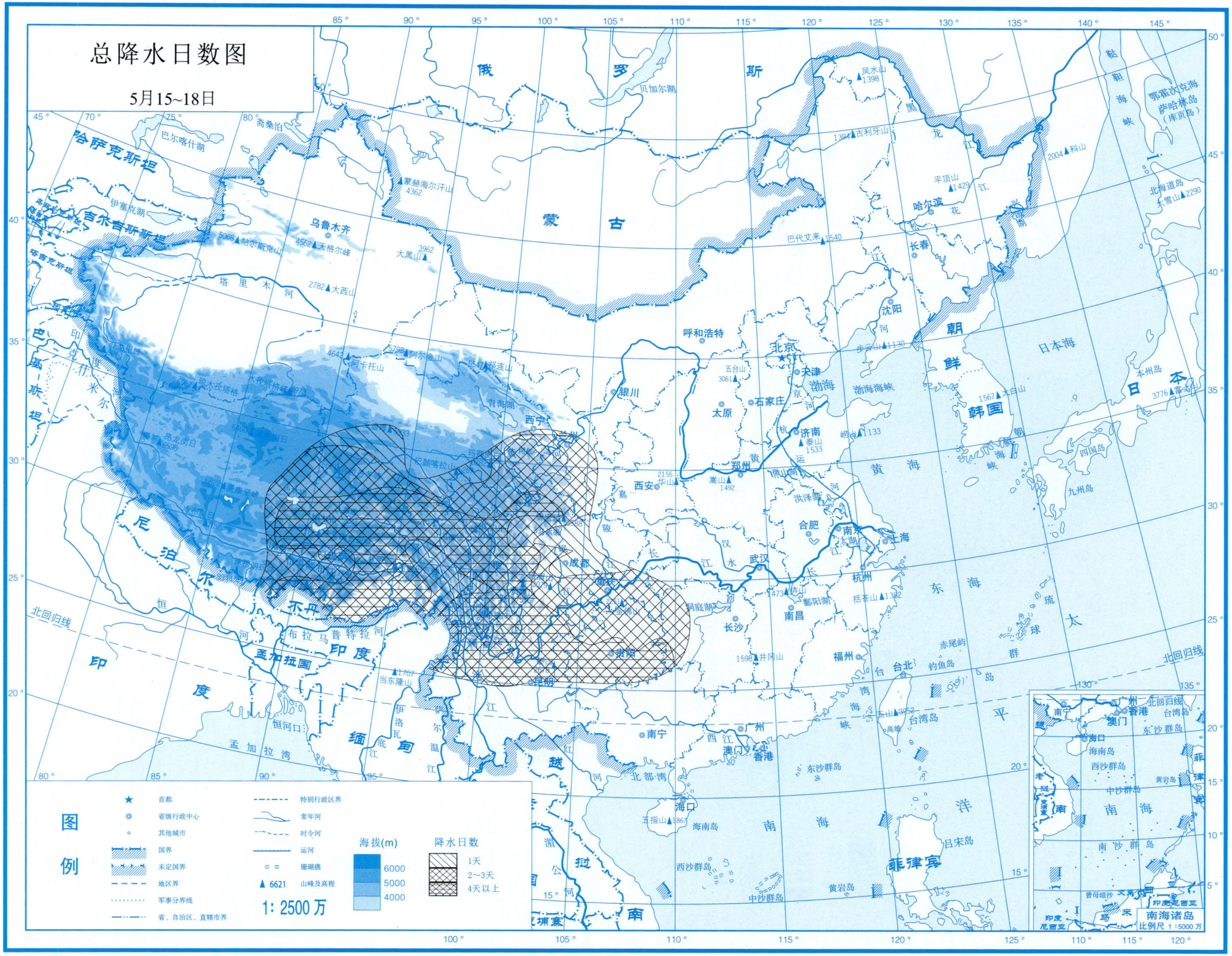

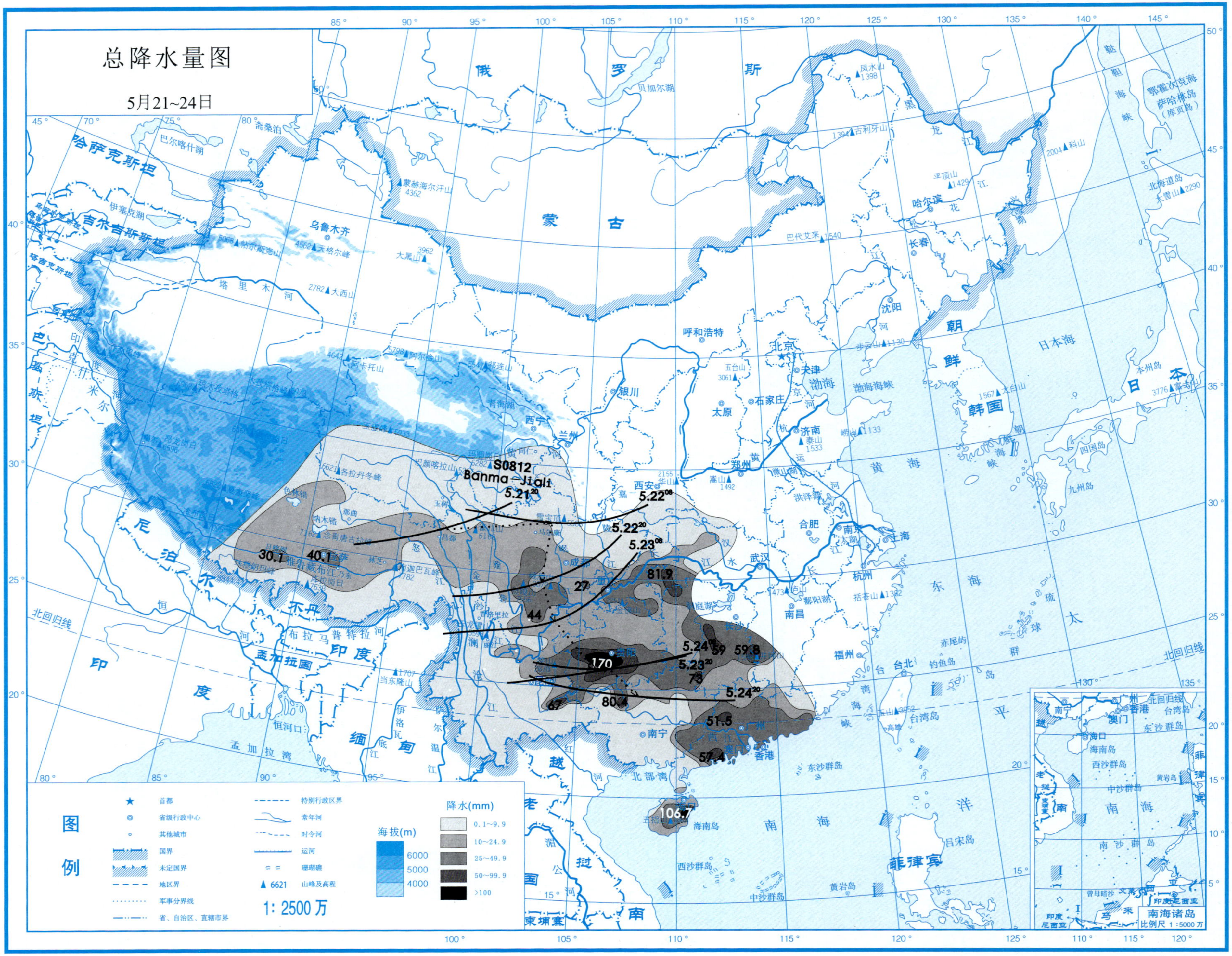
总降水量图
5月21~24日
S0812
Banma - Jiali
5.21[20]
5.22[08]
5.22[20]
5.23[08]
5.23[20]
5.24[08]
5.24[20]
30.1
40.1
27
44
81.9
170
59
59.8
73
67
80.4
51.5
57.4
106.7
图例
首都
省级行政中心
其他城市
国界
未定国界
地区界
军事分界线
省、自治区、直辖市界
特别行政区界
常年河
时令河
运河
珊瑚礁
6621 山峰及高程
1: 2500 万
海拔(m)
6000
5000
4000
降水(mm)
0.1~9.9
10~24.9
25~49.9
50~99.9
>100
南海诸岛
比例尺 1:5000 万

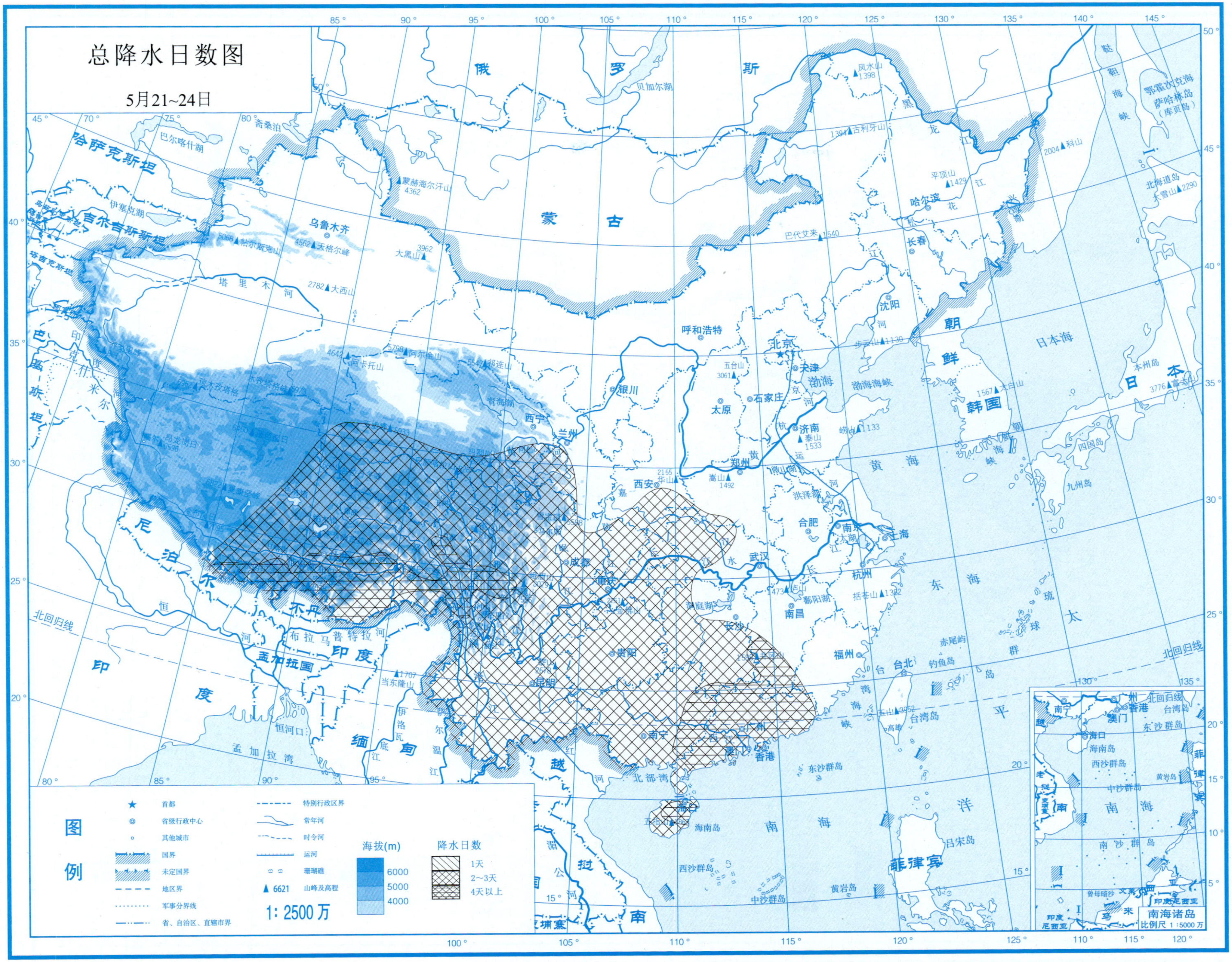
总降水日数图
5月21~24日
图例
首都
省级行政中心
其他城市
国界
未定国界
地区界
军事分界线
省、自治区、直辖市界
特别行政区界
常年河
时令河
运河
珊瑚礁
6621 山峰及高程
海拔(m)
6000
5000
4000
降水日数
1天
2~3天
4天以上
1: 2500万
南海诸岛
比例尺 1:5000万

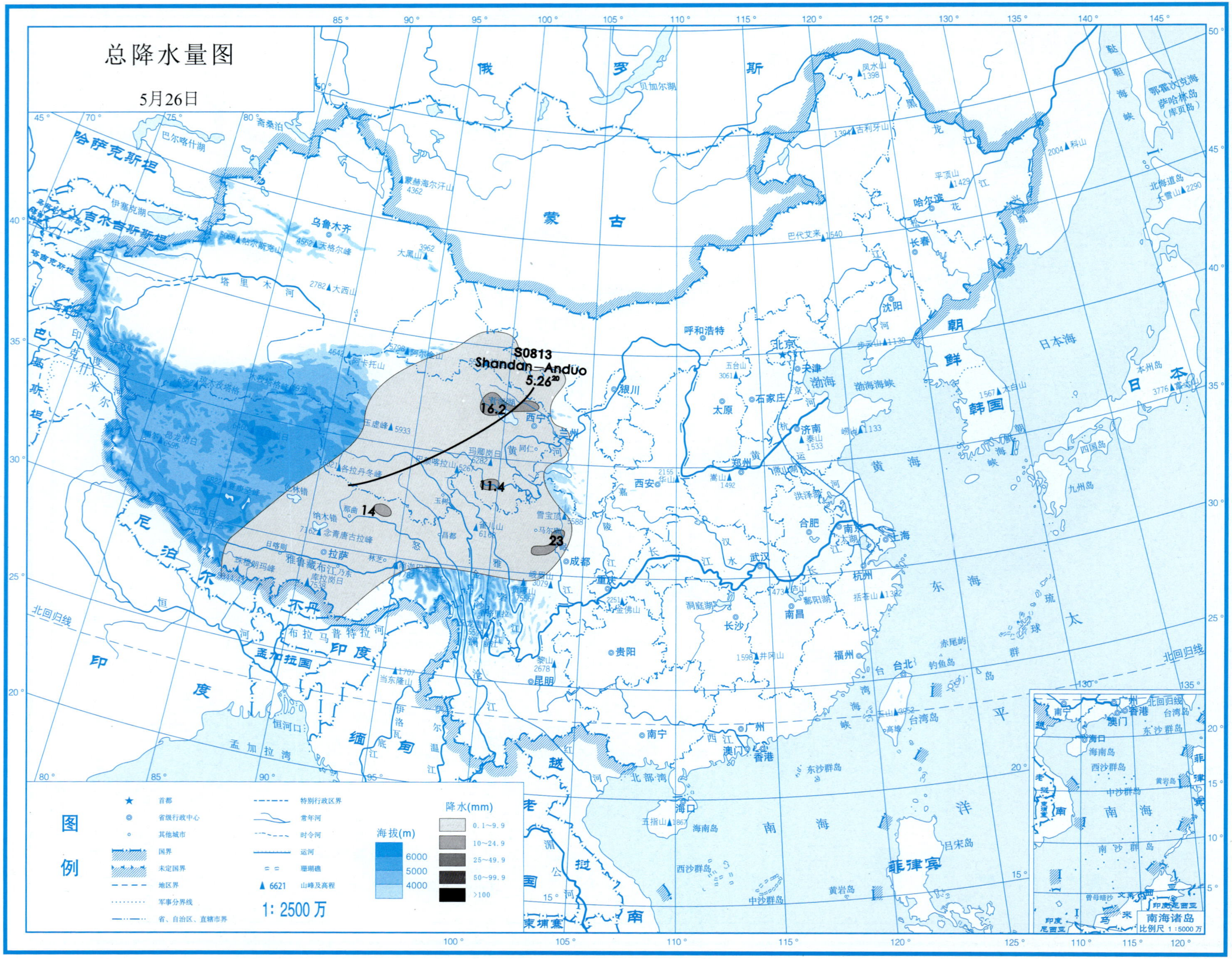
总降水量图
5月26日
S0813
Shandan—Anduo
5.26[20]
16.2
11.4
14
23
图例
首都
省级行政中心
其他城市
国界
未定国界
地区界
军事分界线
省、自治区、直辖市界
特别行政区界
常年河
时令河
运河
珊瑚礁
山峰及高程
海拔(m)
6000
5000
4000
1: 2500 万
降水(mm)
0.1~9.9
10~24.9
25~49.9
50~99.9
>100
南海诸岛
比例尺 1 : 5000 万

总降水日数图

5月26日

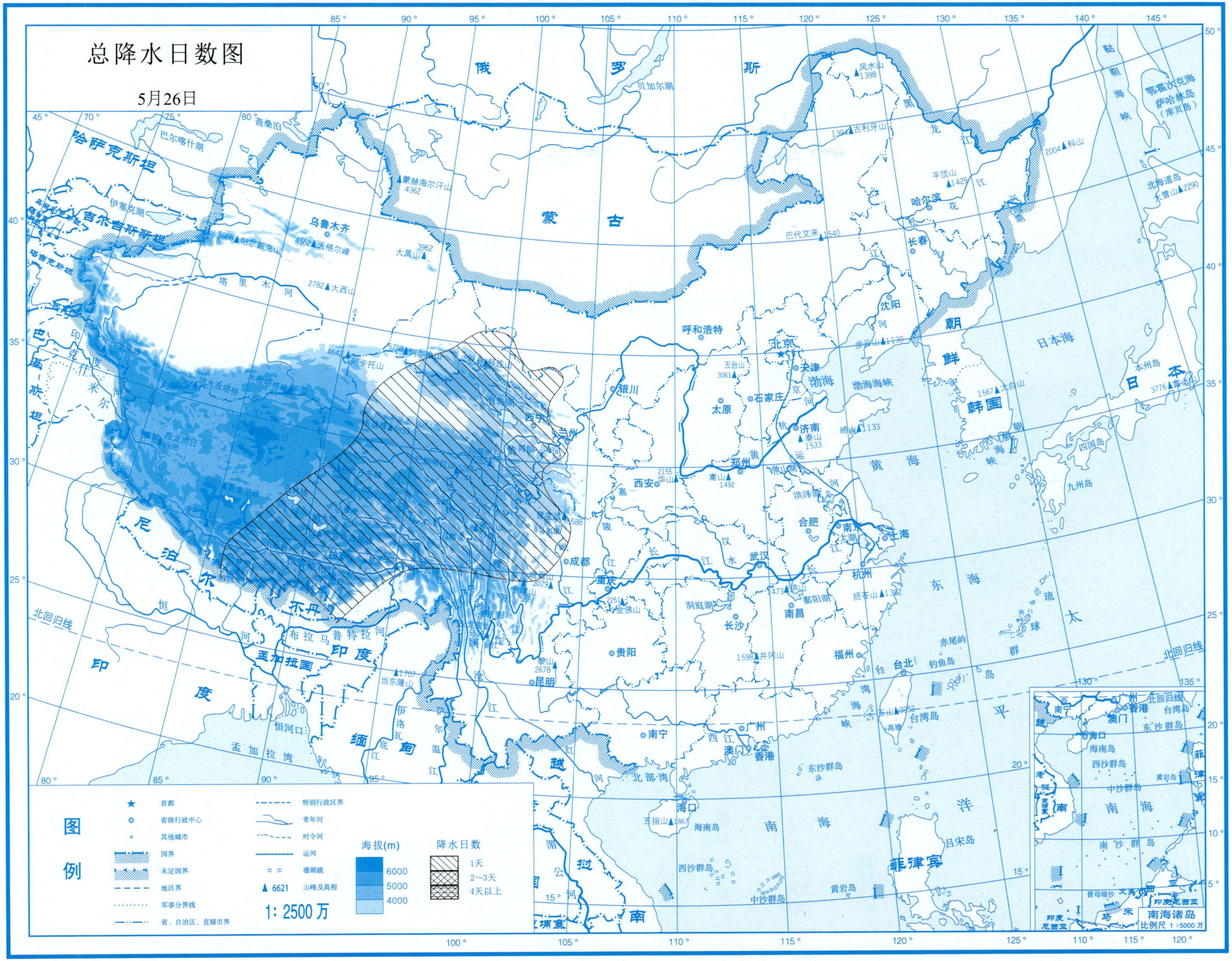

Page...211

高原切变线 第2部分

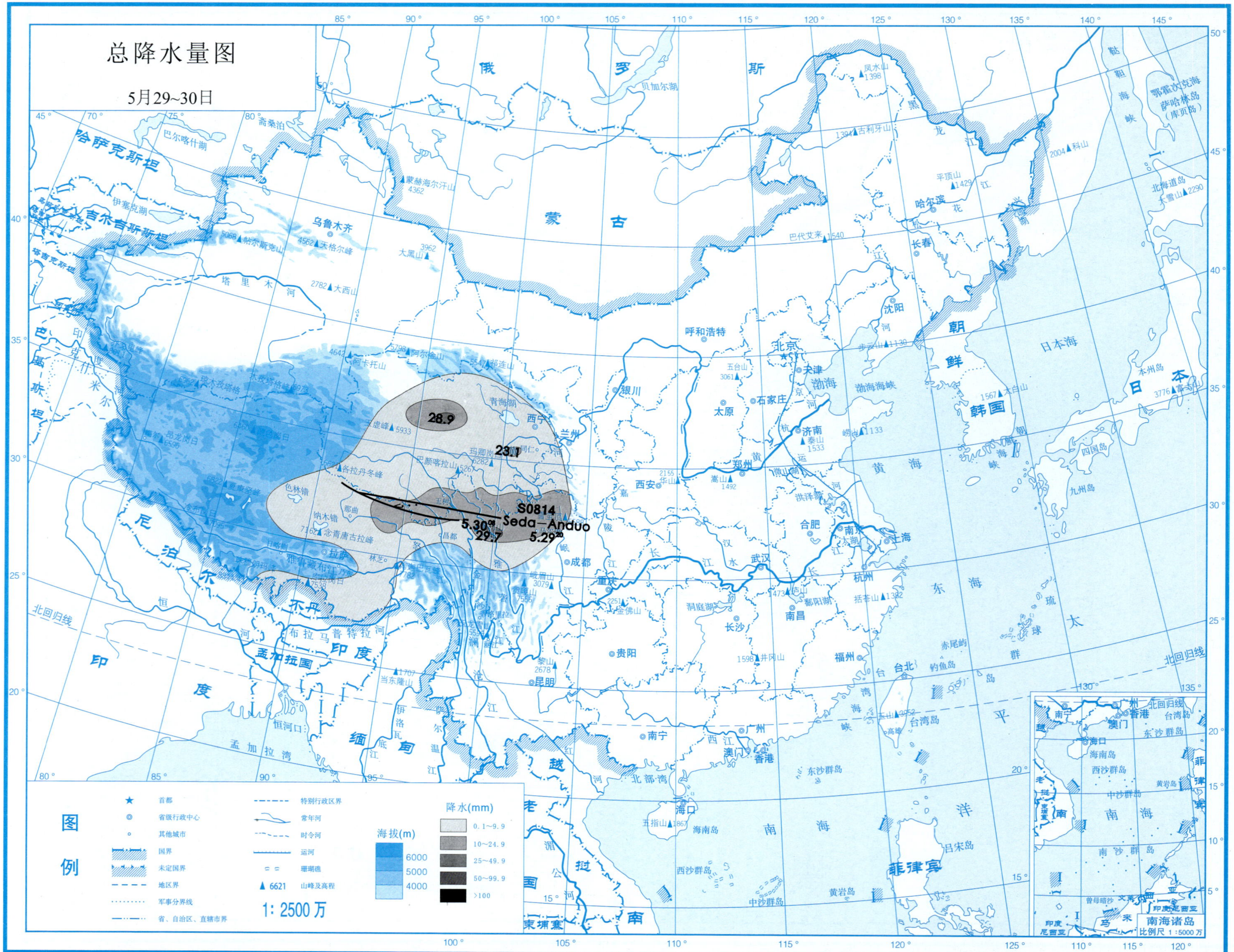
总降水量图
5月29~30日
28.9
23.1
S0814
Seda-Anduo
5.30
5.29
29.7
图例
首都
省级行政中心
其他城市
国界
未定国界
地区界
军事分界线
省、自治区、直辖市界
特别行政区界
常年河
时令河
运河
珊瑚礁
6621 山峰及高程
1: 2500 万
海拔(m)
6000
5000
4000
降水(mm)
0.1~9.9
10~24.9
25~49.9
50~99.9
>100
南海诸岛
比例尺 1:5000 万

总降水日数图

5月29~30日

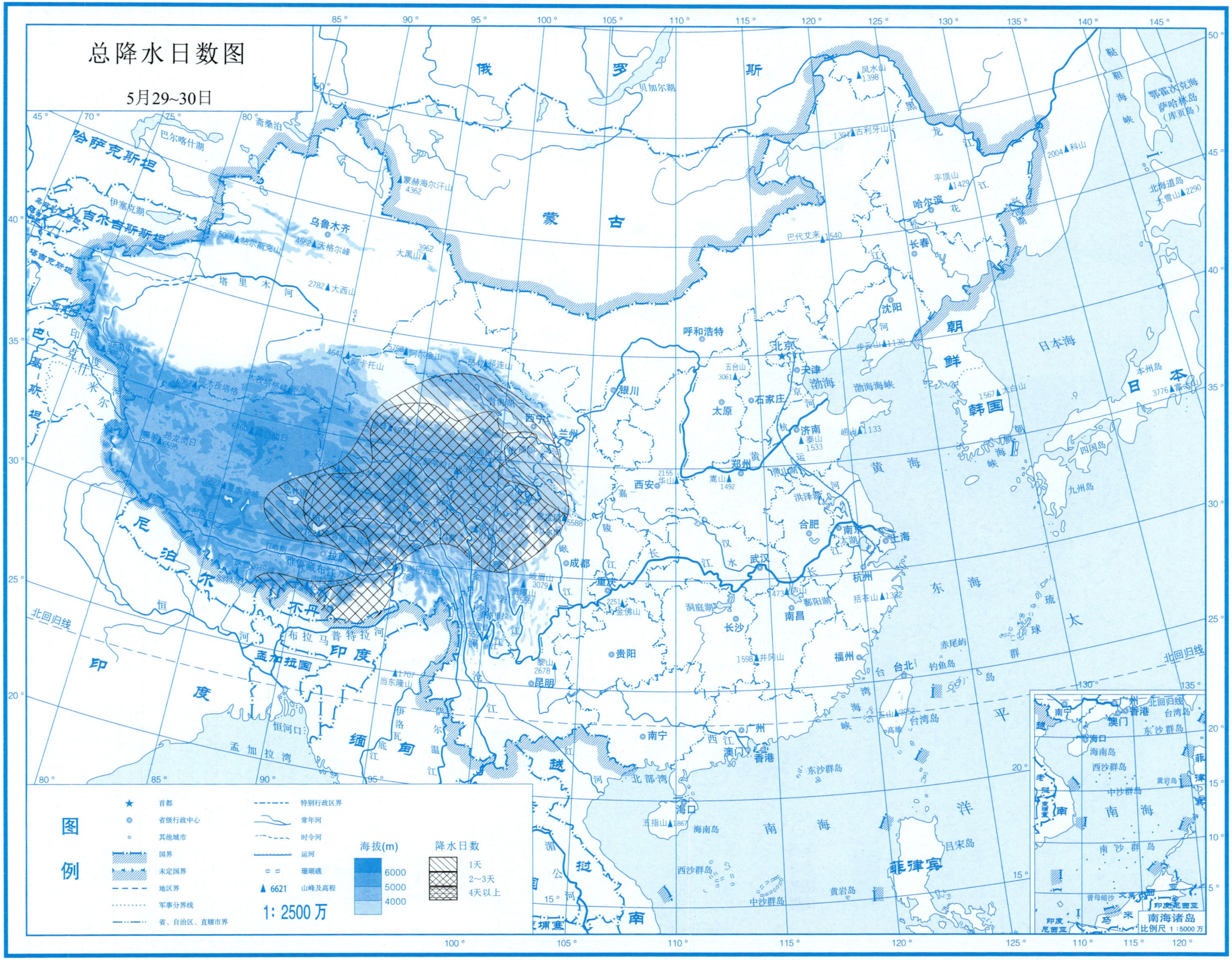

高原切变线 第2部分

Page...218

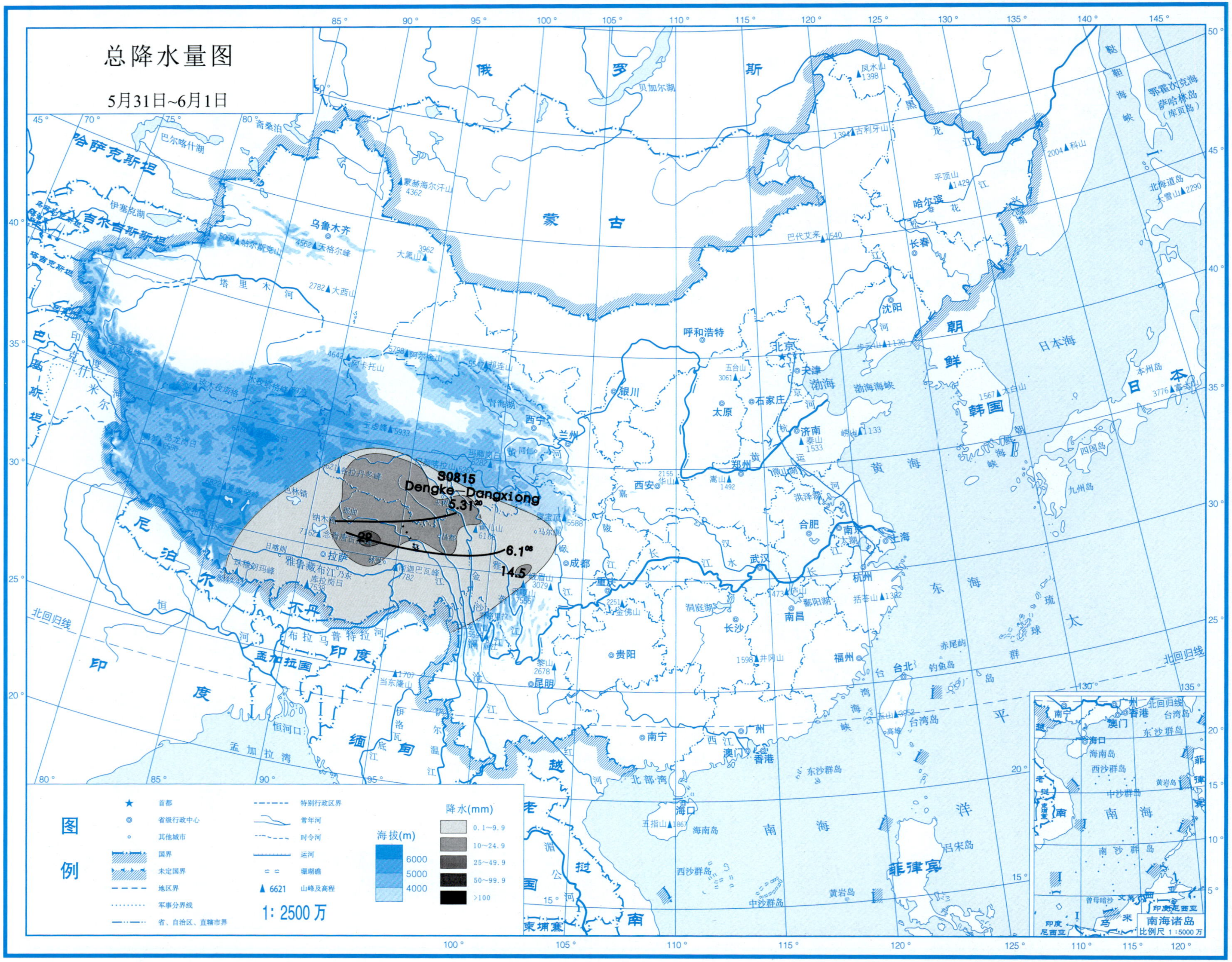

总降水量图
5月31日~6月1日
S0815
Dengke–Dangxiong
5.31 20
6.1 08
28
14.5
图例
首都
省级行政中心
其他城市
国界
未定国界
地区界
军事分界线
省、自治区、直辖市界
特别行政区界
常年河
时令河
运河
珊瑚礁
6621 山峰及高程
1: 2500 万
海拔(m)
6000
5000
4000
降水(mm)
0.1~9.9
10~24.9
25~49.9
50~99.9
>100
南海诸岛
比例尺 1:5000 万

总降水日数图

5月31日~6月1日

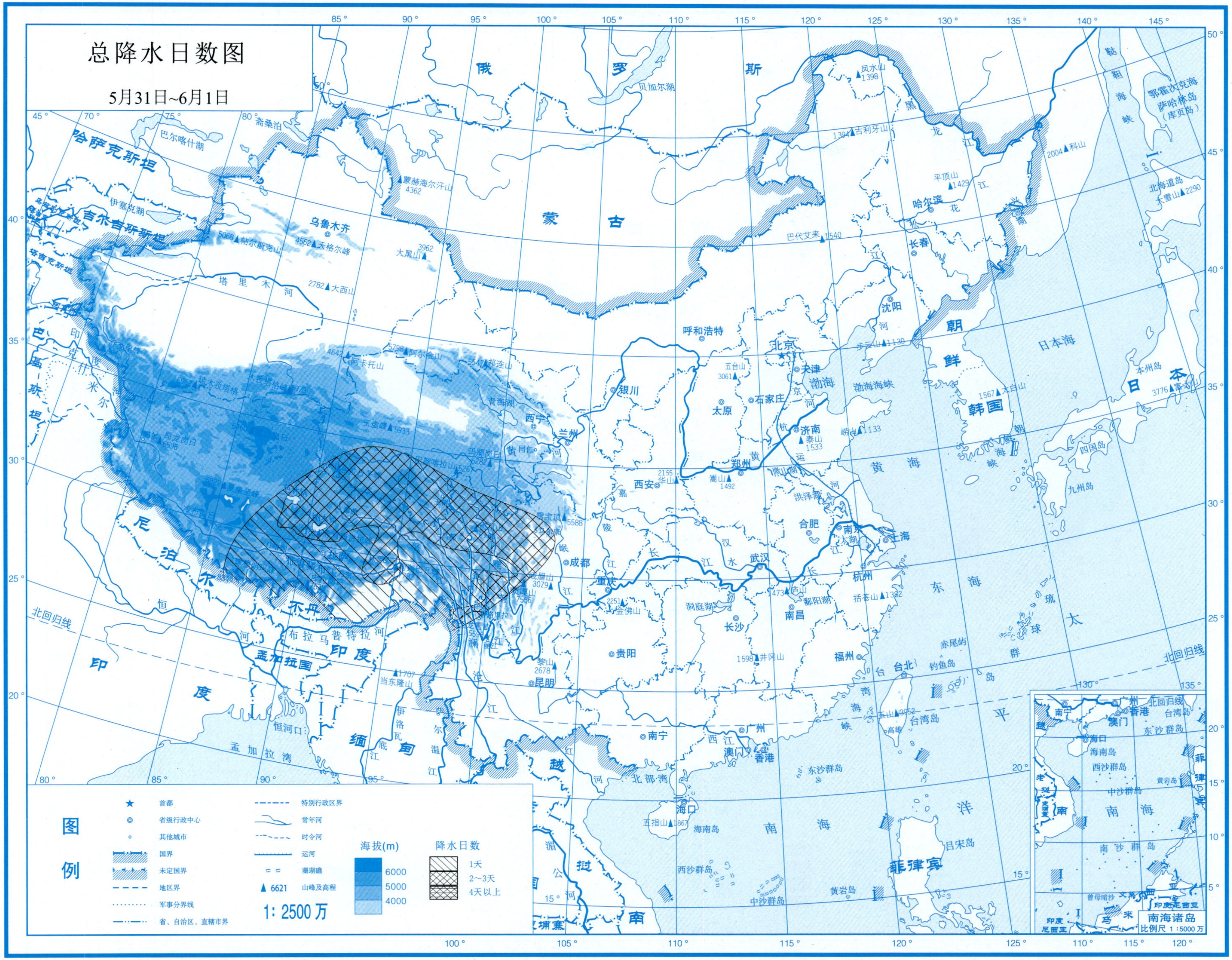

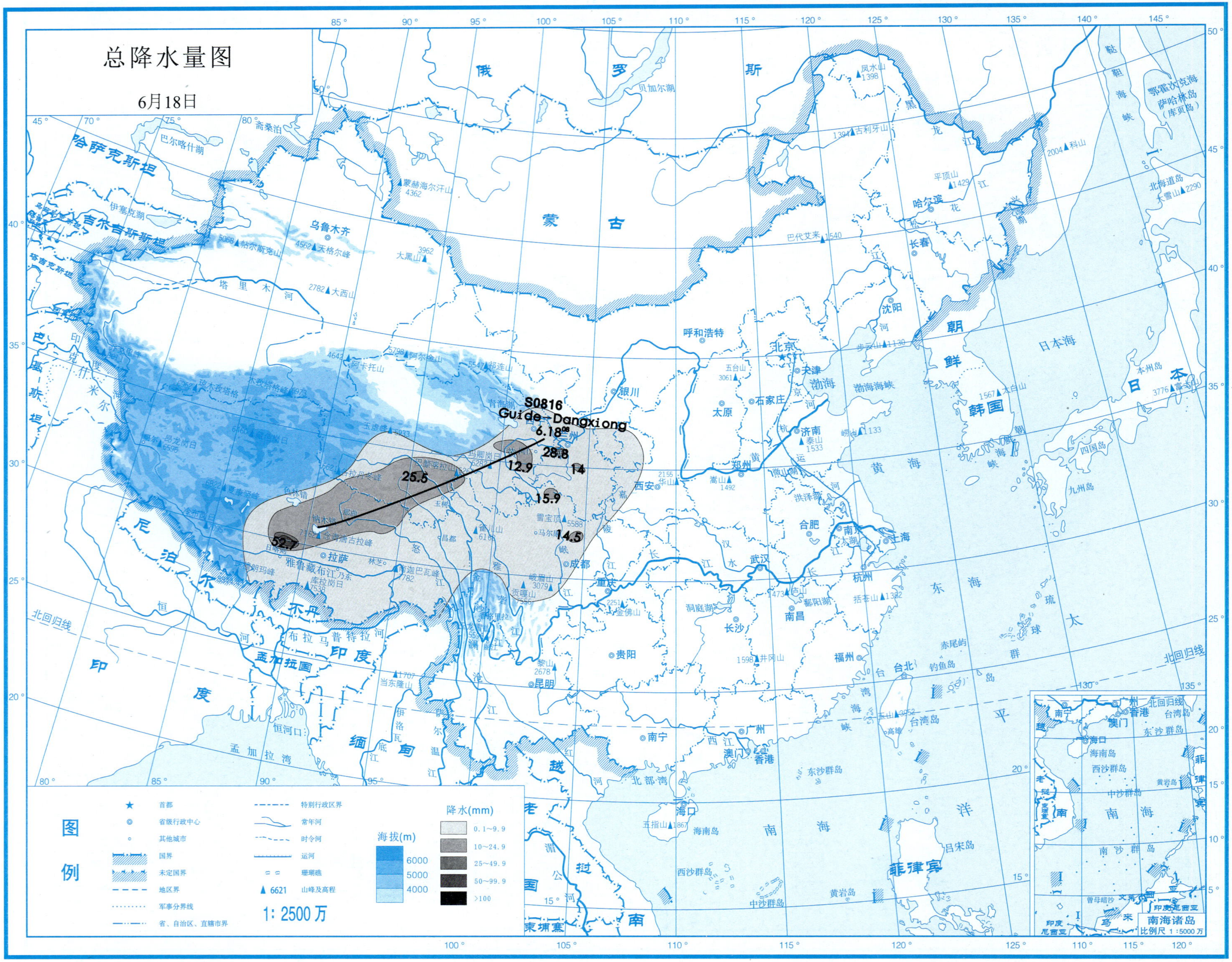
总降水量图
6月18日
S0816
Guide-Dangxiong
6.18
52.7
25.5
28.8
12.9
14
15.9
14.5
图例
首都
省级行政中心
其他城市
国界
未定国界
地区界
军事分界线
省、自治区、直辖市界
特别行政区界
常年河
时令河
运河
珊瑚礁
6621 山峰及高程
海拔(m)
6000
5000
4000
降水(mm)
0.1~9.9
10~24.9
25~49.9
50~99.9
>100
1: 2500 万
南海诸岛
比例尺 1:5000 万

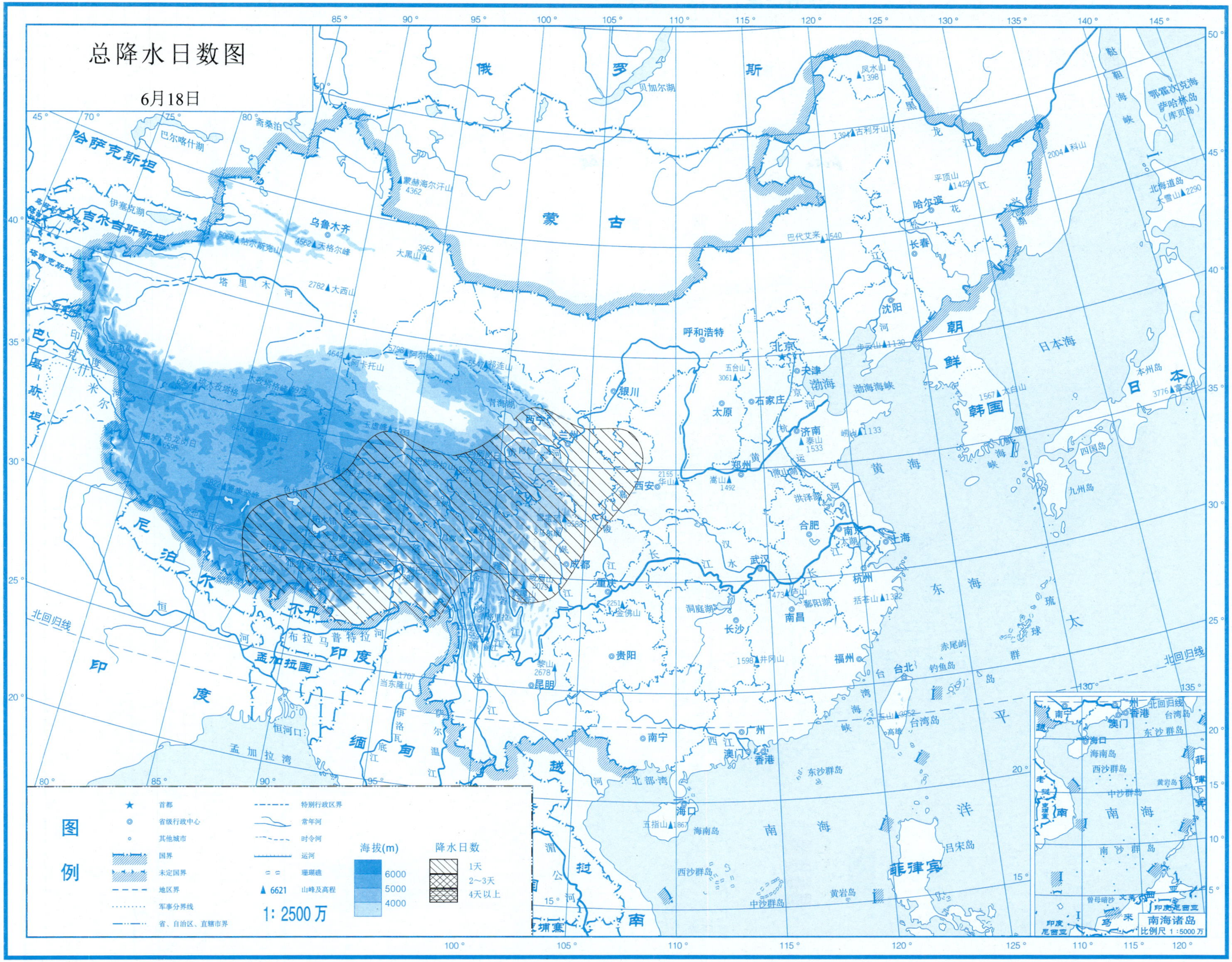
总降水日数图
6月18日
图例
首都
省级行政中心
其他城市
国界
未定国界
地区界
军事分界线
省、自治区、直辖市界
特别行政区界
常年河
时令河
运河
珊瑚礁
6621 山峰及高程
海拔(m)
6000
5000
4000
降水日数
1天
2~3天
4天以上
1: 2500万
俄罗斯
蒙古
哈萨克斯坦
吉尔吉斯斯坦
塔吉克斯坦
巴基斯坦
尼泊尔
不丹
印度
孟加拉国
缅甸
老挝
越南
泰国
柬埔寨
朝鲜
韩国
日本
菲律宾
贝加尔湖
巴尔喀什湖
伊塞克湖
斋桑泊
乌鲁木齐
呼和浩特
北京
天津
石家庄
太原
济南
郑州
西安
银川
西宁
兰州
成都
重庆
贵阳
昆明
南宁
广州
澳门
香港
海口
长沙
南昌
武汉
合肥
南京
上海
杭州
福州
台北
沈阳
长春
哈尔滨
塔里木河
黄河
长江
汉水
渤海
黄海
东海
南海
日本海
太平洋
孟加拉湾
北部湾
台湾海峡
北回归线
南海诸岛
比例尺 1:5000万

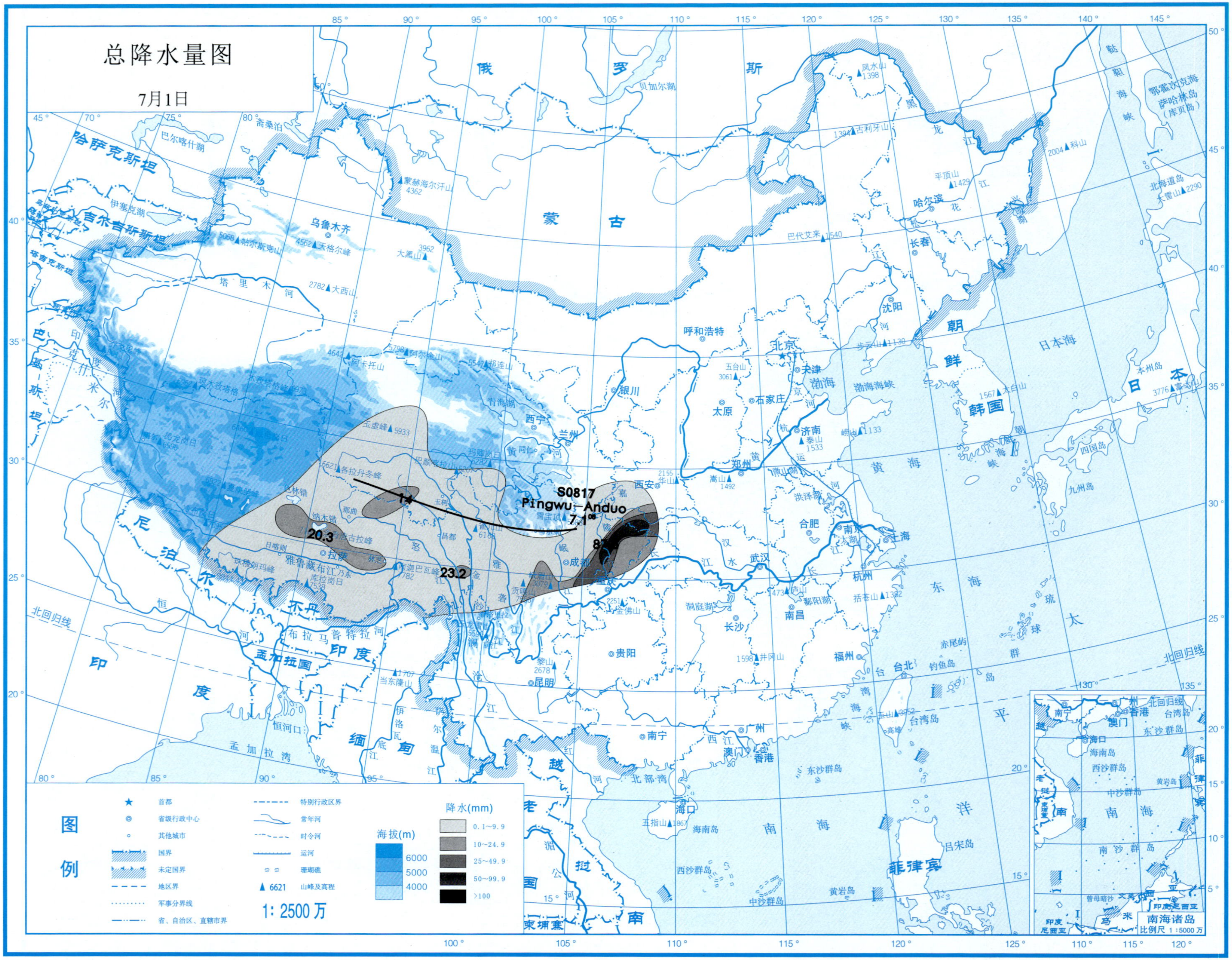
总降水量图
7月1日
S0817
Pingwu-Anduo
7.1
14
20.3
23.2
图例
首都
省级行政中心
其他城市
国界
未定国界
地区界
军事分界线
省、自治区、直辖市界
特别行政区界
常年河
时令河
运河
珊瑚礁
6621 山峰及高程
1: 2500 万
海拔(m)
6000
5000
4000
降水(mm)
0.1~9.9
10~24.9
25~49.9
50~99.9
>100
南海诸岛
比例尺 1:5000 万

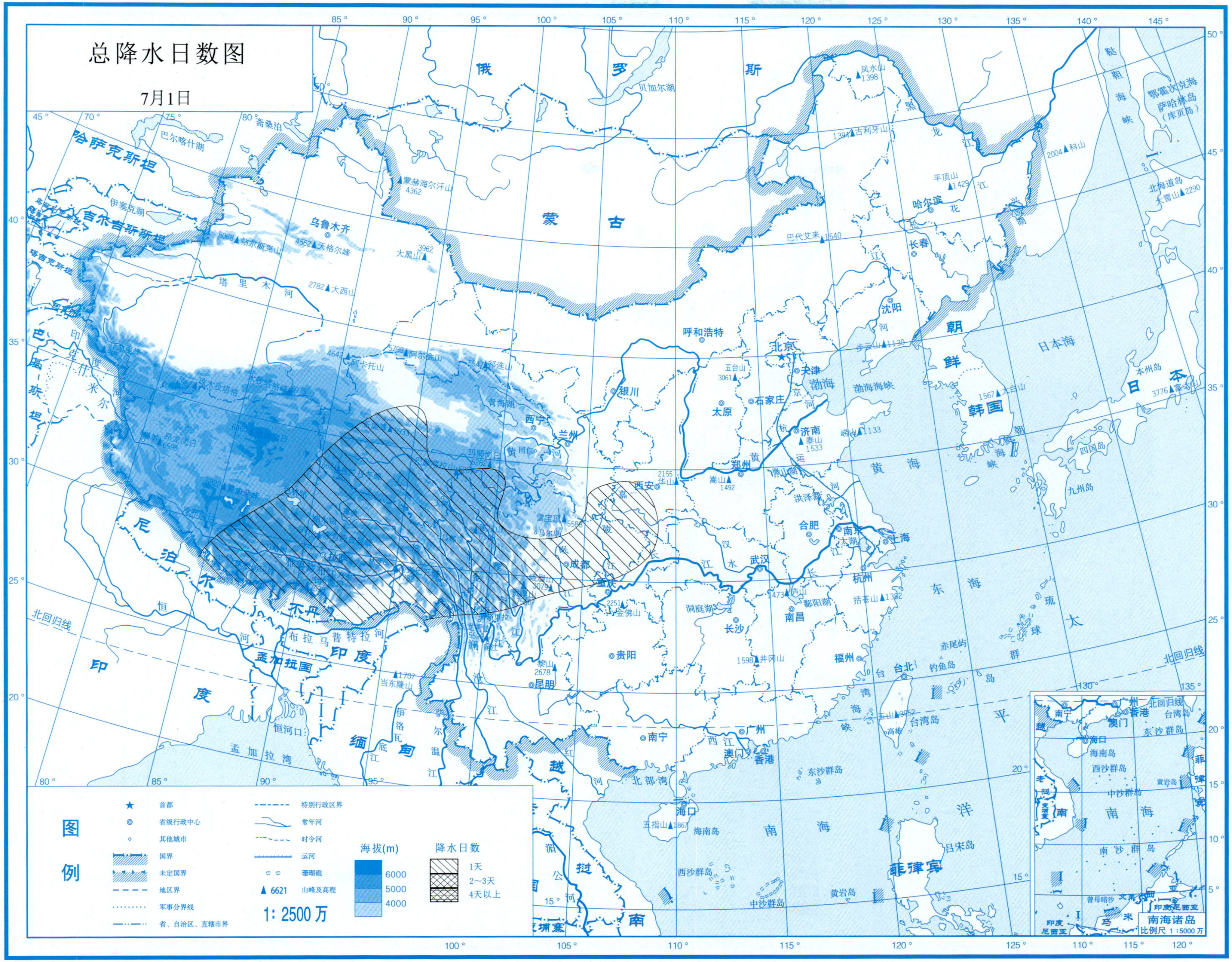
总降水日数图
7月1日
图例
首都
省级行政中心
其他城市
国界
未定国界
地区界
军事分界线
省、自治区、直辖市界
特别行政区界
常年河
时令河
运河
珊瑚礁
6621 山峰及高程
海拔(m)
6000
5000
4000
降水日数
1天
2~3天
4天以上
1: 2500万
南海诸岛
比例尺 1:5000万
俄罗斯
蒙古
哈萨克斯坦
吉尔吉斯斯坦
塔吉克斯坦
巴基斯坦
印度
尼泊尔
不丹
孟加拉国
缅甸
老挝
越南
泰国
柬埔寨
菲律宾
朝鲜
韩国
日本
北京
天津
石家庄
太原
呼和浩特
沈阳
长春
哈尔滨
济南
郑州
西安
兰州
西宁
银川
乌鲁木齐
成都
重庆
贵阳
昆明
南宁
广州
香港
澳门
长沙
武汉
南昌
合肥
南京
上海
杭州
福州
台北
海口
拉萨
黄海
东海
南海
渤海
日本海
北回归线

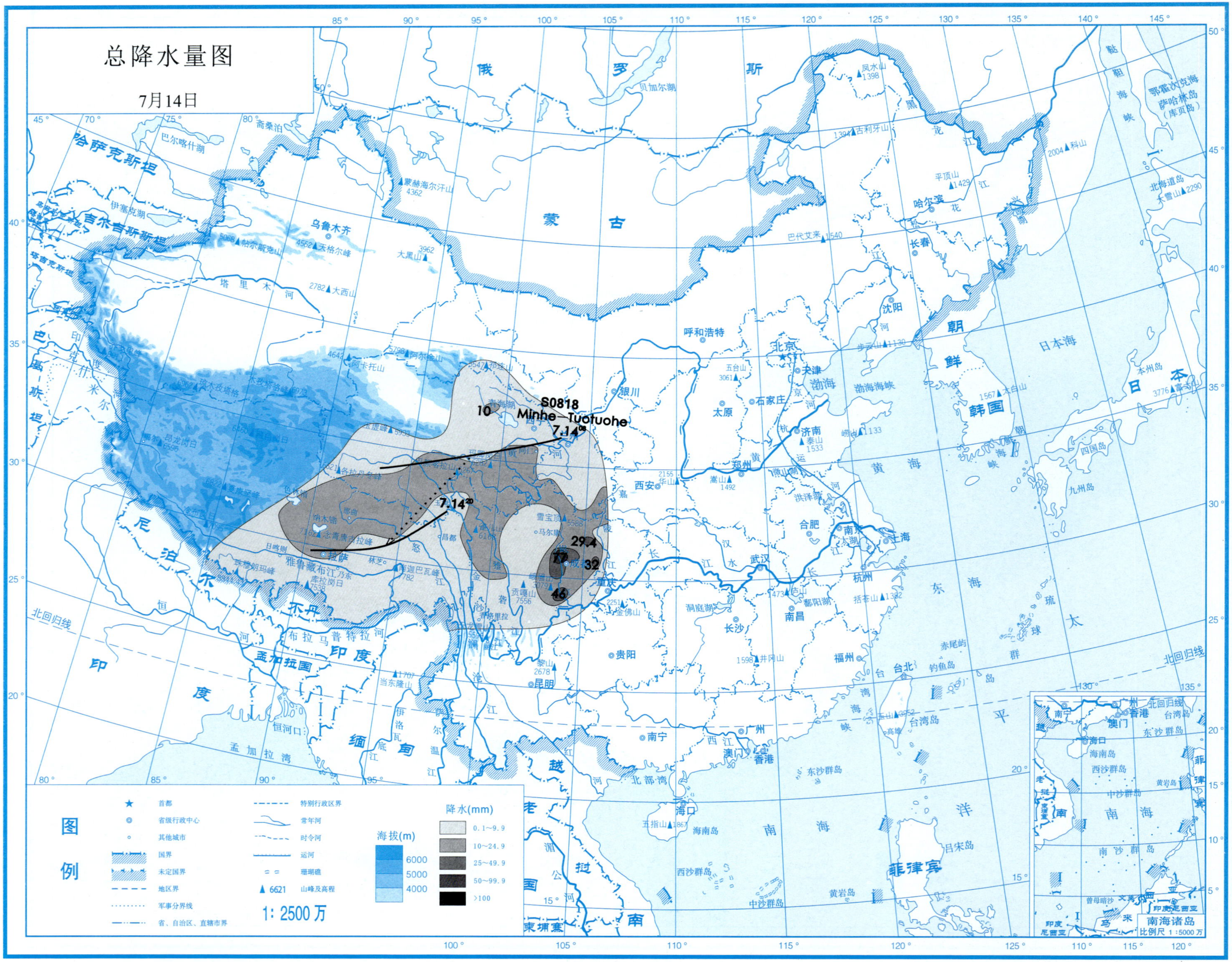
总降水量图
7月14日
S0818
Minhe–Tuotuohe
7.14
10
29.4
32
46
图例
首都
省级行政中心
其他城市
国界
未定国界
地区界
军事分界线
省、自治区、直辖市界
特别行政区界
常年河
时令河
运河
珊瑚礁
6621 山峰及高程
海拔(m)
6000
5000
4000
降水(mm)
0.1~9.9
10~24.9
25~49.9
50~99.9
>100
1: 2500万
南海诸岛
比例尺 1:5000万

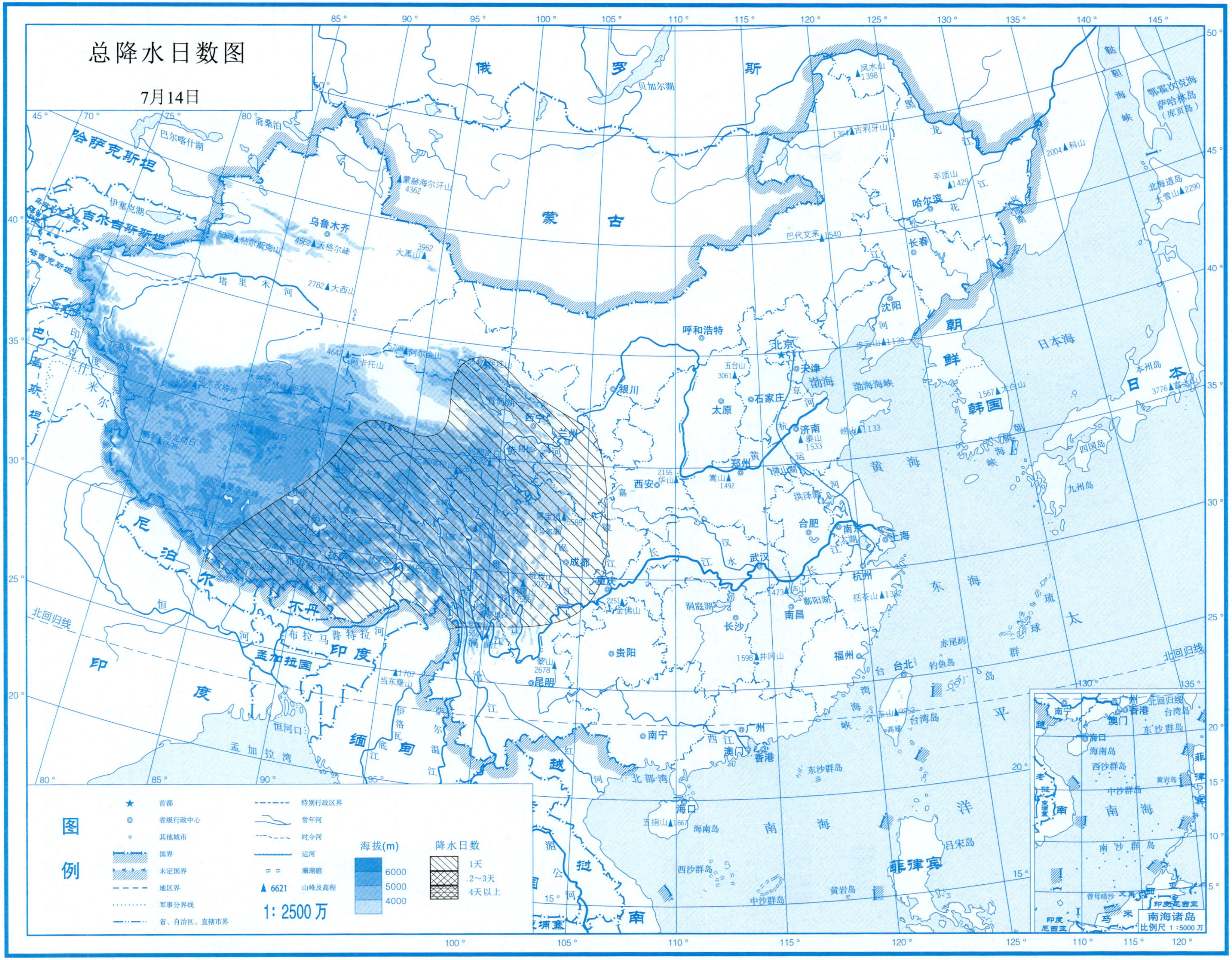
总降水日数图
7月14日
图例
首都
省级行政中心
其他城市
国界
未定国界
地区界
军事分界线
省、自治区、直辖市界
特别行政区界
常年河
时令河
运河
珊瑚礁
6621 山峰及高程
海拔(m)
6000
5000
4000
降水日数
1天
2~3天
4天以上
1: 2500万
南海诸岛
比例尺 1 : 5000 万
俄罗斯
蒙古
哈萨克斯坦
吉尔吉斯斯坦
塔吉克斯坦
尼泊尔
不丹
孟加拉国
印度
缅甸
越南
朝鲜
韩国
日本
菲律宾
北京
天津
石家庄
太原
呼和浩特
沈阳
长春
哈尔滨
济南
郑州
西安
银川
兰州
西宁
成都
重庆
贵阳
昆明
武汉
长沙
南昌
合肥
南京
上海
杭州
福州
台北
广州
南宁
海口
香港
澳门
乌鲁木齐
日本海
黄海
东海
南海
渤海
太平洋
北回归线

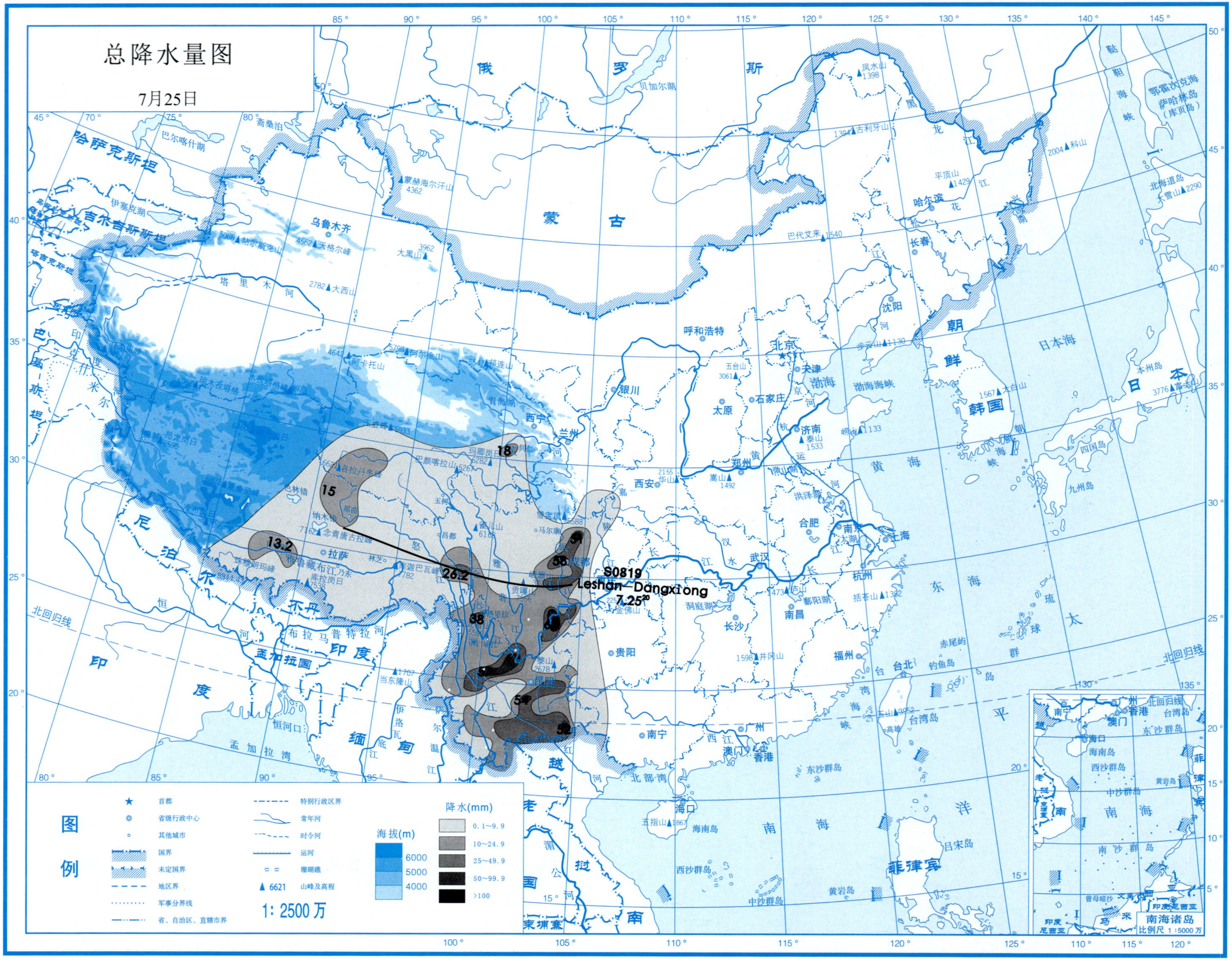

S0819
Leshan—Dangxiong
7.25
18
15
13.2
26.2
38
54
52
图例
首都
省级行政中心
其他城市
国界
未定国界
地区界
军事分界线
省、自治区、直辖市界
特别行政区界
常年河
时令河
运河
珊瑚礁
6621 山峰及高程
1: 2500万
海拔(m)
6000
5000
4000
降水(mm)
0.1~9.9
10~24.9
25~49.9
50~99.9
>100
南海诸岛
比例尺 1:5000万

总降水量图

7月25日

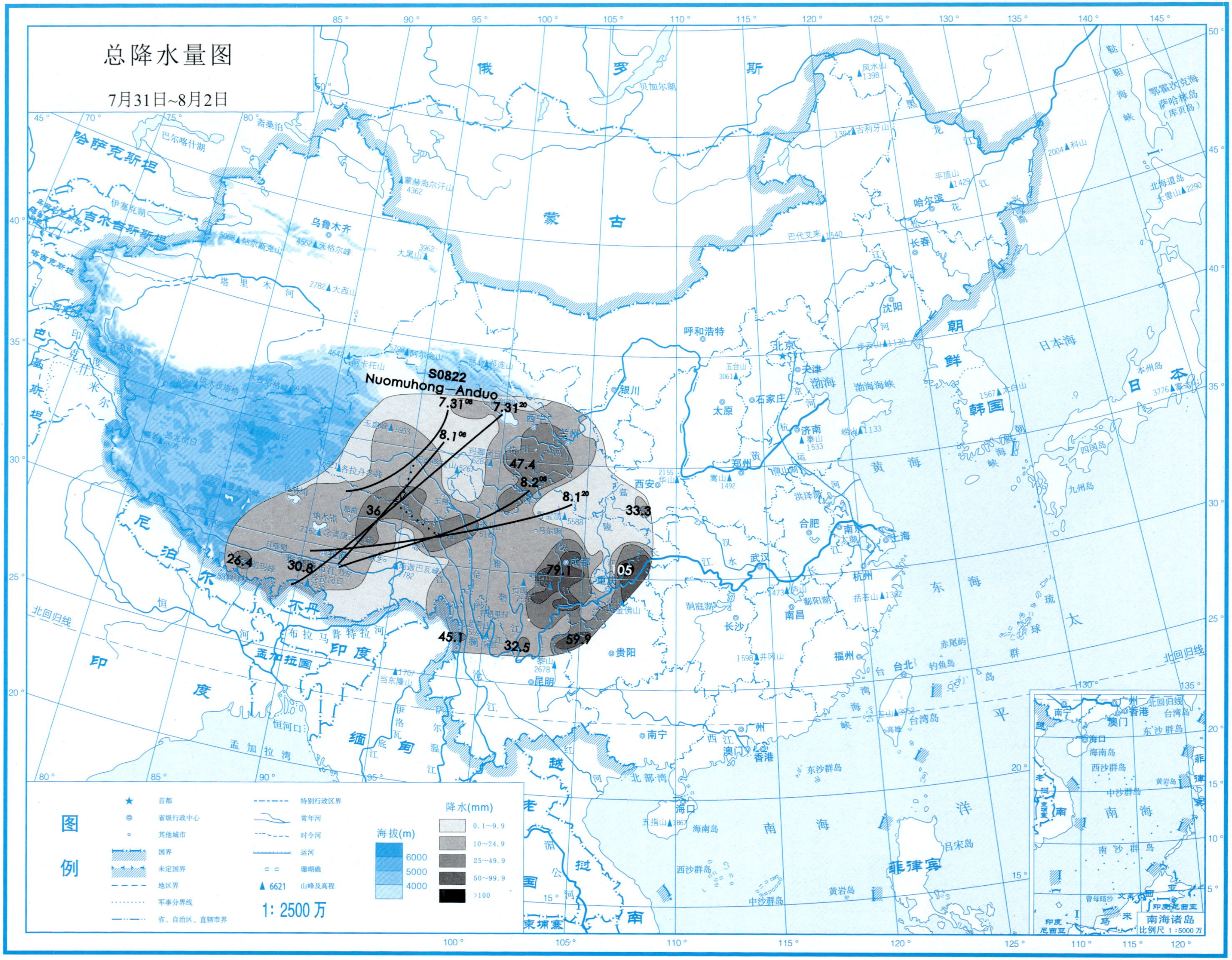
总降水量图
7月31日~8月2日
S0822
Nuomuhong—Anduo
7.31[08]
7.31[20]
8.1[08]
8.2[08]
8.1[20]
47.4
36
33.3
26.4
30.8
79.1
05
45.1
32.5
59.9
图例
首都
省级行政中心
其他城市
国界
未定国界
地区界
军事分界线
省、自治区、直辖市界
特别行政区界
常年河
时令河
运河
珊瑚礁
山峰及高程
海拔(m)
6000
5000
4000
降水(mm)
0.1~9.9
10~24.9
25~49.9
50~99.9
>100
1: 2500 万
南海诸岛
比例尺 1:5000 万

总降水日数图

7月29~31日

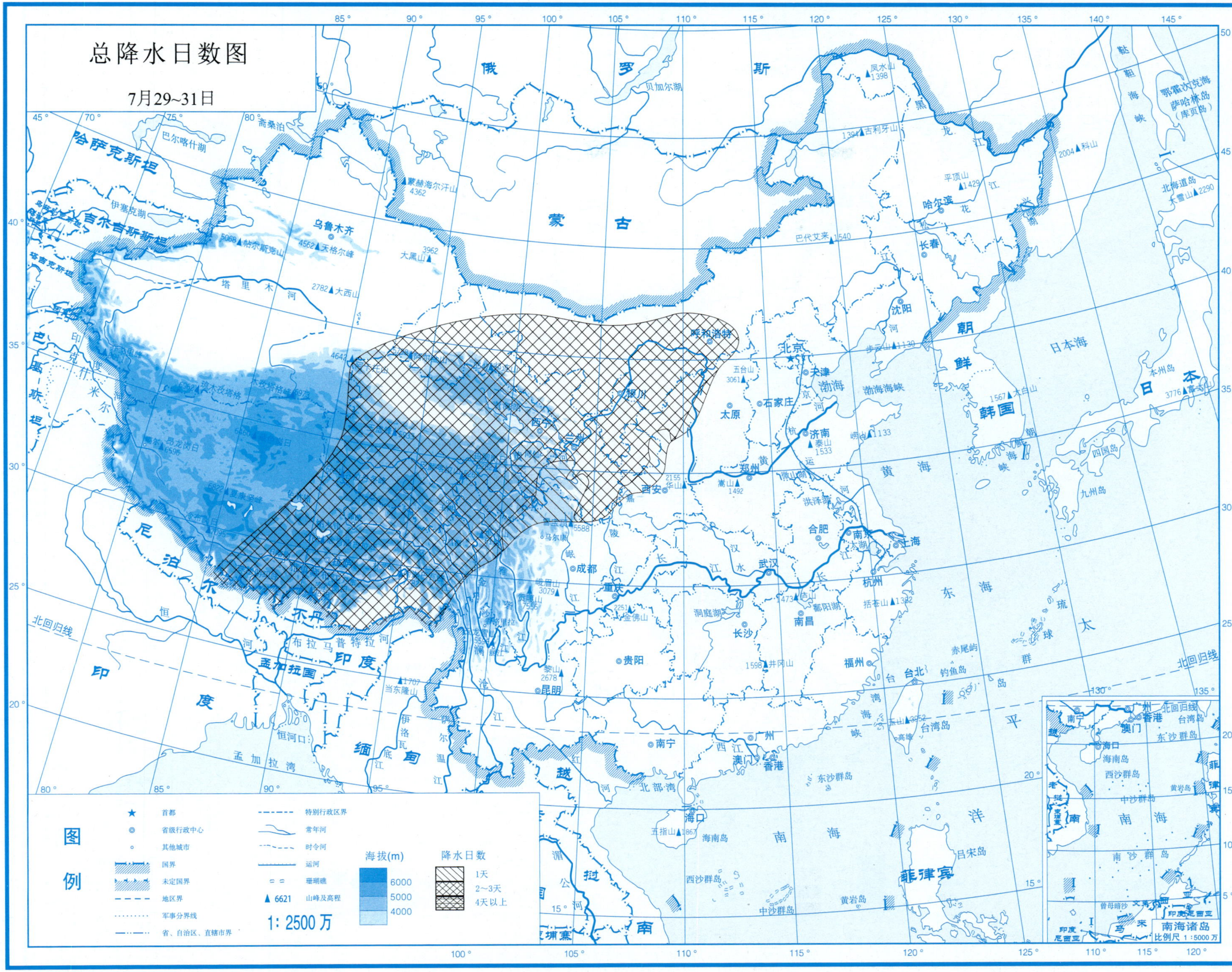

Page...227

高原切变线 第2部分

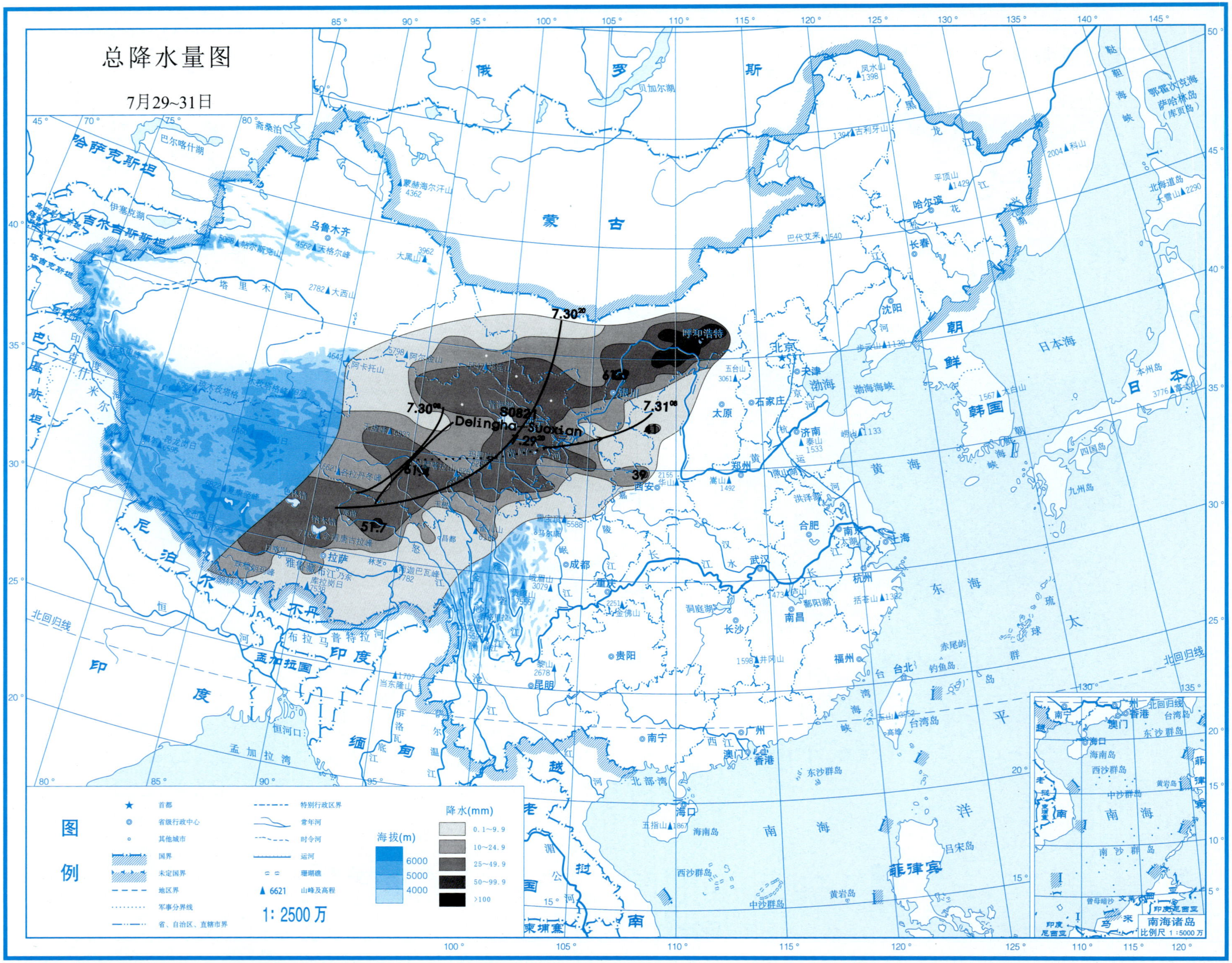
总降水量图
7月29~31日
7.30[20]
7.30[08]
7.29[20]
7.31[08]
Delingha-Suoxian
S0821
61.9
81.4
51.7
41
39
图例
首都
省级行政中心
其他城市
国界
未定国界
地区界
军事分界线
省、自治区、直辖市界
特别行政区界
常年河
时令河
运河
珊瑚礁
山峰及高程
海拔(m)
6000
5000
4000
降水(mm)
0.1~9.9
10~24.9
25~49.9
50~99.9
>100
1: 2500万
南海诸岛
比例尺 1:5000万

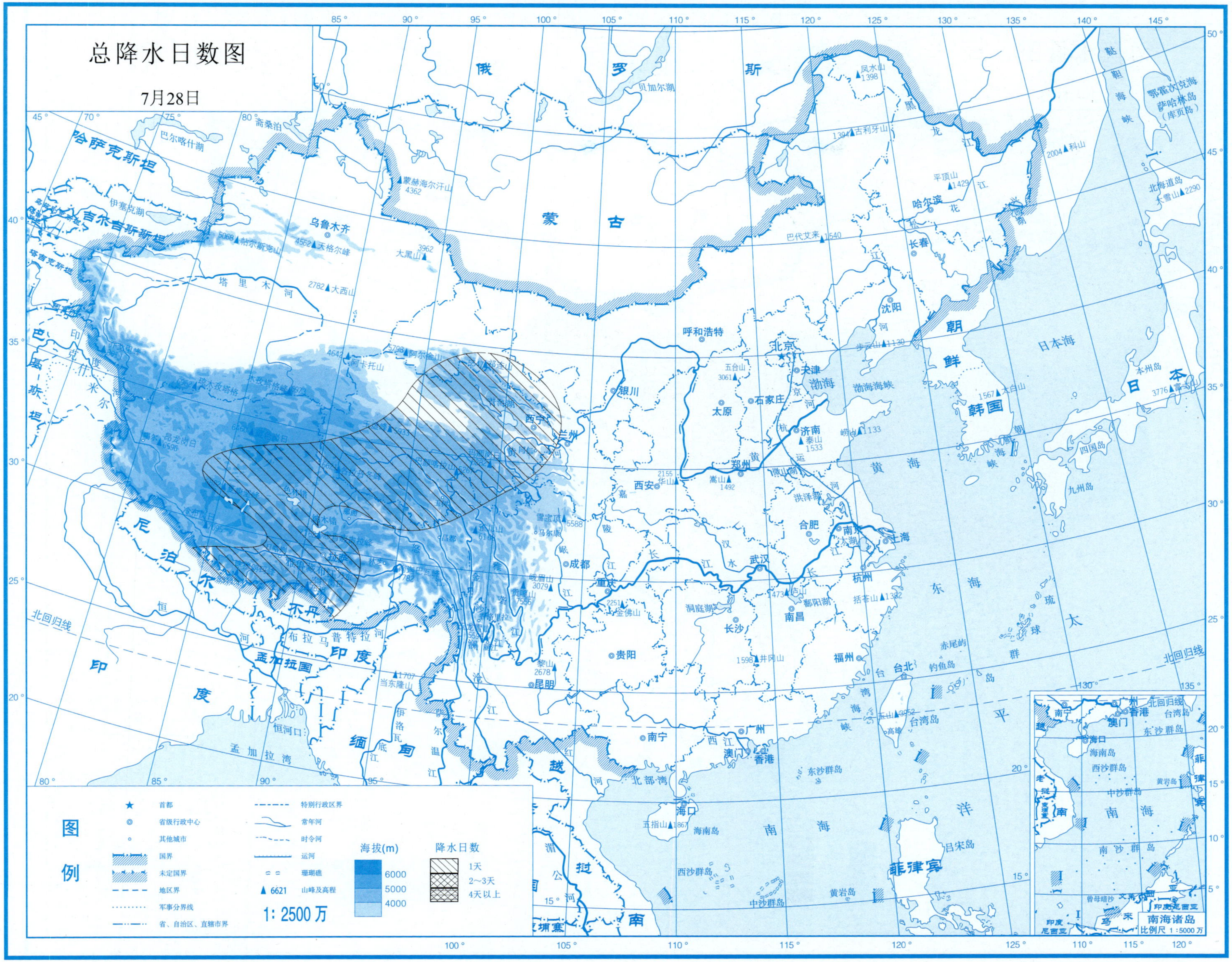
总降水日数图
7月28日
图例
首都
省级行政中心
其他城市
国界
未定国界
地区界
军事分界线
省、自治区、直辖市界
特别行政区界
常年河
时令河
运河
珊瑚礁
6621 山峰及高程
1: 2500万
海拔(m)
6000
5000
4000
降水日数
1天
2~3天
4天以上
南海诸岛
比例尺 1:5000万

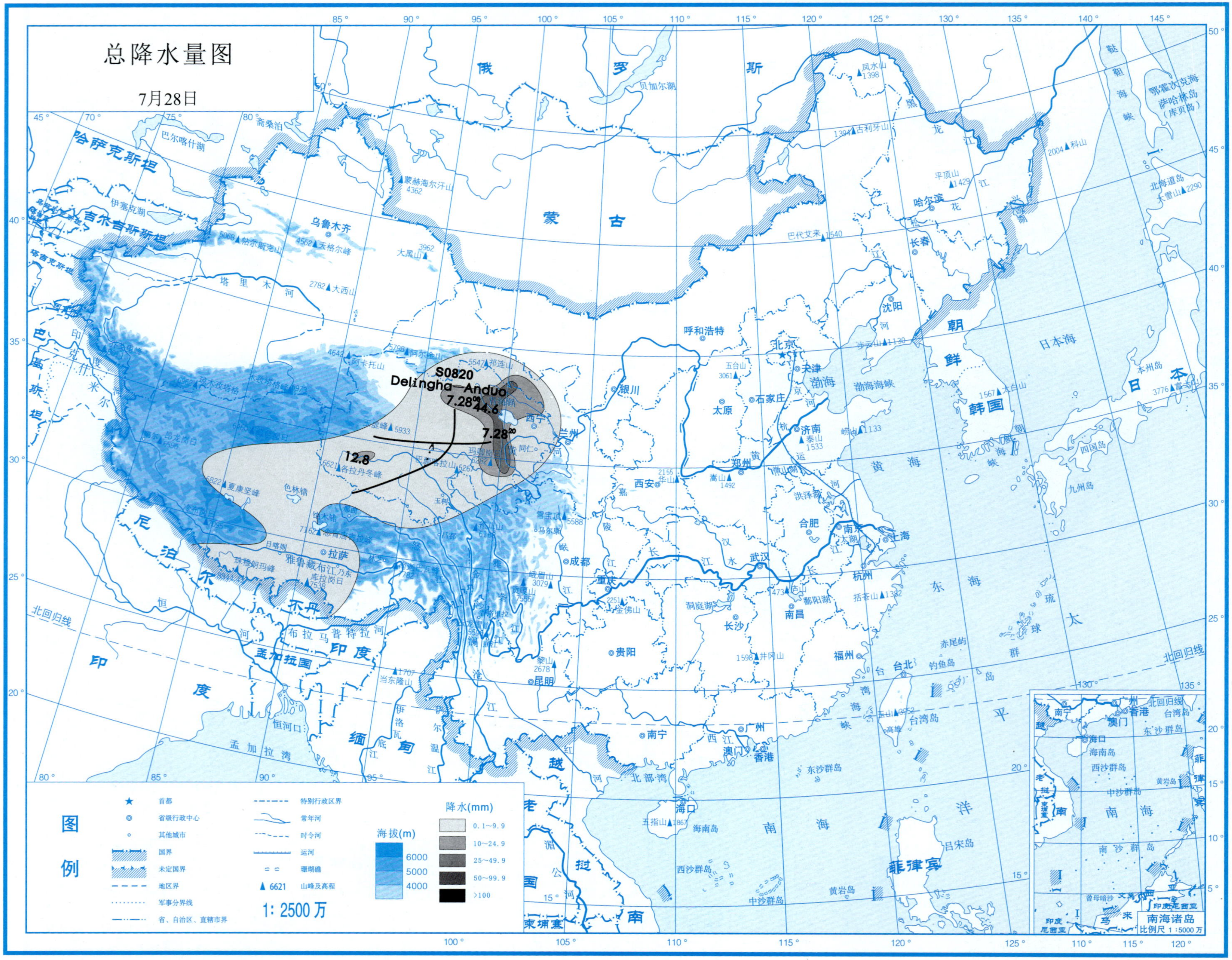
总降水量图
7月28日
S0820
Delingha—Anduo
7.28
44.6
12.8
图例
首都
省级行政中心
其他城市
国界
未定国界
地区界
军事分界线
省、自治区、直辖市界
特别行政区界
常年河
时令河
运河
珊瑚礁
6621 山峰及高程
1:2500万
海拔(m)
6000
5000
4000
降水(mm)
0.1~9.9
10~24.9
25~49.9
50~99.9
>100
南海诸岛
比例尺 1:5000万

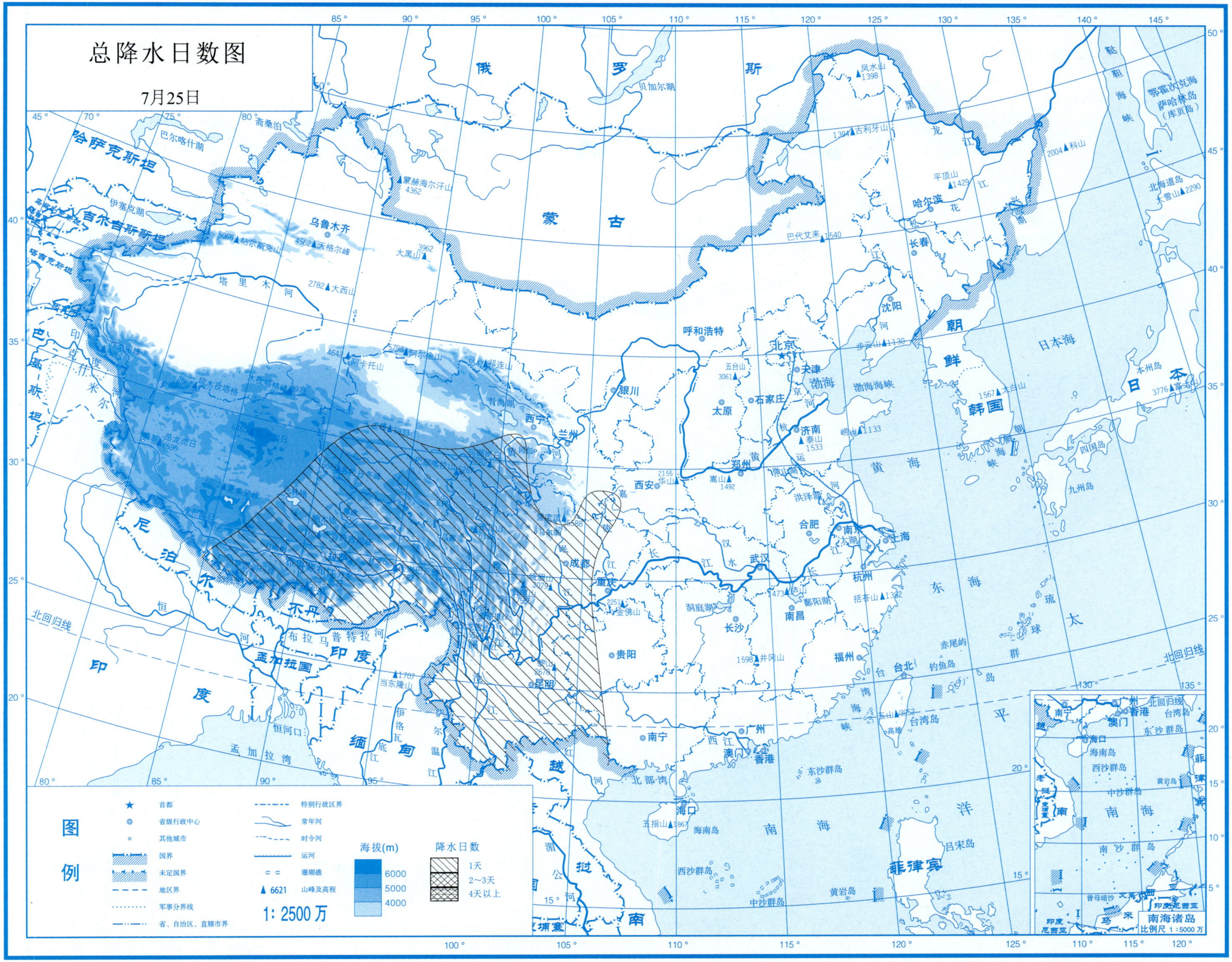
总降水日数图
7月25日
图例
首都
省级行政中心
其他城市
国界
未定国界
地区界
军事分界线
省、自治区、直辖市界
特别行政区界
常年河
时令河
运河
珊瑚礁
▲ 6621 山峰及高程
1: 2500 万
海拔(m)
6000
5000
4000
降水日数
1天
2~3天
4天以上
南海诸岛
比例尺 1:5000 万
俄 罗 斯
蒙 古
哈萨克斯坦
吉尔吉斯斯坦
尼泊尔
不丹
印度
孟加拉国
缅甸
越南
朝鲜
韩国
日本
菲律宾
北京
天津
呼和浩特
银川
西宁
兰州
西安
太原
石家庄
济南
郑州
合肥
南京
上海
杭州
武汉
长沙
南昌
福州
台北
成都
重庆
贵阳
昆明
南宁
广州
香港
澳门
海口
乌鲁木齐
哈尔滨
长春
沈阳
渤海
黄海
东海
南海
日本海
太平洋
北回归线

总降水日数图

7月31日~8月2日

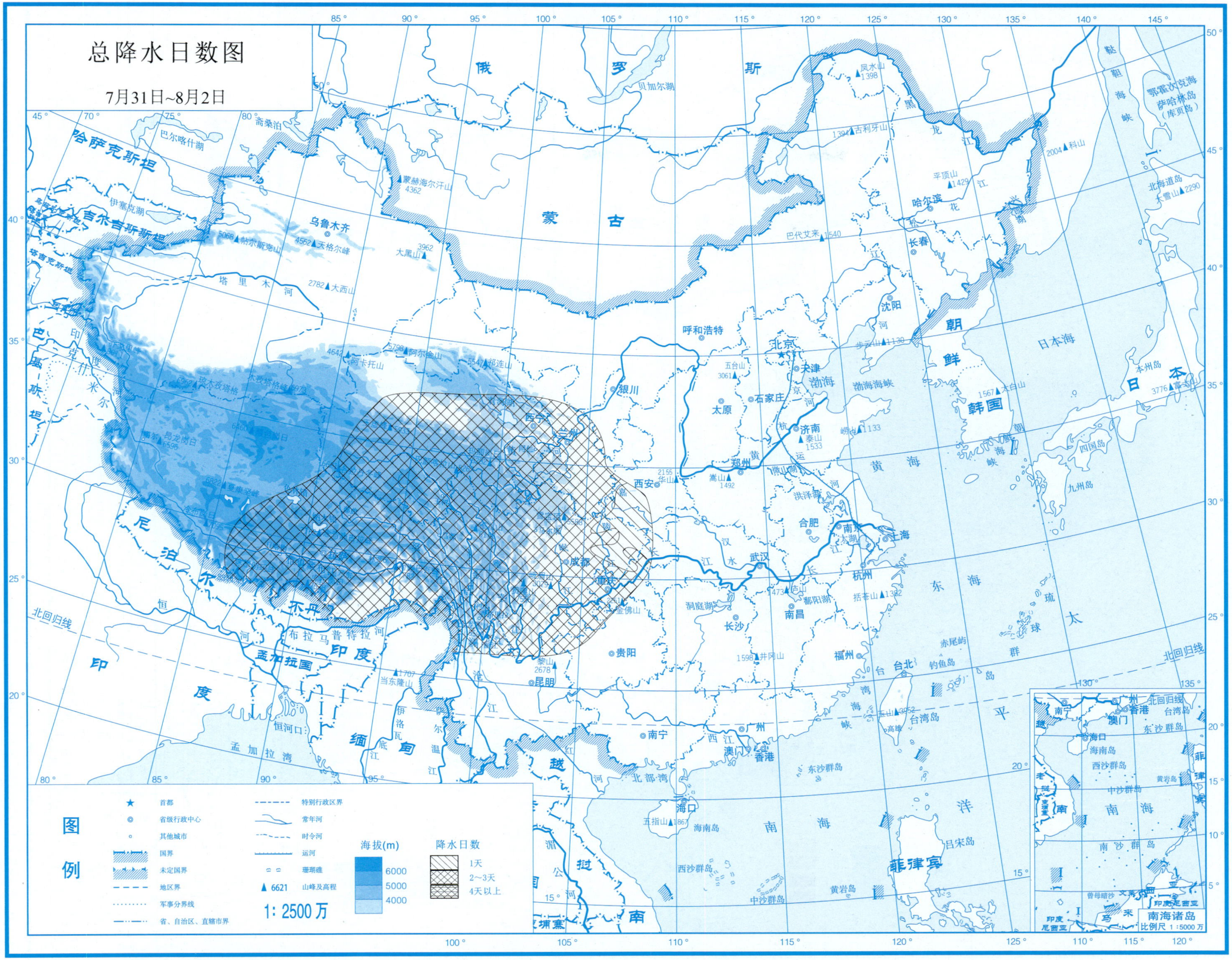

总降水量图

8月10日

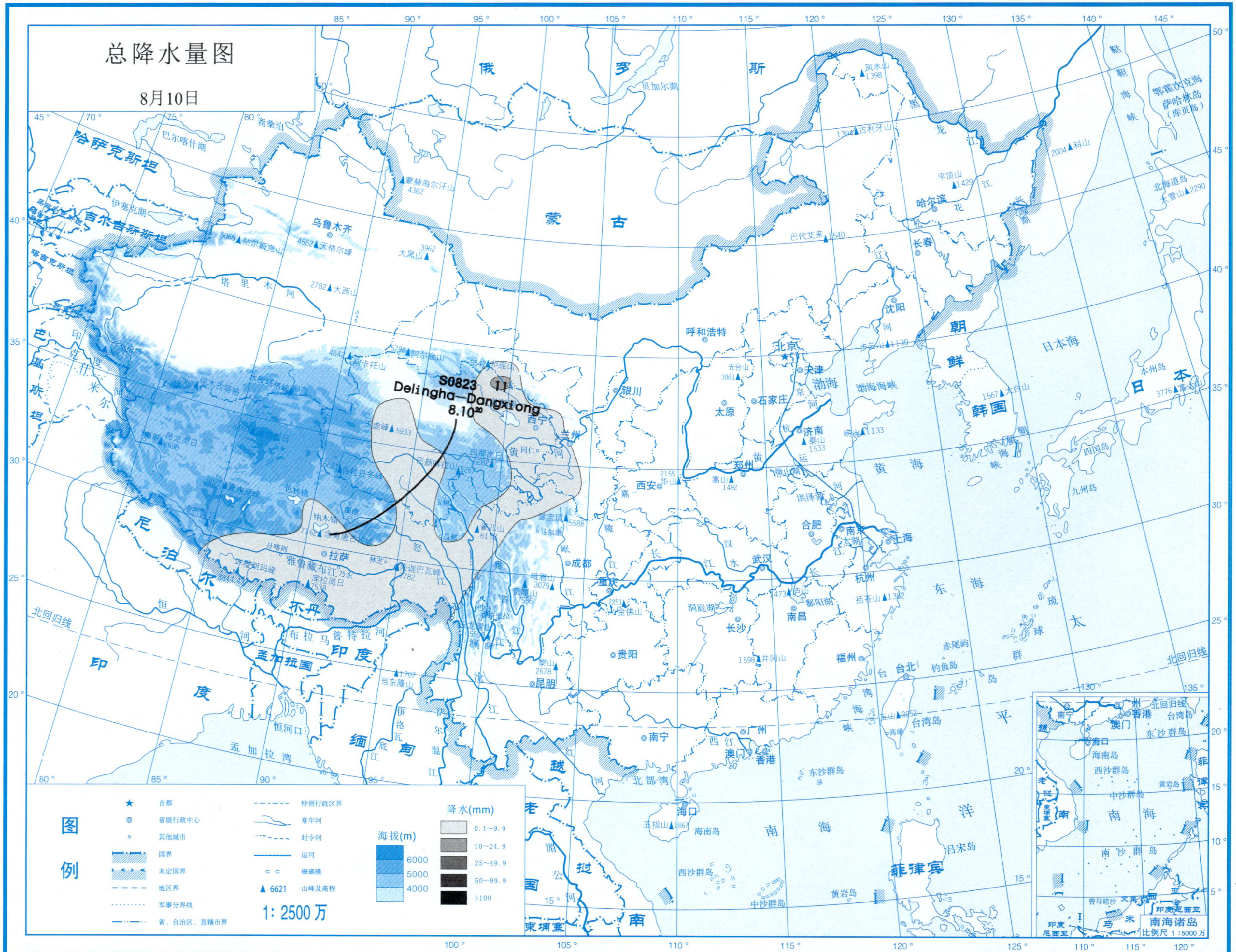
S0823
Delingha—Dangxiong
8.10[20]
11
图例
首都
省级行政中心
其他城市
国界
未定国界
地区界
军事分界线
省、自治区、直辖市界
特别行政区界
常年河
时令河
运河
珊瑚礁
6621 山峰及高程
1: 2500 万
海拔(m)
6000
5000
4000
降水(mm)
0.1~9.9
10~24.9
25~49.9
50~99.9
>100
南海诸岛
比例尺 1:5000 万

总降水日数图

8月10日

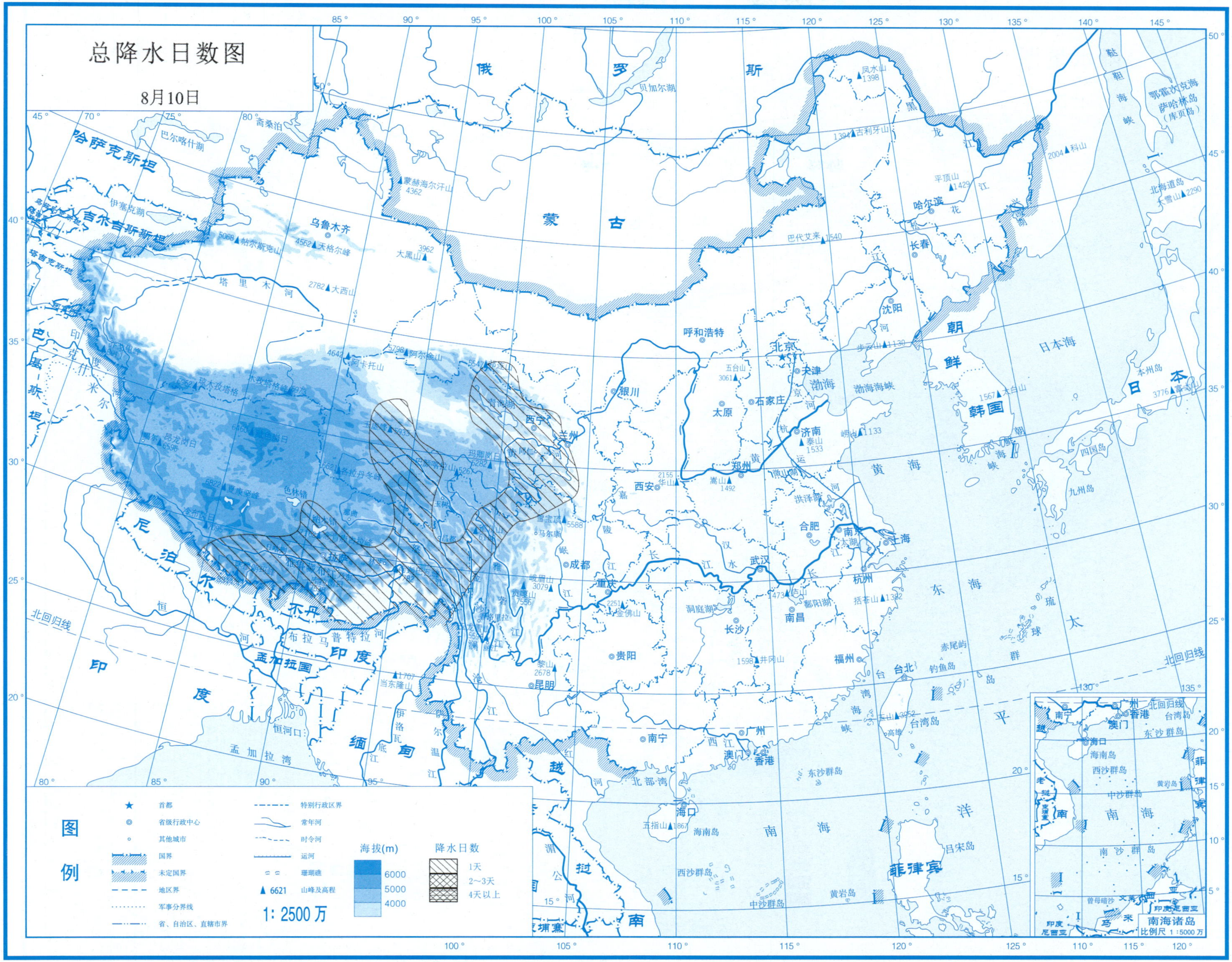

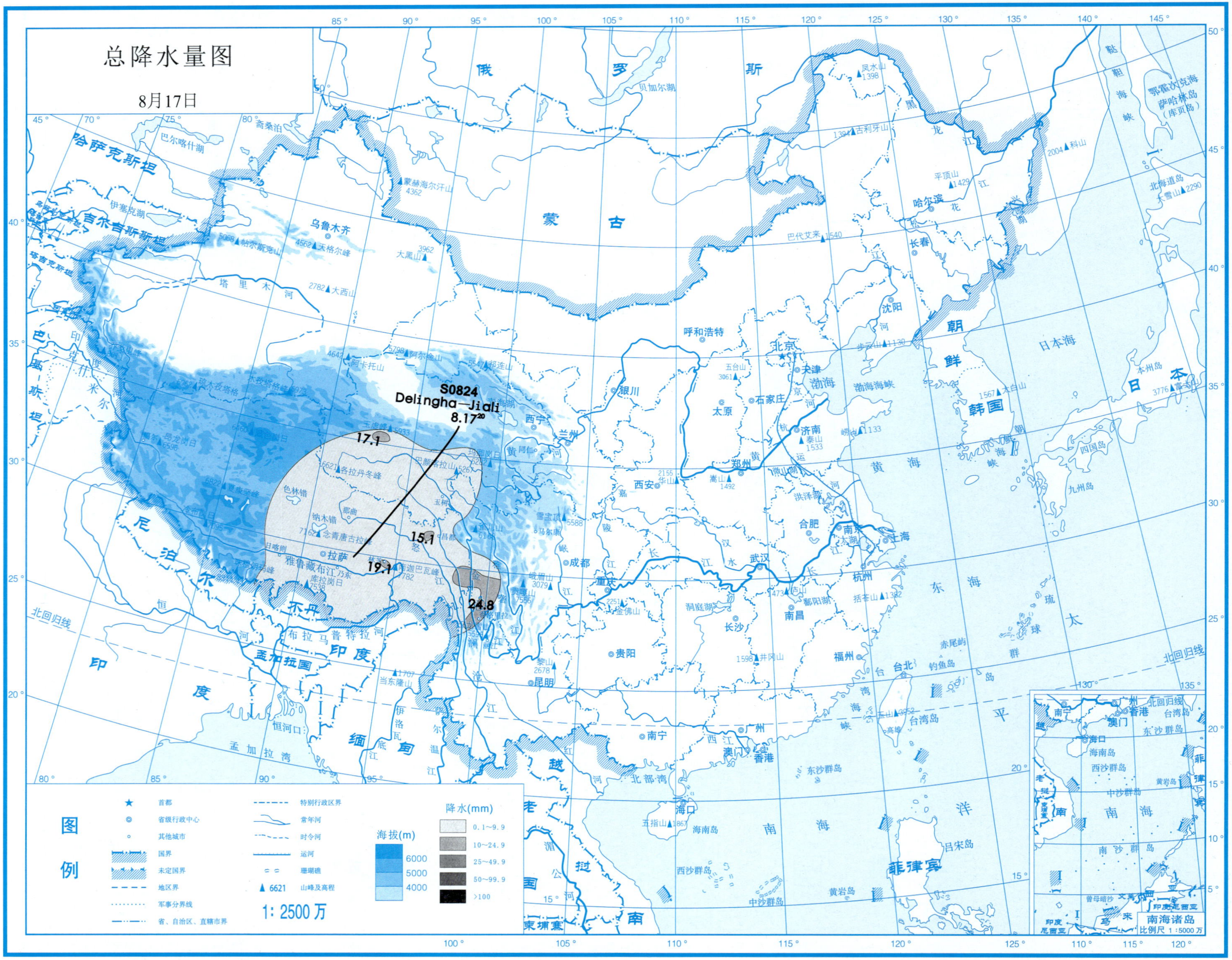
总降水量图
8月17日
S0824
Delingha—Jiali
8.17[20]
17.1
15.1
19.1
24.8
图例
首都
省级行政中心
其他城市
国界
未定国界
地区界
军事分界线
省、自治区、直辖市界
特别行政区界
常年河
时令河
运河
珊瑚礁
6621 山峰及高程
1: 2500 万
海拔(m)
6000
5000
4000
降水(mm)
0.1～9.9
10～24.9
25～49.9
50～99.9
>100
南海诸岛
比例尺 1 : 5000 万

总降水日数图

8月17日

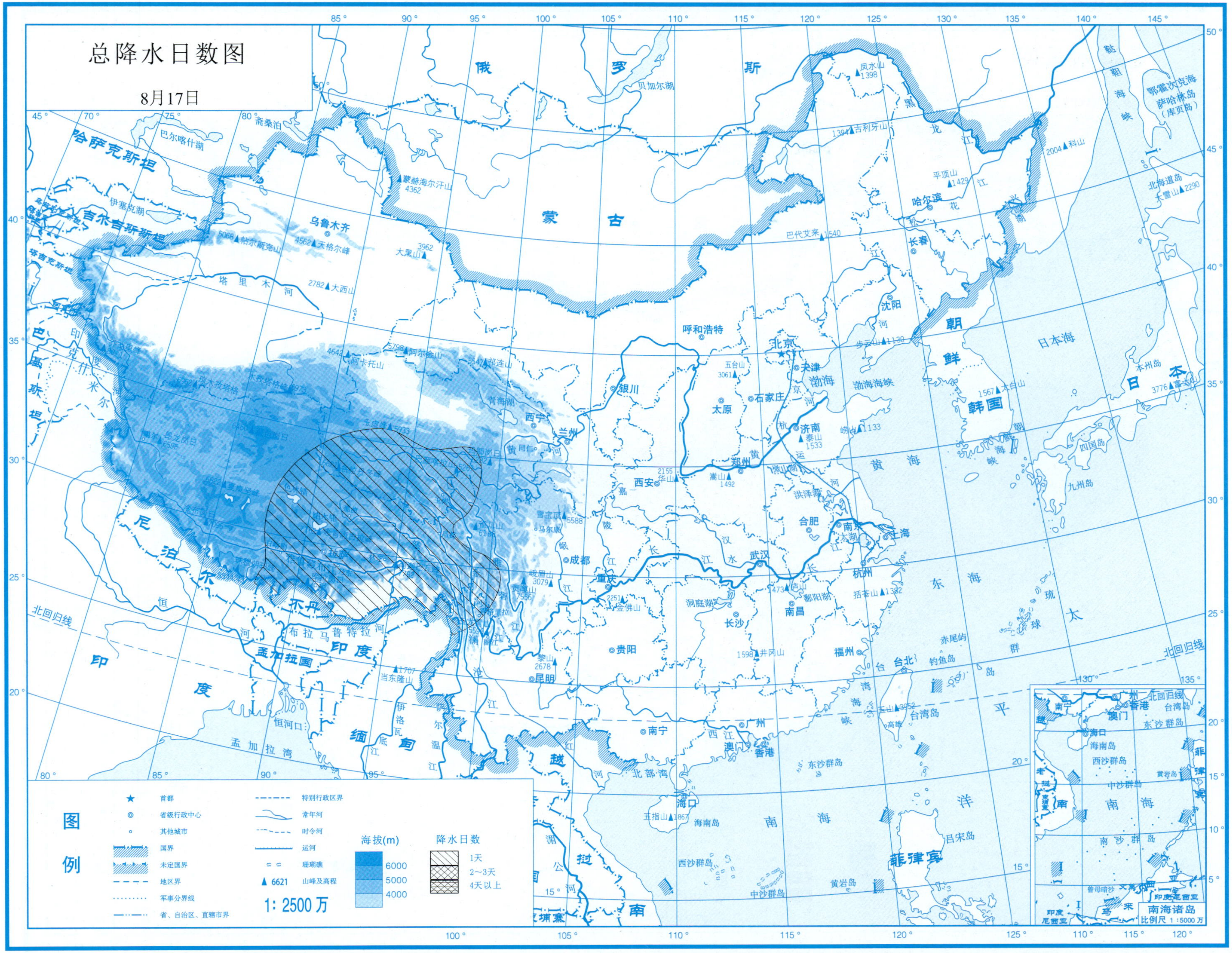

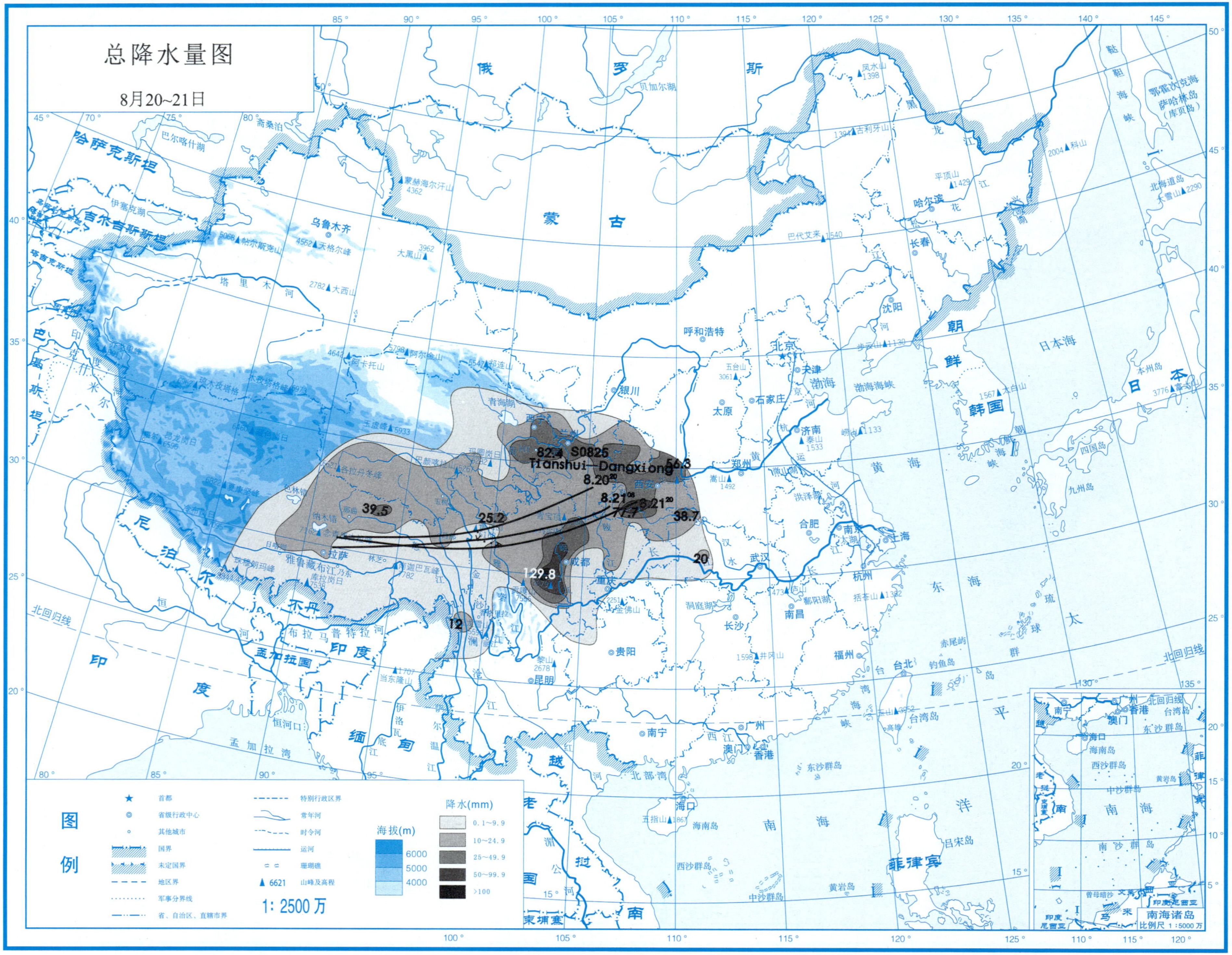
总降水量图
8月20~21日
S0825
Tianshui–Dangxiong
82.4
56.3
8.20[20]
8.21[08]
8.21[20]
77.7
38.7
39.5
25.2
129.8
20
12
图例
首都
省级行政中心
其他城市
国界
未定国界
地区界
军事分界线
省、自治区、直辖市界
特别行政区界
常年河
时令河
运河
珊瑚礁
6621 山峰及高程
海拔(m)
6000
5000
4000
降水(mm)
0.1~9.9
10~24.9
25~49.9
50~99.9
>100
1: 2500 万
南海诸岛
比例尺 1:5000 万

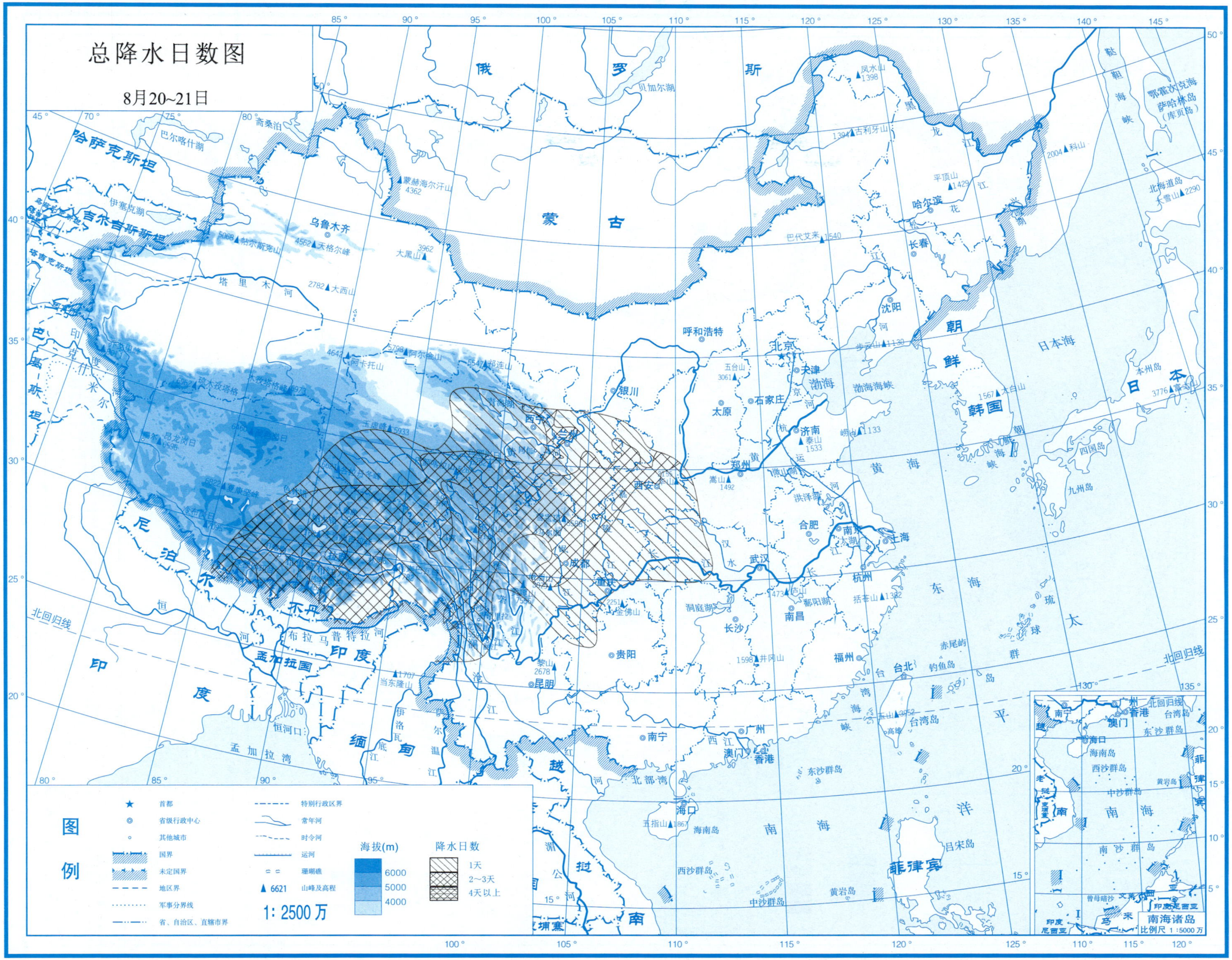
总降水日数图
8月20~21日
图例
首都
省级行政中心
其他城市
国界
未定国界
地区界
军事分界线
省、自治区、直辖市界
特别行政区界
常年河
时令河
运河
珊瑚礁
6621 山峰及高程
1: 2500万
海拔(m)
6000
5000
4000
降水日数
1天
2~3天
4天以上
南海诸岛
比例尺 1:5000万

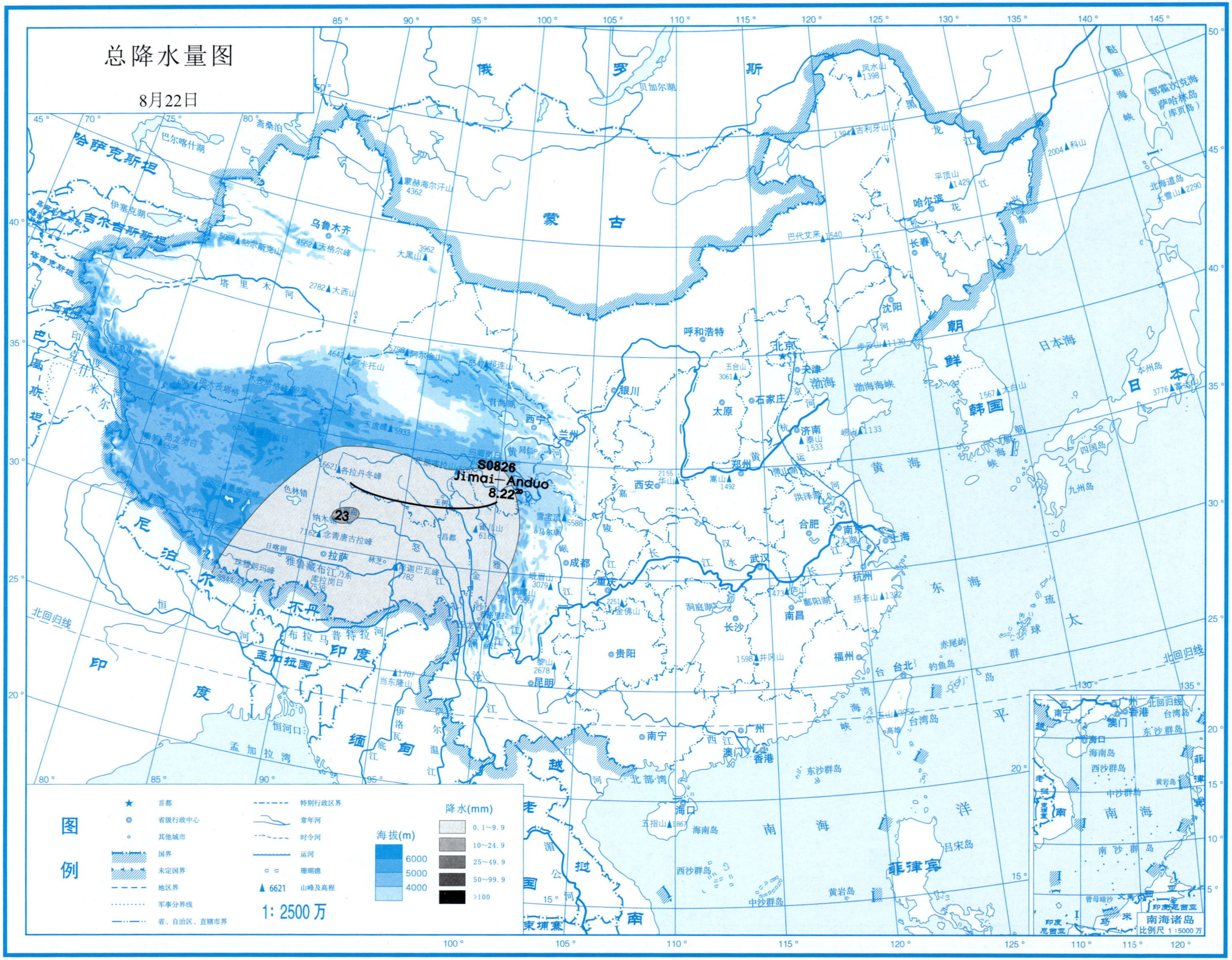

总降水量图
8月22日
S0826
Jimai—Anduo
8.22
23
图例
首都
省级行政中心
其他城市
国界
未定国界
地区界
军事分界线
省、自治区、直辖市界
特别行政区界
常年河
时令河
运河
珊瑚礁
6621 山峰及高程
1: 2500万
海拔(m)
6000
5000
4000
降水(mm)
0.1~9.9
10~24.9
25~49.9
50~99.9
>100
南海诸岛
比例尺 1:5000万

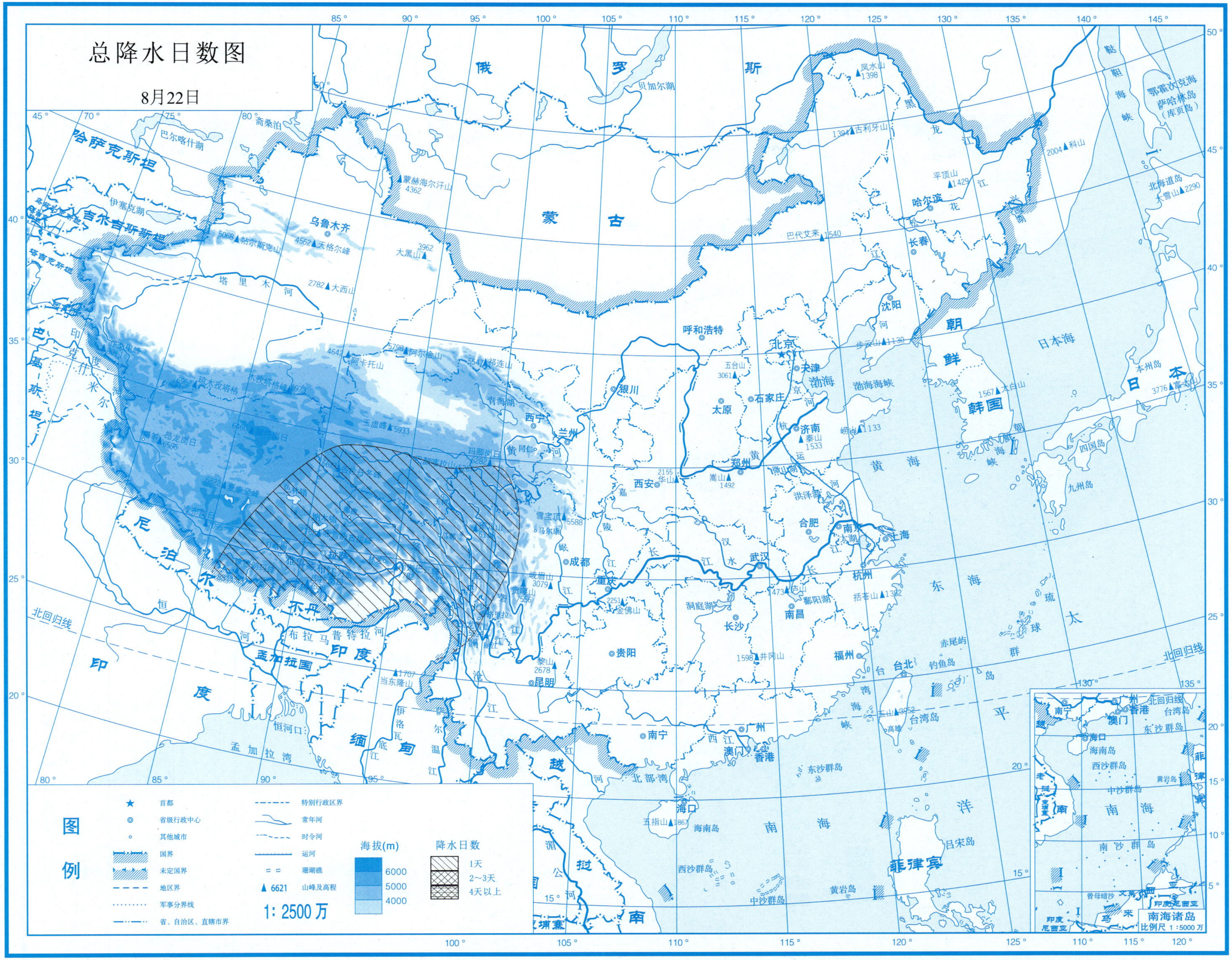
总降水日数图
8月22日
图例
首都
省级行政中心
其他城市
国界
未定国界
地区界
军事分界线
省、自治区、直辖市界
特别行政区界
常年河
时令河
运河
珊瑚礁
6621 山峰及高程
1:2500万
海拔(m)
6000
5000
4000
降水日数
1天
2~3天
4天以上
南海诸岛
比例尺 1:5000万
俄罗斯
蒙古
哈萨克斯坦
吉尔吉斯斯坦
塔吉克斯坦
阿富汗
巴基斯坦
印度
尼泊尔
不丹
孟加拉国
缅甸
老挝
越南
泰国
柬埔寨
菲律宾
朝鲜
韩国
日本
北京
天津
上海
重庆
呼和浩特
乌鲁木齐
哈尔滨
长春
沈阳
石家庄
太原
济南
郑州
西安
银川
兰州
西宁
拉萨
成都
贵阳
昆明
南宁
广州
长沙
武汉
南昌
合肥
南京
杭州
福州
台北
海口
香港
澳门
渤海
黄海
东海
南海
日本海
太平洋
北回归线

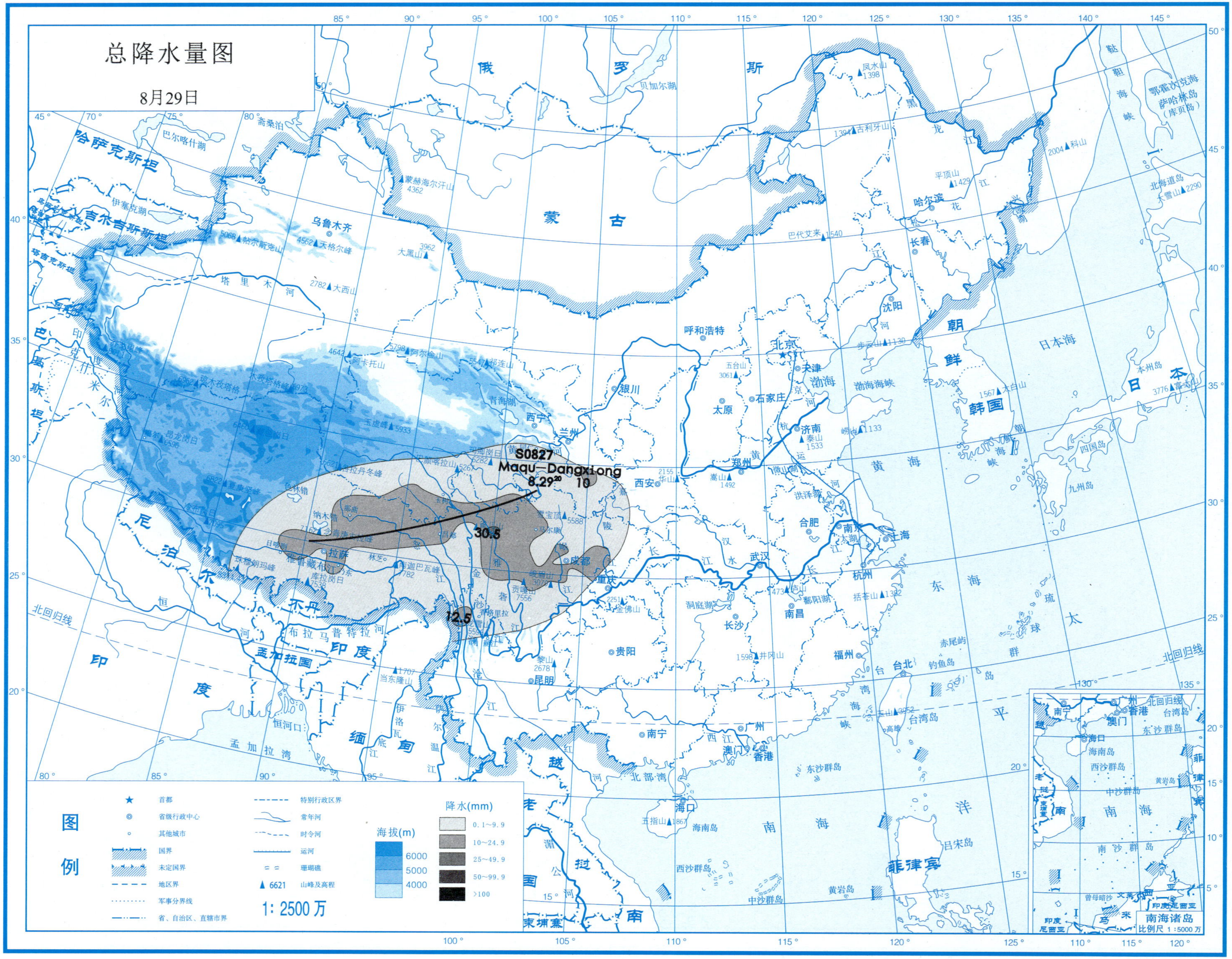
总降水量图
8月29日
S0827
Maqu—Dangxiong
8.29 20
10
30.5
12.5
图例
首都
省级行政中心
其他城市
国界
未定国界
地区界
军事分界线
省、自治区、直辖市界
特别行政区界
常年河
时令河
运河
珊瑚礁
6621 山峰及高程
1: 2500万
海拔(m)
6000
5000
4000
降水(mm)
0.1～9.9
10～24.9
25～49.9
50～99.9
>100
南海诸岛
比例尺 1:5000万

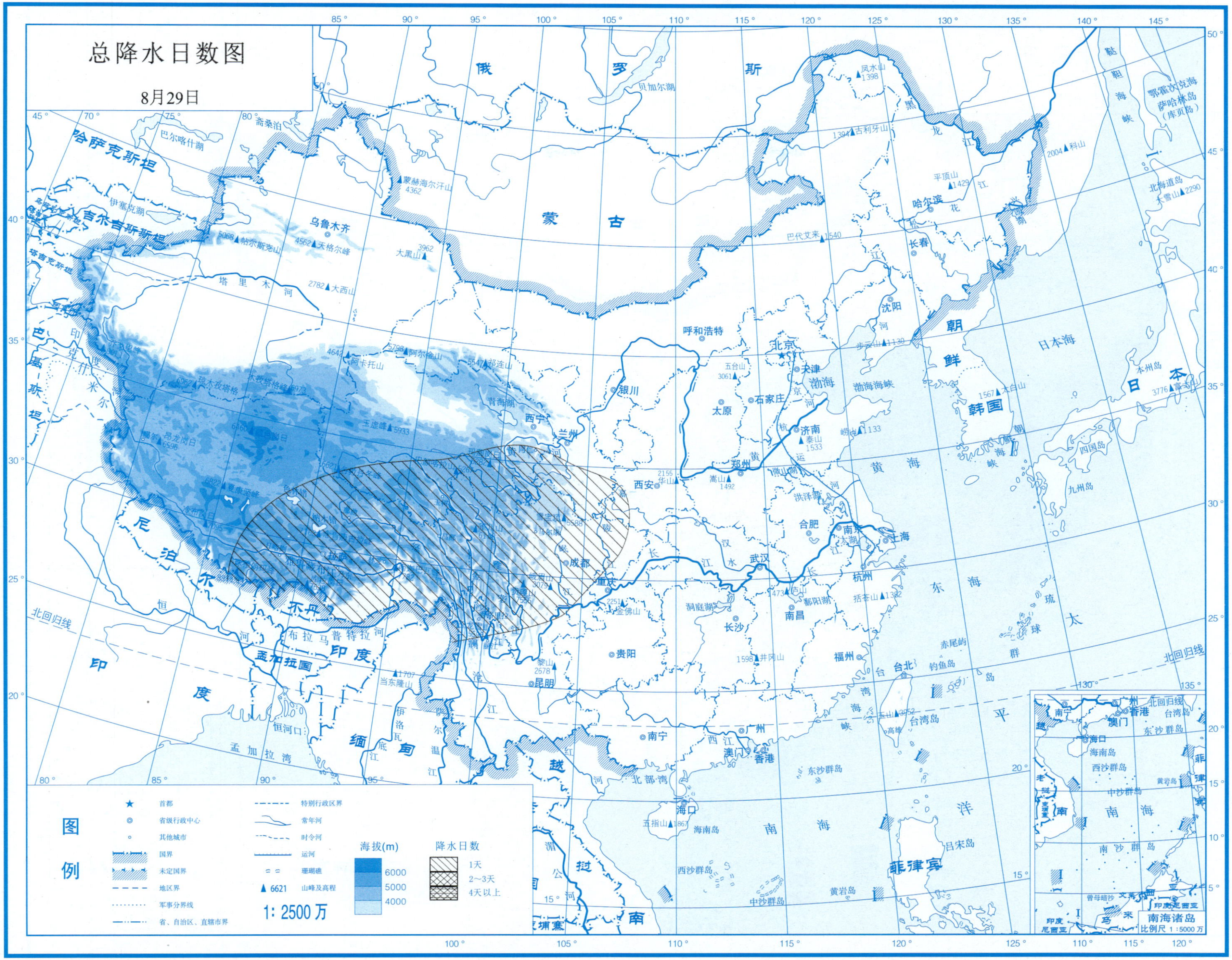
总降水日数图
8月29日
图例
首都
省级行政中心
其他城市
国界
未定国界
地区界
军事分界线
省、自治区、直辖市界
特别行政区界
常年河
时令河
运河
珊瑚礁
6621 山峰及高程
1：2500万
海拔(m)
6000
5000
4000
降水日数
1天
2～3天
4天以上
南海诸岛
比例尺 1：5000万

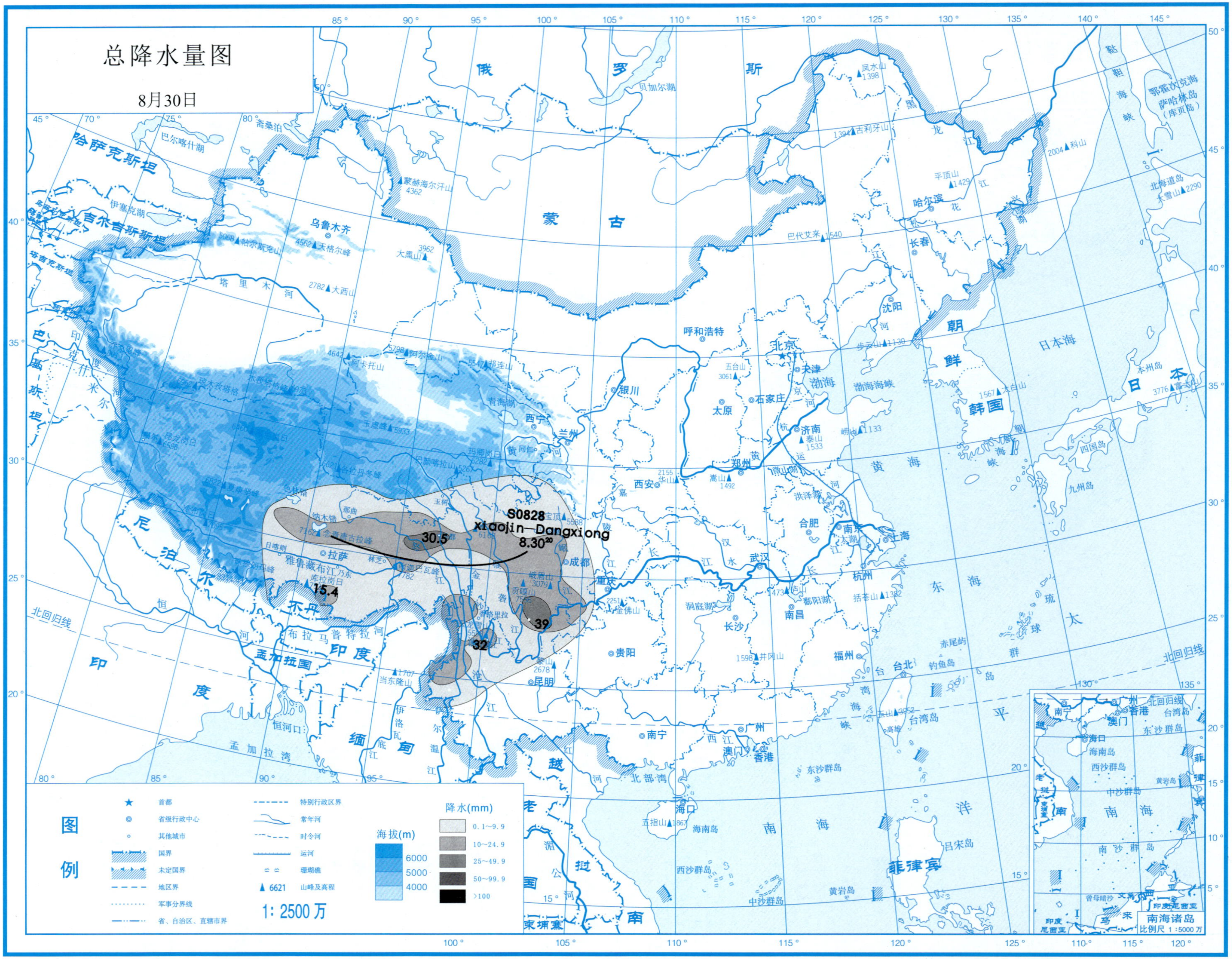
总降水量图
8月30日
S0828
xiaojin—Dangxiong
8.30[20]
30.5
15.4
39
32
图例
首都
省级行政中心
其他城市
国界
未定国界
地区界
军事分界线
省、自治区、直辖市界
特别行政区界
常年河
时令河
运河
珊瑚礁
山峰及高程
1: 2500 万
海拔(m)
6000
5000
4000
降水(mm)
0.1～9.9
10～24.9
25～49.9
50～99.9
>100
南海诸岛
比例尺 1:5000 万

总降水日数图

8月30日

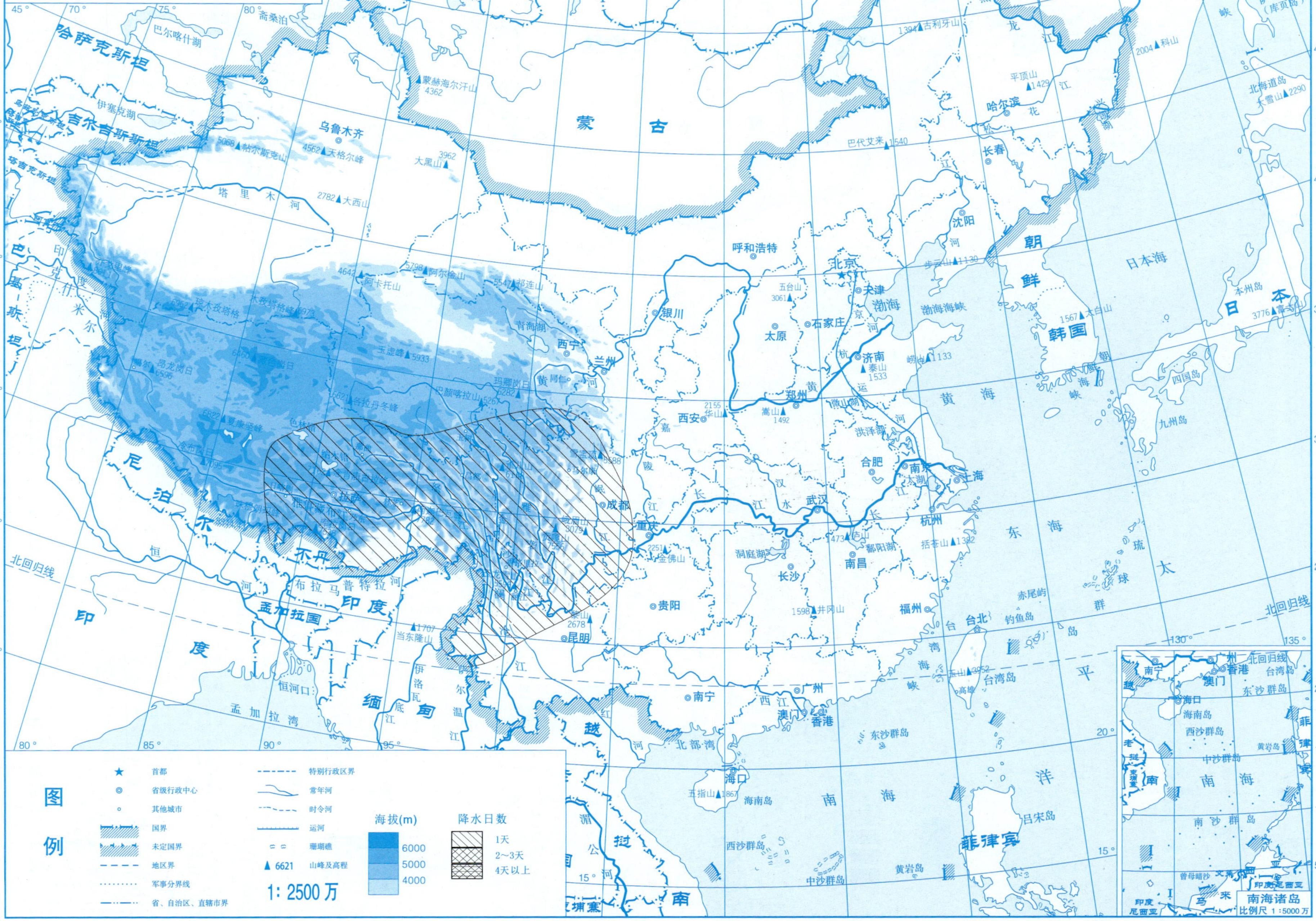

总降水量图

9月2~3日

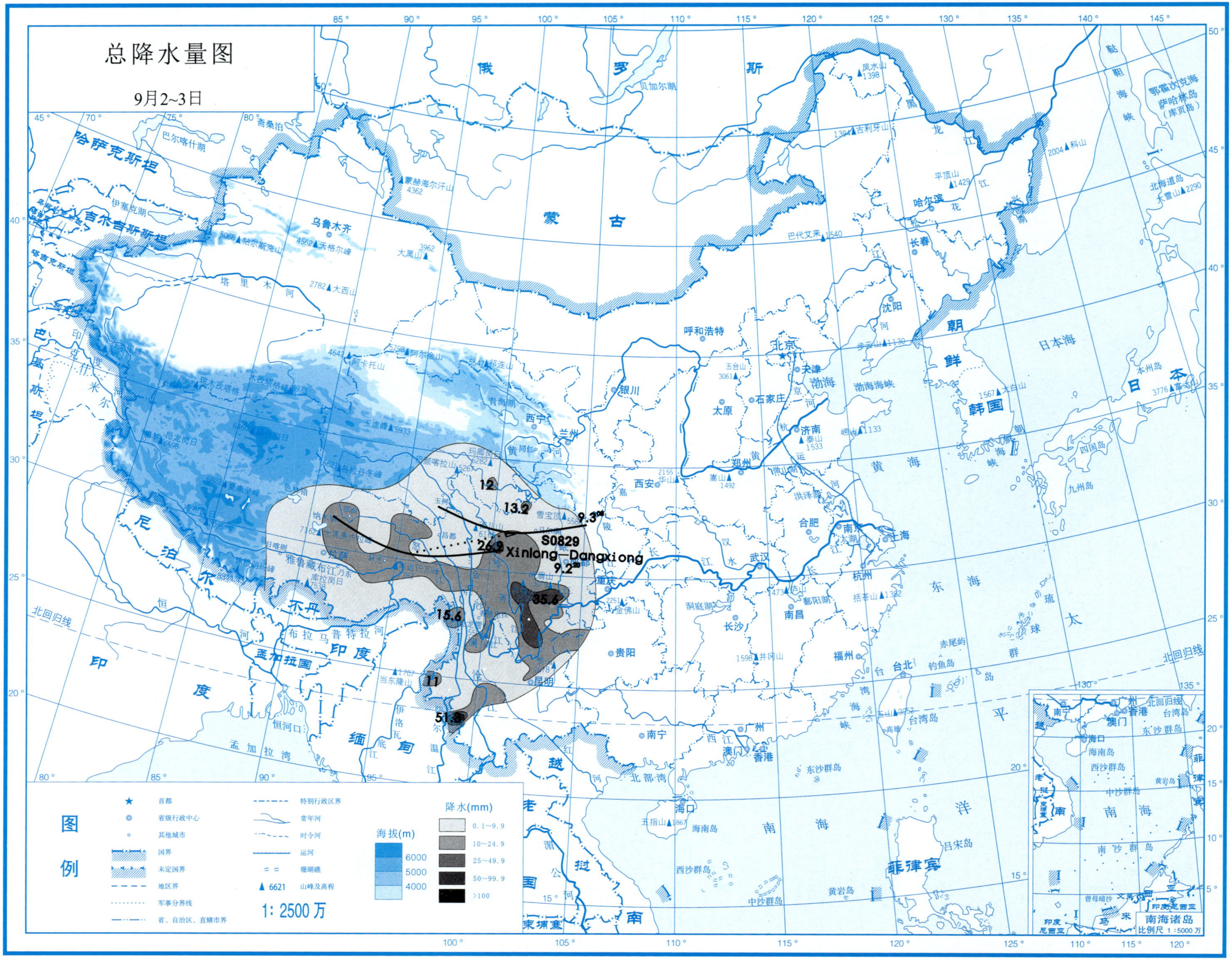
S0829
Xinlong—Dangxiong
12
13.2
9.3
26.9
9.2
35.6
15.6
11
51.3
图例
首都
省级行政中心
其他城市
国界
未定国界
地区界
军事分界线
省、自治区、直辖市界
特别行政区界
常年河
时令河
运河
珊瑚礁
6621 山峰及高程
海拔(m)
6000
5000
4000
降水(mm)
0.1~9.9
10~24.9
25~49.9
50~99.9
>100
1: 2500万
南海诸岛
比例尺 1:5000万

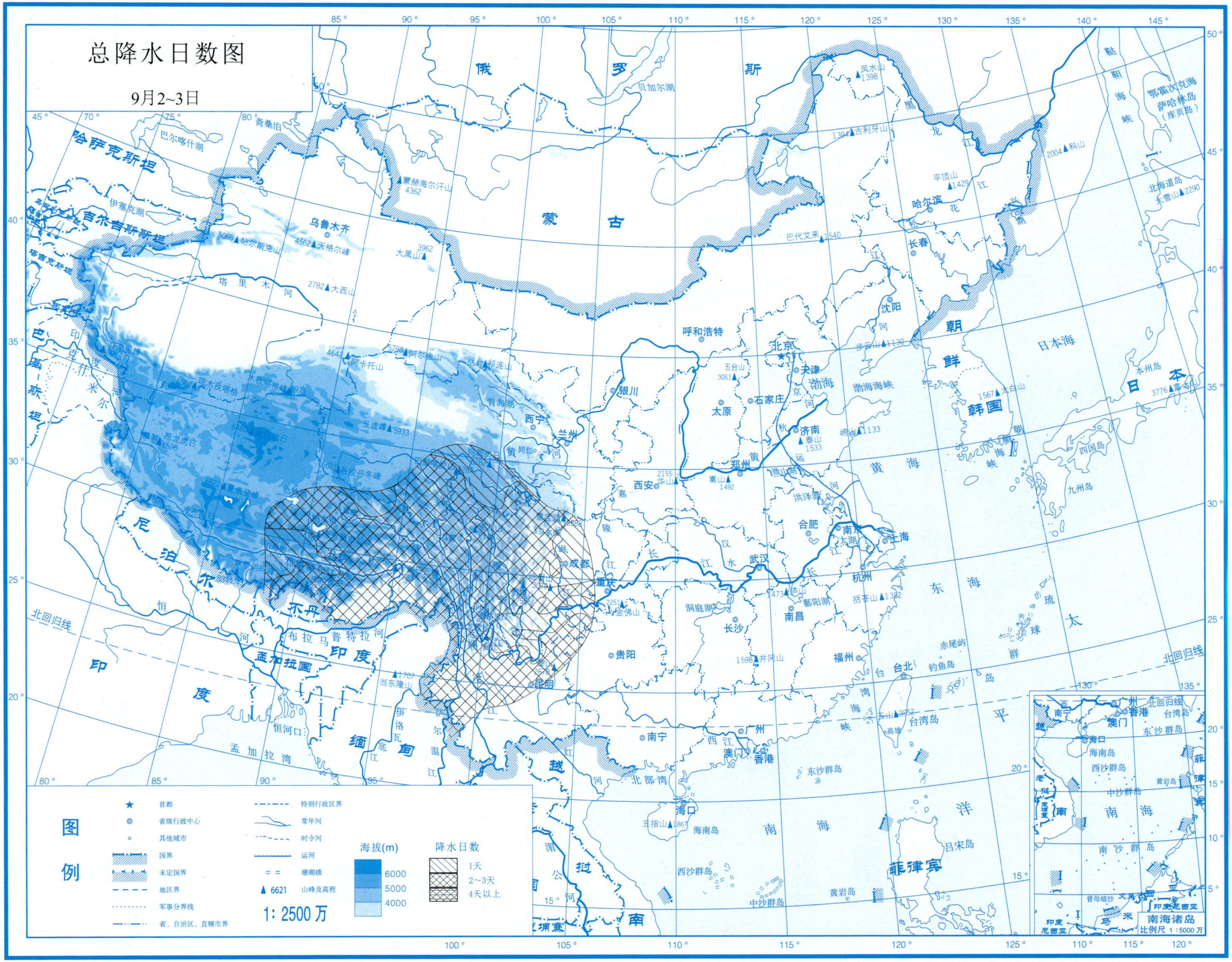
总降水日数图
9月2~3日
图例
首都
省级行政中心
其他城市
国界
未定国界
地区界
军事分界线
省、自治区、直辖市界
特别行政区界
常年河
时令河
运河
珊瑚礁
6621 山峰及高程
1: 2500万
海拔(m)
6000
5000
4000
降水日数
1天
2~3天
4天以上
南海诸岛
比例尺 1：5000万

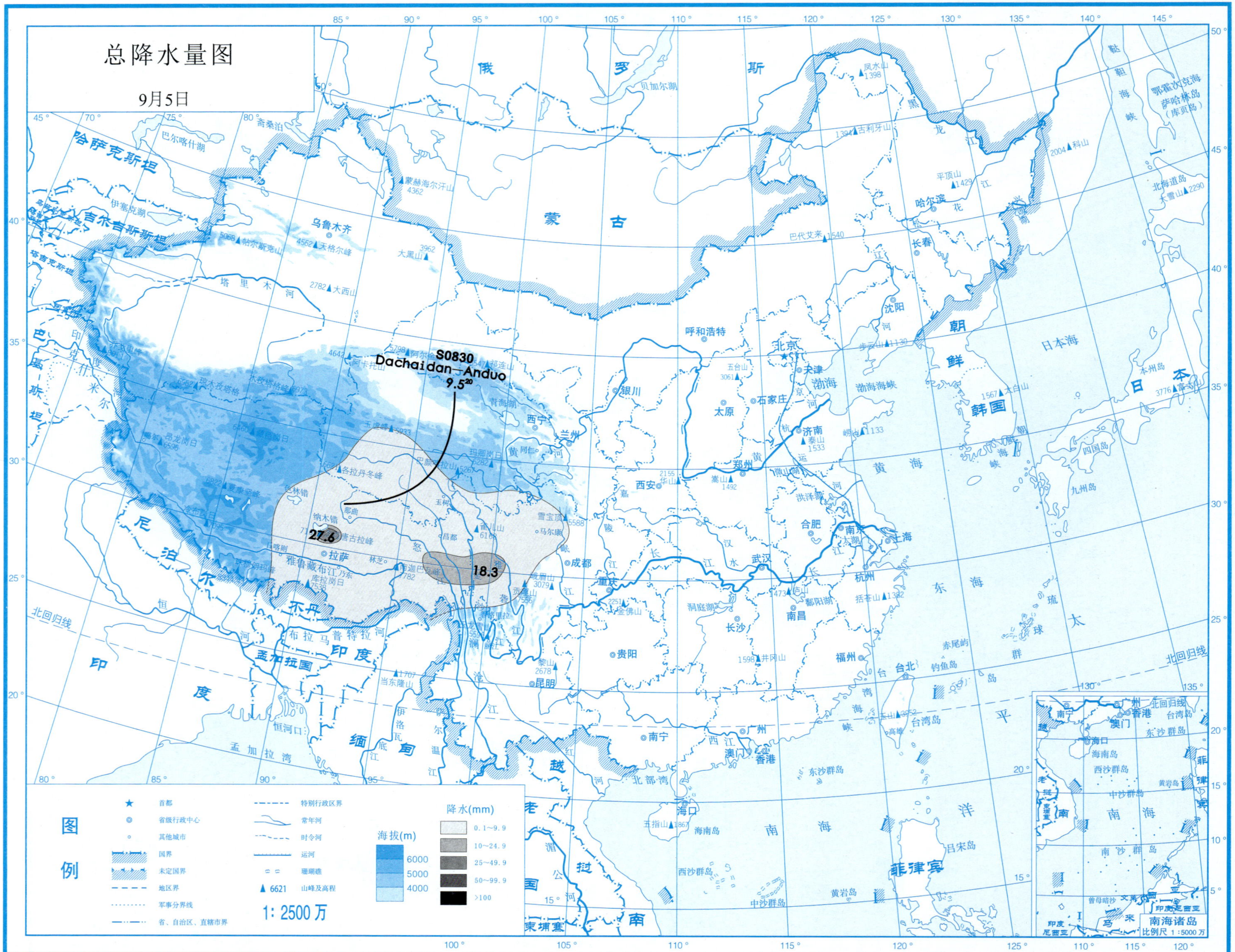
总降水量图
9月5日
S0830
Dachaidan–Anduo
9.5[20]
27.6
18.3
图例
首都
省级行政中心
其他城市
国界
未定国界
地区界
军事分界线
省、自治区、直辖市界
特别行政区界
常年河
时令河
运河
珊瑚礁
6621 山峰及高程
1: 2500万
海拔(m)
6000
5000
4000
降水(mm)
0.1~9.9
10~24.9
25~49.9
50~99.9
>100
南海诸岛
比例尺 1:5000万

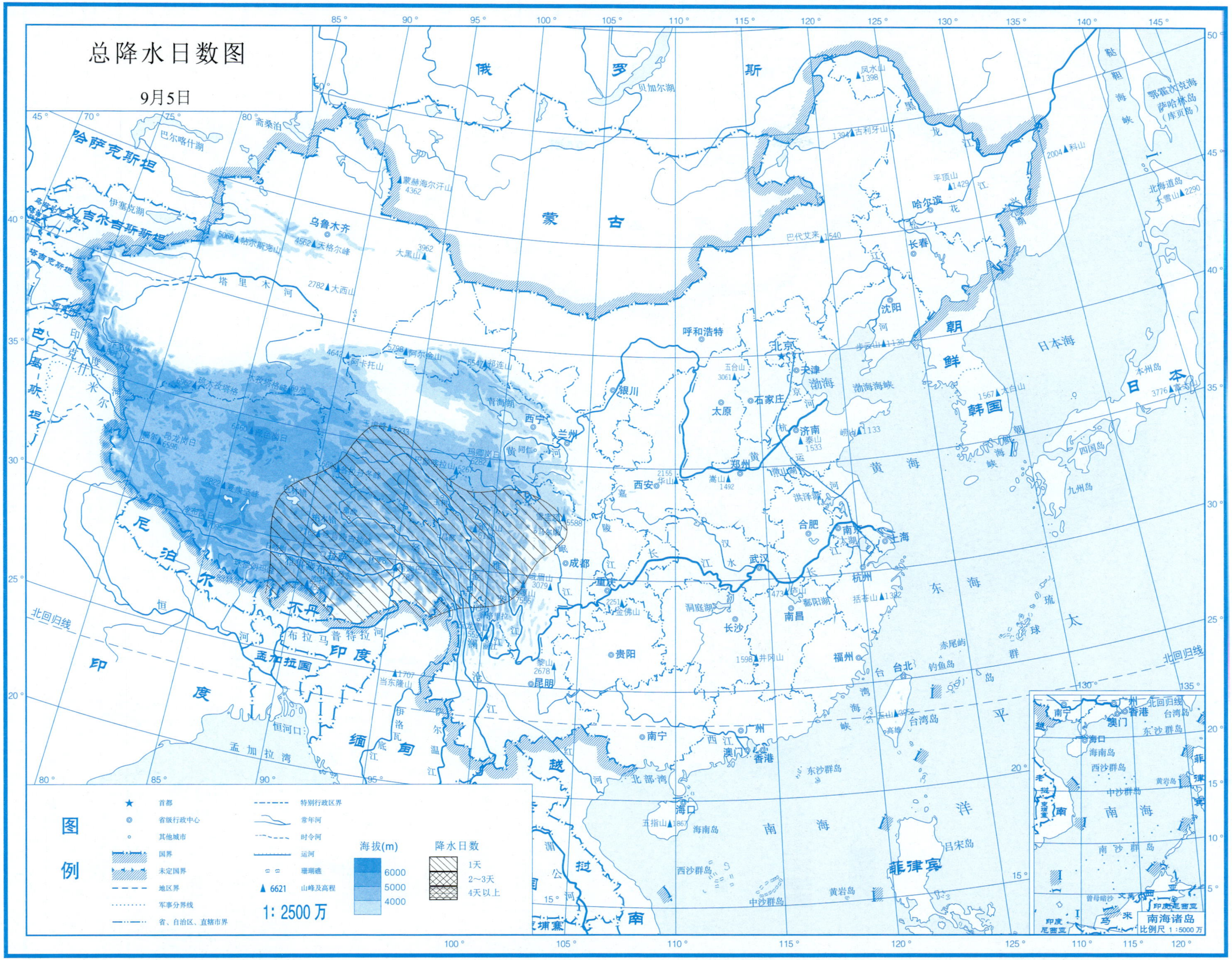
总降水日数图
9月5日
图例
首都
省级行政中心
其他城市
国界
未定国界
地区界
军事分界线
省、自治区、直辖市界
特别行政区界
常年河
时令河
运河
珊瑚礁
6621 山峰及高程
海拔(m)
6000
5000
4000
降水日数
1天
2~3天
4天以上
1: 2500万
南海诸岛
比例尺 1:5000万

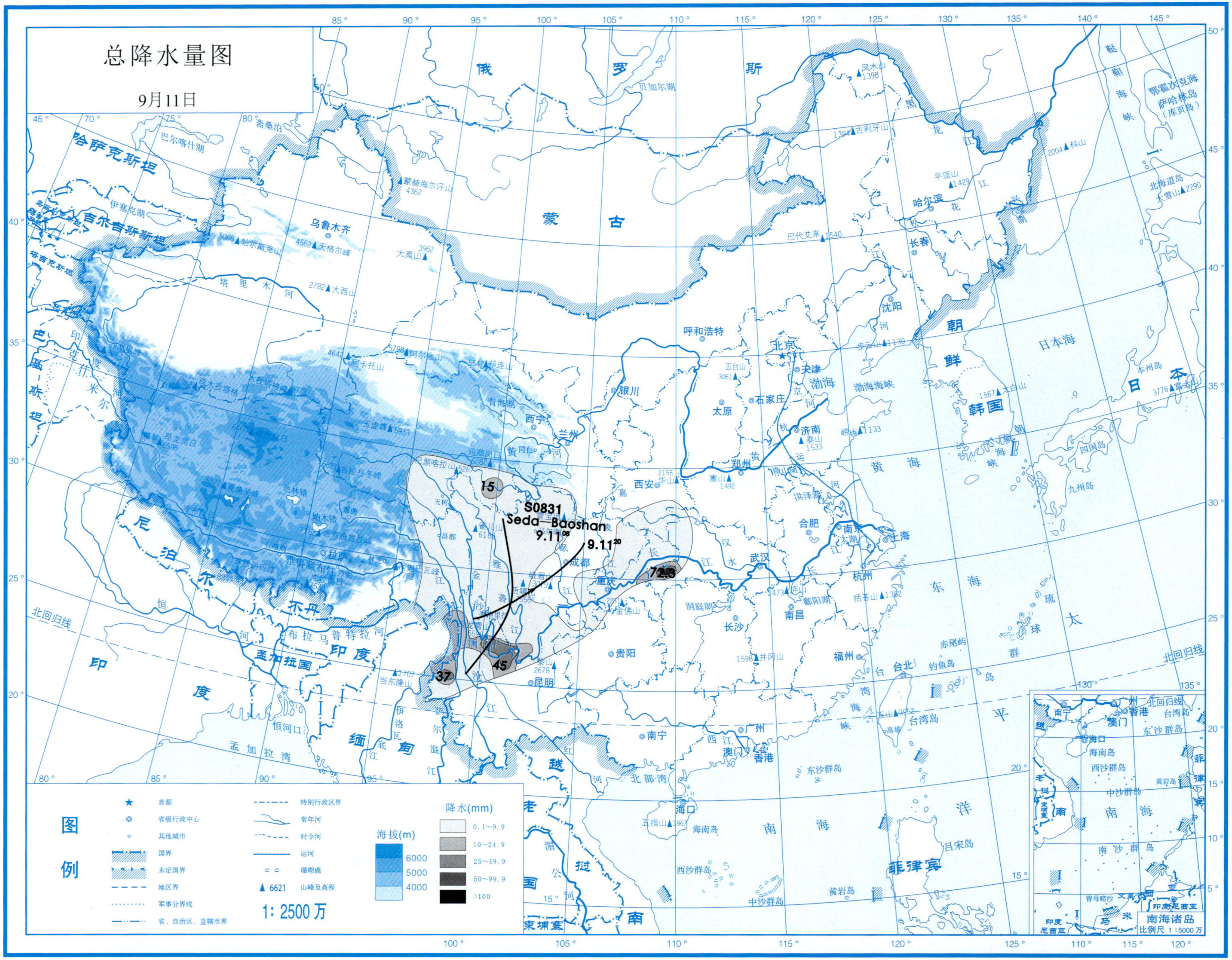
总降水量图
9月11日
S0831
Seda—Baoshan
9.11[08]
9.11[20]
15
72.3
37
45
图例
首都
省级行政中心
其他城市
国界
未定国界
地区界
军事分界线
省、自治区、直辖市界
特别行政区界
常年河
时令河
运河
珊瑚礁
6621 山峰及高程
海拔(m)
6000
5000
4000
降水(mm)
0.1～9.9
10～24.9
25～49.9
50～99.9
>100
1: 2500 万
南海诸岛
比例尺 1:5000 万

总降水日数图

9月11日

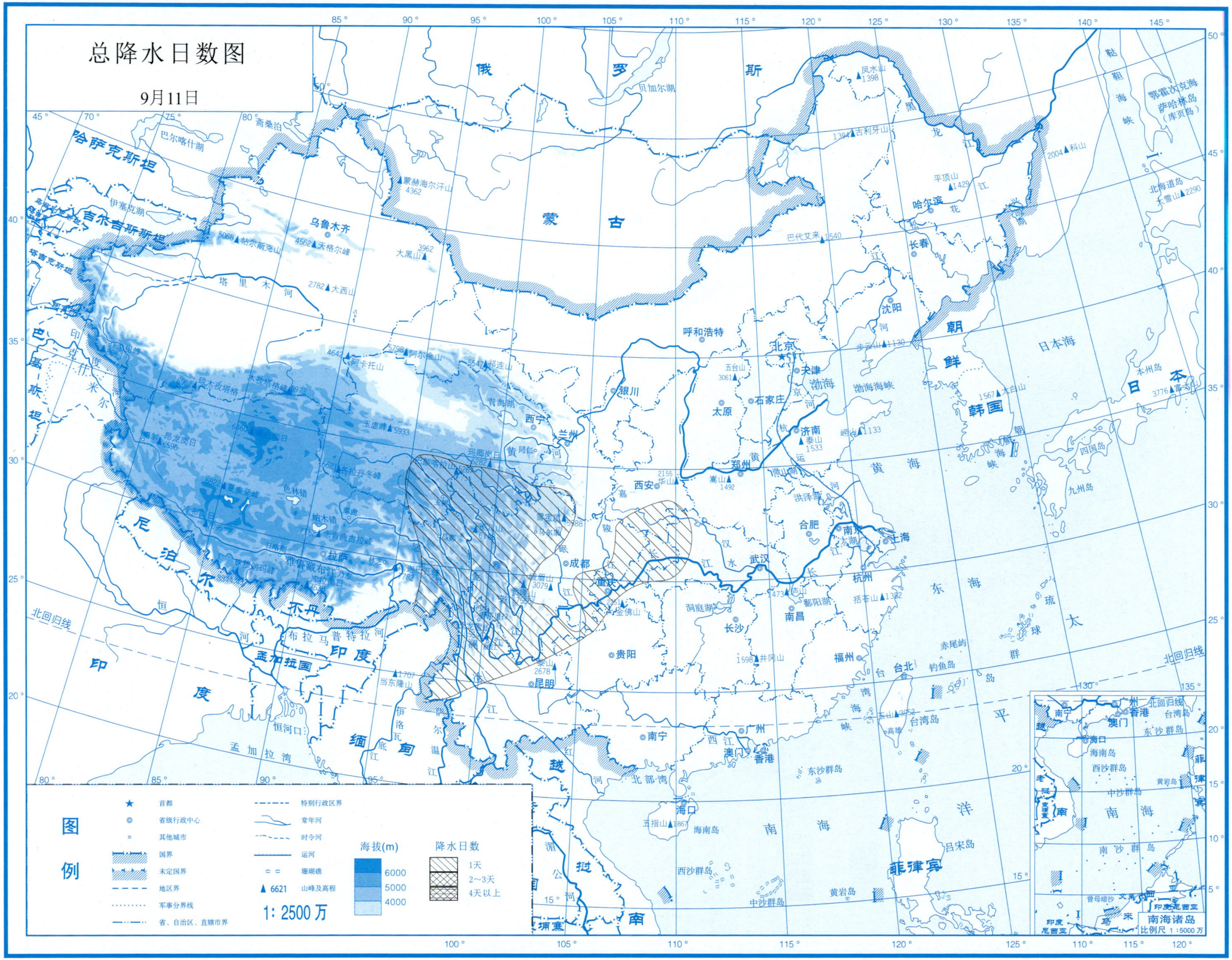

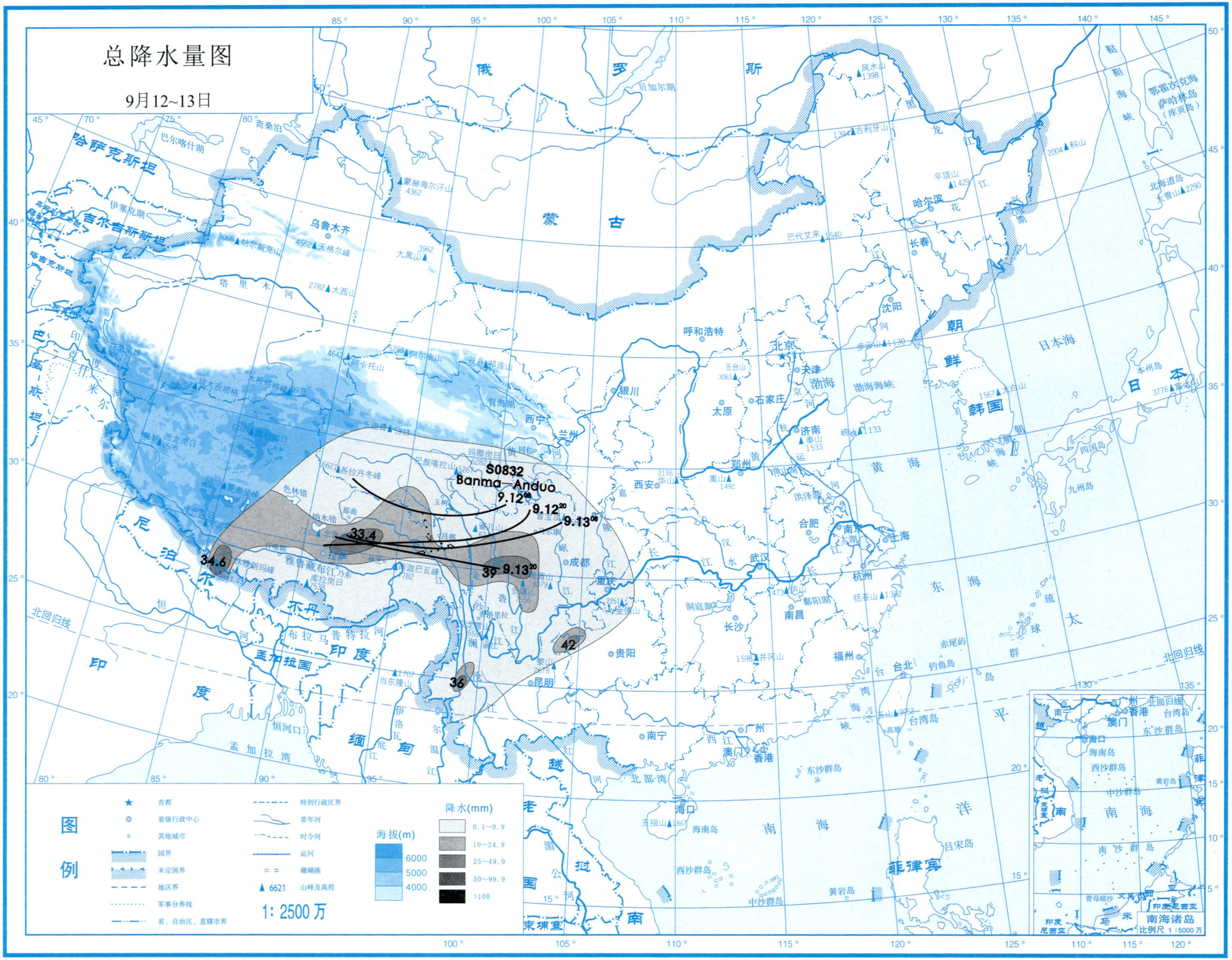
总降水量图
9月12~13日
S0832
Banma—Anduo
9.12 08
9.12 20
9.13 08
9.13 20
33.4
34.6
39
42
36
图例
首都
省级行政中心
其他城市
国界
未定国界
地区界
军事分界线
省、自治区、直辖市界
特别行政区界
常年河
时令河
运河
珊瑚礁
6621 山峰及高程
1:2500万
海拔(m)
6000
5000
4000
降水(mm)
0.1~9.9
10~24.9
25~49.9
50~99.9
>100
南海诸岛
比例尺 1:5000万

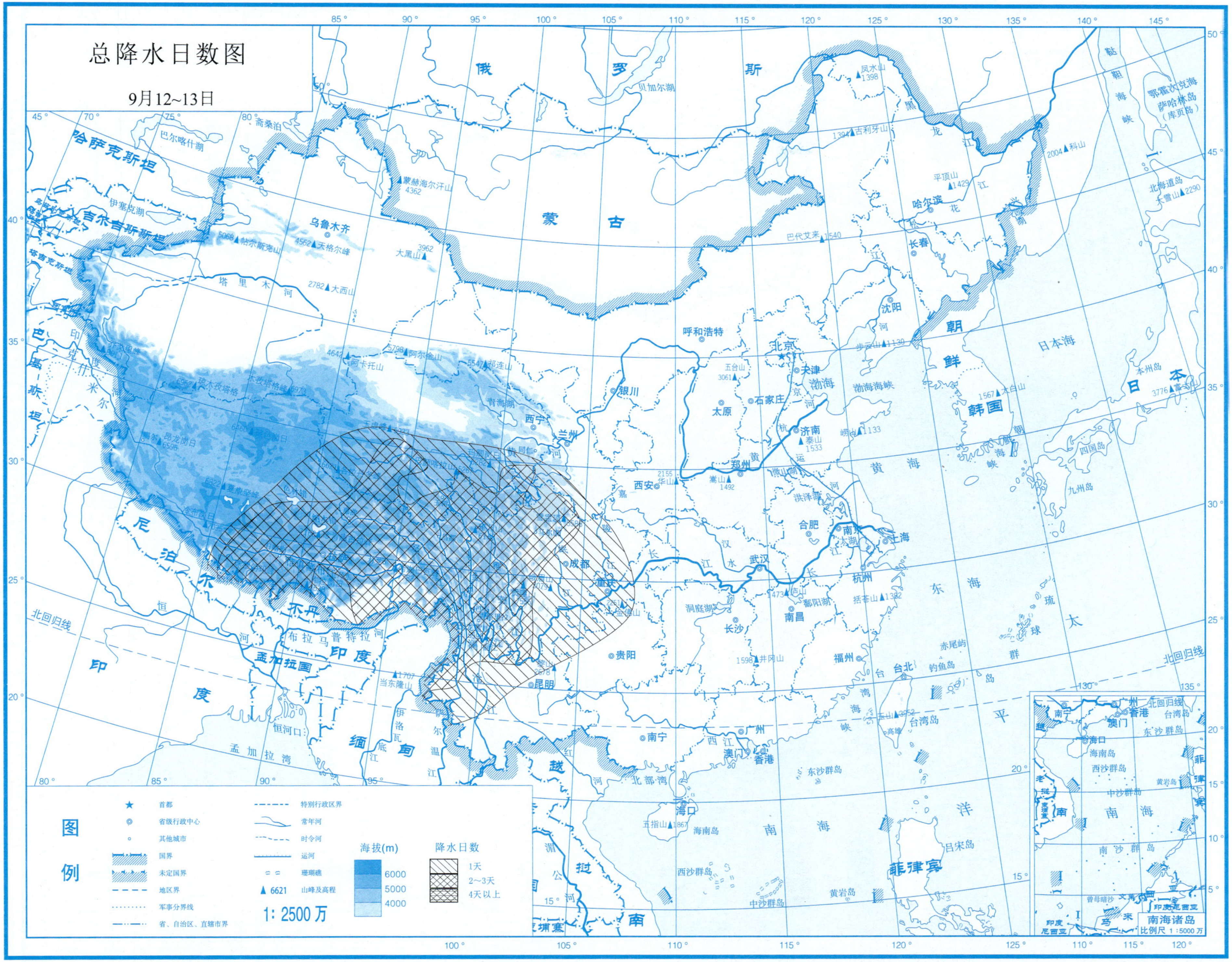

总降水日数图

9月12~13日

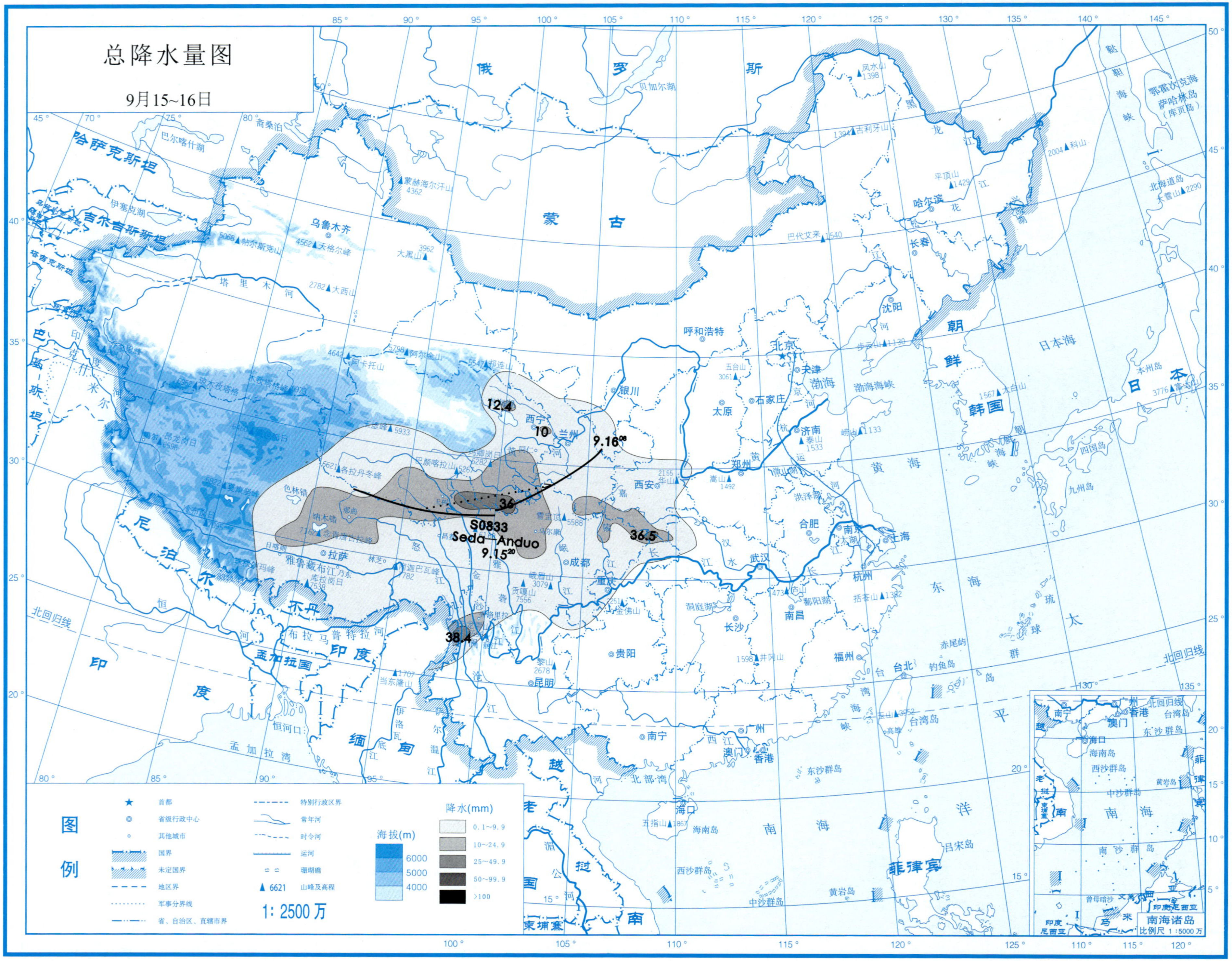
总降水量图
9月15~16日
S0833
Seda-Anduo
9.15[20]
9.16[08]
12.4
10
36
36.5
38.4
图例
首都
省级行政中心
其他城市
国界
未定国界
地区界
军事分界线
省、自治区、直辖市界
特别行政区界
常年河
时令河
运河
珊瑚礁
山峰及高程
海拔(m)
6000
5000
4000
降水(mm)
0.1~9.9
10~24.9
25~49.9
50~99.9
>100
1:2500万
南海诸岛
比例尺 1:5000万

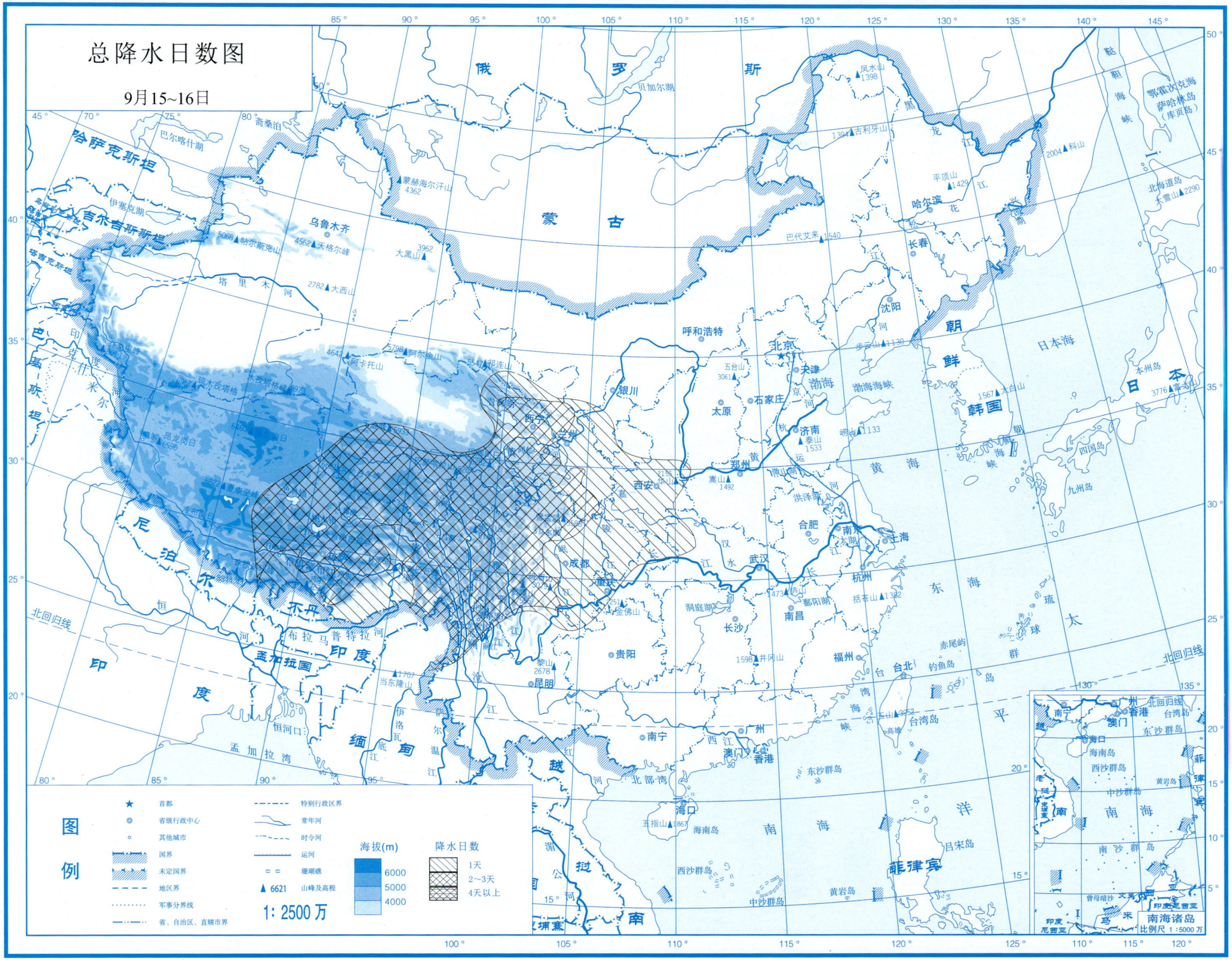
总降水日数图
9月15~16日
图例
首都
省级行政中心
其他城市
国界
未定国界
地区界
军事分界线
省、自治区、直辖市界
特别行政区界
常年河
时令河
运河
珊瑚礁
6621 山峰及高程
1: 2500 万
海拔(m)
6000
5000
4000
降水日数
1天
2~3天
4天以上
南海诸岛
比例尺 1:5000 万

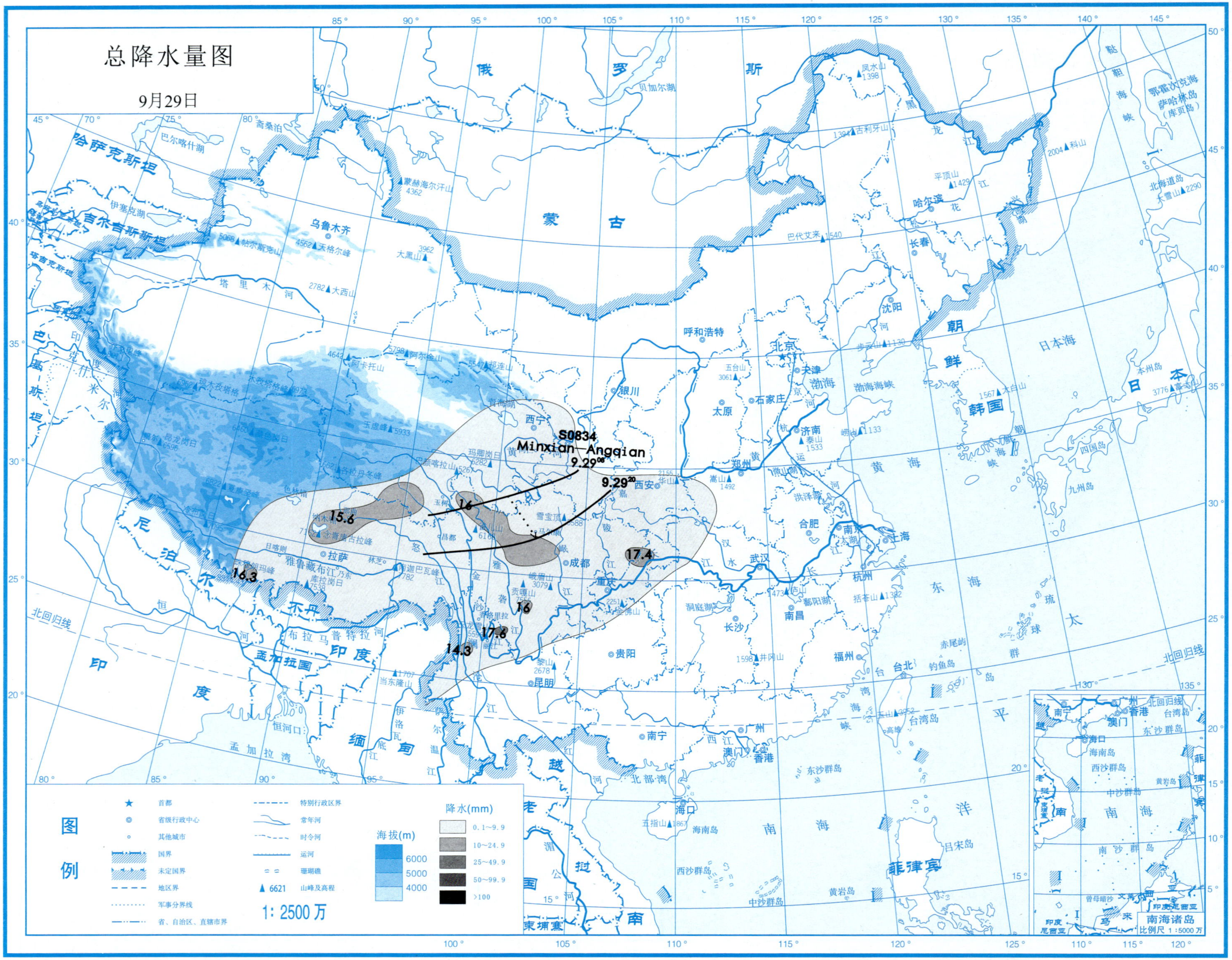
总降水量图
9月29日
S0834
Minxian—Angqian
9.29[08]
9.29[20]
15.6
16
16.3
17.4
16
17.6
14.3
图例
首都
省级行政中心
其他城市
国界
未定国界
地区界
军事分界线
省、自治区、直辖市界
特别行政区界
常年河
时令河
运河
珊瑚礁
6621 山峰及高程
海拔(m)
6000
5000
4000
降水(mm)
0.1~9.9
10~24.9
25~49.9
50~99.9
>100
1: 2500万
南海诸岛
比例尺 1 :5000 万

总降水日数图

9月29日

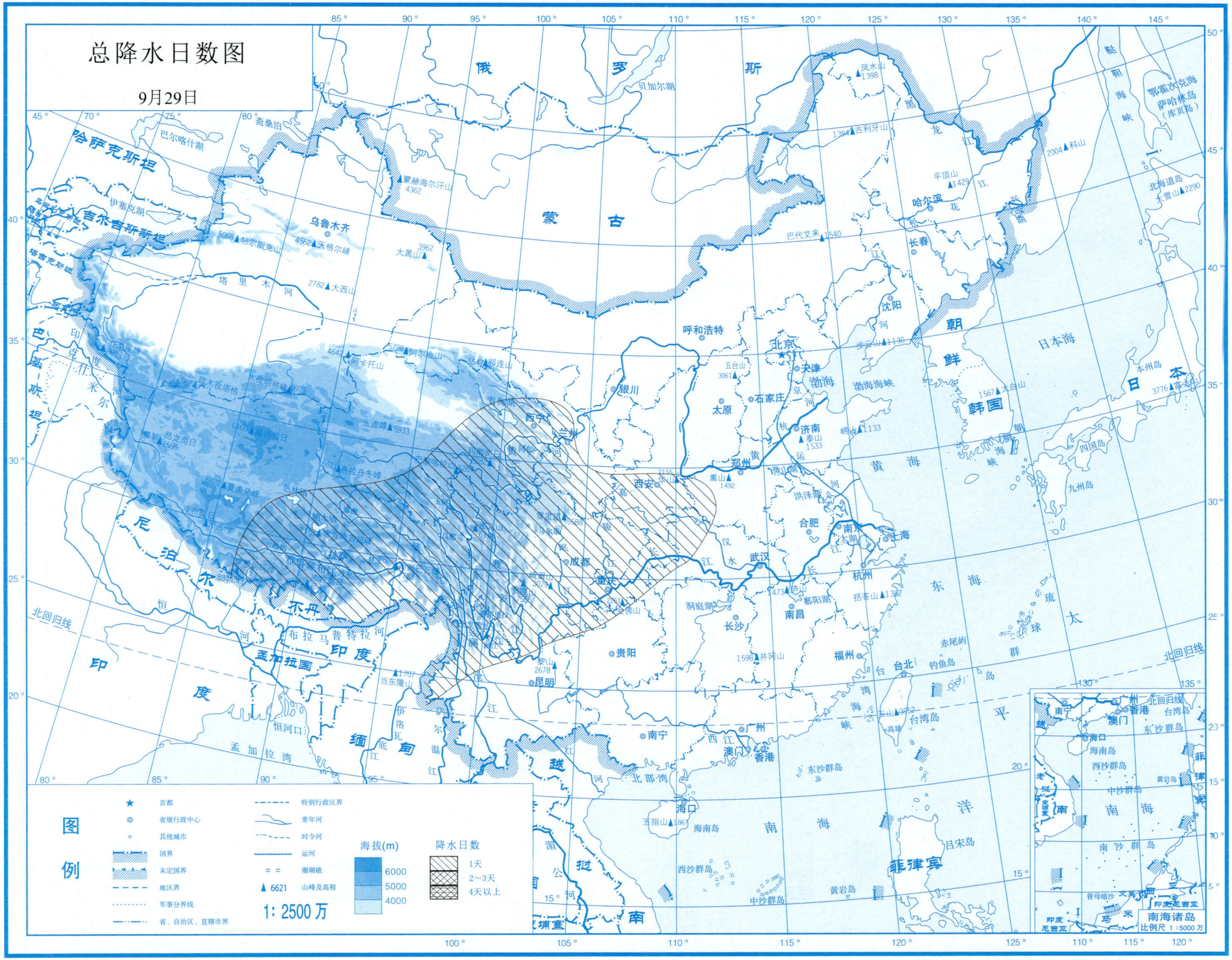

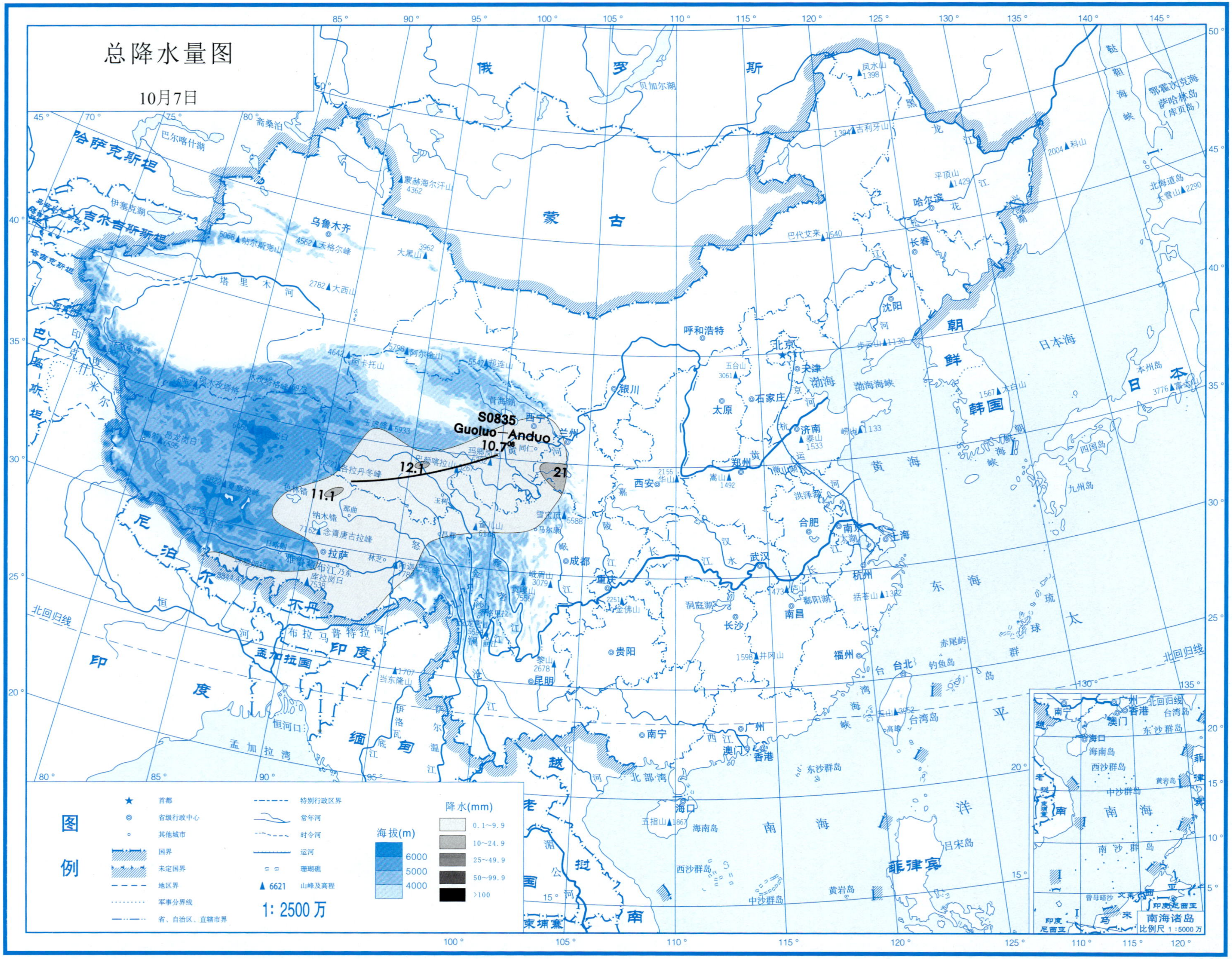
总降水量图
10月7日
S0835
Guoluo—Anduo
10.7
12.1
11.1
21
图例
首都
省级行政中心
其他城市
国界
未定国界
地区界
军事分界线
省、自治区、直辖市界
特别行政区界
常年河
时令河
运河
珊瑚礁
6621 山峰及高程
1: 2500万
海拔(m)
6000
5000
4000
降水(mm)
0.1~9.9
10~24.9
25~49.9
50~99.9
>100

总降水日数图

10月7日

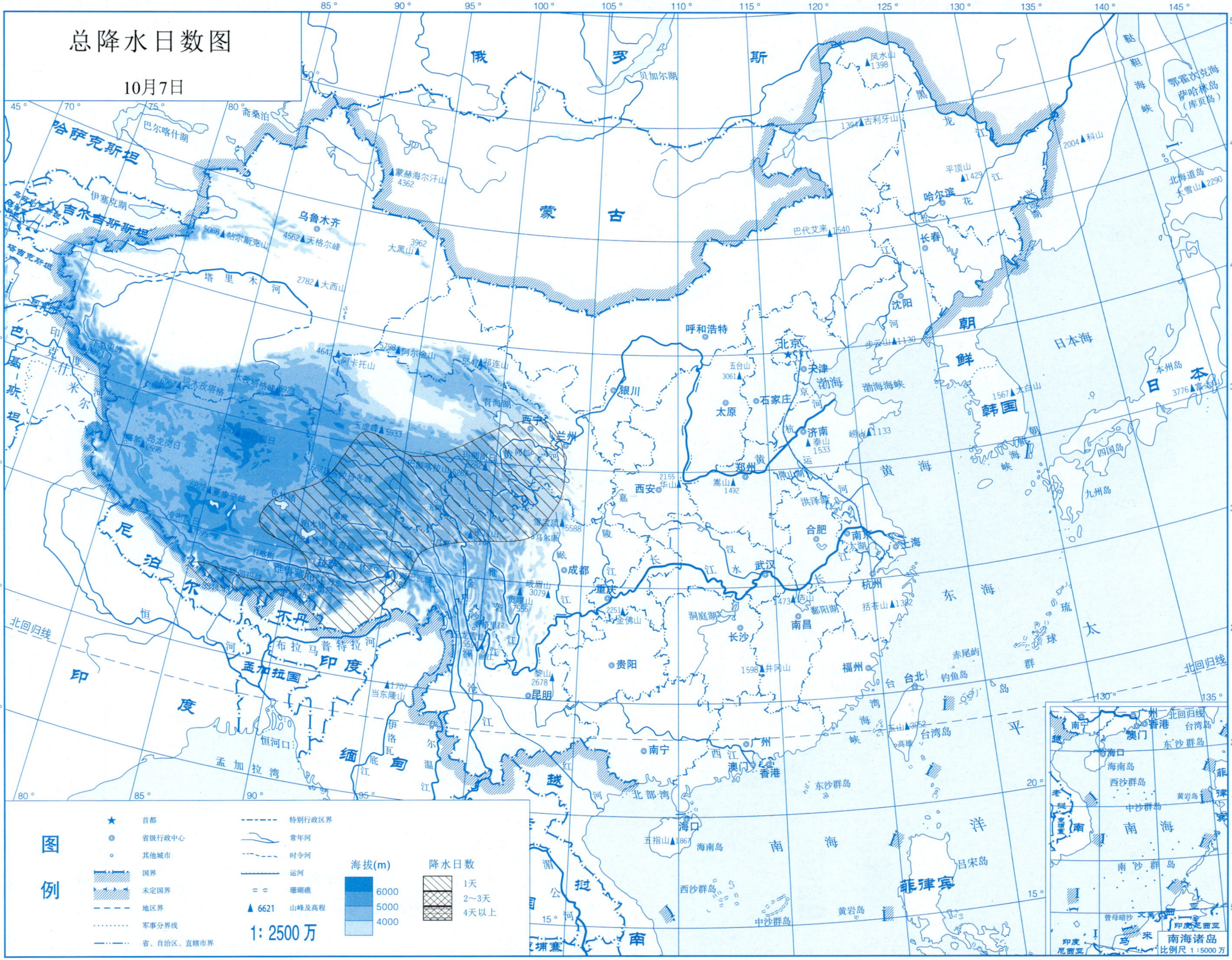

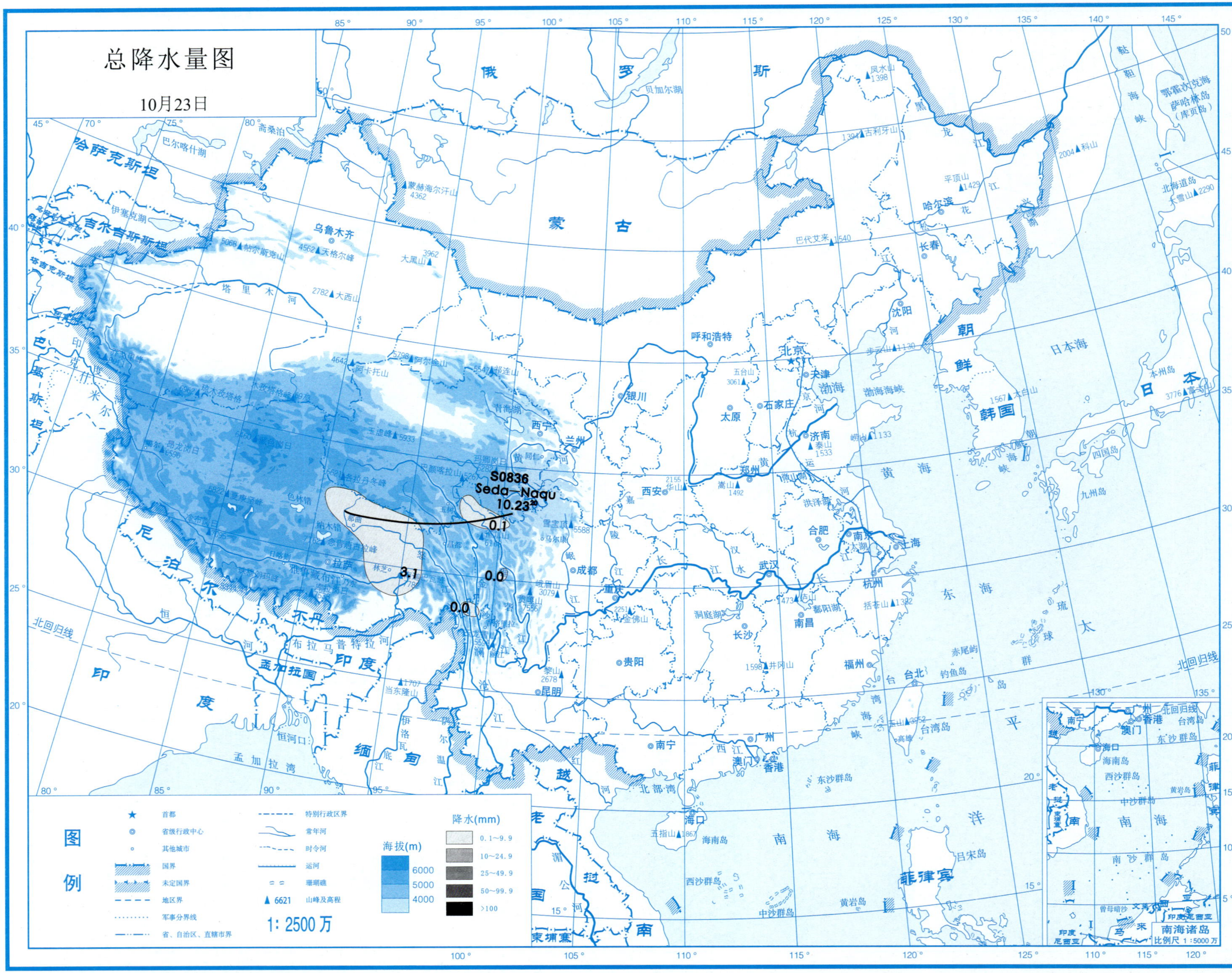
总降水量图
10月23日
S0836
Seda-Naqu
10.23
0.1
3.1
0.0
0.0
0.0
图例
首都
省级行政中心
其他城市
国界
未定国界
地区界
军事分界线
省、自治区、直辖市界
特别行政区界
常年河
时令河
运河
珊瑚礁
6621 山峰及高程
海拔(m)
6000
5000
4000
降水(mm)
0.1～9.9
10～24.9
25～49.9
50～99.9
>100
1：2500万
南海诸岛
比例尺 1：5000万

总降水日数图

10月23日

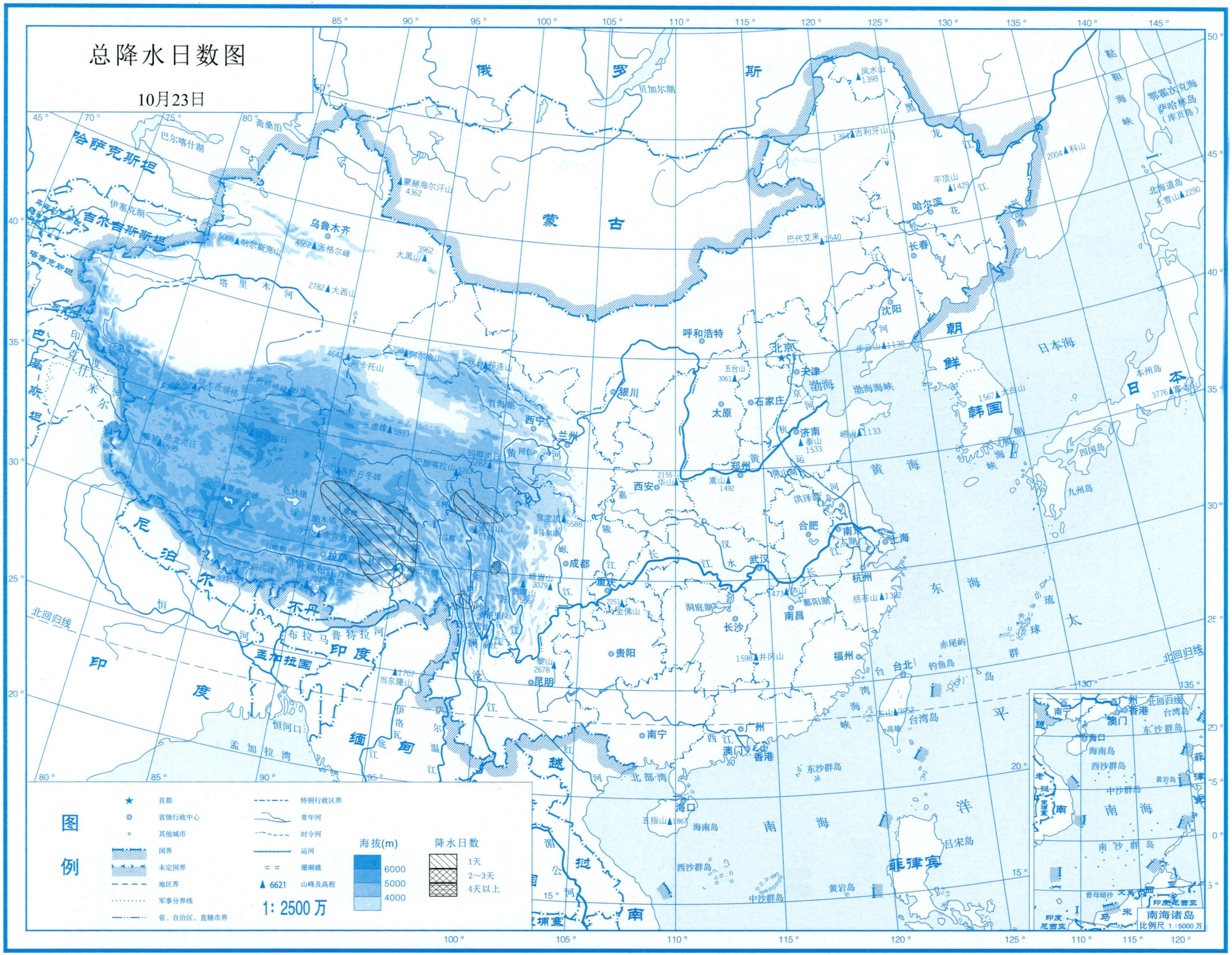

总降水量图

10月27~28日

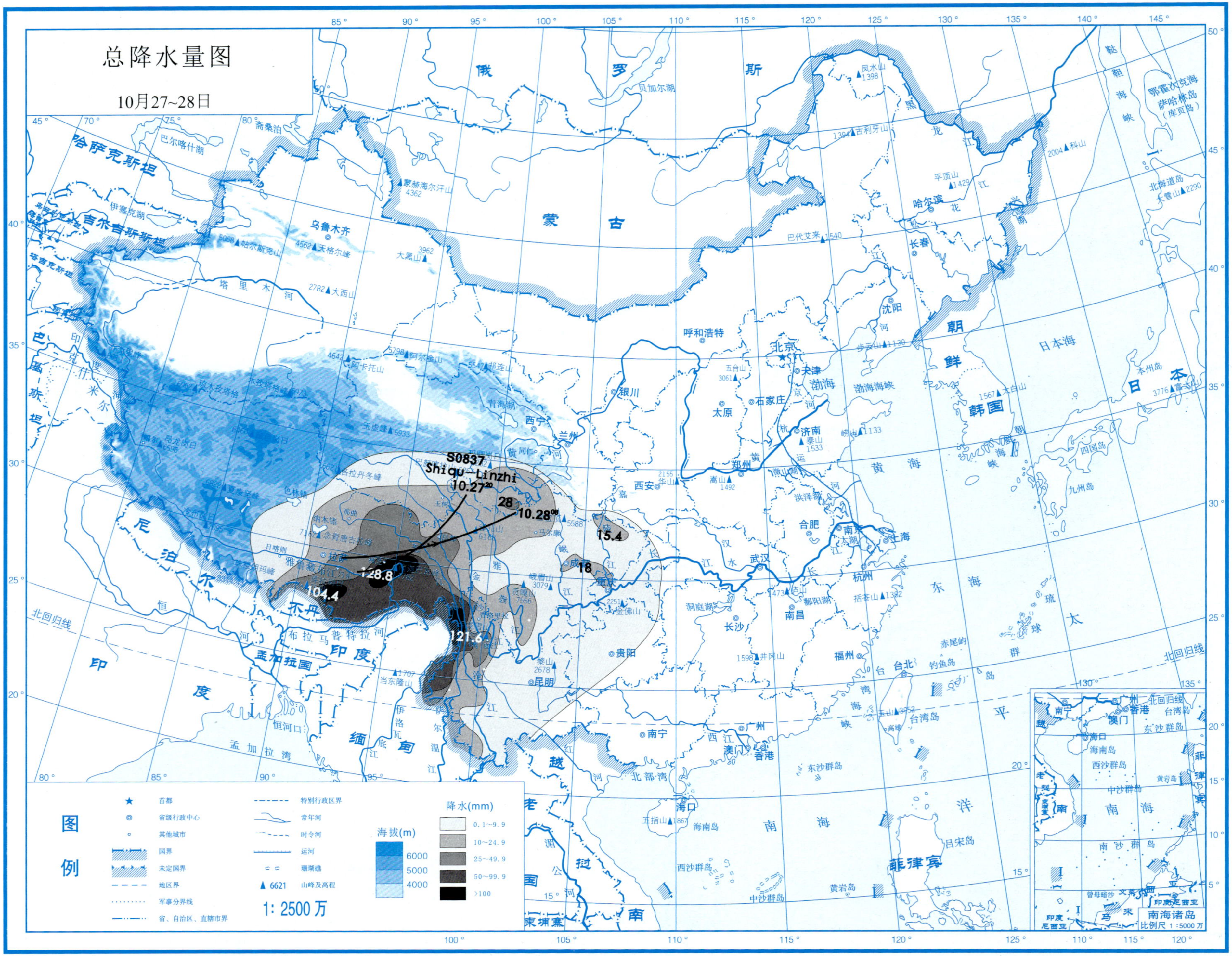

总降水日数图

10月27~28日

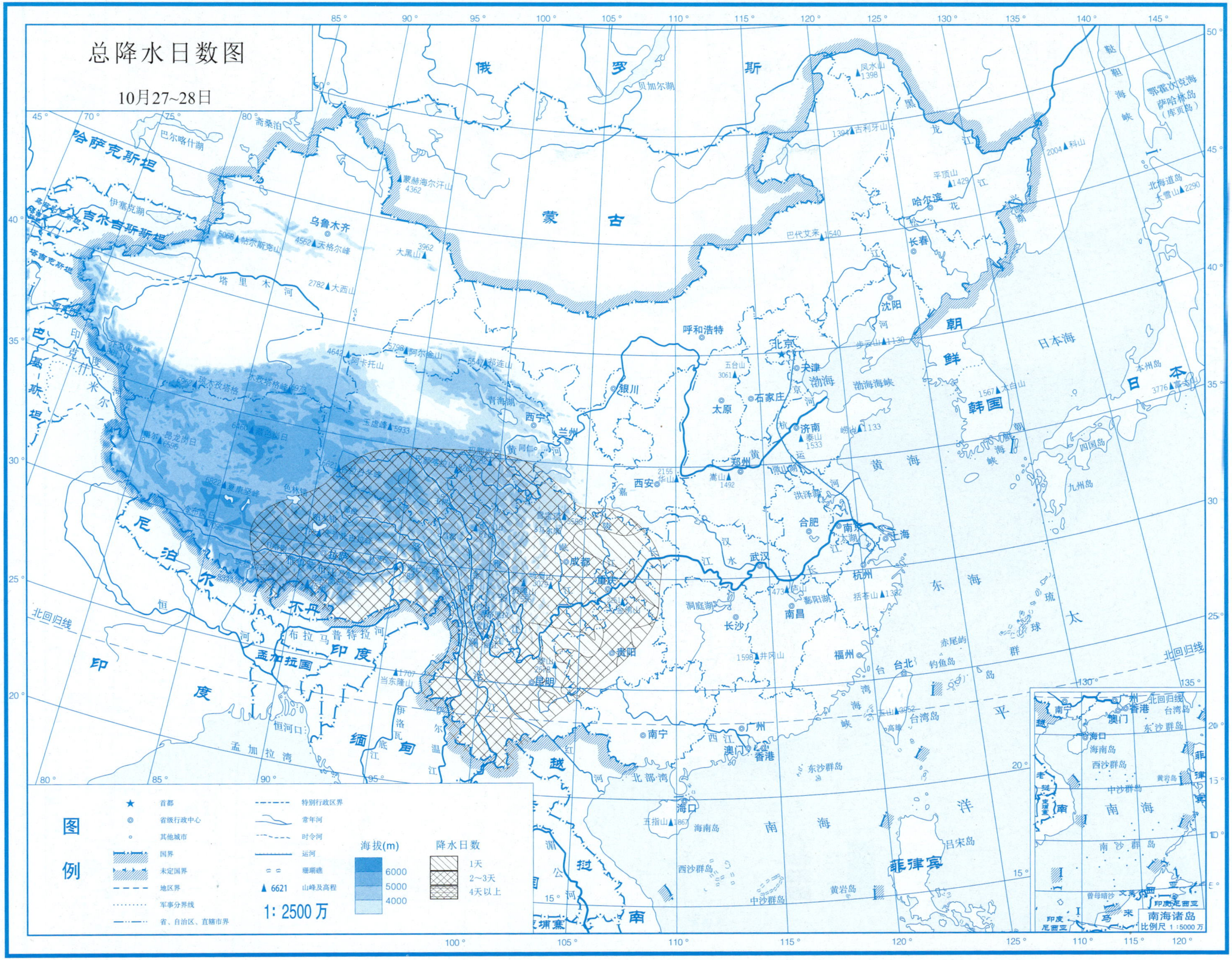

总降水量图

11月23日

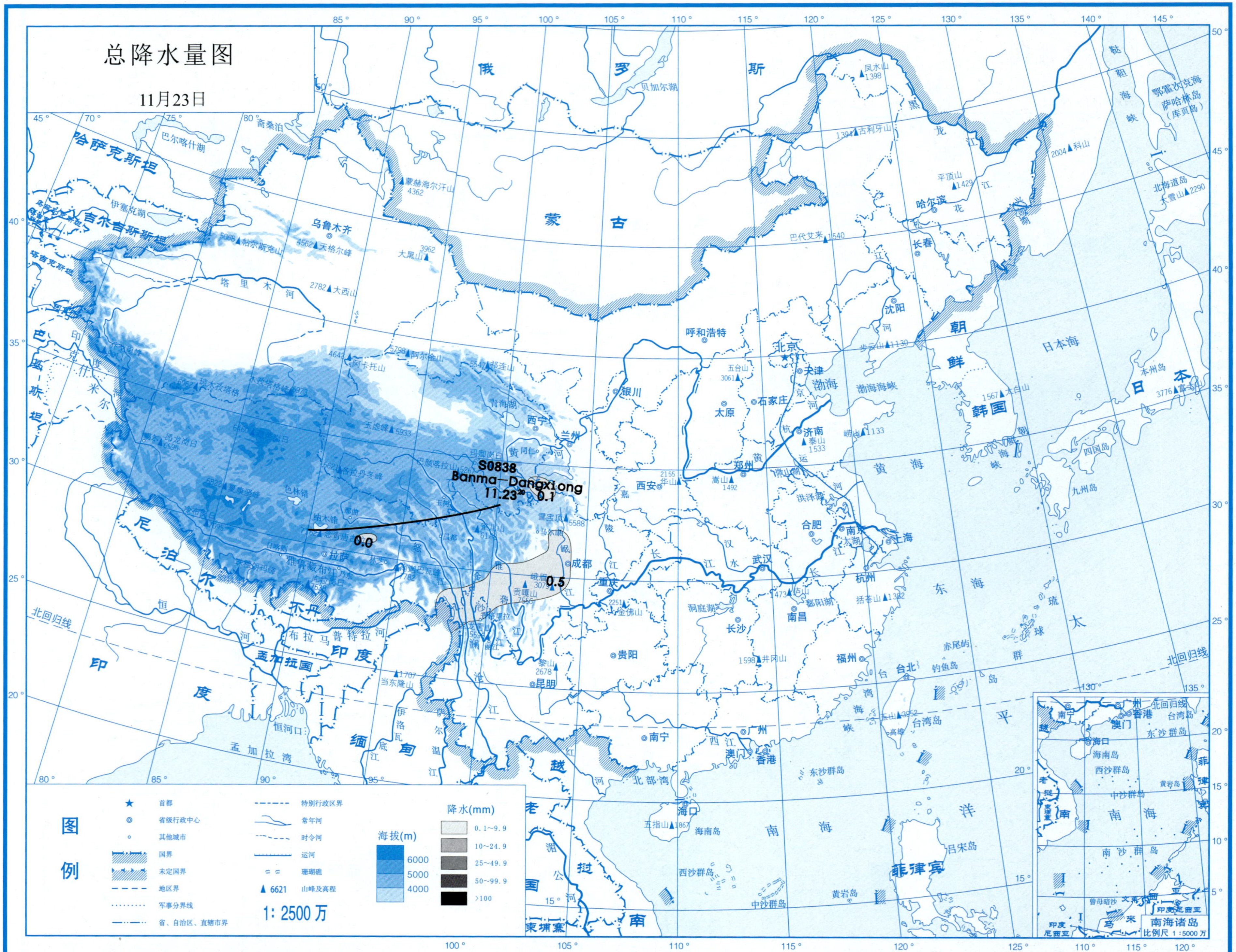

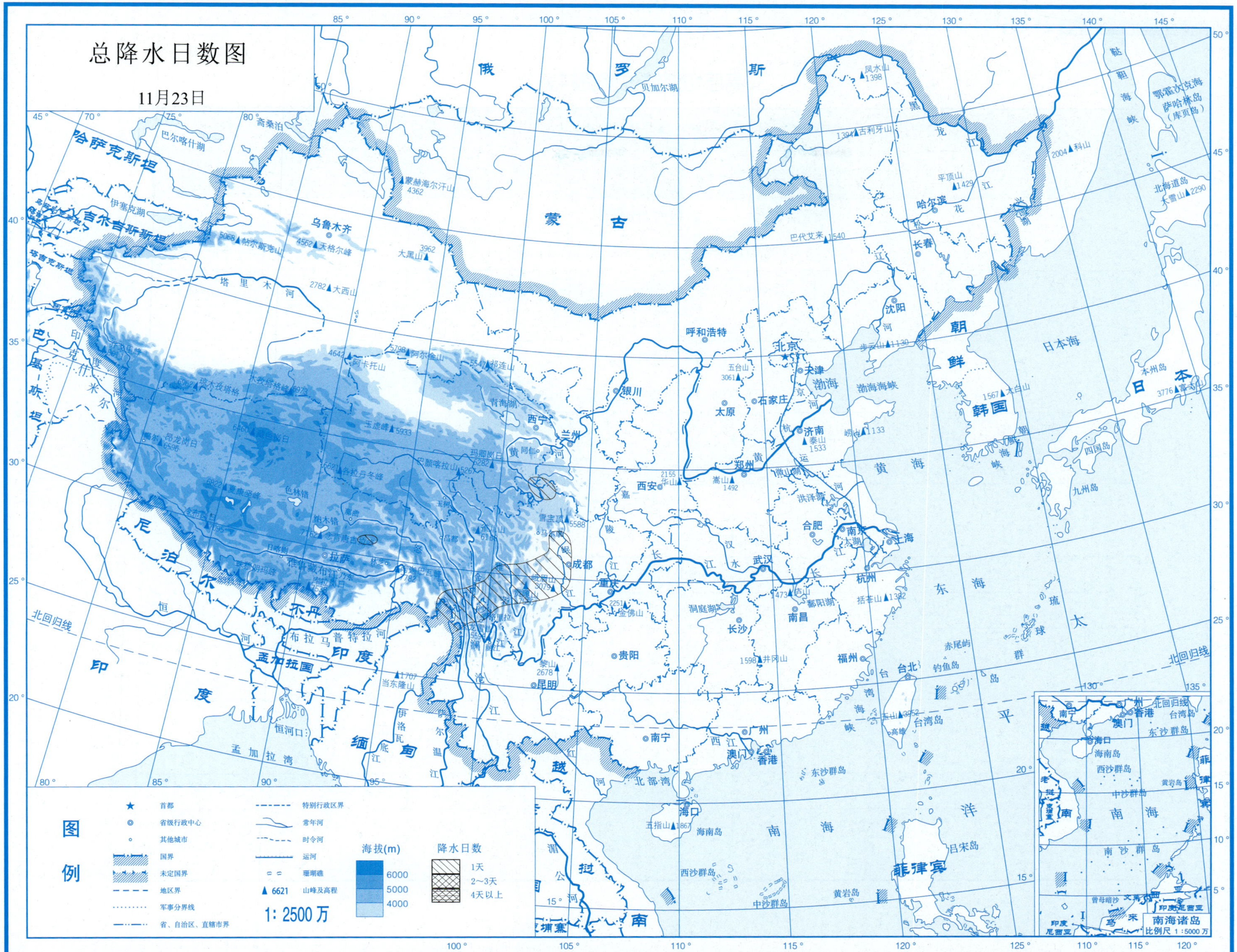
总降水日数图
11月23日
图例
首都
省级行政中心
其他城市
国界
未定国界
地区界
军事分界线
省、自治区、直辖市界
特别行政区界
常年河
时令河
运河
珊瑚礁
6621 山峰及高程
海拔(m)
6000
5000
4000
降水日数
1天
2~3天
4天以上
1: 2500万
南海诸岛
比例尺 1 : 5000 万
俄 罗 斯
蒙 古
哈萨克斯坦
吉尔吉斯斯坦
尼泊尔
不丹
印度
孟加拉国
缅甸
越南
朝鲜
韩国
日本
菲律宾
北京
天津
上海
重庆
成都
拉萨
西宁
兰州
西安
郑州
武汉
长沙
南京
杭州
南昌
合肥
济南
石家庄
太原
呼和浩特
银川
乌鲁木齐
哈尔滨
长春
沈阳
贵阳
昆明
南宁
广州
福州
台北
香港
澳门
海口
北回归线
黄海
东海
南海
日本海
渤海
太平洋

高原切变线

高原切变线位置资料表

月	日	时	起点位置		中点位置		拐点位置		终点位置		切变线两侧最大风速	
			北纬/(°)	东经/(°)	北纬/(°)	东经/(°)	北纬/(°)	东经/(°)	北纬/(°)	东经/(°)	北侧 / (m/s)	南侧 / (m/s)
① 1月24日												
(S0801)兴海–五道梁,Xinghai–Wudaoliang												
1	24	8	35.8	100	35.2	96.3			35.2	92.2	4	20
消失												
② 2月19日												
(S0802)临夏–曲麻莱, Linxia–Qumalai												
2	19	8	35.9	102.8	35	99			34.8	94.2	10	10
消失												
③ 3月24~25日												
(S0803)曲麻莱–当雄，Qumalai–Dangxiong												
3	24	8	34.2	96.2	32	94.1			30.7	90	8	12
		20	32.5	105.5	30.9	102.2			29.5	98	10	10
	25	8	31	108.9	28.2	108.3			25.3	107.3	24	20
消失												
④ 3月29日												
(S0804)壤塘–班戈，Rangtang–Bange												
3	29	8	32.4	101.4	32.2	96			32.2	90.7	10	16
		20	35.5	102.3	33	97.8			31.7	91.8	18	16
消失												

高原切变线位置资料表（续-1）

月	日	时	起点位置		中点位置		拐点位置		终点位置		切变线两侧最大风速	
			北纬/(°)	东经/(°)	北纬/(°)	东经/(°)	北纬/(°)	东经/(°)	北纬/(°)	东经/(°)	北侧 / (m/s)	南侧 / (m/s)
⑤ 4月4日 (S0805)久治–当雄，Jiuzhi–Dangxiong												
4	4	20	33.7	101.2	32.1	96.7			30.6	91.6	12	18
消失												
⑥ 4月26~27日 (S0806)班玛–安多，Banma–Anduo												
4	26	8	33	100.8	32.6	96			33	91.3	6	14
		20	31.6	103.7	30	97.4			30.5	91.2	16	16
	27	8	30.7	101.6	31.1	95.3	31.1	95.3	34.4	90.6	10	8
		20	29.4	101.3	30.4	96.4			33.2	92.4	6	18
消失												
⑦ 5月1~3日 (S0807)班玛–当雄，Banma–Dangxiong												
5	1	20	33.2	100	31.8	95.5			30.5	90.6	12	8
	2	8	32.2	104	31.8	100			32.2	95.8	10	14
		20	35	108.3	34	102.8			33	97.7	8	16
	3	8	31	104.5	28.5	100.2			27.3	95	8	24
		20	30.4	105.8	28.4	103.4			27.1	100	12	18
消失												

高原切变线位置资料表（续-2）

月	日	时	起点位置		中点位置		拐点位置		终点位置		切变线两侧最大风速	
			北纬/(°)	东经/(°)	北纬/(°)	东经/(°)	北纬/(°)	东经/(°)	北纬/(°)	东经/(°)	北侧 /(m/s)	南侧 /(m/s)
⑧ 5月4日 (S0808)彭山-林芝，Pengshan-Linzhi												
5	4	8	30.2	104	28.8	99			28	93	8	18
		20	30.5	104	28.8	97.2			27.8	90.8	8	18
消失												
⑨ 5月8~10日 (S0809)邓柯-当雄，Dengke-Dangxiong												
5	8	20	32.5	97.5	31.3	94.5			30.7	91.2	8	10
	9	8	30.3	101	30	97			30.2	92.7	8	12
		20	30.5	99.9	30.3	95			30.6	91	10	12
	10	8	29.8	100.5	30.2	95.7			30.7	91.5	12	18
消失												
⑩ 5月12日 (S0810)松潘-安多，Songpan-Anduo												
5	12	20	32.5	103.5	31.6	97.4			32.4	91.6	4	10
消失												

高原切变线位置资料表（续-3）

月	日	时	起点位置		中点位置		拐点位置		终点位置		切变线两侧最大风速	
			北纬/(°)	东经/(°)	北纬/(°)	东经/(°)	北纬/(°)	东经/(°)	北纬/(°)	东经/(°)	北侧/(m/s)	南侧/(m/s)
⑪ 5月15~18日 (S0811)邓柯–安多，Dengke–Anduo												
5	15	8	32.5	98.1	32.3	94.1			32.9	91	6	12
		20	32	103.9	32	97.2			33	91.3	8	10
	16	8	33	97.9	32	94.2	32	94.2	33.4	91.2	10	6
		20	31.3	100.4	32.3	96.1			33.2	91.8	8	8
	17	8	31.3	100	32.2	95.9			33	91.7	12	14
		20	31.8	104	31	97.5			31	91.7	12	14
	18	8	29	108	28.7	104.4			29.5	101	10	12
消失												
⑫ 5月21~24日 (S0812)班玛–嘉黎，Banma–Jiali												
5	21	20	33.2	100.8	31.6	97			30.3	92.7	8	12
	22	8	33.4	108.4	32.4	103.4			32.6	98.2	8	12
		20	32	107	29.8	103			28.7	98.1	10	14
	23	8	31.2	108	27.8	103.8			26.9	97.8	12	16
		20	26.5	110.5	25.8	105.8			25	101.4	14	14
	24	8	26.7	110.8	25.9	106.7			26	102.6	6	10
		20	24.6	113	24.8	108			25.4	102.5	6	12
消失												

高原切变线位置资料表（续-4）

月	日	时	起点位置		中点位置		拐点位置		终点位置		切变线两侧最大风速	
			北纬/(°)	东经/(°)	北纬/(°)	东经/(°)	北纬/(°)	东经/(°)	北纬/(°)	东经/(°)	北侧/(m/s)	南侧/(m/s)
⑬ 5月26日 (S0813)山丹–安多，Shandan–Anduo												
5	26	20	38.4	101.5	35.3	97.3			32.8	91.6	6	10
消失												
⑭ 5月29~30日 (S0814)色达–安多，Seda–Anduo												
5	29	20	32.4	100.2	32.6	95.9			32.8	92.2	8	8
	30	8	32.1	97.9	32.3	94.4			32.9	91.2	10	12
消失												
⑮ 5月31日~6月1日 (S0815)邓柯–当雄，Dengke–Dangxiong												
5	31	20	32.4	97.8	31.7	94.8			31.2	91.3	10	6
6	1	8	31	100.8	30.5	96.3			30.8	92	10	12
消失												
⑯ 6月18日 (S0816)贵德–当雄，Guide–Dangxiong												
6	18	8	36.2	102.3	33.5	96.6			30.8	90.4	8	20
消失												
⑰ 7月1日 (S0817)平武–安多，Pingwu–Anduo												
7	1	8	32.2	104.6	32.3	98			33.2	92	12	16
消失												

高原切变线位置资料表（续-5）

月	日	时	起点位置		中点位置		拐点位置		终点位置		切变线两侧最大风速	
			北纬/(°)	东经/(°)	北纬/(°)	东经/(°)	北纬/(°)	东经/(°)	北纬/(°)	东经/(°)	北侧/(m/s)	南侧/(m/s)
⑱7月14日 (S0818)民和–托托河，Minhe–Tuotuohe												
7	14	8	36.3	103.2	35.2	98.5			34	93.4	6	14
		20	32.4	97.4	30.6	94.3			29.8	90.3	8	12
消失												
⑲7月25日 (S0819)乐山–当雄，Leshan–Dangxiong												
7	25	20	29.7	104.6	29.9	98.2			30.9	91.8	6	6
消失												
⑳7月28日 (S0820)德令哈–安多，Delingha–Anduo												
7	28	8	37	97	34.3	95.7	35	96.8	32.5	92	6	6
		20	35.7	99.5	35.3	96			35.3	92.5	4	6
消失												
㉑7月29~31日 (S0821)德令哈–索县，Delingha–Suoxian												
7	29	20	36.6	97	34.3	94.8			32.4	93.4	10	6
	30	8	37.2	96.3	34.7	95			32.7	92.2	8	14
		20	41.6	103	35.2	99.8			31.8	91.2	10	20
	31	8	37.6	108.8	36.4	105.8			35.8	102.2	10	12
消失												

高原切变线位置资料表（续-6）

月	日	时	起点位置		中点位置		拐点位置		终点位置		切变线两侧最大风速	
			北纬/(°)	东经/(°)	北纬/(°)	东经/(°)	北纬/(°)	东经/(°)	北纬/(°)	东经/(°)	北侧/(m/s)	南侧/(m/s)
㉒7月31日~8月2日 (S0822)诺木洪–安多，Nuomuhong–Anduo												
7	31	8	37	96.7	34.5	95.2			32.5	91.7	6	8
		20	37	99.9	32.7	94.8			28	89.8	10	18
8	1	8	35.4	96.6	32.5	94.4			29.3	92	10	6
		20	33.2	104.2	31.1	97.2			29.7	90.3	8	6
	2	8	33.7	101.8	31.3	97.1			29.2	92	8	8
消失												
㉓8月10日 (S0823)德令哈–当雄，Delingha–Dangxiong												
8	10	20	36.6	97	33.2	95.3			30.5	91.1	12	2
消失												
㉔8月17日 (S0824)德令哈–嘉黎，Delingha–Jiali												
8	17	20	36.3	97.4	33.1	95.2			29.8	92.7	8	12
消失												
㉕8月20~21日 (S0825)天水–当雄，Tianshui–Dangxiong												
8	20	20	34.1	105.2	31.7	99.2			30.5	92	8	10
	21	8	33.2	106.2	31.3	99.2			30	91.5	10	12
		20	33.5	107.8	31.2	100.5			30.5	91.7	14	14
消失												

高原切变线位置资料表（续-7）

月	日	时	起点位置		中点位置		拐点位置		终点位置		切变线两侧最大风速	
			北纬/(°)	东经/(°)	北纬/(°)	东经/(°)	北纬/(°)	东经/(°)	北纬/(°)	东经/(°)	北侧 /(m/s)	南侧 /(m/s)
㉖8月22日 (S0826)吉迈–安多，Jimai–Anduo												
8	22	20	33.1	100	32.6	95.8			33	91.8	2	4
消失												
㉗8月29日 (S0827)玛曲–当雄，Maqu–Dangxiong												
8	29	20	33.7	102.2	31.8	96.5			30	90.2	6	12
消失												
㉘8月30日 (S0828) 小金–当雄，Xiaojin –Dangxiong												
8	30	20	31	102	30	96.7			30.5	91.3	6	14
消失												
㉙9月2~3日 (S0829)新龙–当雄，Xinlong–Dangxiong												
9	2	20	30.9	100.6	30.2	95.7			31.3	91.2	6	8
	3	8	32.3	105.1	31.7	101			32.5	96.8	8	4
消失												
㉚9月5日 (S0830)大柴旦–安多，Dachaidan–Anduo												
9	5	20	37.8	96.8	33.9	96.2	33.9	96.2	32	91.6	10	14
消失												

高原切变线位置资料表（续-8）

月	日	时	起点位置		中点位置		拐点位置		终点位置		切变线两侧最大风速	
			北纬/(°)	东经/(°)	北纬/(°)	东经/(°)	北纬/(°)	东经/(°)	北纬/(°)	东经/(°)	北侧/(m/s)	南侧/(m/s)
㉛ 9月11日 (S0831)色达–保山，Seda–Baoshan												
9	11	8	32.4	100.4	28.6	101.2			25.2	99.3	16	8
		20	31.6	105	29.3	102.5			27.7	99.5	10	8
消失												
㉜ 9月12~13日 (S0832)班玛–安多，Banma–Anduo												
9	12	8	33	100.5	32.3	96			33.2	91.9	8	12
		20	32.9	101.9	31	96.7	32	101.1	30	91	10	6
	13	8	32.4	103.8	30.8	98			30.7	92.2	6	12
		20	30.1	100.5	30.5	95.9			30.5	91.5	8	8
消失												
㉝ 9月15~16日 (S0833)色达–安多，Seda–Anduo												
9	15	20	32.5	100	32.3	95.8			32.7	92.1	8	14
	16	8	35.8	105.7	34	103			32.7	100	4	16
消失												
㉞ 9月29日 (S0834)岷县–昂欠，Minxian–Angqian												
9	29	8	34.9	104.5	33.4	100.5			32.1	96.2	8	16
		20	34	106.2	31.5	102.4			30.4	96.3	10	12
消失												

高原切变线位置资料表（续-9）

月	日	时	起点位置		中点位置		拐点位置		终点位置		切变线两侧最大风速	
			北纬/(°)	东经/(°)	北纬/(°)	东经/(°)	北纬/(°)	东经/(°)	北纬/(°)	东经/(°)	北侧 / (m/s)	南侧 / (m/s)
㉟ 10月7日 (S0835)果洛–安多，Guoluo–Anduo												
10	7	8	35.1	99.9	34	96.3			33	91.9	8	20
消失												
㊱ 10月23日 (S0836)色达–那曲，Seda–Naqu												
10	23	20	32.9	100.6	32.1	96.2			32	91.5	6	14
消失												
㊲ 10月27~28日 (S0837)石渠–林芝，Shiqu–Linzhi												
10	27	20	33.3	98.3	30.8	96.3			29.2	93	4	24
	28	8	32.7	101.1	30.9	97.1			29.7	92.1	10	22
消失												
㊳ 11月23日 (S0838)班玛–当雄，Banma–dangxiong												
11	23	20	33	100.1	31.8	95.4			30.6	90	6	14
消失												